全国中等职业学校机械类专业通用教材

全国技工院校机械类专业通用教材（中级技能层级）

机修钳工工艺学

（第四版）

人力资源社会保障部教材办公室组织编写

中国劳动社会保障出版社

简介

本书主要内容包括：金属切削基础知识，机修钳工常用测量器具，机修钳工基本操作，孔与螺纹加工，机修钳工辅助操作，装配与维修基础知识，固定连接的装配与修理，传动机构的装配与修理，轴承和轴组的装配与修理，机床导轨的修理与调整，卧式车床的装配与修理，机械设备的润滑、密封及保养，机床夹具。

本书由赵孔祥担任主编，刘贞国担任副主编，张桂峰、张再成、尤石、扈子杨、王荣圣、王长松、吴清萍、牛素春参加编写。

图书在版编目（CIP）数据

机修钳工工艺学 / 人力资源社会保障部教材办公室组织编写．-- 4 版．-- 北京：中国劳动社会保障出版社，2020

全国中等职业学校机械类专业通用教材　全国技工院校机械类专业通用教材．中级技能层级

ISBN 978-7-5167-4610-3

Ⅰ．①机…　Ⅱ．①人…　Ⅲ．①机修钳工 – 工艺学 – 中等专业学校 – 教材　Ⅳ．①TG947

中国版本图书馆 CIP 数据核字（2020）第 164930 号

中国劳动社会保障出版社出版发行

（北京市惠新东街 1 号　邮政编码：100029）

*

北京谊兴印刷有限公司印刷装订　新华书店经销

787 毫米 ×1092 毫米　16 开本　20.5 印张　458 千字

2020 年 10 月第 4 版　　2025 年 9 月第 6 次印刷

定价：39.00 元

营销中心电话：400-606-6496

出版社网址：http://www.class.com.cn

http://jg.class.com.cn

前言

为了更好地适应全国技工院校机械类专业的教学要求，全面提升教学质量，人力资源社会保障部教材办公室组织有关学校的一线教师和行业、企业专家，在充分调研企业生产和学校教学情况、广泛听取教师对教材使用反馈意见的基础上，对全国技工院校机械类专业通用教材中所包含的车工、钳工、机修钳工、铣工、焊工、冷作工、机床加工等工艺学、技能训练教材进行了修订。

本次教材修订工作的重点主要体现在以下几个方面：

第一，合理更新教材内容。

根据机械类专业毕业生所从事岗位的实际需要和教学实际情况的变化，合理确定学生应具备的能力与知识结构，对部分教材内容及其深度、难度做了适当调整；根据相关专业领域的最新发展，在教材中充实新知识、新技术、新设备、新材料等方面的内容，体现教材的先进性；采用最新国家技术标准，使教材更加科学和规范。

第二，紧密衔接国家职业技能标准要求。

教材编写以国家职业技能标准《车工（2018 年版）》《钳工（2020 年版）》《铣工（2018 年版）》《焊工（2018 年版）》等为依据，涵盖国家职业技能标准（中级）的知识和技能要求，并在与教材配套的习题册、技能训练图册中增加了针对相关职业技能鉴定考试的练习题。

第三，精心设计教材形式。

在教材内容的呈现形式上，尽可能使用图片、实物照片和表格等形式将知识点生动地展示出来，力求让学生更直观地理解和掌握所学内容。针对不同的知识点，设计了许多贴近实际的互动栏目，在激发学生学习兴趣和自主学习积极性的同时，使教材“易教易学，易懂易用”。在教材插图的制作中采用了立体造型技术，同时部分教材在印刷工艺上采用了四色印刷，增强了教材的表现力。

第四，引入“互联网 +”技术，进一步做好教学服务工作。

在《车工工艺学（第六版）》《车工技能训练（第六版）》《钳工工艺学（第六版）》等教材中使用了增强现实（AR）技术。学生在移动终端上安装 App，扫描教材中带有 AR 图标的页面，可以对呈现的立体模型进行缩放、旋转、剖切等操作，以及观察模型的运动和拆分动画，便于更直观、细致地探究机构的内部结构和工作原理，还可以浏览相关视频、图片、文本等拓展资料。在部分教材中使用了二维码技术，针对教材中的教学重点和难点制作了动画、视频、微课等多媒体资源，学生使用移动终端扫描二维码即可在线观看相应内容。

本套教材中的工艺学教材配有习题册，技能训练教材配有技能训练图册。另外，还配有方便教师上课使用的电子课件，电子课件和习题册答案可通过技工教育网（http://jg.class.com.cn）下载。

本次教材的修订工作得到了辽宁、江苏、浙江、山东、河南等省人力资源和社会保障厅及有关学校的大力支持，在此我们表示诚挚的谢意。

人力资源社会保障部教材办公室

2020 年 8 月

目录

绪　论

生产中，任何机械设备从投入使用开始，都会由于磨损、腐蚀、维护不良、操作不当或设计缺陷等原因而使工作状态发生变化，导致机械设备的性能、精度和效率不断下降，还可能在生产过程中发生故障或损坏。机修钳工是以手工操作为主，使用各种工具、量具、仪器和仪表，对各类设备进行维护保养、故障诊断与排除、修理改装及安装调试等以确保其正常运转的一个工种。

一、机修钳工的工作任务及应掌握的知识与技能

机修钳工是机械行业不可缺少的工种，其主要工作任务是：

（1）选择机械设备安装的场所，测定环境和条件；

（2）进行设备搬迁、安装和调试；

（3）修理机械设备的机械、液压、气动故障和机械磨损；

（4）更换或修复机械零部件，润滑保养设备；

（5）调试、调整修复后的机械设备；

（6）进行现场巡回检修，排除机械设备运行过程中的故障；

（7）使用工具、设备，加工损伤的机械零件；

（8）辅助预检机械设备，编制大修方案；

（9）维护保养工、夹、量具和仪器仪表，排除故障。

为能更好地胜任上述工作任务，还应具备熟练的钳工基本操作技能，如划线、錾削、锯削、锉削、钻孔、扩孔、锪孔、铰孔、攻螺纹、套螺纹、弯形与矫正、粘接、刮削、研磨等（图 0–1 所示为部分基本操作技能）。

錾削

锯削

锉削

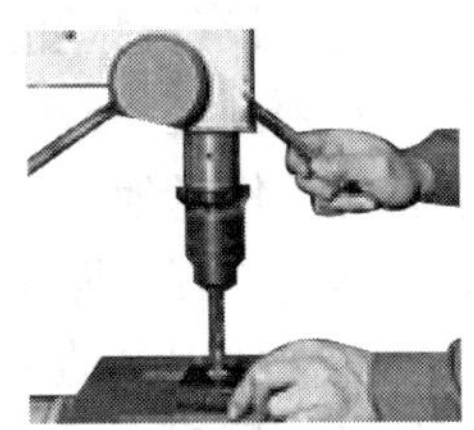

钻孔

图 0–1　钳工部分基本操作技能

随着科学技术的迅速发展，传统的机械制造技术与计算机技术、数控技术、微电子技术、传感技术等相互结合，形成了以系统性、设计与工艺一体化、精密加工技术、产品生产

全过程控制和人、组织、技术三结合为特点的先进制造技术。精密和超精密加工技术、微细加工和超微细加工技术、特种加工技术、表面工程技术、快速成形技术、智能制造技术、纳米技术等得到了快速的发展，为提高生产率、改善劳动条件、保证产品质量、实现快速响应提供了必要的保证。高精度、高自动化、多功能、高效率的先进设备不断涌现，必然要求承担上述工作任务的机修钳工应具有更准、更快、更强的分析、判断能力和具备扎实的理论基础、丰富的专业知识和高超的操作技能。《中华人民共和国职业分类大典》（2015 年版）将钳工划分为机修钳工、装配钳工、工具钳工三类，共设五个等级，分别为：初级（国家职业资格五级）、中级（国家职业资格四级）、高级（国家职业资格三级）、技师（国家职业资格二级）、高级技师（国家职业资格一级）。

二、机修钳工的工作场地和安全、文明生产知识

机修钳工的工作场地应以安全、文明生产以及生产率高为总原则，即场地要有合理的工作面积，常用设备布局安全、合理，工作场地远离震源，照明符合要求，道路畅通，通行门尺寸满足设备进、出要求，起重、运输设施安全可靠。

机修钳工要牢固树立“安全第一，质量第一”的意识，养成良好的安全文明生产习惯，做到：

（1）设备修理前，在制定修理方案的同时，必须制定相应的安全措施。在施工前要准备好工作场地，注意将待修的设备切断电源，挂上“有人操作、禁止合闸”的标志。

（2）使用电动工具前，应检查接地线是否接地，同时应佩戴绝缘手套并穿上胶靴。使用手持照明灯时，电压必须低于 36 V。

（3）修理中，如需要多人操作，必须有专人指挥，密切配合。

（4）使用起重设备时，应遵守起重工安全操作规程。

（5）高空作业必须戴安全帽，系安全带，不准上下投递工具或零件。

（6）试车前要检查电源接法是否正确，各部分的手柄、行程开关、撞块等是否灵敏可靠，传动系统的安全防护装置是否齐全。确认无误后方可开车运行。

（7）使用的工具、量具应分类依次整齐排放。常用的放在工作位置附近，但不要放在钳台的边缘处。精密量具要检验后使用，轻取轻放，用后擦净并涂油保护。工具在工具箱内应固定位置、整齐安放。

（8）工作场地应保持整洁、安全。

三、6S 管理

“6S”由日本企业的“5S”扩展而来，是指在生产现场中对人员、机器、材料、方法等生产要素进行有效的管理，这是日本企业一种独特的管理办法。当前，我国部分企业已借鉴此管理理念和方法，效果显著。“6S”是指整理（Seiri）、整顿（Seiton）、清扫（Seiso）、清洁（Seiketsu）、素养（Shitsuke）、安全（Security）。

1. 6S 管理的基本内容与要求

（1）整理　区分要与不要的东西，现场不需要的东西坚决清除，做到生产现场无不用之物。通过整理，可以有效地提高场地的利用率，行道通畅，消除混乱。

整理是对停滞物的管理，重点是区分要与不要，在每个人的工位上，上下左右，在每台设备（包括工具箱）的周围，进行彻底搜寻，不需要的东西，坚决地清理出现场。

（2）整顿　把必要的东西定位放置，使用时随时能找到，减少寻找时间。现场整齐，一目了然，没有不安全因素，没有“跑、冒、滴、漏”现象。

整顿是对整理后需要的东西进行整顿。其要点是：需要的东西有序摆放，能做到过目知数，用完的物品归还原位，工装器具要按类别、规格摆放整齐。其核心是每个人都

参加整顿，在整顿过程中制定各种管理规范，人人遵守，贵在坚持。

（3）清扫 将生产和工作现场的灰尘、油污、垃圾清除干净，提高设备以及工装夹具的清洁度和润滑度，保证生产或工作现场地面整洁、干净。其要点是每个人要把自己用的东西清扫干净，不是单靠清洁工来完成，清扫的目的就是要使生产时弄脏的现场恢复干净。

（4）清洁 整理、整顿、清扫这三项的坚持与深入就是清洁，同时也包括对人体有害的油、尘、噪声、有毒气体的根除。其要点是坚持和保持，不搞突击。清洁可以美化现场，保证职工愉快地工作，消除灾害发生的根源。

（5）素养 培养现场作业人员执行作业、遵守现场规章制度的习惯和作风，提高人员的素质。这是“6S”活动的核心。没有人员素质的提高，“6S”活动不能顺利开展，即使开展了也不能坚持。因此“6S”活动要始终着眼于提高人员的素质。

（6）安全 重视安全教育，每时每刻都有安全第一的观念，每个人都必须按安全操作规程作业，防患于未然。目的：建立安全生产的环境，所有的工作都应在保证安全的前提下开展。

2. 6S 管理的目的

6S 管理是通过规范现场、现物，为企业员工提供一个安全的作业场所，创造一个干净、整洁、舒适的工作场地和空间环境，营造企业特有的文化氛围，培养员工遵章守纪的工作习惯。其最终目的是提高员工素养、企业整体形象和管理水平，从而达到规范化管理的目的。

四、机修钳工工艺学的学习方法

（1）坚持理论联系实际的原则，注意工艺学与技能训练的结合，认真观察并积极思考，积累感性认识，用所学理论去分析和指导实习。

（2）本课程与其他相关课程联系密切，是许多知识的综合运用，要打好基础，利用已学知识学好本课程。

（3）作为机械设备修理技术人员，应具有强烈的责任感和使命感，要不断地学习新技术、新工艺、新材料和新设备知识。

第一章

金属切削基础知识

金属切削加工是指利用刀具切除被加工工件多余材料的加工方法。切削加工可使工件获得较高的尺寸精度和表面质量，是机械制造业中最基本的加工方法。

§1-1 切削运动与切削用量

一、切削运动

切削加工时，刀具和工件之间的相对运动叫作切削运动。切削运动分为主运动和进给运动。图 1-1 所示为车削、刨削、钻削运动及工件加工时形成的表面。

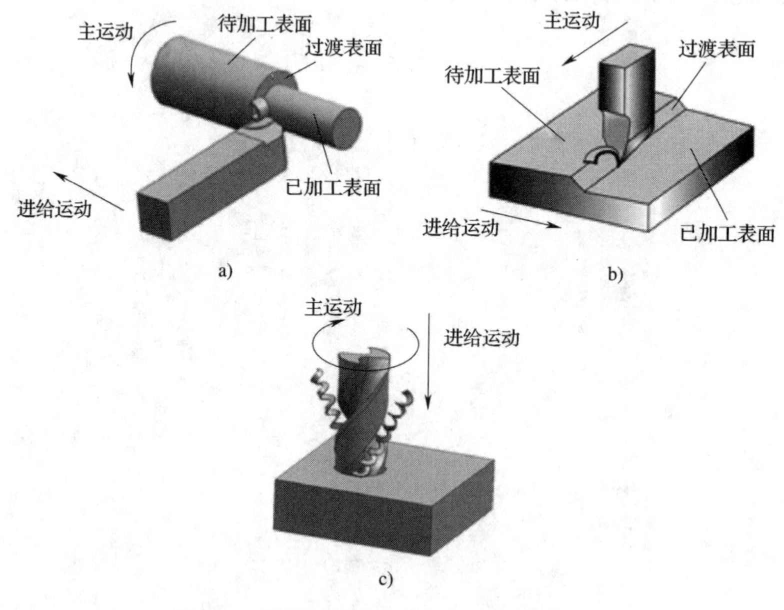

图 1-1 切削运动及工件加工时形成的表面

a）车削 b）刨削 c）钻削

1. 主运动

主运动是指由机床或人力提供的主要运动，它促使刀具和工件之间产生相对运动，从而使刀具前面接近工件。主运动的速度最高，所消耗的功率最大。如图 1–1 所示，车削时工件的旋转、牛头刨床刨削时刨刀的移动以及钻削时钻头的旋转都是主运动。

2. 进给运动

进给运动是指由机床或人力提供的运动，它使刀具与工件之间产生附加的相对运动，加上主运动，即可不断地或连续地切除切屑，并得出具有所需几何特性的加工表面。相对于主运动，进给运动一般速度较低，消耗的功率较小。如图 1–1 所示，车削时车刀的纵向或横向运动、牛头刨床刨削时工件的移动以及钻削时钻头的轴向移动均为进给运动。

切削加工时，主运动只有一个，进给运动可以有一个或多个。

3. 切削加工时工件上形成的表面

在切削加工过程中，工件上形成三个表面（见图 1–1）。

（1）待加工表面　工件上待切除的表面。

（2）过渡表面　工件上由切削刃形成的表面，它在下一切削行程，刀具或工件的下一转里被切除，或者由下一切削刃切除。

（3）已加工表面　工件上经刀具切削后形成的表面。

二、切削用量

切削用量是指切削加工过程中切削速度、进给量和背吃刀量的总称（见图 1–2）。切削用量直接影响工件的加工质量、刀具的磨损和寿命、机床的动力消耗及生产率，因此，必须合理选择切削用量。下面以车削外圆为例来说明。

1. 切削速度（v_c）

切削速度是指切削刃选定点相对于工件主运动的瞬时速度，单位为 m/min。

车削时切削速度计算公式为：

$$v_c = \frac{\pi d_w n}{1\,000}$$

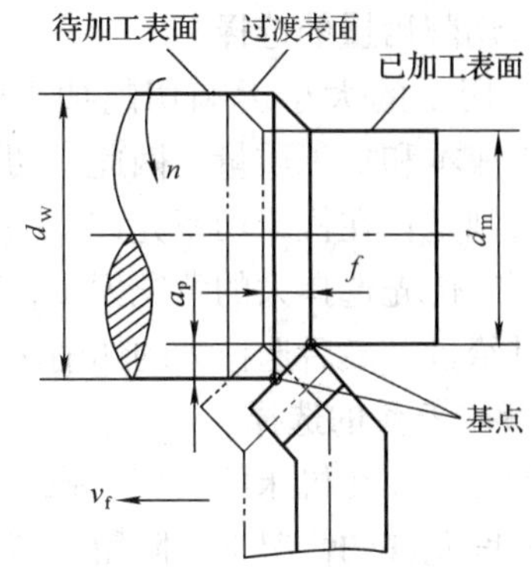

图 1–2　车削外圆时的切削用量

式中　v_c——车削时切削速度，m/min；

n——工件的转速，r/min；

d_w——工件待加工表面直径，mm。

2. 进给量（f）

进给量是指刀具在进给运动方向上相对于工件的位移量，可用刀具或工件每转或每行程的位移量来表述和度量。对车削而言，进给量为工件每转一转，车刀沿进给运动方向移动的距离，单位为 mm/r。

进给量也可用进给速度 v_f 来表示，即切削刃选定点相对工件进给运动的瞬时速度，单位为 mm/min。

车削时进给速度为：

$$v_f = nf$$

式中　v_f——车削时进给速度，mm/min；

n——工件或刀具的转速，r/min；

f——进给量，mm/r。

3. 背吃刀量（a_p）

背吃刀量是指在通过切削刃基点并垂直于工作平面（通过切削刃选定点并同时包含主运动方向和进给运动方向的平面）的方向上测量的两平面间的距离。也就是通常所指的工件已加工表面和待加工表面间的垂直距离，单位为 mm。由图 1–2 可知，车削外圆时：

$$a_p = \frac{d_w - d_m}{2}$$

式中　a_p——背吃刀量，mm；

d_w——待加工表面直径，mm；

d_m——已加工表面直径，mm。

三、切削用量的选择

切削用量的大小影响切削加工的生产率、加工成本和加工质量。因此，切削用量的选择原则是：在机床功率允许、保证安全的情况下，优先选择大的背吃刀量，其次选择大的进给量，最后选择大的切削速度。

1. 背吃刀量的选择

粗加工时，在机床的功率、强度、刚度和刀具强度允许的情况下，除留出精加工余量外尽可能一次切削完。如果余量太大，可分几次切削，但第一次切削应尽量将背吃刀量取大些。精加工时，背吃刀量要根据加工精度和表面粗糙度的要求来选择。

2. 进给量的选择

进给量对表面粗糙度的影响最大。因此，在粗加工时，进给量可取大些；精加工时，进给量可取小些。各种切削加工的进给量可根据相关手册上的进给量表选择确定。

3. 切削速度的选择

切削速度应根据工件尺寸精度、表面粗糙度、刀具寿命的不同来选择，具体可通过计算、查表或根据经验加以确定。

§1–2 刀具的切削角度

刀具的切削角度对切削质量和效率有重要的影响，切削不同工件，对刀具切削角度的要求也不同。平常所说的磨车刀、磨钻头，实际上就是根据切削的要求刃磨所需的切削角度。

一、刀具的组成

金属切削刀具的种类很多，其中车刀比较典型，本节以车刀为例分析刀具切削部分的角度。如图 1–3 所示，车刀由刀体（刀具上夹持刀条或刀片的部分，或由它形成切削刃的部分）和刀柄（刀具上的夹持部分）两部分组成。刀体用于切削，它由刀面、切削刃和刀尖等要素构成（见表 1–1）。

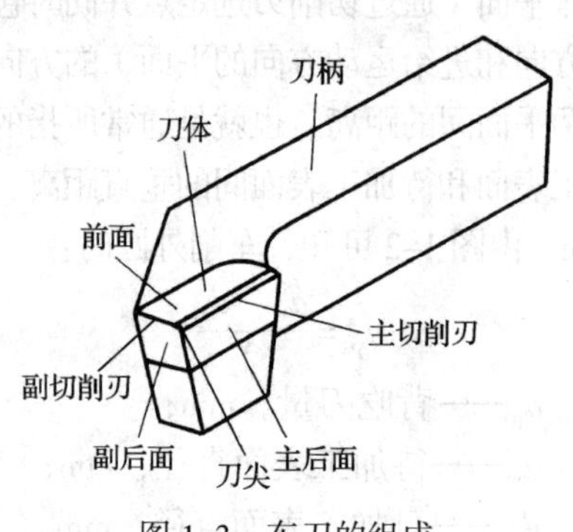

图 1–3　车刀的组成

表 1–1　刀体主要构成要素

刀面	前面（A_γ）	刀具上切屑流过的表面
	主后面（A_α）	刀具上同前面相交形成主切削刃的表面（即与过渡表面相对的表面）
	副后面（A'_α）	刀具上同前面相交形成副切削刃的表面（即与已加工表面相对的表面）
切削刃	主切削刃（S）	起始于切削刃上主偏角（见表 1–2）为零的点，并至少有一段切削刃拟用来在工件上切出过渡表面的那个整段切削刃（可狭义地理解为前面与主后面的交线）。它担负着主要的切削工作
	副切削刃（S′）	切削刃上除主切削刃以外的刃。它配合主切削刃完成少量的切削工作
刀尖	主切削刃与副切削刃的连接处相当少的一部分切削刃。为提高刀尖强度，一般磨成直线或曲线状	

二、刀具的主要角度和作用

1. 确定刀具切削角度的辅助平面

在介绍刀具的切削角度之前，首先引入

4 个辅助平面：基面、切削平面、正交平面和假定工作平面，如图 1-4 所示。

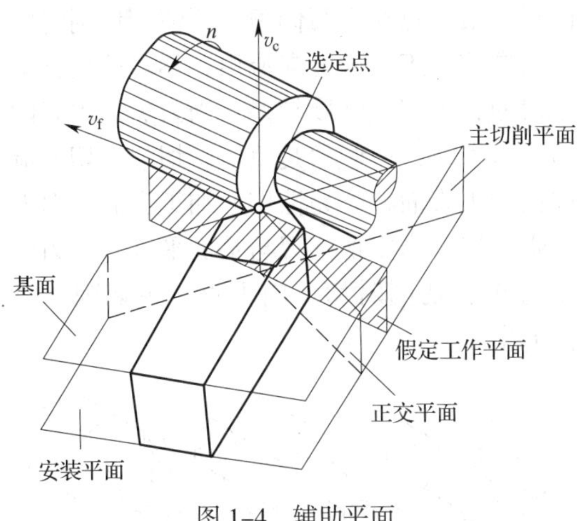

图 1-4 辅助平面

（1）基面（p_r） 过切削刃选定点的平面，它平行或垂直于刀具在制造、刃磨及测量时适合于安装或定位的一个平面或轴线，一般说来其方位要垂直于假定的主运动方向。

（2）主（副）切削平面［p_s（p'_s）］ 通过主（副）切削刃选定点与主（副）切削刃相切并垂直于基面的平面。

（3）正交平面（p_o） 通过切削刃选定点并同时垂直于基面和切削平面的平面。

（4）假定工作平面（p_f） 通过切削刃选定点并垂直于基面，它平行或垂直于刀具在制造、刃磨及测量时适合于安装或定位的一个平面或轴线，一般来说其方位要平行于假定的进给运动方向。

其中，基面、切削平面、正交平面这三个辅助平面相互垂直，通常刀具的几何角度就在这三个平面中测量。

2. 刀具的主要角度和作用

在各辅助平面中进行测量的主要角度及其作用见表 1-2。

表 1-2 各测量面中测量的主要角度及作用

测量平面	切削角度	作用	角度间的关系及大小选择
在正交平面中测量（见图 1-5）	前角（γ_o）	前面与基面间的夹角。它主要影响切削刃的锋利及切屑的变形程度	一般选取范围是 -5° ~ 25°，粗加工时前角宜小，精加工时前角宜大
	后角（α_o）	后面与切削平面间的夹角。后角可影响车刀后面与工件间的摩擦状况	后角的选取只能是正值，一般选取范围是 3° ~ 12°，粗加工时选较小值，精加工时选较大值
	正交楔角（β_o）	前面与后面间的夹角。它影响刀头强度及散热情况	前角、后角与正交楔角之间的关系为：$\gamma_o+\alpha_o+\beta_o=90°$
在基面中测量（见图 1-6）	主偏角（κ_r）	主切削平面与假定工作平面间的夹角。它能改变切削刃与工件的受力及散热情况	通常主偏角的值在 45° ~ 90°之间选取，工件刚度好时选小值，刚度差时选大值
	副偏角（κ'_r）	副切削平面与假定工作平面间的夹角。它可改变副切削刃与工件已加工表面之间的摩擦状况	一般副偏角取值范围是 5° ~ 20°
	刀尖角（ε_r）	主切削平面与副切削平面的夹角。它影响刀尖强度及散热情况	主偏角、副偏角与刀尖角之间的关系为：$\kappa_r+\kappa_r'+\varepsilon_r=180°$
在主切削平面中测量（见图 1-7）	刃倾角（λ_s）	主切削刃与基面间的夹角。它影响刀尖强度并控制切屑的流向	刃倾角 λ_s 选值一般在 -5° ~ 10°之间，粗加工时常取负值，精加工时常取正值

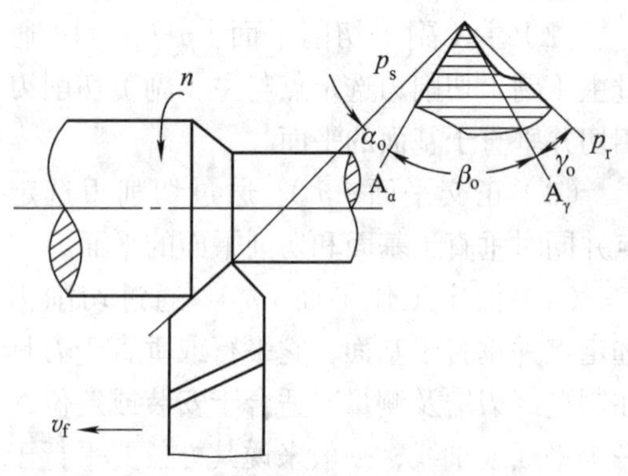

图 1–5 在正交平面中测量的角度

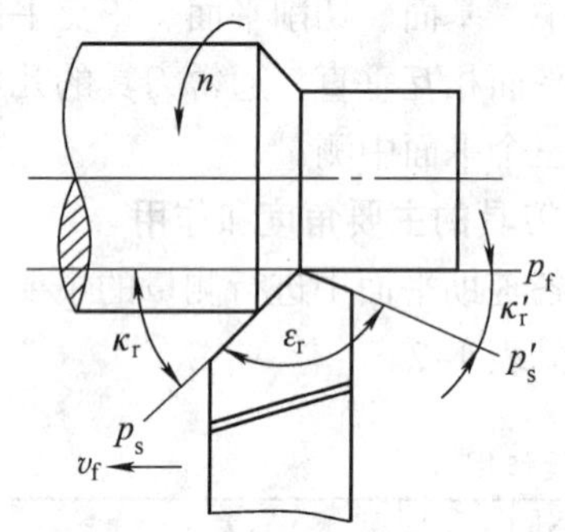

图 1–6 在基面中测量的角度

对于刃倾角λ_s来说，它有正值、负值和 0°（见图 1–7）3 种情况。当刀尖是主切削刃的最高点时，刃倾角是正值，切削时的切屑向待加工表面方向流出，不会擦伤已加工表面，但刀尖强度较差；当刀尖是主切削刃最低点时，刃倾角是负值，切削时切屑流向已加工表面，容易擦伤已加工表面，但刀尖强度好；当主切削刃与基面平行时，刃倾角为 0°，切削时切屑向垂直于主切削刃方向流出。

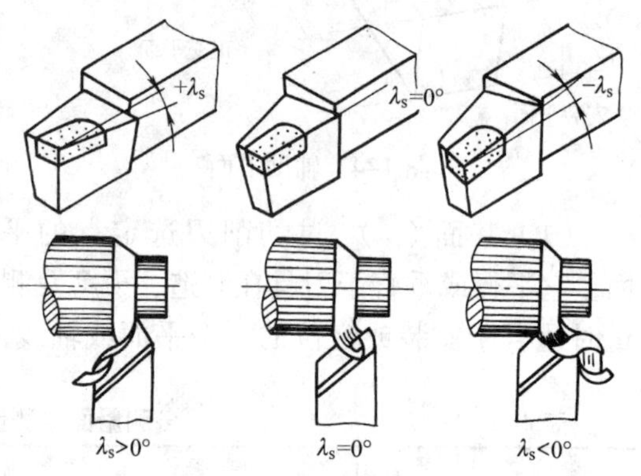

图 1–7 车刀的刃倾角

§1–3 金属切削过程的基本规律

金属切削过程是刀具从工件表面切去多余金属的过程，也是工件的切削层在刀具前面的挤压下产生塑性变形，形成切屑和已加工表面的过程。在切削过程中会产生一系列物理现象，如切削变形、切削力、切削热与切削温度以及有关刀具的磨损与刀具寿命等。掌握并能灵活应用金属切削过程基本理论，对有效控制切削过程，保证加工精度和表面质量，提高切削效率，降低生产成本，合理设计、改进刀具几何参数，减轻工人的劳动强度等有重要的指导意义。

一、切屑的类型及形成条件

切削过程中，刀具推挤工件，首先使工件上的一层金属产生弹性变形，刀具继续前进时，在切削力的作用下，金属产生不能恢复原状的滑移（即塑性变形）。当塑性变形超过金属的强度极限时，金属就从工件上断裂下来成为切屑。随着切削继续进行，切屑不断地产生，逐步形成已加工表面。

由于工件材料和切削条件不同，切削过程中材料变形程度也不同，因而产生了各种不同的切屑（见表 1–3）。

表 1–3　　切屑的类型及形成条件

类型	带状切屑	挤裂切屑	单元切屑	崩碎切屑
简图				
形态	带状，底面光滑，背面呈毛茸状	节状，底面光滑有裂纹，背面呈锯齿状	粒状	不规则块状颗粒
材料变形程度	剪切滑移尚未达到断裂程度	局部剪切应力达到断裂强度	剪切应力完全达到断裂强度	未经塑性变形即被挤裂
形成条件	加工塑性材料，切削速度较高，背吃刀量较小，刀具前角较大	加工塑性材料，切削速度较低，背吃刀量较大，刀具前角较小	工件材料硬度较高，韧性较低，切削速度较低	加工硬脆材料，刀具前角较小
影响	切削过程平稳，表面粗糙度值小，妨碍切削工作，应设法断屑	切削过程欠平稳，表面粗糙度欠佳	切削力波动大，切削过程不平稳，表面粗糙度不佳	切削力波动较大，有冲击，表面粗糙度值大，易崩刃

在生产中最常见的是带状切屑。产生带状切屑时，切削过程比较平稳，因而工件表面粗糙度值较小，刀具磨损也较慢，但带状切屑过长时会妨碍切削工作，并容易发生人身安全事故，所以应采取断屑措施。通过观察不同类型的切屑，便于分析切削过程，可以主动地控制切削条件，使切屑形态朝有利于生产的方向转化。

二、切削力

切削力是工件材料抵抗刀具切削所产生的阻力。切削力来源于切削层、切屑的弹性变形与塑性变形以及切屑、工件与刀具的摩擦。

1. 切削力的分解

为了便于测量和分析切削力对工件、刀具和机床的影响，通常把切削合力 F 分解成 3 个互相垂直的分力，如图 1–8 所示。

（1）主切削力（F_c）　主切削力是指切削合力在主运动方向上的正投影（垂直于基面，在主切削速度方向上的分力）。它是最大的一个分力，是设计及使用刀具、计算机床功率和设计主传动系统的主要依据，也是设计夹具及选择切削用量的依据。

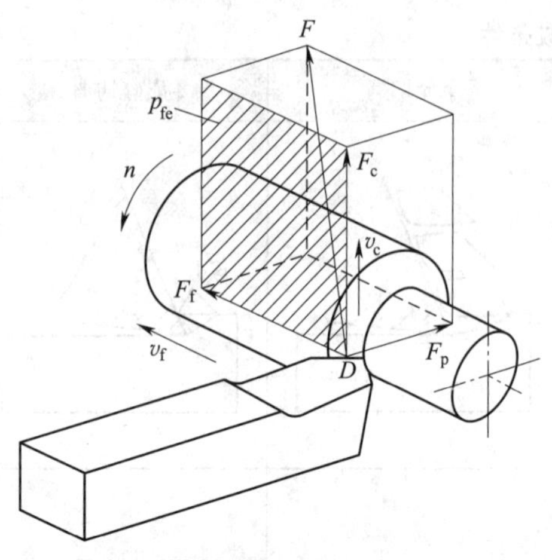

图 1–8　车削外圆时力的分解

（2）背向力（F_p）　背向力是指切削合力在垂直于工作平面上的分力。背向力影响工艺系统的变形，会引起工件及机床振动，影响加工表面质量。

（3）进给力（F_f）　进给力是指切削合力在进给运动方向上的正投影（在进给方向上的分力）。它是计算机床进给系统强度的依据。

由图 1–8 可知，切削合力 F 与分力之间的关系为：

$$F = \sqrt{F_c^2 + F_p^2 + F_f^2}$$

2. 影响切削力的因素

影响切削力的因素较多，主要因素有：

（1）工件材料　工件材料的强度、硬度越高，切削力就越大。

（2）切削用量　切削用量中对切削力影响最大的是背吃刀量，其次是进给量，切削速度对切削力影响较小。

（3）刀具角度　刀具几何角度中对切削力影响最大的是前角、主偏角和刃倾角。

（4）切削液　合理选择切削液可以减小塑性变形和刀具与工件间的摩擦，使切削力减小。

三、切削热与切削温度

切削热是在切削过程中，由于被切削材料层的变形、分离及刀具和被切削材料间的摩擦而产生的热量。

切削温度是指切削过程中切削区域的温度。切削温度的高低与切削热的产生和传递两个因素有关。切削热主要通过切屑、刀具、工件、切削液和周围空气传导出去。

切削温度升高，将影响刀具的切削性能和工件的加工精度及表面质量。研究切削热和切削温度的目的就是要严格控制切削区的温度，可采取以下措施：

（1）在刀具强度允许的情况下，适当增大刀具的前角。

（2）改善刀具的散热条件，在机床、工件、刀具系统刚度较好时，可尽量减小主偏角。

（3）合理选择切削用量，在机床进给强度允许的情况下，应尽可能选择大的背吃刀量和进给量，最后选择较小的切削速度。

（4）提高刀具前、后面的刃磨质量，减小摩擦力。

（5）合理选择切削液。

四、刀具磨损与刀具寿命

在切削过程中，刀具与切屑、工件之间产生剧烈的挤压、摩擦，从而引起刀具磨损。刀具的磨损对切削加工的效率、质量和成本有直接的影响。

1. 刀具磨损

（1）刀具磨损的形式　刀具磨损的形式分为正常磨损和非正常磨损两类。正常磨损有刀具后面磨损、前面磨损和副后面磨损 3 种形式。非正常磨损有刀具塑性变形、切削刃崩刃、剥落和热裂等形式。

（2）磨损过程　实验与生产实践证明，刀具的磨损过程分为 3 个阶段（见图 1–9）。

1）初期磨损阶段（OA 线）　由于刀具后面微观不平及刃磨后的表层组织不耐磨，所以此阶段磨损较快。

2）正常磨损阶段（AB 线）　由于接触面积增大，单位压力减小，磨损量比较均匀，磨损缓慢。该阶段是刀具的有效工作阶段。

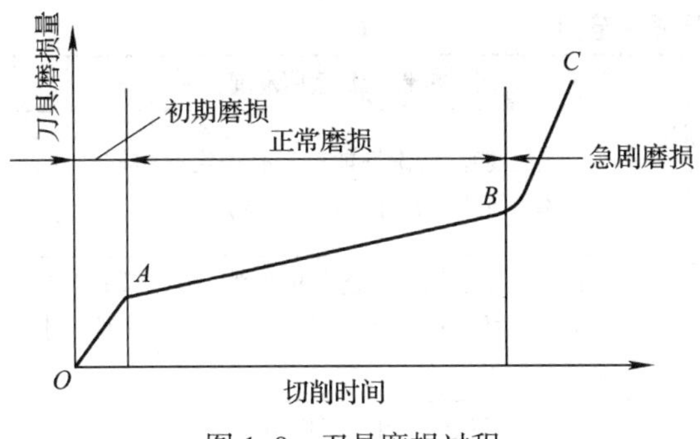

图 1–9　刀具磨损过程

3）急剧磨损阶段（*BC* 线）　由于刀具和工件接触情况恶化，摩擦加剧，切削温度上升，磨损迅速增大。刀具使用一定要避免这个阶段。

（3）磨损标准　磨损标准又称磨损判据，它是规定刀具后面磨损带中间部分平均磨损量允许达到的最大值。刀具磨损值达到了规定的标准应该重磨或更换切削刃（可换刀片），否则影响加工质量。

2. 刀具寿命

刀具寿命 T 是指刃磨后的刀具自开始切削，直至磨损量达到磨损标准时的总切削时间（min）。

影响刀具寿命的因素有：

（1）工件材料的强度、硬度、塑性越大，刀具的寿命越低。

（2）在切削用量中，对刀具寿命影响最大的是切削速度，其次是进给量，最小的是背吃刀量。

（3）适当增大前角 γ_o，减小主偏角 κ_r、副偏角 κ'_r 和增大刀尖圆弧半径 r_ε，均能提高刀具寿命。

（4）合理选择刀具材料，采用涂层刀具和使用新型刀具材料是提高刀具寿命的有效途径。

（5）合理选用切削液也能延长刀具寿命。

§1–4　切削液

切削液是指为了提高切削加工效果而使用的液体。合理选用切削液可以改善切屑、工件与刀具间的摩擦情况，抑制积屑瘤，从而有效地减小切削力，降低切削温度，提高刀具寿命，防止工件变形和改善已加工表面质量。此外，选用高性能切削液也是改善某些难加工材料切削性能的一个重要措施。

一、切削液的作用

1. 冷却作用

切削液浇注在工件和刀具上，可降低切削温度和减小工件、刀具、夹具、机床的热变形。

2. 润滑作用

切削液渗透到刀具、切屑与加工表面之间，形成吸附膜，从而减小摩擦、粘接和磨损，提高已加工表面质量。

3. 排屑和洗涤作用

利用浇注或高压喷射切削液来排除切屑或引导切屑流向，并冲洗散落在机床及工件上的细屑与磨粒。

4. 防锈作用

在切削液中加入防锈添加剂，与金属表面发生化学反应生成保护膜，起防锈、防蚀作用。

二、切削液的种类及应用

切削液主要有以冷却为主的水溶性切削液和以润滑为主的油溶性切削液两类。

切削液的分类及适用范围见表 1–4。

表 1–4 切削液的分类及适用范围

类型			主要组成	性能及适用范围
水溶性切削液	水溶液	普通型	在水中添加亚硝酸钠等水溶性防锈添加剂，加入碳酸钠或磷酸三钠，使溶液微带碱性	冷却性能、清洗性能好，有一定的防锈性能，但润滑性能差。适用于粗磨、粗加工
		防锈型	在水中除添加水溶性防锈添加剂外，再加表面活性剂、油性添加剂	冷却性能、清洗性能、防锈性能好，兼有一定的润滑性能，通透性较好。适用于对防锈性要求高的精加工
		极压型	再加极压添加剂	有一定极压润滑性。适用于重切削和强力磨削
	乳化液	防锈型	常用 1 号乳化油加水稀释成	防锈性能好，冷却性能、润滑性能一般，清洗性能稍差。适用于防锈性要求较高的工序及一般的车、铣、钻等加工。但由于乳化液对环境污染较大，正逐步被淘汰
		普通型	常用 2 号乳化油加水稀释成	清洗性能、冷却性能好，兼有防锈性能和润滑性能。适用于磨削加工及一般切削加工
		极压型	常用 3 号乳化油加水稀释成	极压润滑性能好，其他性能一般。适用于要求良好的极压润滑性能的工序，如拉削、攻螺纹、铰孔等
	合成切削液	多效型	由水、各种表面活性剂和化学添加剂组成	除具有良好的冷却、清洗、防锈、润滑性能外，还能防止对铜、铝等金属的腐蚀作用。适用于多种金属（黑色金属、铜、铝）的切削及磨削加工，也适用于极压切削或精密加工
油溶性切削液	矿物油		主要有 L—M 组金属加工用油、柴油、煤油等	润滑性能好，冷却性能差，化学稳定性好，通透性好。适用于流体润滑，可用于冷却、润滑系统合一的机床，如多轴自动车床、齿轮加工机床、螺纹加工机床等
	动植物油		主要有豆油、菜籽油、棉籽油、蓖麻油、猪油、鲸鱼油、蚕蛹油等	润滑性能比矿物油好，但易腐化变质，冷却性能差，黏附在金属上不易清洗。适用于边界润滑，可用于攻螺纹、铰孔、拉削
	复合油		以矿物油为基础再加若干动植物油	润滑性能好，冷却性能差。适用于边界润滑，可用于攻螺纹、铰孔、拉削
	极压切削油		以矿物油为基础再加若干极压添加剂、油性添加剂及防锈添加剂等，最常用的有硫化切削油，含硫氯、硫磷或硫氯磷的极压切削液	极压润滑性能好，可代替动植物油或复合油。适用于要求具有良好极压润滑性能的工序，如攻螺纹、铰孔、拉削、滚齿、插齿以及难加工材料的加工

三、切削液的选用

在金属切削过程中，一般应根据工件材料、刀具材料、加工性质和工艺要求合理选用切削液。

1. 粗加工时切削液的选用

粗加工时，切削用量较大，产生大量的切削热。这时主要是要求降低切削温度，应选用以冷却为主的切削液，如 3% ~ 5% 乳化液。硬质合金刀具耐热性较好，一般不用切削液。

2. 精加工时切削液的选用

精加工时，切削液的主要作用是减

小工件表面粗糙度值和提高加工精度。因此，选用的切削液应具有良好的润滑性能。低速精加工钢料时，可选用极压切削油或10% ~ 12%极压型乳化液。精加工铜、铝及其合金或铸铁时，可选用10% ~ 12%乳化液或离子型切削液。由于硫能腐蚀铜，所以在切削铜件时，不宜用含硫的切削液。

四、油溶性切削液质量的判定方法

1. 外观检查

新的油溶性切削液有荧光反应，而用过的则没有荧光反应；质量比较好的油溶性切削液一般呈透明或半透明状，不应有混浊现象，也不应有悬浮的颗粒，容器底部应无杂质。

2. 气味

用过的油溶性切削液如老化很严重，会有酸性气味（极压齿轮油除外）。

3. 水分

用试管或烧杯装入油溶性切削液，放在酒精灯上加热，如有“啪啪”响声，则表示其中有水分。

4. 机械杂质

在油溶性切削液中取样100 mL，用100目铜丝网将其过滤，检查铜丝网上有无杂质。

§1–5 钳工常用的刀具材料

通常所说的刀具材料是指刀具切削部分的材料，刀具材料性能的优劣直接影响加工表面质量、切削效率以及刀具寿命。

一、刀具切削部分材料应具备的性能

刀具切削部分在切削过程中将承受较大的压力、摩擦、冲击以及较高温度的影响。因此，刀具切削部分的材料必须具备良好的性能，否则，不仅会影响加工质量，还会造成安全隐患。

1. 硬度和耐磨性

刀具切削部分材料的硬度必须高于被加工工件材料的硬度才能进行正常切削。硬度是刀具材料应具备的最基本特性。

切削过程中，为了抵抗刀具不断受到的切屑和工件的摩擦引起的磨损，刀具材料还必须具有高的耐磨性能。

2. 强度和韧性

为了使刀具能承受压力、冲击和振动，要求刀具材料具有足够的强度和韧性。

3. 耐热性

耐热性是指在高温下刀具材料能保持高硬度的能力，以适应提高切削速度的要求。

4. 导热性

刀具材料应具有良好的导热性，以便切削时产生的热量能迅速散发。

5. 抗粘接性

防止工件与刀具材料分子间在高温高压下互相吸附产生粘接。

6. 化学稳定性

刀具材料在高温下应不易与周围介质发生化学反应。

7. 良好的工艺性和经济性

刀具材料应便于制造而且制造成本低廉。

二、钳工常用的刀具材料

钳工常用的刀具材料见表1–5。

表 1–5　　钳工常用的刀具材料

刀具材料		主要性能	主要应用	常见牌号与分类
工模具钢	非合金工具钢	由于该类钢含碳较高，淬火后仍有较多的过剩碳化物，所以硬度和耐磨性较高，刃磨性好，刃口锋利，价格便宜，但韧性低，淬火变形大，切削温度超过 200 ℃时，其硬度和耐磨性就显著下降	常用于制造不受冲击载荷、切削速度不高的刀具，如钻头、丝锥、锉刀、刮刀、板牙、锯条等	它是按碳的质量分数划分的，如常用牌号 T12，其碳的质量分数为 1.15% ~ 1.24%
	合金工具钢	该类钢与非合金工具钢相比，其淬透性和淬硬性较高，回火稳定性好，热处理变形小，具有更高的硬度和耐磨性，且韧性和热硬性较好	适用于制造形状复杂、变形小、耐磨性要求高的低速切削刀具，如钻头、螺纹刀具、铰刀等	依据国家标准《工模具钢》（GB/T 1299—2014），按用途分为量具刃具用钢和耐冲击工具用钢，如 9SiCr、5CrW2Si 等
高速工具钢		高速工具钢是含有碳、钨、钼、铬、钒的铁基合金，有的还含有相当数量的钴。碳和合金含量平衡配置，具有高淬硬性、高耐磨性、高热硬性和良好的韧性，在 600 ℃左右的工作温度下仍能保持较高的硬度，且制造工艺性能好，热处理变形小	常用于制造高效率的切削刀具和形状复杂、载荷较大的成形刀具，如铣刀、钻头、铰刀、齿轮刀具等，应用广泛	依据国家标准《高速工具钢》（GB/T 9943—2008），按性能分为低合金高速钢（HSS–L）、普通高速钢（HSS）和高性能高速钢（HSS–E），如 W4Mo3Cr4VSi、W6Mo5Cr4V2、W6Mo5Cr4V3Co8 等
硬质合金		硬质合金是由难熔金属的硬质化合物和粘接金属通过粉末冶金工艺制成的一种合金材料，其硬度高、耐磨性和耐热性好，强度和韧性比高速钢略低。在工作温度达 1 000 ℃时其硬度仍无明显下降	通常把它制成不同形状的刀片，再通过焊接或紧固件镶嵌在刀体上。如车刀、铣刀、铰刀、钻头和刮刀等刀具都可以镶嵌硬质合金刀片	按使用领域的不同分为 P、M、K、N、S、H 六类，其牌号及应用可查阅国家标准《切削工具用硬质合金牌号》（GB/T 18376.1—2008）

近年来，随着刀具材料技术、涂层技术的发展和高速切削技术的需求，用于高速切削的钻头、铰刀、丝锥等新型刀具越来越多。各种新型材料的刀具如高速钢涂层刀具、硬质合金涂层刀具、多层涂覆刀具和陶瓷刀具等得到较广泛的应用。

复习思考题

1. 什么叫切削运动？切削运动分成哪两类？
2. 什么是切削用量？选择切削用量的原则是什么？
3. 什么叫基面、切削平面、正交平面？它们之间的关系如何？
4. 叙述刀具主要角度的定义及作用。
5. 叙述切屑的形成过程。

6. 切屑的类型有哪几种？
7. 切削力是怎样产生的？切削力可分解成哪三个分力？各分力有何意义？
8. 什么叫切削温度？控制切削温度升高的措施有哪些？
9. 叙述刀具的正常磨损形式和非正常磨损形式。
10. 什么叫刀具寿命？影响刀具寿命的因素有哪些？
11. 叙述切削液的作用。
12. 常用的水溶性切削液有哪几种？各适用于什么场合？
13. 如何判断油溶性切削液的质量？
14. 刀具切削部分材料应具备哪些性能？
15. 钳工常用的刀具材料有哪些？

第二章

机修钳工常用测量器具

为了保证零件和产品的质量，在生产中必须用相关测量器具对零件或产品的尺寸及形状进行有效的测量和检验。根据国家标准《几何量测量器具术语　产品术语》（GB/T 17164—2008）以及测量器具的用途和特点，测量器具分为长度测量器具、角度测量器具、几何误差测量器具、表面结构质量测量器具、齿轮测量器具、螺纹测量器具以及其他测量器具七大类。

§2-1　长度测量器具

长度测量器具包括量具类、卡尺类、千分尺类和指示表类等。机修钳工常用的有塞规、塞尺、游标卡尺、外径千分尺、指示表和量块等。

一、塞规

如图 2-1 所示，塞规是指用于孔径检验的光滑极限量规（具有以孔径或轴径的上极限尺寸和下极限尺寸为标准测量面，能以包容原则反映被检孔或轴边界条件的实物量具），其测量面为外圆柱面。其中，圆柱直径具有被检孔径下极限尺寸的为孔用通规，具有被检孔径上极限尺寸的为孔用止规。

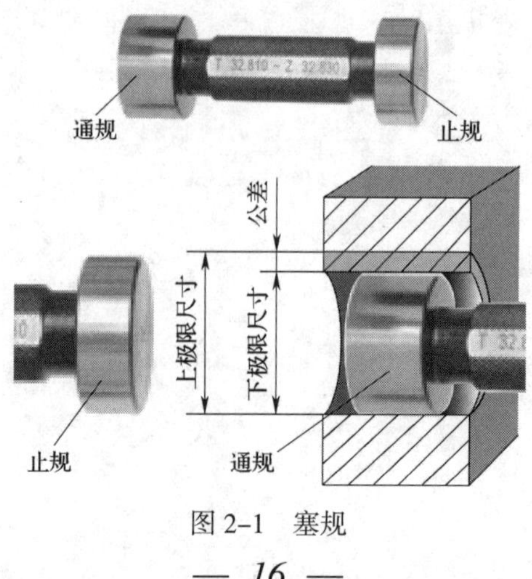

图 2-1　塞规

塞规是一种专用测量器具，它不能读出被测零件的实际尺寸值，但是能判断被测零件的尺寸是否合格。当用塞规检验工件时，如果通规能通过，止规不能通过，这就说明这个零件尺寸是合格的；反之为不合格。

二、塞尺

如图 2–2 所示，塞尺是指具有准确厚度尺寸的单片或成组的薄片，用于检验间隙的实物量具，其厚度尺寸系列见表 2–1。

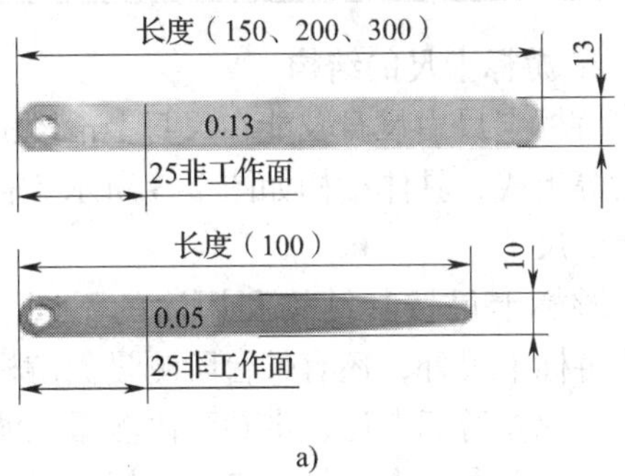

a）

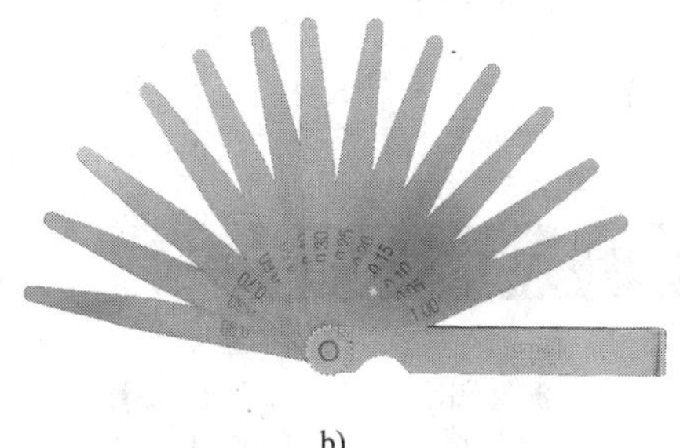

b）

图 2–2　塞尺

a）单片塞尺　b）成组塞尺

表 2–1　　塞尺的厚度尺寸系列

（摘自 GB/T 22523—2008）

厚度尺寸系列 /mm	间距 /mm	数量
0.02，0.03，0.04，…，0.10	0.01	9
0.15，0.20，0.25，…，1.00	0.05	18

成组塞尺是由多片厚度不同的单片塞尺所组成，其常用成组塞尺的规格见表 2–2。

表 2–2　成组塞尺的片数及组装顺序

（摘自 GB/T 22523—2008）

成组塞尺的片数	塞尺的长度 /mm	厚度尺寸及组装顺序 /mm
13	100，150，200，300	0.10，0.02，0.02，0.03，0.03，0.04，0.04，0.05，0.05，0.06，0.07，0.08，0.09
14		1.00，0.05，0.06，…，0.10，0.15，0.20，0.25，0.30，0.40，0.50，0.75
17		0.50，0.02，0.03，…，0.10，0.15，0.20，…，0.45
20		1.00，0.05，0.10，0.15，…，0.95
21		0.50，0.02，0.02，0.03，0.03，0.04，0.04，0.05，0.05，0.06，0.07，0.08，0.09，0.10，0.15，0.20，…，0.45

塞尺使用前必须清除塞尺和工件上的污垢与灰尘。测量时可用一片或数片重叠插入间隙，以稍感拖滞为宜，动作要轻，不允许强行插入，也不允许检验温度较高的零部件。使用完毕，应将塞尺擦拭干净，并涂上一薄层工业凡士林，然后将塞尺折回夹框内，以防锈蚀、弯曲和变形。

三、游标卡尺

游标卡尺是指利用游标原理对两同名测量面相对移动分隔的距离进行读数的测量器具，它具有结构简单、使用方便、精度中等及测量尺寸范围大等特点，可用来测量零件的外径、内径、长度、宽度、厚度、深度和孔距等，是一种应用较为广泛的常用量具。

1. 游标卡尺的基本参数

（1）标尺间距　标尺间距是指沿着标尺长度同一条线测得的两相邻标尺标记之间的距离。游标卡尺主标尺的标尺间距为 1 mm。

（2）测量范围　测量范围是指测量器

具的误差在规定极限内的一组被测量的值（被测量值的下限值至上限值的范围）。机修钳工常用的游标卡尺的测量范围有 0 ~ 150 mm、0 ~ 200 mm、0 ~ 300 mm 等几种。

（3）分度值　分度值是指对应两相邻标尺标记的两个值之差。游标卡尺的分度值有 0.02 mm、0.05 mm 和 0.10 mm 3 种，其中分度值为 0.02 mm 的游标卡尺最为常用。

分度值是测量器具所能直接读出示值的最小单位量值，它反映了该测量器具的测量精度高低。一般来说，分度值越小，测量器具的精度越高。对于数显测量器具则用分辨力（能被有效辨别的显示装置的示值间的最小差异）来表示。

（4）最大允许误差（允许误差极限）　最大允许误差是指由技术规范、规则等对卡尺规定的误差极限值，它是测量器具本身各种误差的综合反映。游标卡尺外测量的最大允许误差见表 2–3。

表 2–3　游标卡尺外测量的最大允许误差

（摘自 GB/T 21389—2008）

测量范围 /mm	最大允许误差		
	分度值 /mm		
	0.02	0.05	0.10
0 ~ 70	± 0.02	± 0.05	± 0.10
0 ~ 150	± 0.03		
0 ~ 200			
0 ~ 300	± 0.04	± 0.06	
0 ~ 500	± 0.05	± 0.07	
0 ~ 1 000	± 0.07	± 0.10	± 0.15

2. 游标卡尺的结构

游标卡尺由尺身及能在尺身上滑动的游标尺等组成，具体结构如图 2–3 所示（普通游标卡尺）。

游标卡尺按其结构和用途的不同，除普通游标卡尺外，还有带台阶测量面游标卡尺、微视差游标卡尺、带圆弧内测量爪游标卡尺和单面游标卡尺等。各类游标卡尺的结构及特点见表 2–4。

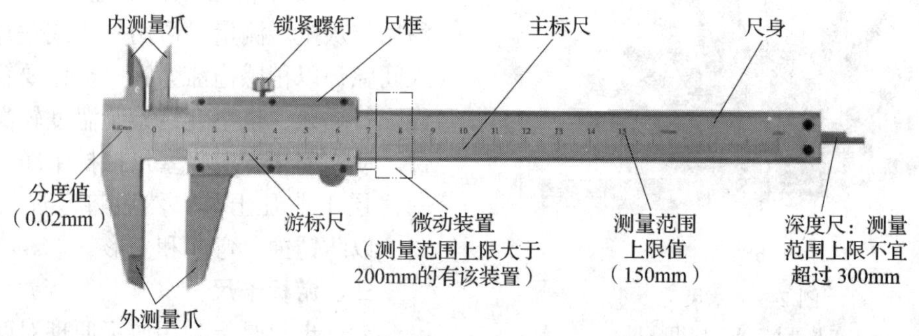

图 2–3　测量范围为 0 ~ 150 mm 的普通游标卡尺

表 2–4　各类游标卡尺的结构及特点

类型	图示	特点
带台阶测量面游标卡尺	台阶测量面	在普通游标卡尺的基础上，增加了台阶测量面，可测量零件的台阶尺寸

续表

类型	图示	特点
微视差游标卡尺	主标尺标记面　游标尺标记面	此类游标卡尺是将主标尺标记表面与游标尺标记表面制作在同一平面内，以便减少视差
带圆弧内测量爪游标卡尺		在下测量爪上附加圆弧内测量爪，以便于测量孔径（等于读取示值加上内测量爪的尺寸）
单面游标卡尺		此类游标卡尺的示值范围的上限值一般较大，主要用于大尺寸的测量

3. 游标卡尺的标记原理

如图 2–4 所示（分度值为 0.02 mm 的游标卡尺），尺身上主标尺间距（每小格长度）为 1 mm，当两爪合并时，游标尺上的 50 格刚好与主标尺上的 49 mm 对齐，则游标尺间距（每小格长度）为 49 mm/50=0.98 mm，主标尺间距与游标尺间距相差 1 mm–0.98 mm=0.02 mm，即 0.02 mm 就是该游标卡尺的分度值（最小读数值）。

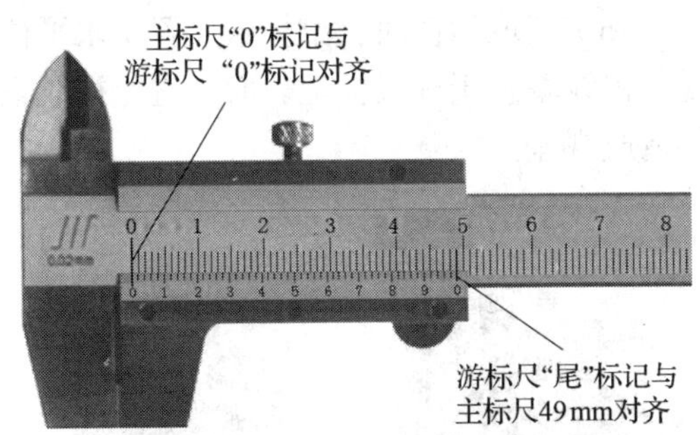

图 2–4　分度值为 0.02 mm 游标卡尺的标记原理

4. 游标卡尺的示值读取方法

读取游标卡尺上的示值时，一般分三步，即整数部分—小数点后第一位数值—小数点后第二位数值。

（1）整数部分　从游标卡尺的主标尺上读取。为了便于读取，每 10 mm 标有一个数字。靠近游标尺“0”标记左边的主标尺标记就是整数值，图 2–5 所示的尺寸整数部分为 24 mm。

（2）小数点后第一位数值　从游标尺上读取。在游标尺上每 5 格标有一个数字，对齐标记前边的数字就是小数点后的第一位数值，图 2–5 所示小数点后的第一位数值为 0.5 mm。

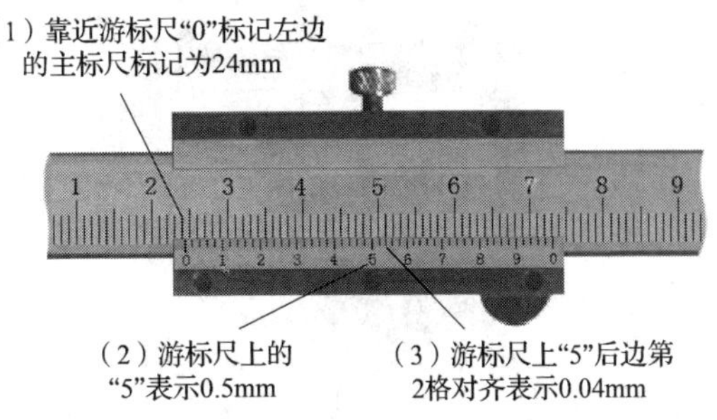

图 2–5　分度值为 0.02 mm 游标卡尺的示值读取方法

（3）小数点后第二位数值　第一位小数点后的格数乘以 0.02 就是小数点后的第二位数值，图 2–5 所示小数点后的第二位数值为 2 × 0.02=0.04 mm。

则图 2–5 所显示的游标卡尺示值为 24+0.5+0.04=24.54 mm。

5. 游标卡尺的使用注意事项

（1）根据工件的尺寸要求选用合适的游标卡尺。游标卡尺只适用于中等精度（IT11 ~ IT16）尺寸测量和检验，不能用游标卡尺测量铸、锻件毛坯尺寸，也不能用游标卡尺测量精度要求过高的工件。

（2）使用前要检查游标卡尺量爪和测量刃口是否平直无损，两量爪贴合时是否有漏光现象，主标尺与游标尺的“0”标记是否对齐。

（3）测量外尺寸时，量爪应张开到略大于被测尺寸，以固定量爪贴住工件，用轻微推力把活动量爪推向工件，并使测量面的连线垂直于被测表面，如图 2–6 所示。

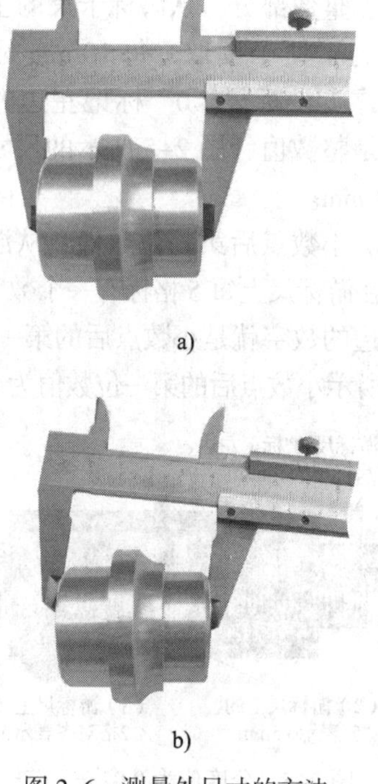

a)

b)

图 2–6　测量外尺寸的方法

a）正确　b）错误

（4）测量内孔尺寸时，量爪开度应略小于被测尺寸。测量时，两量爪应在孔的直径上，不得倾斜，如图 2–7 所示。

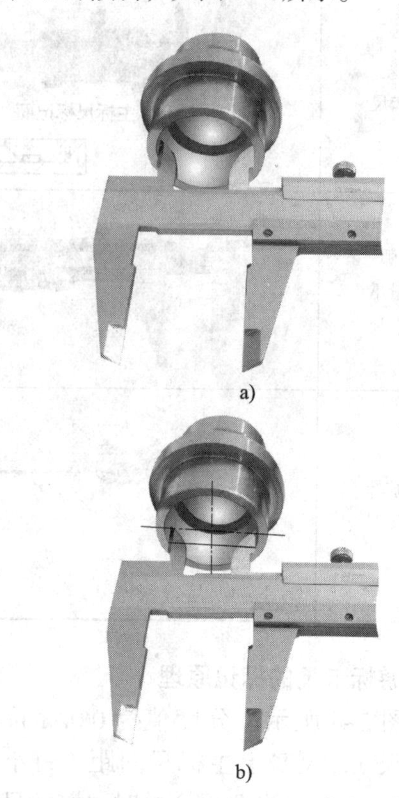

a)

b)

图 2–7　测量内孔尺寸的方法

a）正确　b）错误

（5）测量孔深或高度时，应使深度尺的测量面紧贴孔底，游标卡尺的端面与被测件的表面接触，且深度尺要垂直，不可前后左右倾斜，如图 2–8 所示。

（6）读取示值时，游标卡尺置于水平位置，视线垂直于标尺标记表面，避免视线歪斜造成视差。

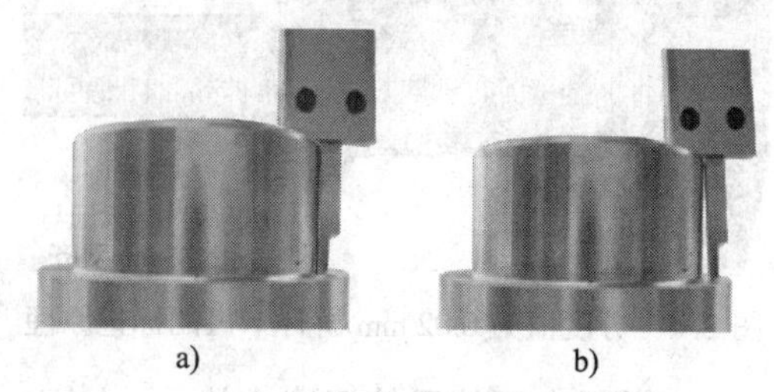

a)　b)

图 2–8　测量深度的方法

a）正确　b）错误

知识拓展

其他常用卡尺

（1）数显卡尺（见图 2–9a） 利用电子测量、数字显示原理，对两同名测量面相对移动分隔的距离进行读数的测量器具。此类卡尺用分辨力（一般为 0.01 mm）来代替分度值，直接由显示器显示示值。

（2）带表卡尺（见图 2–9b） 利用机械传动系统，将两同名测量面的相对移动转变为指示表指针的回转运动，并借助尺身标尺和指示表对两同名测量面相对移动分隔的距离进行读数的测量器具。其分度值一般为 0.01 mm，它由指示表标记代替游标读数，读数直观、使用方便。

（3）游标深度卡尺（见图 2–9c） 利用游标原理对尺框测量面和尺身测量面（或测量爪的深度测量面）相对移动分隔的距离进行读数的测量器具。主要用来测量孔的深度、台阶的高度和沟槽深度。

（4）游标高度卡尺（见图 2–9d） 利用游标原理对装置在尺框上的划线量爪或测量头工作面与底座工作面相对移动分隔的距离进行读数的测量器具。主要用来测量零件的高度和划线。

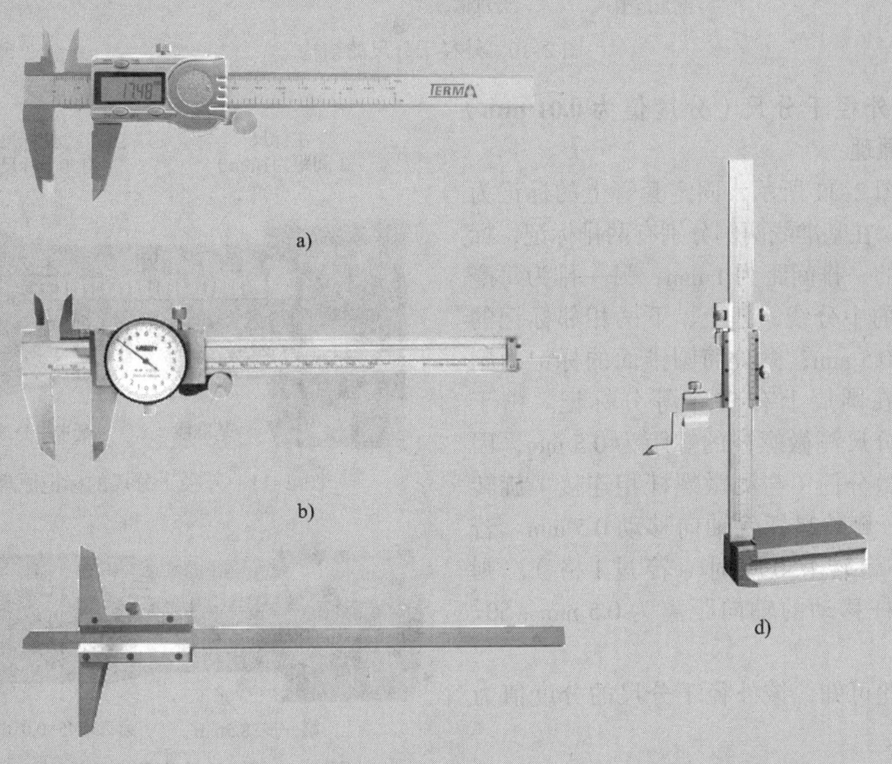

图 2–9 其他常用卡尺

a）数显卡尺 b）带表卡尺 c）游标深度卡尺 d）游标高度卡尺

四、外径千分尺

外径千分尺是指利用螺旋副把测微螺杆的旋转角度转换成测微螺杆的轴向位移，对尺架上两测量面间分隔的距离进行读数的外尺寸测量器具。

1. 外径千分尺的基本参数

（1）分度值　外径千分尺的分度值有 0.01 mm、0.001 mm 和 0.002 mm 等几种，其中分度值为 0.01 mm 的外径千分尺最为常用。

（2）测量范围　外径千分尺的测量范围是指被测量值的下限值至上限值的范围，常用的有 0 ~ 25 mm、25 ~ 50 mm、50 ~ 75 mm、75 ~ 100 mm、100 ~ 125 mm、125 ~ 150 mm 等几种。

2. 外径千分尺的结构

外径千分尺主要由尺架、测砧、固定套管、测微螺杆、微分筒、测力装置和标尺模拟读数装置等组成，其具体结构如图 2–10 所示。

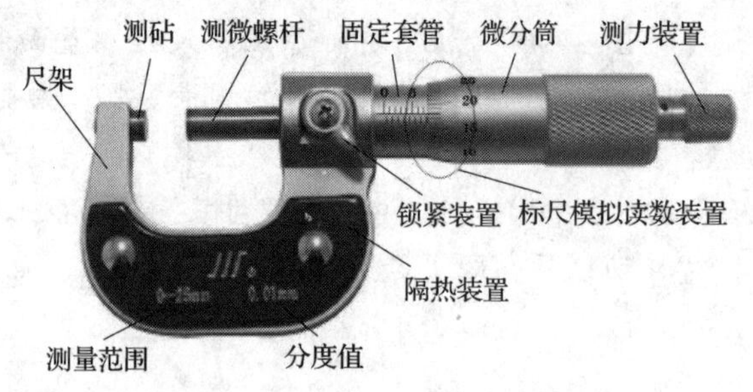

图 2–10　外径千分尺的结构

3. 外径千分尺（分度值为 0.01 mm）的标记原理

如图 2–11 所示，固定套管上的标记为主标尺，在基准线两侧分别有两排标记，标有数字的一排间距为 1 mm，另一排为每毫米标记的中分线，即上、下两相邻标记的间距为 0.5 mm；微分筒圆锥面的标记为副标尺，在圆周上有 50 个等分标记。由于外径千分尺测微螺杆的螺距为 0.5 mm，因此，当微分筒（与测微螺杆相连接）旋转 1 周时，测微螺杆就轴向移动 0.5 mm。若微分筒旋转 1/50 周时（转过 1 格），则测微螺杆移动的轴向距离为 0.5 mm ÷ 50= 0.01 mm。

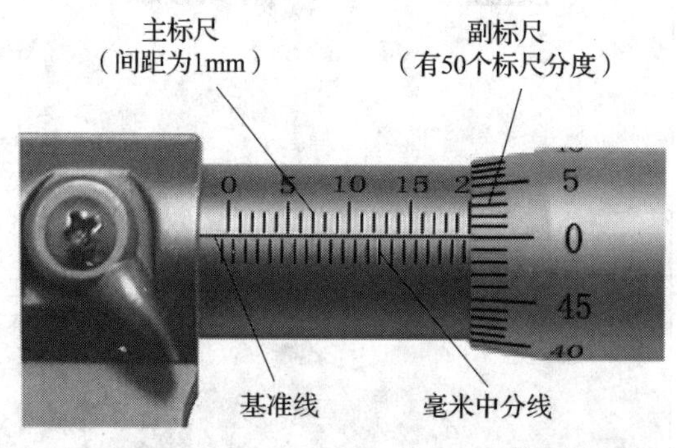

图 2–11　外径千分尺的标记原理

由此可知，该外径千分尺的分度值为 0.01 mm。

4. 外径千分尺的示值读取方法

如图 2–12 所示，外径千分尺的示值读取方法可分 3 步。

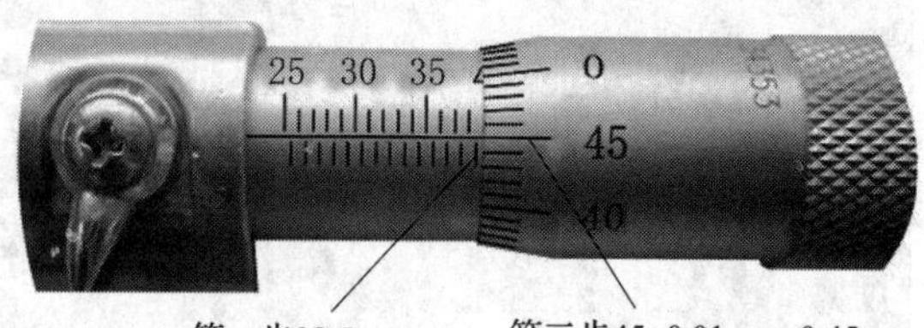

图 2–12　外径千分尺的示值读取方法

（1）读出主标尺所显示的最大数值（38.5 mm），也就是微分筒圆锥面的端面棱边处所显示的标记。

（2）在副标尺上找到与基准线对齐的标记，再乘以分度值（45×0.01 mm=0.45 mm）。当微分筒上的标尺标记与基准线不对齐时，应估读到小数点第三位数。

（3）把两个读数相加即为该千分尺所显示的示值（38.5 mm+0.45 mm=38.95 mm）。

5. 外径千分尺的使用注意事项

（1）千分尺的测量面应保持干净，使用前应校对零位（测量范围下限大于或等于 25 mm 的外径千分尺均附有对应校对量杆），如图 2–13 所示。

（2）测量时，先转动微分筒，当测量面接近工件时，改用测力装置，直到发出“吱吱”声音为止。

（3）测量时，千分尺要放正，并注意温度影响。

（4）不能用千分尺测量毛坯或转动的工件。

（5）使用完毕，应将千分尺擦净放置在专用盒内。若长时间不用，应涂上专用防锈油保存以防生锈。

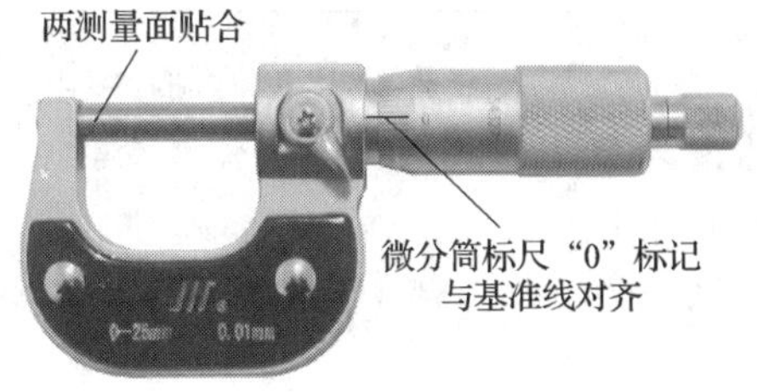

a)

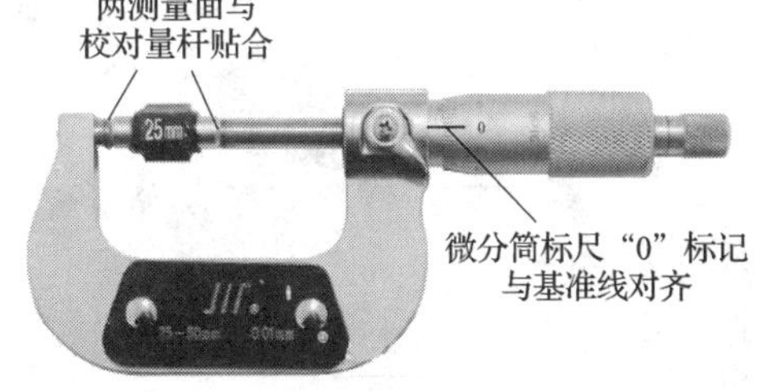

b)

图 2–13　外径千分尺校零

a）测量范围为 0 ~ 25 mm

b）测量范围为 25 ~ 50 mm

知识拓展

其他常用千分尺

千分尺的种类很多，除外径千分尺外，常用的还有杠杆千分尺、带计数器千分尺、数显外径千分尺、深度千分尺、两点内径千分尺、三爪内径千分尺和内测千分尺等，如图 2–14 所示。

（1）杠杆千分尺（见图 2–14a）　利用杠杆传动机构及螺旋副原理，对尺架上两测量面间分隔的距离通过指示表和微分筒标尺进行读数，并可由指示表读取两测量面间微小位移量的（微米级）外径千分尺。指示表的分度值为 0.001 mm 或 0.002 mm。

（2）带计数器千分尺（见图 2–14b）　利用螺旋副原理，对尺架上两测量面间分隔的距离用计数器数字读数装置进行读数的外径千分尺。

（3）电子数显外径千分尺（见图 2–14c）　利用电子数显装置对尺架上两测量面间分隔的距离进行读数的外尺寸测量器具。其分辨力为 0.001 mm，测量时直观、方便。

（4）深度千分尺（见图 2–14d）　利用螺旋副原理，对底板测量面与测量杆测量面间分隔的距离进行读数的深度测量器具。

（5）两点内径千分尺（见图 2–14e）　利用螺旋副原理，对主体两端球形测量面间分隔的距离进行读数的内尺寸测量器具。其主要用来测量孔径尺寸。

（6）三爪内径千分尺（见图 2–14f）利用螺旋副原理，通过旋转塔形阿基米德螺旋体或移动锥体使三个测量爪作径向位移，使其与被测量内孔接触，对内孔尺寸进行读数的内径千分尺。

（7）内测千分尺（见图 2–14g）具有两个圆弧测量面，适用于测量内尺寸的千分尺。

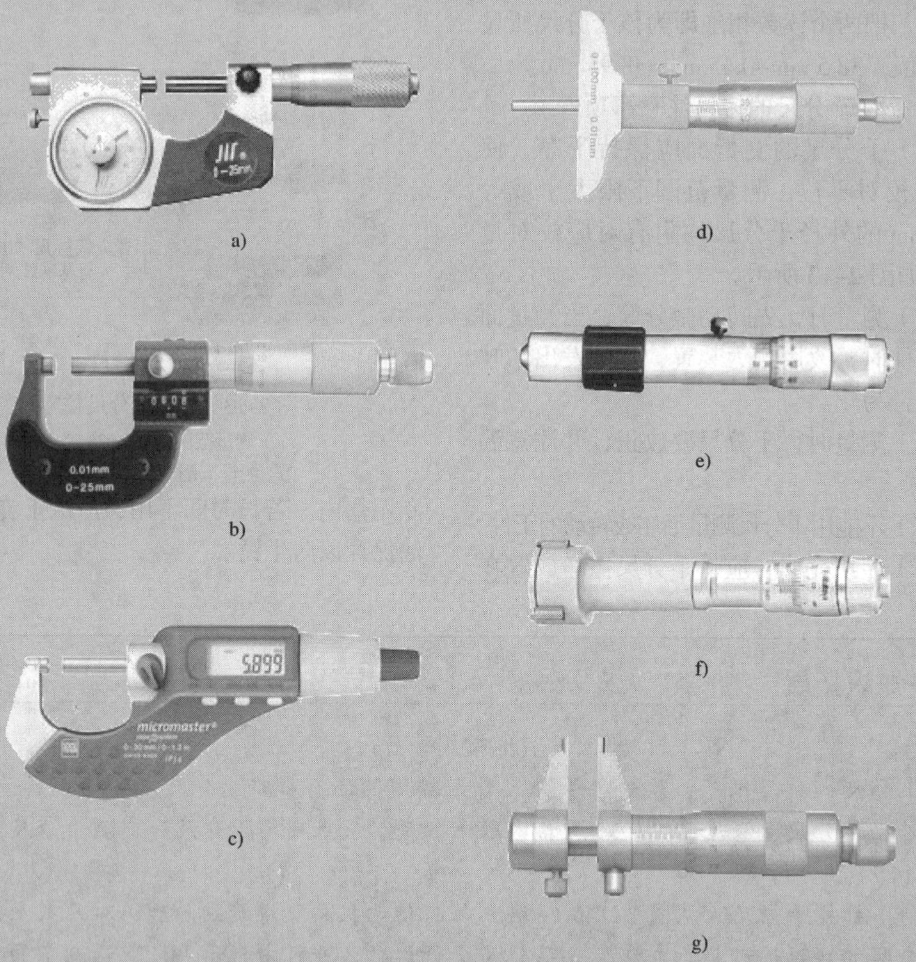

a)

d)

b)

e)

f)

c)

g)

图 2–14　其他常用千分尺

a）杠杆千分尺　b）带计数器千分尺　c）电子数显外径千分尺

d）深度千分尺　e）两点内径千分尺　f）三爪内径千分尺　g）内测千分尺

五、量块

量块是指具有一对相互平行测量面，且两平面间具有精确尺寸，其截面为矩形的实物量具，如图 2–15 所示。量块主要用于量具和量仪的检验校正、精密划线和精密机床的调整以及较高精度零件的测量。

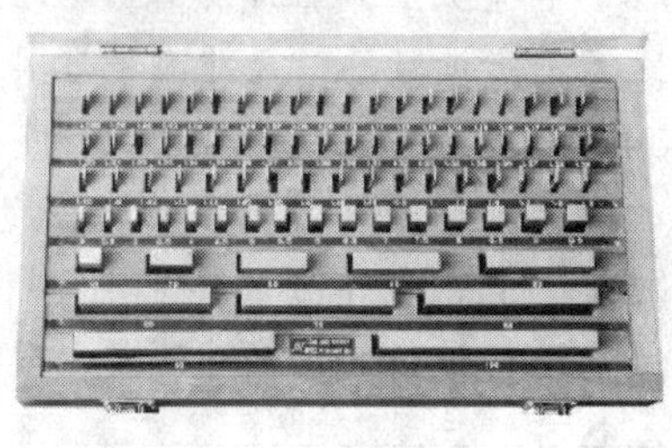

图 2–15　成套量块

1. 量块的构成

如图 2–16 所示，量块有 2 个工作面和 4 个非工作面，工作面是一对相互平行而且平面度误差及表面粗糙度 *Ra* 值极小的平面（即测量面），并具有较好的研合性，其精度等级分为 K 级、0 级、1 级、2 级和 3 级共 5 个级别（K 级最高，3 级最低）。量块按材质分为钢制量块、硬质合金量块和陶瓷量块等。

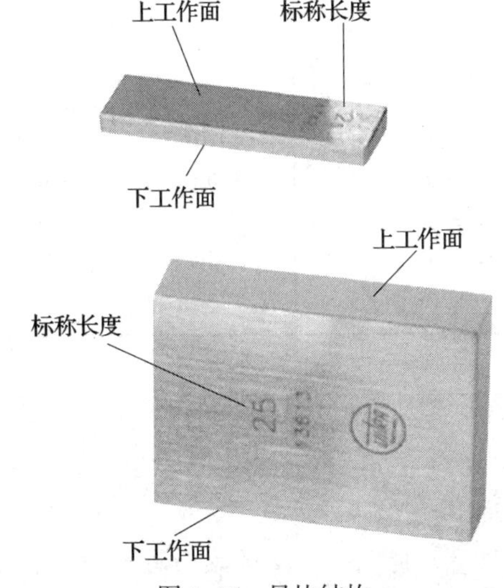

图 2–16　量块结构

2. 量块的应用

为了便于使用和管理，量块一般成套组装在特制的木盒中。常用成套量块的标称长度和块数见表 2–5。

利用量块的研合性，把不同标称长度的量块组合，可得到所需要的尺寸。为了工作方便，减少累积误差，选用量块时，应尽可能选用最少的组合块数，一般情况下不超过 5 块。选取时，应根据所需组合的尺寸，从最后一位数字开始，每选一块，至少减少组合尺寸的一位数字，以此类推，直至组合成完整的尺寸。例如，所要组合的尺寸为 48.245 mm，从 83 块一套的盒中选取：

48. 245	组合尺寸
–1. 005	第一块量块标称长度
47. 24	
–1. 24	第二块量块标称长度
46	
–6	第三块量块标称长度
40	第四块量块标称长度

即选用 1.005 mm、1.24 mm、6 mm、40 mm 量块共 4 块。

表 2–5　　常用成套量块的标称长度和块数（摘自 GB/T 6093—2001）

套别	总块数	级别	尺寸系列 /mm	间隔 /mm	块数
1	91	0，1	0.5	—	1
			1	—	1
			1.001，1.002，…，1.009	0.001	9
			1.01，1.02，…，1.49	0.01	49
			1.5，1.6，…，1.9	0.1	5
			2.0，2.5，…，9.5	0.5	16
			10，20，…，100	10	10
2	83	0，1，2	0.5	—	1
			1	—	1
			1. 005	—	1
			1.01，1.02，…，1.49	0.01	49
			1.5，1.6，…，1.9	0.1	5
			2.0，2.5，…，9.5	0.5	16
			10，20，…，100	10	10

续表

套别	总块数	级别	尺寸系列 /mm	间隔 /mm	块数
3	46	0，1，2	1	—	1
			1.001，1.002，…，1.009	0.001	9
			1.01，1.02，…，1.09	0.01	9
			1.1，1.2，…，1.9	0.1	9
			2，3，…，9	1	8
			10，20，…，100	10	10
4	38	0，1，2	1	—	1
			1.005	—	1
			1.01，1.02，…，1.09	0.01	9
			1.1，1.2，…，1.9	0.1	9
			2，3，…，9	1	8
			10，20，…，100	10	10

小提示

使用量块的注意事项：

（1）量块属精密量具，应轻拿轻放，在桌上放置量块时只许非工作表面与桌面接触。

（2）组合量块时，为了减少积累误差，应选用最少的块数组合。

（3）测量时应注意灰尘和温度对测量精度的影响。

（4）用完后的量块应及时擦净，涂上凡士林后放入盒中。

（5）为了保持量块的精度，一般不允许用量块直接测量工件，尽量用护块接触工件。

六、指示表

指示表是指利用机械传动系统，将测杆的直线位移转变为指针在度盘上的角位移，并由度盘进行读数的测量器具。其中：分度值为 0.01 mm 的称为百分表；分度值为 0.001 mm 和 0.002 mm 的称为千分表。它属长度类指示式测量器具，常用来测量工件的尺寸和几何误差。

1. 百分表的结构

百分表的结构如图 2–17 所示，主要由测头、测杆、大小齿轮、指针、度盘、表圈等组成。

2. 百分表的标记原理

百分表测杆上齿条周节是 0.625 mm。当测杆上升 16 齿时（即上升 0.625 mm × 16=10 mm），16 齿的小齿轮正好转 1 周，与之同轴的大齿轮（z=100）也转 1 周，带动齿数为 10 的小齿轮和长指针转 10 周。当测杆移动 1 mm 时，长指针转 1 周。由于度盘上共等分 100 格，所以长指针每转一格，表示测杆移动 0.01 mm。故百分表的分度值为 0.01 mm。

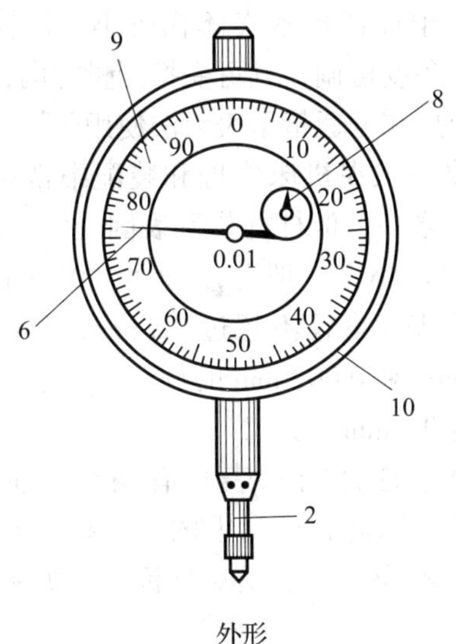

外形

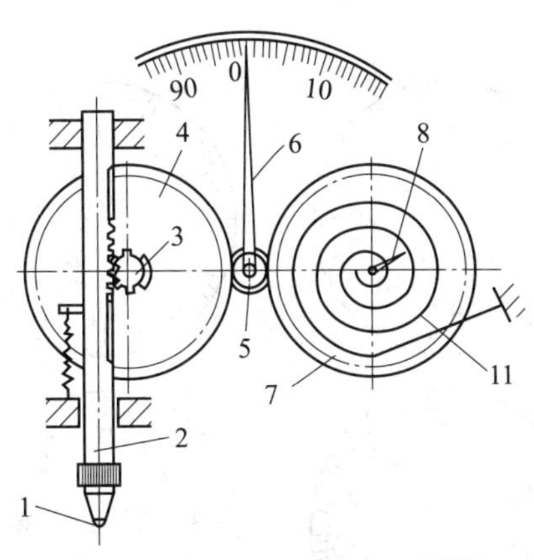

传动原理

图 2–17　百分表的结构

1—测头　2—测杆　3—小齿轮（z=16）
5—小齿轮（z=10）4，7—大齿轮（z=100）
6—指针　8—转数指针　9—度盘
10—表圈　11—拉簧

3. 指示表使用操作要点

（1）根据被测工件的精度要求，合理选用指示表的分度值（百分表或千分表）。

（2）使用前，应检查测杆活动的灵活性。即轻轻推动测杆时，测杆在套筒内的移动要灵活，没有任何阻滞现象，每次手松开后，指针能回到原来的标记位置。

（3）使用时，必须把指示表固定在表架或可靠的夹持架上。切不可贪图省事，随便夹在不稳固的地方，否则容易造成测量结果不准确或摔坏指示表。

（4）测量时，不要使测杆的行程超过它的测量范围，不要使测头突然撞到工件上，也不要用指示表测量表面粗糙或有显著凹凸不平的工件。

（5）测量平面时，指示表的测杆要与被测平面垂直；测量圆柱形工件时，测杆要与工件的轴线垂直，否则将使测杆轴向移动不灵活，测量结果不准确。

（6）为方便读数，在测量前一般将指针与度盘的“0”标记对齐。

（7）测量过程中，尽量不使测头做过多无效的运动，否则会加快零件磨损。

（8）指示表不用时，应使测杆处于自由状态，以免使表内拉簧失效。

七、杠杆指示表

杠杆指示表是指利用机械传动系统，将杠杆测头的摆动位移转变为指针在度盘上的角位移，并由度盘进行读数的测量器具。其中：分度值为 0.01 mm 的称为杠杆百分表；分度值为 0.001 mm 和 0.002 mm 的称为杠杆千分表。它属长度类指示式测量器具，常用来测量工件的尺寸和几何误差。

1. 杠杆百分表的结构

杠杆百分表的结构如图 2–18 所示，主要由表体、杠杆测头、扇形齿轮、圆柱齿轮、端面齿轮、指针、度盘、表圈等组成。

为了使用方便，杠杆百分表除有图 2–18 所示的正面式外，目前，还有侧面式和端面式两种，如图 2–19 所示。

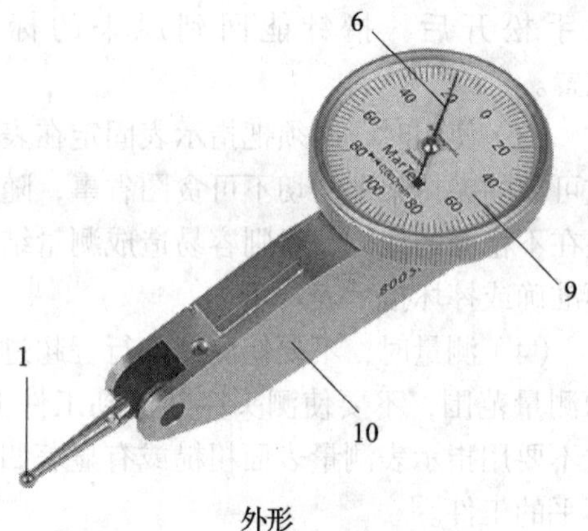

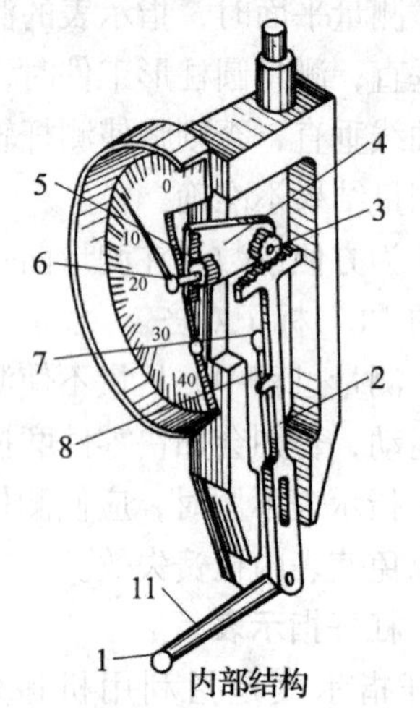

图 2-18　杠杆百分表的结构

1—杠杆测头　2—扇形齿轮　3，5—圆柱齿轮
4—端面齿轮　6—指针　7—换向杆
8—钢丝　9—度盘　10—表体　11—测杆

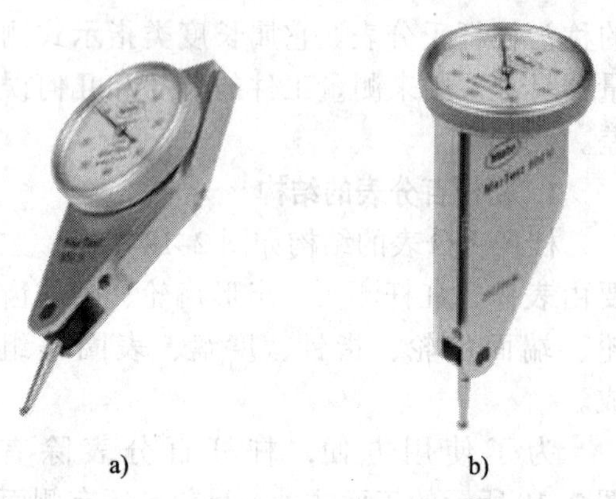

图 2-19　杠杆百分表的形式

a）侧面式　b）端面式

2. 杠杆指示表的特点及应用

由于杠杆指示表体积较小，杠杆测头的倾斜角度可调，且可变换测量方向，所以主要应用在普通指示表无法使用的场合。它是机修钳工在机床修理和装配中常用的测量器具之一。但杠杆指示表因受结构限制，其量程较小，一般分度值为 0.01 mm 的杠杆百分表，量程不超过 1.6 mm；分度值为 0.001 mm 和 0.002 mm 的杠杆千分表，量程不超过 0.4 mm。

由于杠杆指示表具有两个方向的测量功能，因此，度盘上的标尺标记与普通指示表不同，一般呈对称标记，如图 2-20 所示。

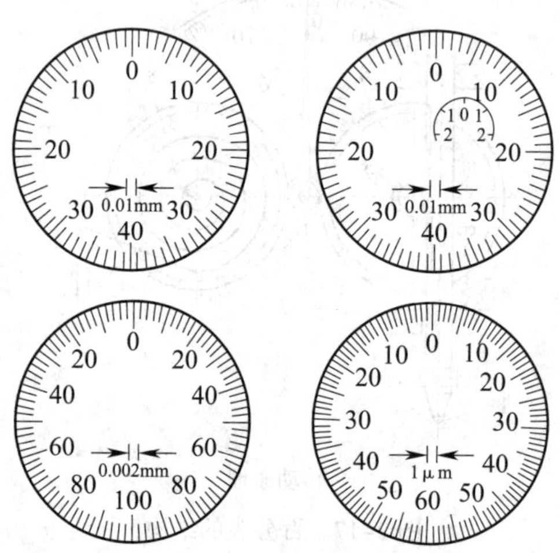

图 2-20　杠杆指示表的度盘形式

使用杠杆指示表时，应尽量将测杆轴线与被测表面平行，否则会产生较大误差。对圆柱形工件，测杆轴线要与被测母线的相切平面平行。若受条件限制，无法使测杆轴线与被测表面平行，可将测量结果按下式修正：

$$A=a\cdot\cos\alpha$$

A——正确的测量结果；

a——杠杆表的示值；

α——测杆轴线与被测表面间的夹角。

§2-2 角度测量器具

一、直角尺

直角尺是指测量面与基面相互垂直，用以检验垂直度和平行度误差的测量器具，又称 90° 角尺。它具有结构简单、使用方便、制造精度高、稳定性好等特点。常用的有刀口形直角尺、平面形直角尺和宽座直角尺等。

1. 刀口形直角尺

如图 2–21 所示，刀口形直角尺是指两测量面为刀口形的直角尺，其基本参数见表 2–6。

2. 平面形直角尺

如图 2–22 所示，平面形直角尺是指测量面与基面宽度相等的直角尺，其基本参数见表 2–7。

3. 宽座直角尺

如图 2–23 所示，宽座直角尺是指基面宽度大于测量面宽度的直角尺，其基本参数见表 2–7。

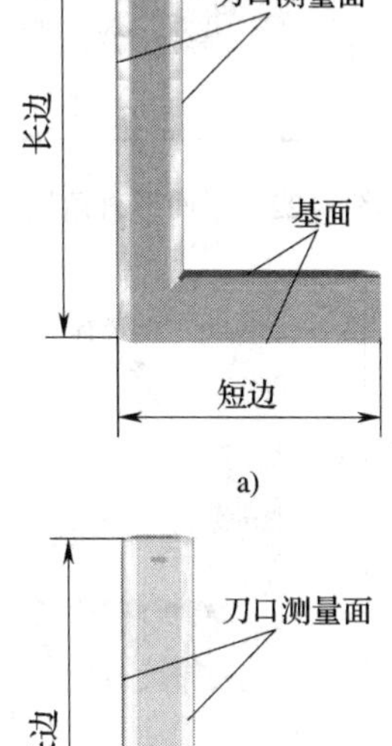

a)

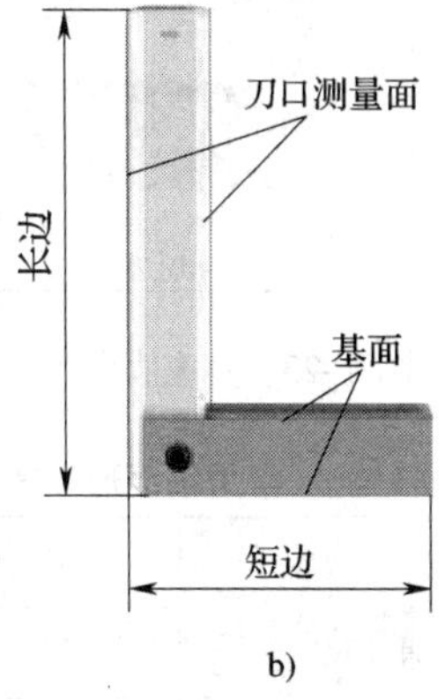

b)

图 2–21　刀口形直角尺
a）平面刀口形直角尺　b）宽座刀口形直角尺

表 2–6　常用刀口形直角尺的基本参数（摘自 GB/T 6092—2004）

平面刀口形直角尺	精度等级	0 级、1 级						
	长边 /mm	50	63	80	100	125	160	200
	短边 /mm	32	40	50	63	80	100	125
宽座刀口形直角尺	精度等级	0 级、1 级						
	长边 /mm	50	75	100	150	200	250	300
	短边 /mm	40	50	70	100	130	165	200

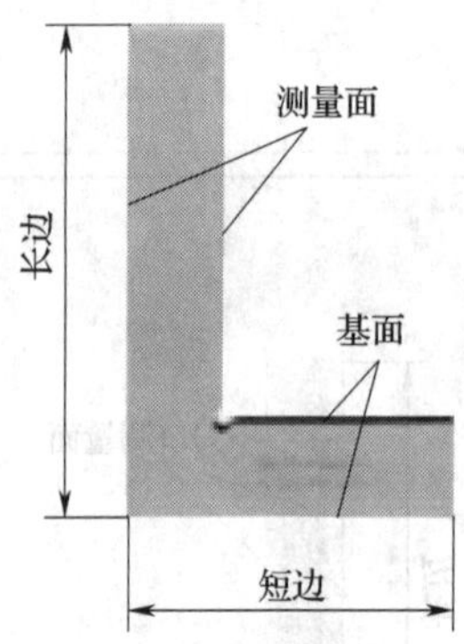

图 2-22　平面形直角尺

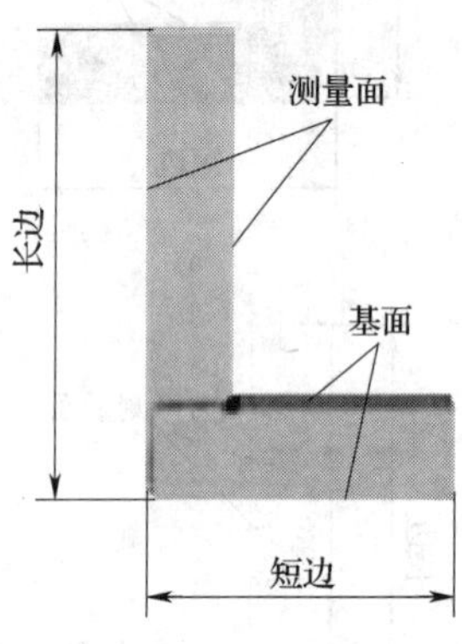

图 2-23　宽座直角尺

4. 直角尺的精度等级

直角尺的精度等级分为 00 级、0 级、1 级和 2 级共 4 个级别。其中 00 级直角尺主要用于检验量具；0 级一般用于检验较精密工件；1 级和 2 级用于检验一般精度的工件。常用直角尺的最大允许几何误差值见表 2-8。

5. 直角尺的使用注意事项

（1）使用前，必须将直角尺和工件被测面擦干净。

（2）如图 2-24 所示，先将直角尺的基面紧贴工件的测量基准面，然后慢慢向下移动（直角尺基面不可与工件基准面分离），使直角尺的测量面与工件的被测表面接触，用眼睛平视观察透光情况，凭经验根据光隙强弱进行估测，或用塞尺在最大间隙处试塞。

（3）直角尺要轻拿、轻放，不许与其他工、量具堆放。

表 2-7　常用平面形和宽座直角尺的基本参数（摘自 GB/T 6092—2004）

<table>
<tr><td rowspan="3">平面形直角尺</td><td>精度等级</td><td colspan="7">0 级、1 级、2 级</td></tr>
<tr><td>长边 /mm</td><td>50</td><td>75</td><td>100</td><td>150</td><td>200</td><td>250</td><td>300</td></tr>
<tr><td>短边 /mm</td><td>40</td><td>50</td><td>70</td><td>100</td><td>130</td><td>165</td><td>200</td></tr>
<tr><td rowspan="3">宽座直角尺</td><td>精度等级</td><td colspan="7">0 级、1 级</td></tr>
<tr><td>长边 /mm</td><td>63</td><td>80</td><td>100</td><td>125</td><td>160</td><td>200</td><td>250</td></tr>
<tr><td>短边 /mm</td><td>40</td><td>50</td><td>63</td><td>80</td><td>100</td><td>125</td><td>160</td></tr>
</table>

表 2-8　常用直角尺的最大允许几何误差值（摘自 GB/T 6092—2004）

<table>
<tr><td rowspan="3">长边（测量面长度）/mm</td><td colspan="4">测量面相对于基面的垂直度最大允许误差 /μm</td><td colspan="4">测量面的平面度或直线度最大允许误差 /μm</td></tr>
<tr><td colspan="4">精度等级</td><td colspan="4">精度等级</td></tr>
<tr><td>00 级</td><td>0 级</td><td>1 级</td><td>2 级</td><td>00 级</td><td>0 级</td><td>1 级</td><td>2 级</td></tr>
<tr><td>40、50</td><td>1</td><td>2</td><td>4</td><td>8</td><td rowspan="5">1</td><td rowspan="2">1</td><td rowspan="2">2</td><td rowspan="2">4</td></tr>
<tr><td>63、75、80、100</td><td>1.5</td><td>3</td><td>6</td><td>12</td></tr>
<tr><td>125</td><td rowspan="2">2</td><td rowspan="2">4</td><td rowspan="2">8</td><td rowspan="2">16</td><td>1.5</td><td>3</td><td>6</td></tr>
<tr><td>150、160、200、250</td><td rowspan="2">2</td><td rowspan="2">4</td><td rowspan="2">8</td></tr>
<tr><td>300、315</td><td>3</td><td>6</td><td>12</td><td>24</td></tr>
</table>

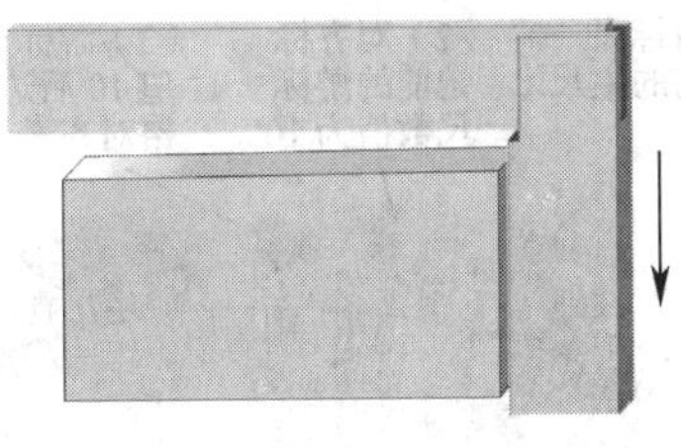

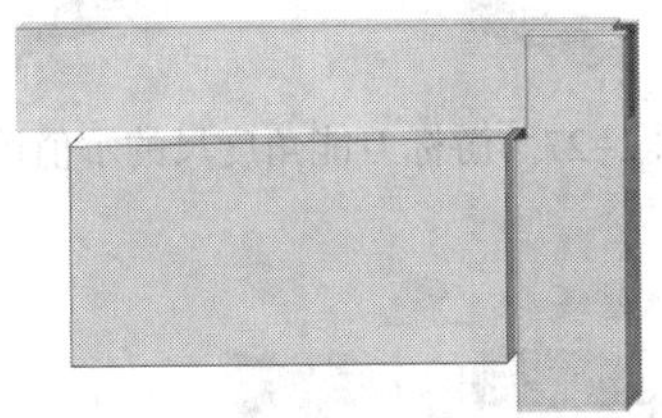

图 2–24　直角尺的使用方法

（4）使用完毕，应将直角尺擦净放置在专用盒内。若长时间不用，应涂上专用防锈油保存以防生锈。

二、游标万能角度尺

游标万能角度尺是指利用活动直尺测量面相对于基尺测量面的旋转，对两测量面间分隔的角度利用游标原理进行读数的角度测量器具。主要用来测量工件的内、外角度，其测量范围为 0° ~ 320°，分度值有 2′ 和 5′ 两种（常用 2′）。

1. 游标万能角度尺的结构

如图 2–25 所示，游标万能角度尺主要由主尺、游标尺、直角尺、直尺、基尺和扇形板等组成，其游标尺固定在扇形板上，基尺和主尺连成一体，游标尺与主尺可做相对回转运动，直角尺和直尺可根据需要通过卡块安装到扇形板上。

2. 游标万能角度尺的标记原理

如图 2–26 所示，主尺每格标记的弧长对应的角度为 1°，游标尺标记是将主尺上 29°所占的弧长等分为 30 格，每格所对的角度为 29° /30，因此游标尺 1 格与主尺 1 格相差：

$$1^\circ-\frac{29^\circ}{30}=\frac{1^\circ}{30}=2'$$

即游标万能角度尺的分度值为 2′。

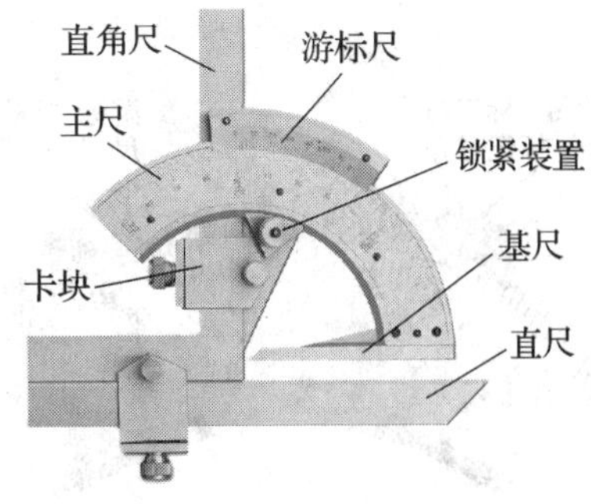

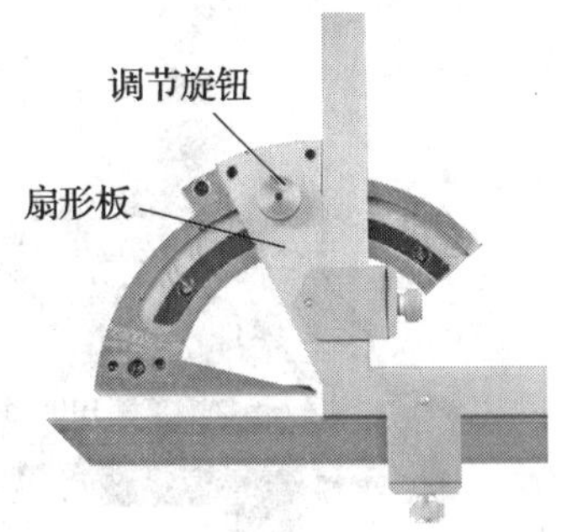

图 2–25　游标万能角度尺的结构

3. 游标万能角度尺的示值读取方法

游标万能角度尺的示值读取方法与游标卡尺相似，即先从主尺上读出游标尺“0”标记前的整“度”数，然后在游标尺上分别读出“分”的十位数值和个位数值。图 2–27 所示的示值为 16°18′。

4. 游标万能角度尺的使用方法

使用游标万能角度尺时，可通过主尺与直角尺和直尺的组合形式不同，将测量范围（0° ~ 320°）划分为 4 个测量段，其组合形式和测量方法如图 2–28 所示。

5. 游标万能角度尺的使用注意事项

（1）根据被测量工件的不同角度，正确组合其测量范围。

（2）使用前，必须将游标万能角度尺和工件被测面擦干净，并检查主尺和游标尺的“0”标记是否对齐，基尺和直尺是否有间隙。

（3）使用完毕，应将游标万能角度尺擦净放置在专用盒内。若长时间不用，应涂上专用防锈油保存以防生锈。

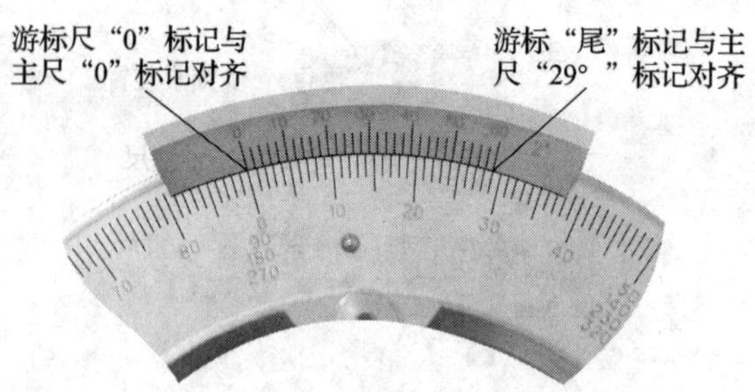

图 2-26　游标万能角度尺的标记原理

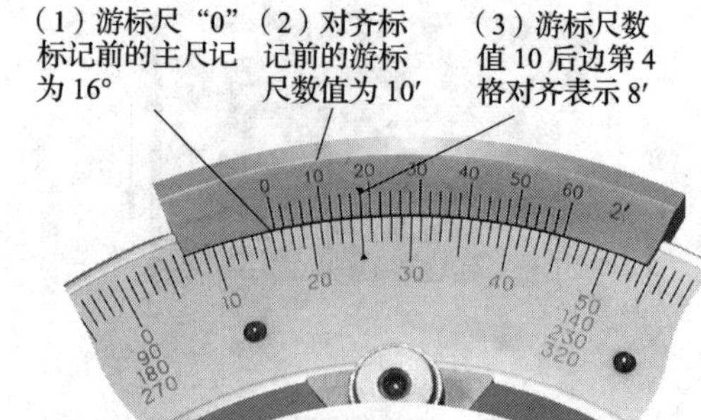

图 2-27　游标万能角度尺的示值读取方法

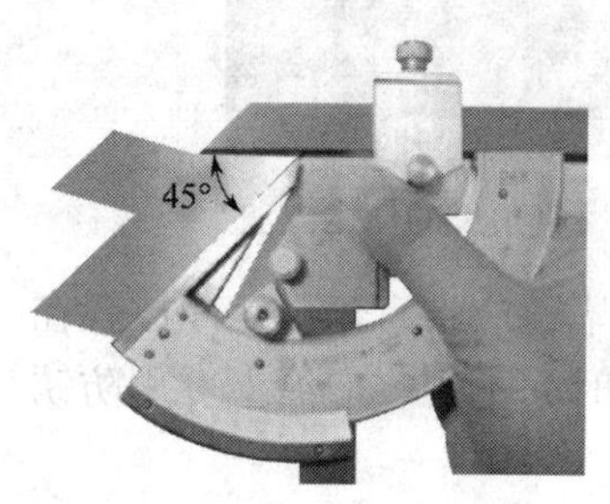

a)

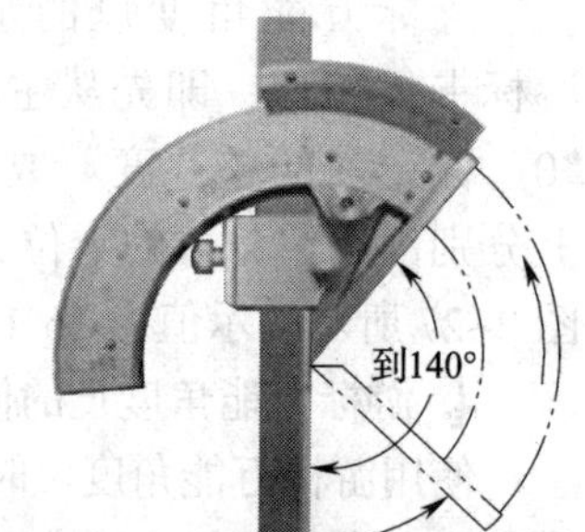

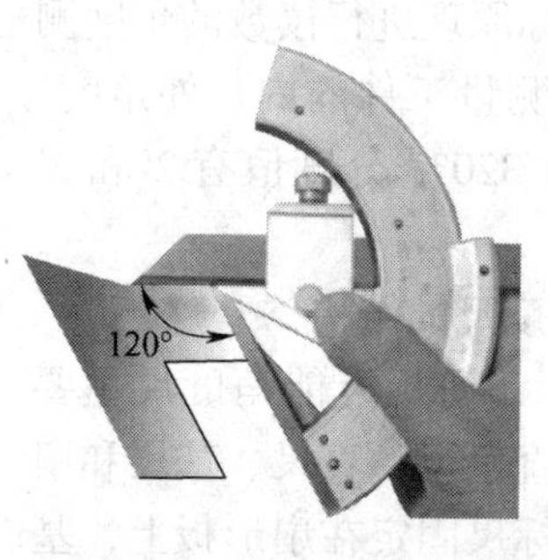

b)

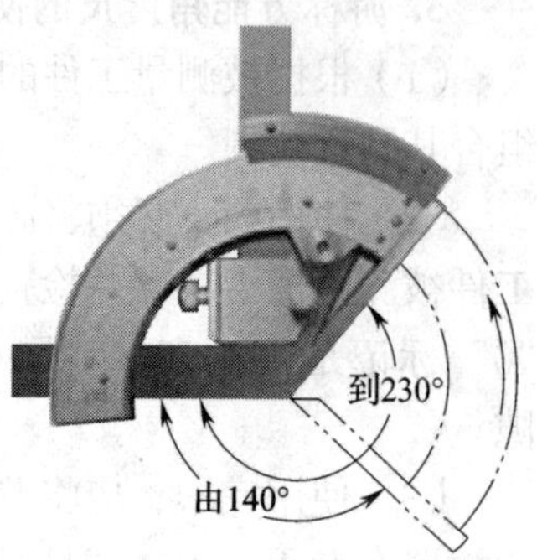

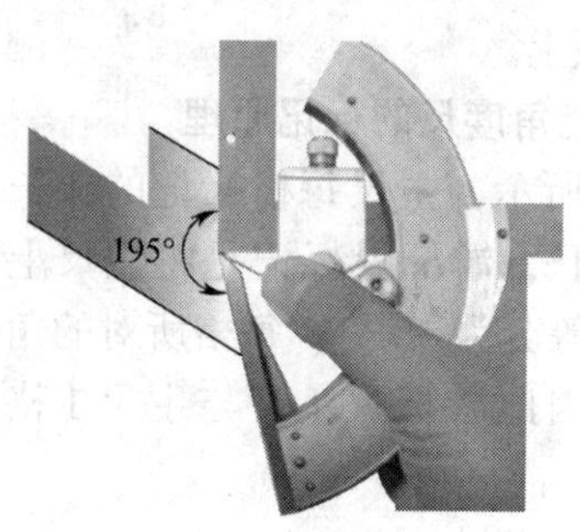

c)

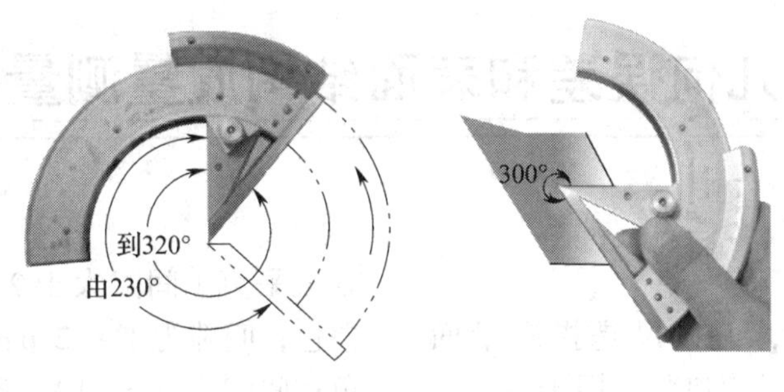

d)

图 2–28　游标万能角度尺的组合形式和测量方法

a）测量范围 0° ~ 50°　b）测量范围 50° ~ 140°

c）测量范围 140° ~ 230°　d）测量范围 230° ~ 320°

三、正弦规

正弦规是指根据正弦函数原理，利用量块的组合尺寸，以间接方法测量角度的测量器具。机修钳工常用的为普通正弦规，即具有平台工作面和直径相同且轴线相互平行的两个支承圆柱所组成的正弦规，如图 2–29 所示。正弦规的规格用两圆柱中心距 L 表示，常用的有 100 mm 和 200 mm 两种。其精度等级分为 0 级和 1 级。

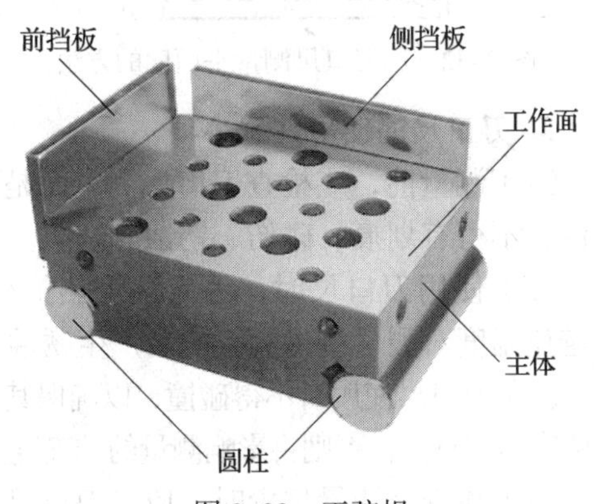

图 2–29　正弦规

正弦规是一种测量零件角度或锥度的精密测量器具。使用时，将正弦规放置在精密平板上，工件放在正弦规的工作台面上，在正弦规的一个圆柱下面垫上一组量块，如图 2–30 所示。量块组的高度根据被测工件的角度或锥度通过计算获得。然后用指示表（或测微仪）测量工件两端的高度差，若两端高度相等，说明工件测量面与平板平行，此时工件的角度或锥度与计算值一致，否则说明工件的角度或锥度与计算值存在一定误差。

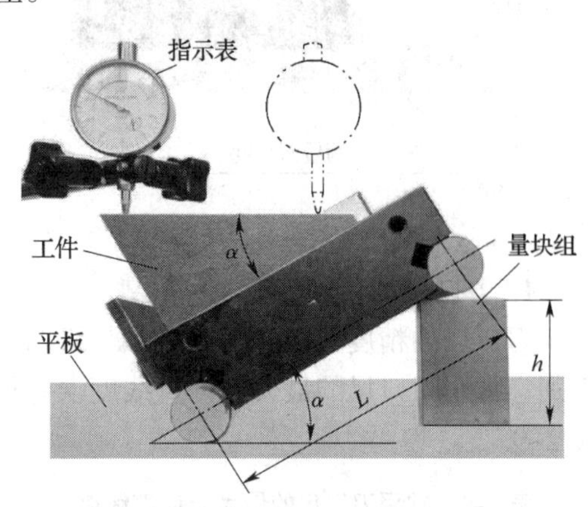

图 2–30　正弦规使用方法

所需量块组的高度可按下式计算：

$$h=L\cdot\sin\alpha$$

式中　h——量块组高度，mm；

L——正弦规圆柱中心距，mm；

α——被测工件角度或锥度，（°）。

例　用中心距为 100 mm 的正弦规，检验工件角度为 30°时（见图 2–30），求应垫量块组的高度尺寸。

解：由题意可知　L=100 mm，α=30°，则

$$h=L\cdot\sin\alpha=100\times1/2=50\ (\text{mm})$$

即正弦规圆柱下应垫量块组尺寸为 50 mm。

§2–3 几何误差和表面结构质量测量器具

一、刀口尺

如图 2–31 所示，刀口尺是指测量面（只有一个测量面）呈刃口状，用于测量工件平面形状误差的实物量具，主要用来测量工件的直线度或平面度误差。它具有结构简单，操作方便，测量效率高等优点，是机械加工常用的测量器具。

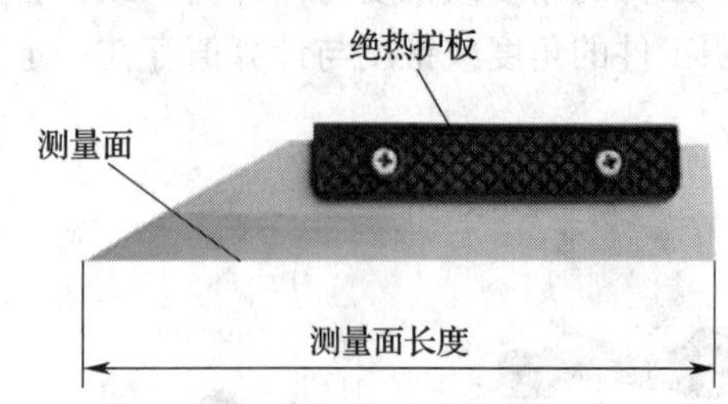

图 2–31 刀口尺

1. 刀口尺的精度等级

刀口尺的精度等级分为 0 级和 1 级两个级别。常用刀口尺的最大允许直线度误差见表 2–9。

表 2–9 常用刀口尺的最大允许直线度误差（摘自 GB/T 6091—2004）

规格（测量面长度 /mm）	测量面最大允许直线度误差 /μm	
	0 级	1 级
75	0.5	1.0
125	0.5	1.0
200	1.0	2.0
300	1.5	3.0

2. 用刀口尺测量平面度的方法

（1）手握刀口尺的绝热护板，使测量面轻轻地（凭刀口尺的自重）与工件被测表面接触，观察刀口尺测量面与被测面之间的光隙情况。当光隙较大时，可借助于塞尺试塞其间隙值；当光隙较小时，可根据透光强弱估读其间隙值；若透光均匀一致，说明该处较平直（间隙大于 2.5 μm，透光颜色为白色；间隙为 1 ~ 2 μm 时，透光颜色为红色；间隙为 1 μm 时，透光颜色为蓝色；间隙小于 1 μm，透光颜色为紫色；间隙小于 0.5 μm，则不透光）。

（2）如图 2–32 所示，刀口尺应垂直放在工件表面上，并在纵向、横向、对角方向多处逐一进行测量，其最大直线度误差即为该测量面的平面度误差。

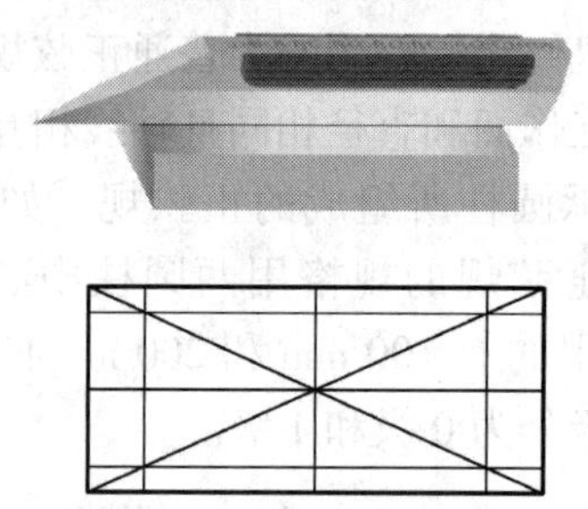

图 2–32 用刀口尺测量平面度的方法

3. 刀口尺的使用注意事项

（1）测量前，应检查刀口尺测量面是否清洁，不得有划痕、碰伤、锈蚀等缺陷。

（2）使用刀口尺时，手应握绝热护板，以避免温度对测量结果的影响和产生锈蚀。

（3）刀口尺使用时不得碰撞，以确保其工作棱边的完整性，否则将影响测量的准确度。

（4）在变换测量位置时，应将刀口尺提起，不得在工件表面上拖动，以免刀口测量面磨损，影响刀口尺精度。

（5）测量时，刀口尺测量面与被测表面的接触位置应符合最大光隙为最小条件。如两最大光隙相等或两光隙间有一最大光隙。

（6）使用完毕，应将刀口尺擦净放置在专用盒内。若长时间不用，应涂上专用防锈油并用防锈纸包好以防生锈。

二、表面粗糙度比较样块

表面粗糙度比较样块是指采用特定合金材料和加工方法，具有不同的表面粗糙度参数值，通过触觉和视觉与其所表征的材质和加工方法相同的被测件表面做比较，以确定被测件表面粗糙度的实物量具。

1. 表面粗糙度比较样块的分类

根据加工方法的不同，表面粗糙度比较样块分为铸造、机械加工（包括磨、车、镗、铣、插和刨）、抛丸喷砂加工、电火花加工和抛光加工（含研磨和锉削）等几大类。各类按加工工艺和表面特征的不同，又分为多种，如磨外圆、磨平面、磨内孔表面粗糙度比较样块等。

为了便于使用和管理，表面粗糙度比较样块分为组合式和单组式包装，如图 2–33 所示。其中，钳工常用的有锉削表面粗糙度比较样块和手研表面粗糙度比较样块，具体参数见表 2–10。

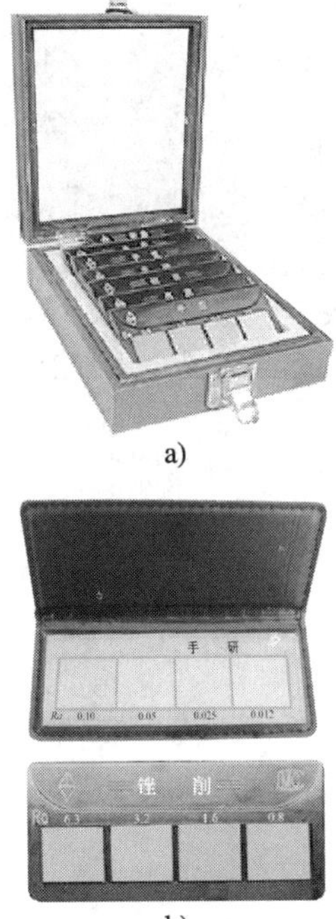

a)

b)

图 2–33　表面粗糙度比较样块

a）组合式（研磨、外圆磨、平磨、车、刨、立铣和平铣）

b）单组式（手研和锉削）

表 2–10　锉削和手研表面粗糙度比较样块的参数公称值（摘自 GB/T 6060.3—2008）

表面粗糙度比较样块分类	块数	表面粗糙度参数 *Ra* 公称值 /μm			
手研	4	0.10	0.05	0.025	0.012
锉削	4	6.3	3.2	1.6	0.8

2. 表面粗糙度比较样块的使用方法及注意事项

表面粗糙度比较样块是检测加工后工件表面的一种比对量具，它的使用方法是以样块工作面的表面粗糙度为标准，凭触觉（如手摸）或视觉（可借助放大镜、比较显微镜等）与待检测的工件表面进行比对，根据工件加工痕迹的深浅来决定表面粗糙度是否符合图样（或工艺）要求。当被检测工件表面的加工痕迹深浅程度相当或者小于样块工作面加工痕迹深度时，则被检测工件表面粗糙度值一般不大于样块的标记公称值。使用时还应注意以下几点：

（1）所选用的样块和被检测工件的加工方法必须相同，同时，样块的材料、纹理、表面色泽等应尽可能地与被检测工件一致，如图 2–34 所示。

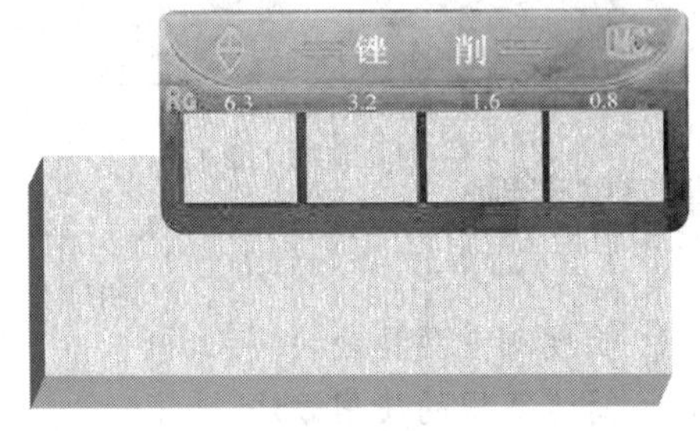

图 2–34　锉削表面粗糙度对比

（2）用表面粗糙度比较样块进行比对，只能定性检测，无法得到表面粗糙度的定量值。因此，要求检测者具有丰富的实践经验。

（3）表面粗糙度比较样块一般用于检测表面质量要求不严格的工件。

知识拓展

便携式表面粗糙度测量仪

随着加工制造技术的不断提高，人们对所加工的工件表面质量要求越来越高，当工件需要获得精确表面粗糙度误差值时，常采用便携式（手持式）表面粗糙度测量仪进行测量，如图 2–35 所示。它具有体积小，测量精确、迅速、方便等特点，广泛用于生产现场、实验室、计量室等场合。其测量原理是：

测量工件表面粗糙度时，将传感器放在工件被测表面上，由仪器内部的驱动机构带动传感器沿被测表面做等速滑行，传感器通过内置的锐利触针感受被测表面的粗糙度，引起触针产生位移，该位移使传感器电感线圈的电感量发生变化，从而在传感器输出端产生与被测表面粗糙度成比例的模拟信号，该信号经过放大之后进入数据采集系统，再对采集的数据进行数字滤波和参数计算，将测量结果以数字和图形方式在液晶显示器上读出，也可在打印机上输出（图 2–35 所示的手持式表面粗糙度测量仪自带打印装置），还可以与 PC 机进行通信并提供强大的高级分析功能。

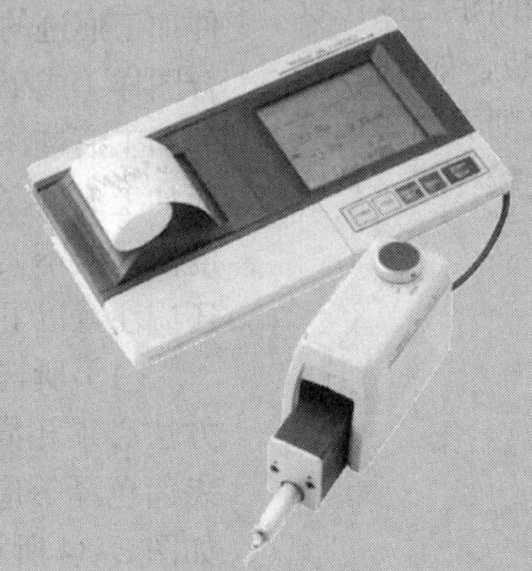

图 2–35　手持式表面粗糙度测量仪

复习思考题

1. 长度测量器具分为哪几类？
2. 简述塞规的使用方法。
3. 叙述分度值为 0.02 mm 游标卡尺的标记原理。
4. 简述游标卡尺的读数方法。
5. 使用游标卡尺时应注意哪些事项？
6. 叙述外径千分尺的标记原理。
7. 使用千分尺应注意哪些事项？
8. 量块的用途是什么？试用量块组配尺寸：45.44 mm、52.215 mm、85.555 mm。
9. 使用量块时应注意哪些事项？

10. 为什么百分表长指针转过一格时，测杆移动 0.01 mm？
11. 简述指示表的使用操作要点。
12. 杠杆指示表有何特点？分度值有哪几种？
13. 直角尺有何特点？常用的有哪几种？
14. 使用直角尺应注意哪些事项？
15. 叙述游标万能角度尺的标记原理。
16. 使用游标万能角度尺应注意哪些事项？
17. 用中心距为 100 mm 的正弦规，测量锥角 $\alpha=30°$ 的工件，试求量块的高度。
18. 使用刀口尺应注意哪些事项？
19. 简述表面粗糙度比较样块的使用方法及注意事项。

第三章

机修钳工基本操作

§3-1 划线

一、划线概述

划线是指在毛坯或工件上，用划线工具划出待加工部位的轮廓线或作为基准的点和线，如图 3-1 所示，这些点和线标明了工件某部分的尺寸、位置和形状特征。

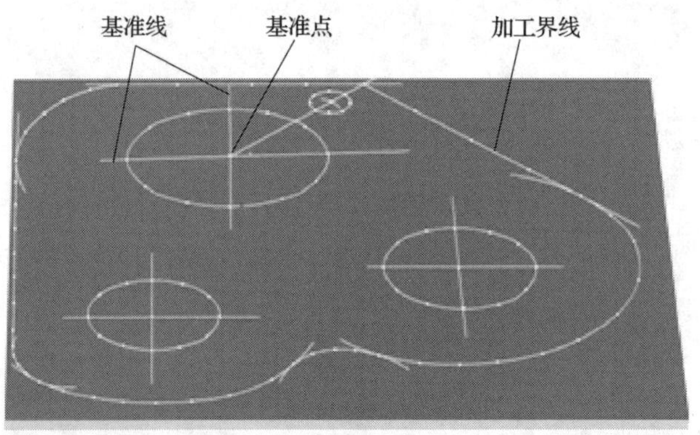

图 3-1　划线

划线分平面划线和立体划线两种：只需要在工件一个表面上划线后即能明确表示加工界线的，称为平面划线（见图 3-1 和图 3-2）；需要在工件几个互成不同角度（通常是互相垂直）的表面上划线才能明确表示加工界线的，称为立体划线（见图 3-3）。

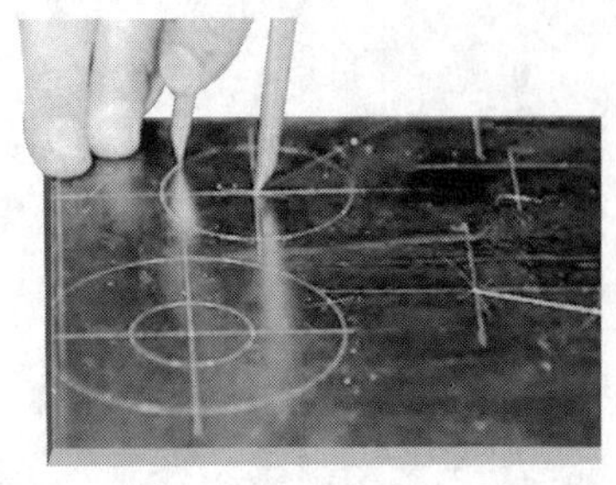

图 3-2　平面划线

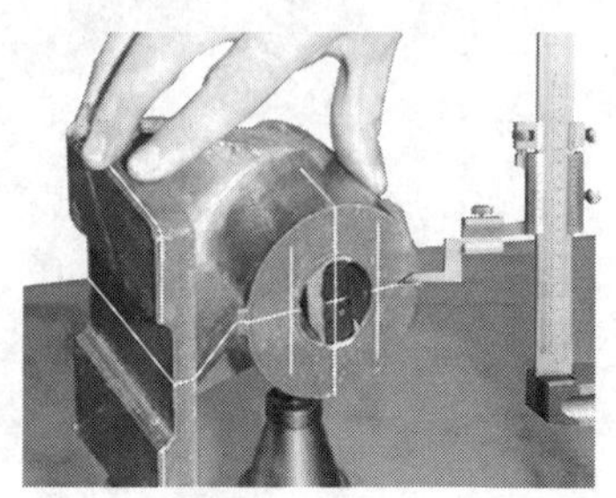

图 3-3　立体划线

划线的主要作用有：

（1）确定工件的加工余量，使机械加工有明确的尺寸界线。

（2）便于复杂工件在机床上安装，可以按划线找正定位。

（3）能够及时发现和处理不合格的毛坯，避免加工后造成损失。

（4）采用借料划线可以使误差不大的毛坯得到补救，使加工后的零件仍能符合要求。

划线是机械加工的重要工序之一，广泛用于单件和小批量生产。划线除要求划出的线条清晰均匀外，最重要的是保证尺寸准确。划线精度一般为 0.25 ~ 0.5 mm。因此，工件的最后加工精度必须通过测量来保证。

二、划线基准的选择

划线时，用来确定工件几何要素间的几何关系所依据的点、线、面称为划线基准。在设计图样上所采用的基准，称为设计基准。

划线时为了减少不必要的尺寸换算，使划线方便、准确，应从划线基准开始。选择划线基准的基本原则是尽可能使划线基准与设计基准重合。其类型见表 3–1。

表 3–1　划线基准的类型

序号	基准类型	图示及说明
1	以两个互相垂直的平面（或直线）为基准	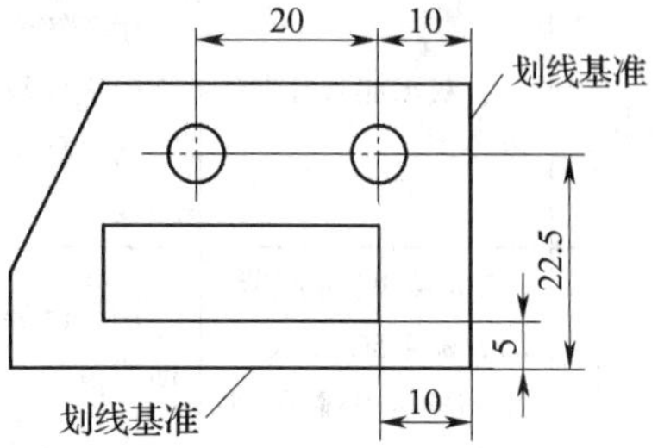
2	以两条互相垂直的中心线为基准	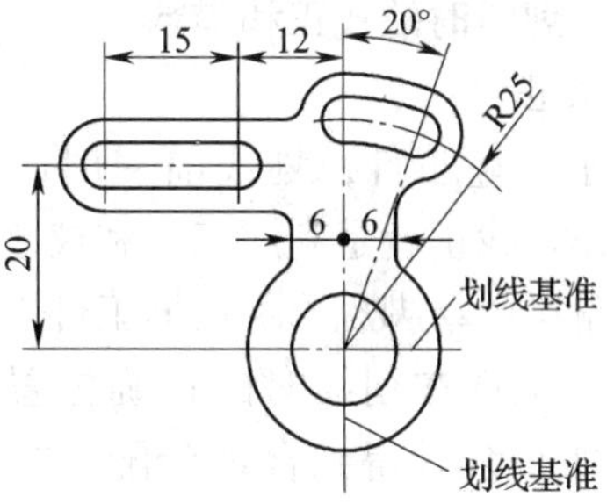
3	以一个平面和一条中心线为基准	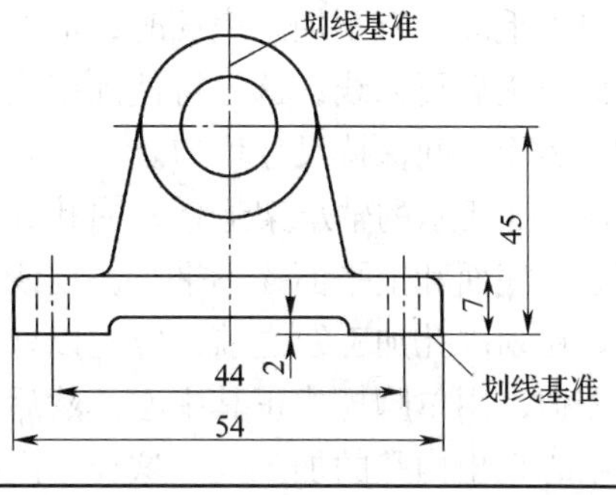

划线时在零件的每一个方向都要选择一个基准，因此，平面划线时一般要选择 2 个划线基准，立体划线时一般要选择 3 个划线基准。

三、划线前的准备工作

（1）清理工件，对铸、锻毛坯件，应将型砂、毛刺、氧化皮除掉，并用钢丝刷刷净，对已生锈的半成品将浮锈刷掉。

（2）对于有孔的工件，应在工件孔中安装中心塞块，以便于确定孔的中心位置。

（3）为了使划出的线条清晰，一般应在工件的划线部位涂上一层薄而均匀的涂料。常用的划线涂料见表 3–2。

表 3–2　　常用的划线涂料

名称	配制方法	应用
石灰水	石灰水加适量牛皮胶	用于铸件、锻件等表面较为粗糙的毛坯（白底黑线）
划线蓝油	2% ~ 4% 龙胆紫加 3% ~ 5% 虫胶漆和 91% ~ 95% 酒精混合而成	用于已加工表面或黄铜等有色金属（蓝底白线）

四、划线时的找正和借料

1. 找正

对于毛坯工件，划线前一般应先做好找正工作。找正就是利用工具和仪表（如划线盘、角尺、单脚规等）根据工件上有关基准，找出工件在划线时的正确位置，使各表面的加工余量得到合理分配。找正时应注意：

（1）毛坯上有不加工表面时，应按不加工表面找正后再划线，这样可使加工表面和不加工表面之间保持尺寸均匀。

图 3–4 所示的轴承架毛坯，内孔和外圆不同心，底面和上平面 A 不平行，划线前应找正。在划内孔加工线之前，应先以外圆为找正依据，用单脚规找正其中心，然后按找出的中心划出内孔的加工线。这样，内孔和外圆就可达到同心要求。在划轴承座底面之前，同样应以上平面（不加工表面 A）为依据，用划线盘找正 A 面与划线平板基本平行，然后划出底面加工线。这样底座各处的厚度就比较均匀。

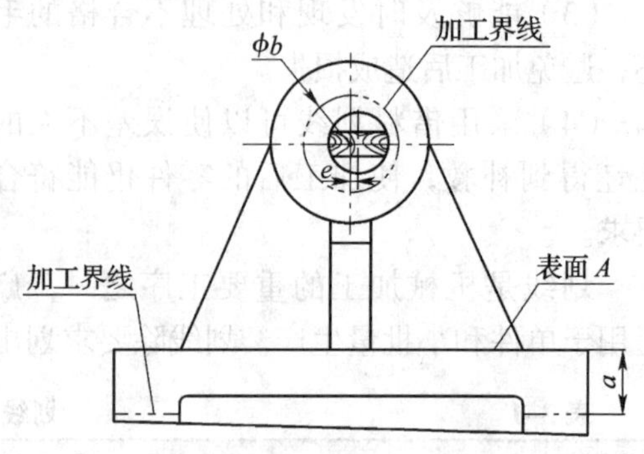

图 3–4　轴承架毛坯的找正

（2）工件上有两个以上不加工表面时，应选重要的或较大的不加工表面为找正依据，兼顾其他不加工表面，这样可使划线后的加工表面与不加工表面之间尺寸比较均匀，而误差集中到次要或不明显的部位。

（3）工件上没有不加工表面时，可通过对各自需要加工的表面自身位置找正后再划线。这样可使各加工表面的加工余量均匀，避免加工余量相差悬殊。

由于毛坯各表面的误差和工件结构形状不同，划线时的找正要按工件的实际情况进行。

2. 借料

图 3–5 所示为内孔、外圆偏心量较大的锻件毛坯。当不顾及内孔而先划外圆再划内孔时，内孔加工余量不足（见图 3–5a）。如果不考虑外圆先划内孔，则划外圆时加工余量仍然不足（见图 3–5b）。只有内孔、外圆同时考虑，相互借用才能保证内孔、外圆均有足够的加工余量（见图 3–5c）。

上述实例说明：对于一些铸、锻毛坯件，在尺寸、形状和位置上都存在一定的误差和缺陷，当误差和缺陷不大时，通过试划和调整可以使各加工表面都有足够的加工余

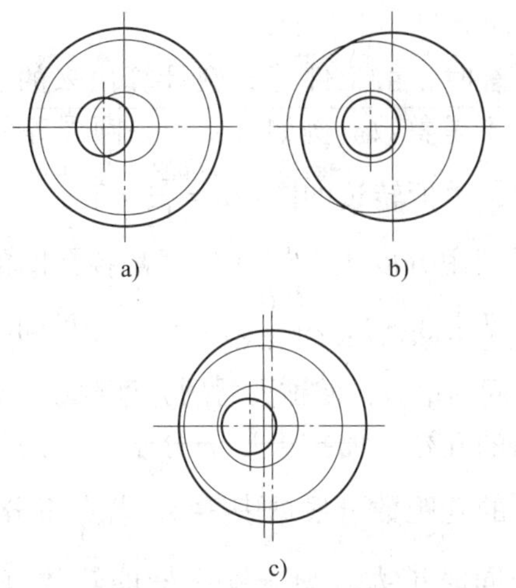

图 3–5 圆环的借料划线

a）以外圆找正 b）以内孔找正 c）借料划线

量，并得到恰当的分配，而误差和缺陷完全可由加工后排除，这种划线补救方法称为借料。

五、划线的步骤

（1）分析图样，了解需要划线的尺寸、部位、作用、要求及有关的加工工艺。

（2）清理，涂色。

（3）确定划线基准。

（4）初步检查毛坯的误差情况。

（5）正确安放工件和选用划线工具。

（6）进行划线。

（7）详细检查划线的准确性以及是否有漏划的线条。

（8）在加工界线上打样冲眼。

小提示

打样冲眼的方法

（1）样冲尖要对准线条正中，不能偏离所划的线条。

（2）样冲眼的间距应根据线条的长、短、曲、直而定。一般在直线段上的间距可大些，在曲线段上应小些，而在线条的交叉或转折处必须打样冲眼。

（3）样冲眼的深浅要适当，薄壁零件或较光滑表面要浅些，而粗糙表面应深些。

六、分度头等分圆周划法

分度头是铣床上等分圆周用的附件。钳工在划线时常用分度头对工件进行分度和划线。

分度头的外形如图 3–6a 所示。利用分度头可在工件上划出水平线、垂直线、倾斜线和圆的等分线或不等分线。

分度头的规格用主轴轴线到底面的高度（mm）表示。一般常用的有 F11100、F11125、F11160 等几种。

分度头的传动系统如图 3–6b 所示。分度前应先将分度盘 10 固定（使之不能转动），再调整定位插销 11，使它对准所选分度盘的孔圈。分度时先拔出定位插销，转动手柄 12，带动分度头主轴转至所需要分度的位置，然后将定位插销重新插入分度盘中。

分度头分度的原理是：当手柄 12 转一周，单头蜗杆 4 也转一周，和蜗杆啮合的 40 个齿的蜗轮 3 转过一个齿，即转 1/40 周，被卡盘夹持的工件也转 1/40 周。如果工件作 z 等分，即每次分度主轴应转 $1/z$ 周，手柄 12 每次分度应转过的圈数为：

$$n=\frac{40}{z}$$

式中 n——工件转过每一等分时，分度头手柄转过的圈数；

z——工件的等分数。

例 在工件某一圆周上划出均匀分布的 8 个孔，试求每划完一个孔的位置后，手柄应转多少圈？

解：由 $n=\frac{40}{z}=5$ 得

a)

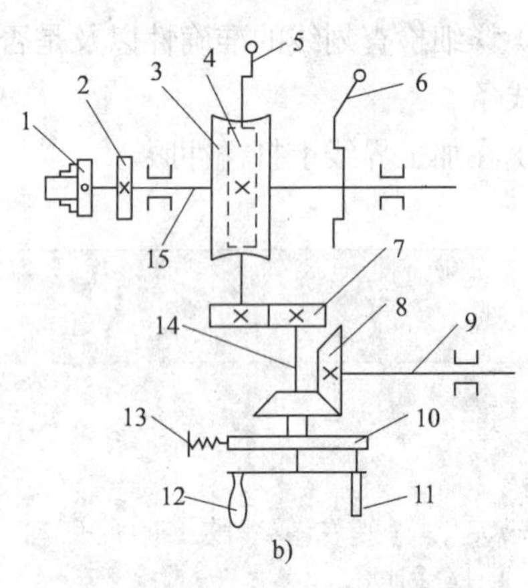

b)

图 3–6　分度头的结构

a）分度头外形　b）分度头传动系统

1—卡盘　2—刻度盘　3—蜗轮（z=40）
4—单头蜗杆　5—蜗杆脱落手柄　6—主轴锁紧手柄
7—圆柱齿轮传动副（1 ∶ 1）　8—圆锥齿轮传动副（1 ∶ 1）
9—挂轮轴　10—分度盘　11—定位插销　12—手柄
13—分度盘锁紧螺钉　14—传动轴　15—主轴
16—回转体　17—分度叉

$$n=\frac{40}{z}=5$$

即每划完一个孔的位置后，手柄应转 5 圈后再划另一个孔的位置。

有时，由工件等分数计算出来的手柄转数不是整数。例如：要把一圆周等分 12 等份，手柄转过的圈数$n=\frac{40}{12}=3\frac{1}{3}$。这时就要利用分度盘，根据分度盘各孔圈的孔数（见表 3–3），将$\frac{1}{3}$的分子、分母同时扩大相同的倍数，使扩大后的分母数等于某一孔圈的孔数，而扩大后的分子数就是手柄转过的孔距数。根据表 3–3，若$\frac{1}{3}$将分母、分子同时扩大，则分度手柄的转数有$n=\frac{40}{12}=3\frac{1}{3}=3\frac{8}{24}=3\frac{10}{30}=3\frac{14}{42}=3\frac{17}{51}=3\frac{18}{54}=3\frac{19}{57}=3\frac{22}{66}$等多种选择。一般情况下，应尽可能选用孔数较多的孔圈，因为孔圈的孔数越多，分度误差越小。所以此例应尽量选用 66 孔的孔圈进行分度，即分度手柄应在 66 孔的孔圈上转 3 圈后再转过 22 个孔距。

表 3–3　　分度盘的孔数

分度头形式	分度盘的孔数
带一块分度盘	正面：24，25，28，30，34，37，38，39，41，42，43 反面：46，47，49，51，53，54，57，58，59，62，66
带两块分度盘	第一块　正面：24，25，28，30，34，37 反面：38，39，41，42，43 第二块　正面：46，47，49，51，53，54 反面：57，58，59，62，66

小提示

（1）用分度盘分度时，为使分度准确而迅速，避免每分度一次要数一次孔距数，可利用分度叉进行计数，即分度时，先根据计算的孔距数调整好分度叉，在每次转动手柄前，应拨动调整好的分度叉到达定位插销的初始位置。

（2）对于分度精度要求不高的工件，也可利用装在主轴上的刻度盘直接分度。

课堂讨论

由于分度头采用了齿轮和蜗杆蜗轮传动，造成手柄有空行程存在。在分度时如何克服空行程，以提高分度精度？

安全生产

（1）保持划线平板的整洁，对暂不使用的平板应涂油加盖保护。

（2）划针不用时，应套上塑料套，以防伤人。

（3）工具要合理放置，左手用的工具放在操作位置的左边，右手用的工具放在操作位置的右边。

（4）较大工件的立体划线，安放工件时应在工件下垫块垫木，以免发生事故。

（5）划线完毕，收好工具，清理工作场地。

§3-2 錾削

一、錾削概述

用锤子打击錾子对金属工件进行切削加工的方法称为錾削，如图 3-7 所示。錾削是一种粗加工方法，目前主要用于不便于机床加工或机床加工不经济的场合，如去除毛坯上的毛刺、分割材料、錾削沟槽及油槽等。通过錾削训练，可以提高锤击的准确性，为装拆机械设备或其他敲击性工作打下扎实的基础。因此，錾削是机修钳工一项较为重要的基本操作。

图 3-7　錾削

錾削时所使用的工具主要是錾子和锤子。

二、錾子

錾子一般用非合金工具钢（T10）锻成，由头部、錾身及切削部分组成。头部顶端略带球形，以便锤击时作用力容易通过錾子的中心线；錾身多呈八棱形，以防錾削时錾子转动；切削部分刃磨成楔形，经热处理使其硬度达到 56 ~ 62HRC。

1. 錾子的种类

常用的錾子有扁錾、尖錾和油槽錾，其结构和用途见表 3-4。

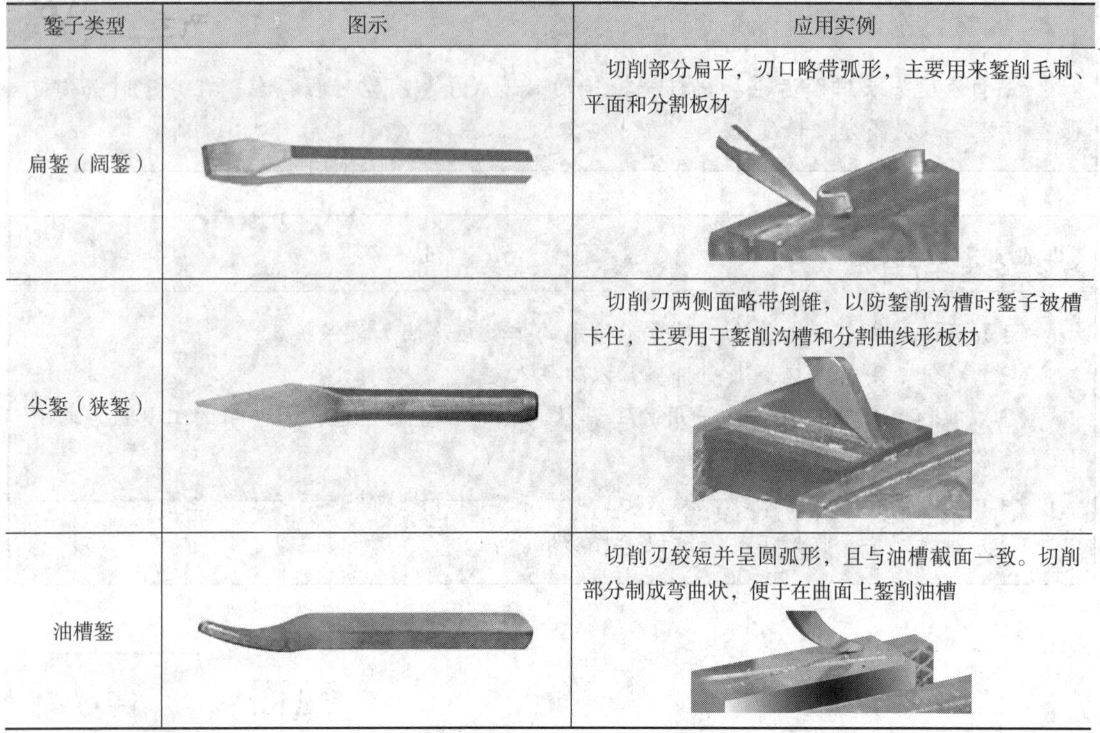

表 3–4　　錾子的种类与用途

錾子类型	图示	应用实例
扁錾（阔錾）		切削部分扁平，刃口略带弧形，主要用来錾削毛刺、平面和分割板材
尖錾（狭錾）		切削刃两侧面略带倒锥，以防錾削沟槽时錾子被槽卡住，主要用于錾削沟槽和分割曲线形板材
油槽錾		切削刃较短并呈圆弧形，且与油槽截面一致。切削部分制成弯曲状，便于在曲面上錾削油槽

2. 錾削时的几何角度

图 3–8 所示为錾削平面时所形成的几何角度。錾子切削部分由前面、后面以及它们的交线形成的切削刃组成。

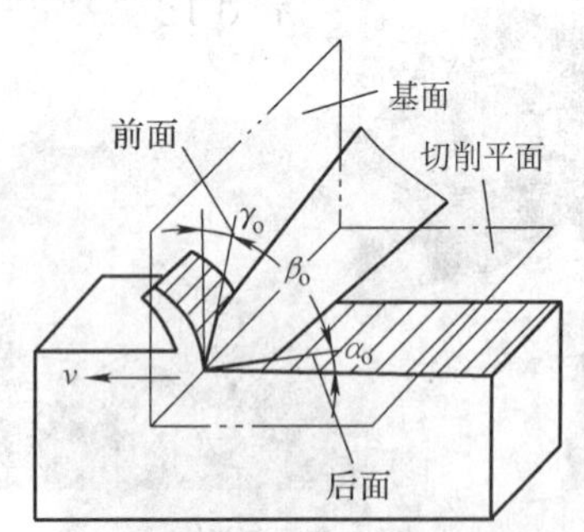

图 3–8　錾削时的几何角度

（1）楔角（β_o）　錾子前面与后面之间的夹角称为楔角。楔角由刃磨形成，其大小对切削性能有着直接影响。楔角越大，切削部分的强度越高，但錾削阻力也越大。因此，选择楔角大小时应在保证足够强度的前提下，尽量取小的数值。通常錾削硬钢或铸铁等硬度较高材料时，楔角取 60° ~ 70°；錾削铜或铝等软材料时，楔角取 30° ~ 50°；錾削中等硬度的材料时，楔角取 50° ~ 60°。

（2）后角（α_o）　錾子后面与切削平面之间的夹角称为后角。后角大小取决于錾子被握持的方向，其作用是减小后面与切削表面之间的摩擦。后角太大会使錾子切入过深，錾削困难；后角太小，易使錾子从切削表面滑出。錾削时后角一般取 5° ~ 8°为宜。

（3）前角（γ_o）　錾子前面与基面之间的夹角称为前角。前角的作用是减小錾削时的切屑变形，前角越大，切屑变形越小，切削越省力。由于存在 $\beta_o+\alpha_o+\gamma_o=90°$ 的关系，所以当楔角 β_o 和后角 α_o 确定之后，前角 γ_o 就自然形成了。

三、锤子

钳工常用的锤子（圆头锤）又称榔头，它由锤体、锤柄和倒楔组成，如图 3–9 所示。锤体通常用非合金工具钢锻成，并经淬硬处理。锤柄用硬而不脆的木材制成，截面为椭圆形，以便锤体定向，准确敲击。锤柄装入锤孔后，打入倒楔，以防锤体脱落。锤子的规格用锤体的质量来表示，常用的有 0.22 kg、0.34 kg、0.45 kg、0.68 kg 和 0.91 kg 等几种。

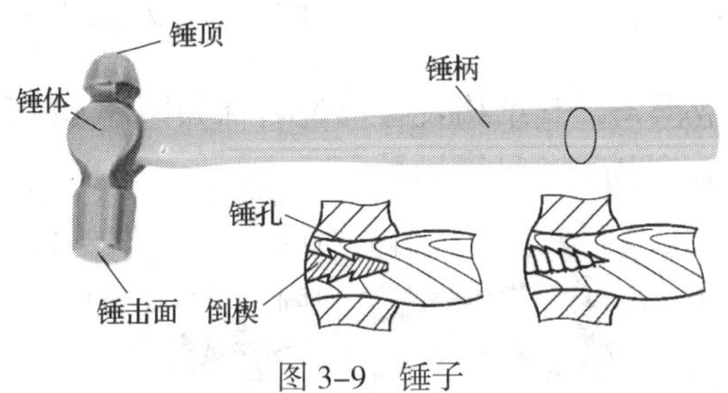

图 3–9　锤子

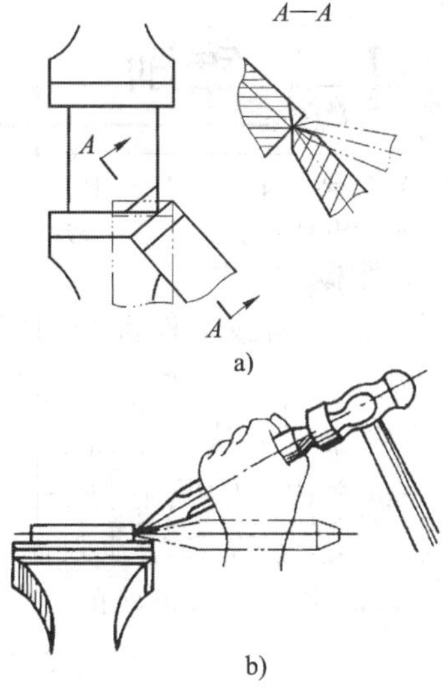

图 3–10　起錾方法

a）尖角处起錾　b）正面起錾

四、錾削的操作要点

（1）刃磨錾子时，应使切削刃上各点的楔角一致。

（2）工件夹持要牢固，必要时在工件下面垫一木块。夹紧时不得在台虎钳的手柄上施加套管或用锤子敲击手柄，工件尽量装夹在钳口的中间位置。

（3）起錾时应从工件的边缘尖角处轻轻地起錾，将錾子头部向下倾斜，先錾出一小斜面，如图 3–10a 所示。錾槽时必须从正面起錾，此时錾子切削刃要抵紧起錾位置，錾子头部仍向下倾斜，待錾出一小斜面后，再按正常角度錾削，如图 3–10b 所示。

（4）錾削时要保持正确的操作姿势，錾子倾斜角度应尽量控制一致，锤击力要适当。

（5）当錾削距尽头约 10 mm 时，必须调头錾去余下的部分，以防材料崩裂，如图 3–11 所示。

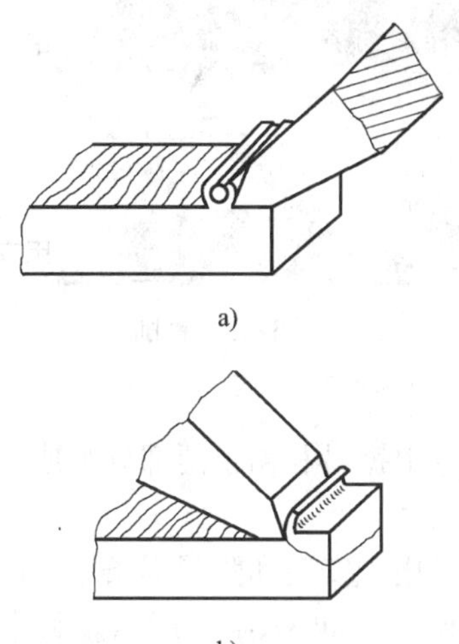

图 3–11　收錾方法

a）正确　b）错误

安全生产

（1）刃磨錾子时，人应站在砂轮机的斜侧位置，刃磨时应戴好防护眼镜。采用砂轮搁架时，搁架与砂轮相距应在 3 mm 以内，刃磨时不能对砂轮施加太大的压力，不允许用棉纱裹住錾子进行刃磨。

（2）錾削时应设立防护网以防切削飞出伤人。錾屑要用刷子刷掉，不得用手擦或用嘴吹。

（3）錾子头部、锤子头部和柄部都不应沾油，以防滑出。发现锤柄有松动或损坏时，要立即装牢或更换，以免锤体脱落，飞出伤人。

（4）錾子头部有明显的毛刺时要及时磨掉，避免碎裂伤人。

§3-3 锯削

一、锯削概述

用手锯对材料或工件进行切断或切槽的加工方法称为锯削，如图 3-12 所示。锯削是一种粗加工方法，平面度一般可控制在 0.5 mm 之内。它具有操作方便、简单、灵活、不受设备和场地限制等特点，应用广泛，是钳工较为重要的基本操作之一。

图 3-12　锯削

二、手锯

手锯由锯弓和锯条两部分组成。

1. 锯弓

锯弓用于安装和张紧锯条，有固定式和可调式两种，如图 3-13 所示。其中可调式锯弓可安装不同长度规格的锯条。

2. 锯条

锯条（全称为手用钢锯条）的种类较多，按其特性分为全硬型（代号 H）和挠性型（代号 F）2 种类型；按使用材质分为碳素结构钢（代号 D）、非合金工具钢（代号 T）、合金工具钢（代号 M）、高速钢（代号 G）和双金属复合钢（代号 Bi）5 种类型；按其型式分为单面齿型（代号 A）和双面齿型（代号 B）2 种。钳工常用单面全硬型锯条，其结构及各部位名称如图 3-14 所示。

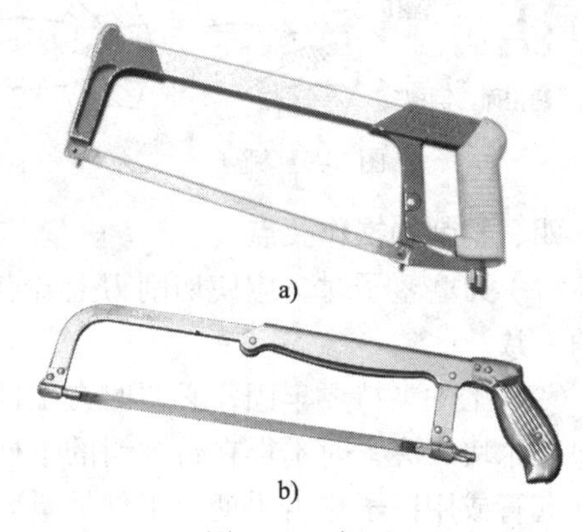

a）

b）

图 3-13　锯弓

a）固定式　b）可调式

（1）锯条的规格及标记　锯条的规格包括长度规格和粗细规格两部分。长度规格用两销孔中心距表示（钳工常用长度为 300 mm 的锯条）；粗细规格用 25 mm 长度内的锯齿数或用齿距（两相邻锯切刃之间的距离）表示。锯条的规格及基本参数见表 3-5。

锯条标记示例　全硬型、非合金工具钢、单面齿型、长度 l=300 mm、宽度 b=12 mm、齿距 p=1.0 mm 的钢锯条应标记为：

手 用 钢 锯 条 GB/T 14764—2008 HTA 300 × 12 × 1.0

（2）锯条的分齿形式　锯条的分齿是将锯齿从锯条两侧面凸出以提供锯切间隙。锯条的分齿形式有交叉形和波浪形两种，如图 3-15 所示。锯条分齿的目的是减小锯缝对锯条的摩擦，使锯条在锯削时不被锯缝夹住或折断，以确保锯削顺利进行。

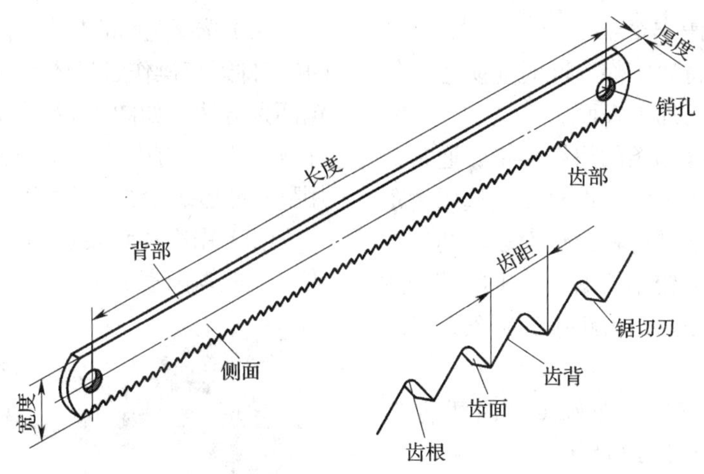

图 3–14　锯条的结构及各部位名称

表 3–5　　　　　锯条的规格及基本参数（摘自 GB/T 14764—2008）

锯条型式	长度规格 l/mm	粗细规格		宽度 b/mm	厚度 a/mm
		每 25 mm 内的齿数	齿距 p/mm		
单面齿型（A 型）	300 或 250	32	0.8	12.0 或 10.7	0.65
		24	1.0		
		20	1.2		
		18	1.4		
		16	1.5		
		14	1.8		
双面齿型（B 型）	296	32	0.8	22	0.65
	292	24 18	1. 0 1. 4	25	

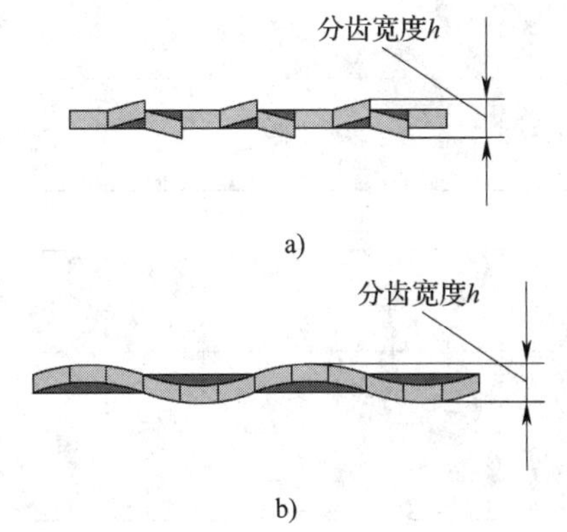

图 3–15　锯条的分齿形式
a）交叉形　b）波浪形

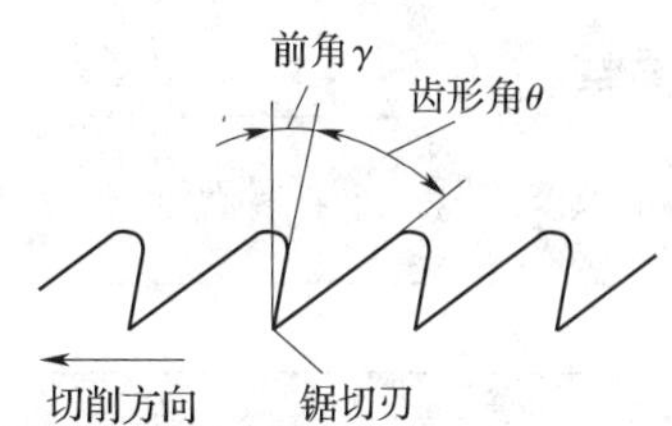

图 3–16　锯齿的几何角度

表 3–6　　　　锯齿的几何参数（摘自 GB/T 14764—2008）

齿距 p/mm	分齿宽度 h/mm	齿形角 θ/（°）	前角 γ/（°）
0.8	0.90	46 ~ 53	−2 ~ 2
1.0			
1.2	0.95		
1.4	1.00	50 ~ 58	
1.5			
1.8			

（3）锯齿的几何参数　锯齿的几何角度如图 3–16 所示，其参数见表 3–6。

三、锯削的操作要点

（1）工件夹持要牢靠，同时应防止工件被夹变形或夹坏已加工表面。

（2）合理选择锯条的粗细规格。通常锯削软材料或切面较大的工件时，应选用齿距较大的锯条；锯削硬材料或切面较小的工件时，则应选用齿距较小的锯条；锯削管子或薄板材料时，必须选用齿距小的锯条，以防锯齿卡住或崩裂。

（3）锯条的安装应正确（齿面朝前），松紧要适当，如图 3–17 所示。

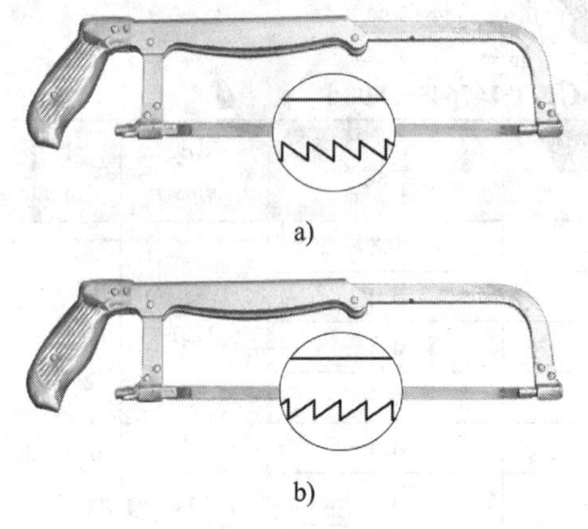

图 3–17　锯条安装

a）正确　b）错误

（4）选择正确的起锯方法。起锯有远起锯（从工件远离操作者身体的一端起锯）和近起锯两种方法，如图 3–18 所示。为避免锯齿卡住或崩裂，一般情况下采用远起锯较好。无论用哪一种起锯方法，起锯角度都不要超过 15°。

（5）锯削姿势要正确，压力和速度应适当。一般锯削速度为 40 次 /min 左右。

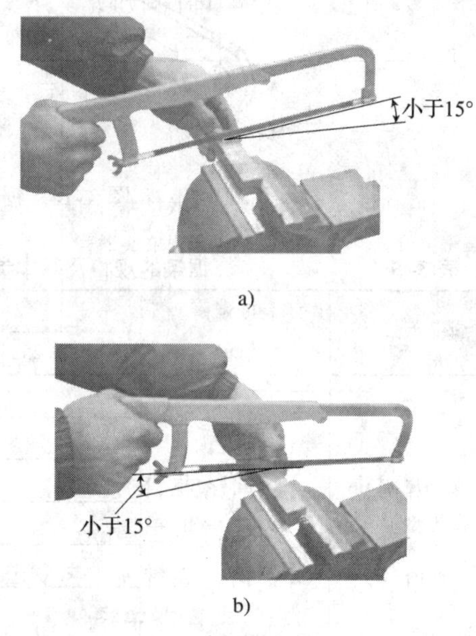

图 3–18　起锯方法

a）近起锯　b）远起锯

课堂讨论

锯条反装后，锯削时的几何角度有何变化？

安全生产

（1）锯削时要防止锯条折断并从锯弓上弹出伤人。

（2）要防止工件被锯下的部分跌落伤脚。

§3-4 锉削

一、锉削概述

用锉刀对工件进行切削加工，使工件达到所要求的尺寸、形状和表面粗糙度值的操作方法称为锉削，如图 3-19 所示。锉削一般是在錾、锯之后对工件进行的精度较高的加工，其尺寸精度可达 0.01 mm，表面粗糙度值可达 *Ra*0.8 μm。锉削的应用范围较广，可以去除工件上的毛刺，锉削工件的内、外表面、各种沟槽和形状复杂的表面，还可以配键、制作样板以及对零件的局部进行修整等。

图 3-19　锉削

二、锉刀

1. 锉刀的构造

锉刀由非合金工具钢 T12 或 T13 制成，经热处理后切削部分硬度在 62HRC 以上。它由锉身和锉柄两部分组成，各部分的名称如图 3-20 所示。锉刀面是锉刀的主要工作面，其中主锉纹起主要切削作用，辅锉纹起分屑作用；锉刀边分有齿和无齿（又称光边）两种。

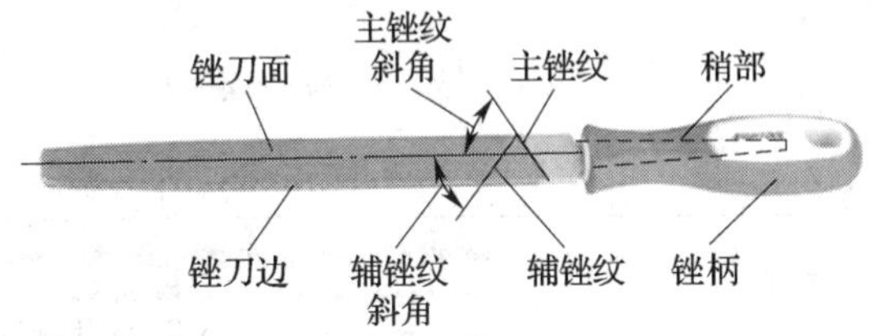

图 3-20　普通平锉的结构

锉刀上有大量锉齿纹，按锉齿纹的排列方式分单齿纹（锉刀边一般做成单齿纹）和双齿纹两种，如图 3-21 所示。一般单齿纹采用铣齿加工，双齿纹采用剁齿加工。

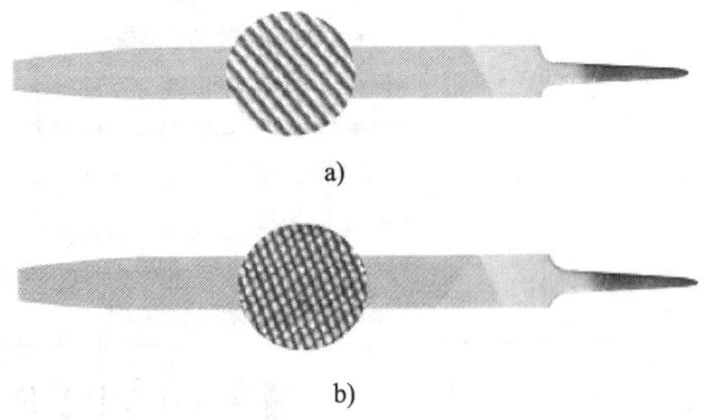

图 3-21　锉刀的齿纹

a）单齿纹　b）双齿纹

2. 锉刀的种类

锉刀的种类很多，按用途不同，锉刀可分为普通锉、整形锉（什锦锉）和异形锉三类，其特点及应用见表 3-7。

3. 普通锉刀的规格

普通锉刀的规格分尺寸规格和锉纹的粗细规格。

对于尺寸规格来说，圆锉以其断面直径为尺寸规格，方锉以其边长为尺寸规格，其他锉刀以锉身长度为尺寸规格，常用的有 100 mm、150 mm、200 mm、250 mm、300 mm 和 350 mm 等几种。

普通锉刀锉纹的粗细规格以锉刀每 10 mm 轴向长度内主锉纹的条数来表示，共分为 1 ～ 5 号，具体参数见表 3-8。

表 3–7　　锉刀的分类、特点及应用

锉刀类型	图示	特点及应用
普通锉		按锉刀断面形状分为平锉、方锉、三角锉、半圆锉和圆锉五种，是钳工最常用的锉削工具
整形锉		由多支不同断面形状的锉刀组成，常用的有 5、8、10 支为一组。其断面形状有矩形、方形、三角形、圆形、半圆形、菱形、刀口形、椭圆形、单边三角形等多种。主要用于修整工件上的细小结构
异形锉		锉身形状各异，主要用来锉削工件上的特殊表面

表 3–8　　普通锉刀的锉纹参数（摘自 GB/T 5806—2003）

长度规格 / mm	每 10 mm 主锉纹条数					辅锉纹条数	边锉纹条数	主锉纹斜角 λ		辅锉纹斜角 ω		边锉纹斜角 θ
	锉纹号							1 ~ 3 号锉纹	4 ~ 5 号锉纹	1 ~ 3 号锉纹	4 ~ 5 号锉纹	
	1	2	3	4	5							
100	14	20	28	40	56	为主锉纹条数的 75% ~ 95%	为主锉纹条数的 100% ~ 120%	65°	72°	45°	52°	90°
125	12	18	25	36	50							
150	11	16	22	32	45							
200	10	14	20	28	40							
250	9	12	18	25	36							
300	8	11	16	22	32							
350	7	10	14	20	—							
400	6	9	12	—	—							
450	5.5	8	11	—	—							

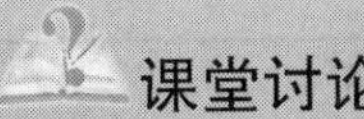

课堂讨论

在制作双齿纹锉刀时，为什么主锉纹斜角 λ 与辅锉纹斜角 ω 的大小不一致？

4. 锉刀的选择

锉刀的选择是否合理，直接影响锉削的质量、效率以及锉刀的使用寿命。通常应根据工件表面形状、尺寸大小、材料性质、加工余量大小以及加工精度和表面粗糙度要求的高低来选用。锉刀断面形状及尺寸应与工件被加工表面形状和尺寸相适应，如图 3–22 所示。

当锉削铜、铝等软金属以及加工余量大、精度低、表面粗糙度要求不高的工件时，一般选用齿纹较粗的锉刀；而细齿纹锉刀常用于锉削钢、铸铁以及加工余量小、精度和表面粗糙度要求较高的工件。锉刀齿纹粗细规格的选择可参见表 3–9。

三、锉削基本方法

锉削时应根据被加工面的形状和要求合理制定锉削方法及工艺。常用的基本锉削方法见表 3–10。

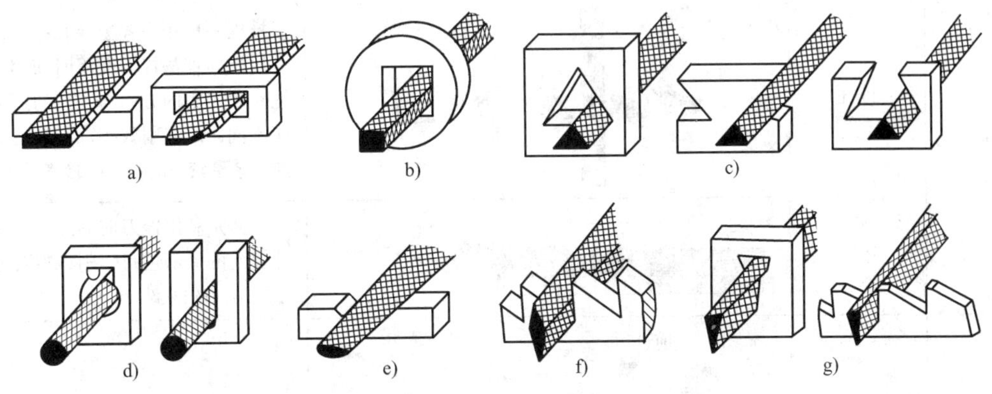

图 3–22　锉刀的选用

a）平锉　b）方锉　c）三角锉　d）圆锉　e）半圆锉　f）菱形锉　g）刀口锉

表 3–9　**锉刀齿纹粗细规格的选择**

锉刀粗细	适用场合		
	锉削余量 /mm	尺寸精度 /mm	表面粗糙度 *Ra*/ μm
1 号（粗齿锉刀）	0.5 ~ 1	0.2 ~ 0.5	100 ~ 25
2 号（中齿锉刀）	0.2 ~ 0.5	0.05 ~ 0.2	25 ~ 6.3
3 号（细齿锉刀）	0.1 ~ 0.3	0.02 ~ 0.05	12.5 ~ 3.2
4 号（双细齿锉刀）	0.1 ~ 0.2	0.01 ~ 0.02	6.3 ~ 1.6
5 号（油光锉）	0.1 以下	0.01	1.6 ~ 0.8

表 3–10　　常用的基本锉削方法

锉削方法		图示	特点及应用
平面锉削	顺向锉		顺向锉是最普通的锉削方法，锉刀运动方向与工件夹持方向始终一致，这种方法可得到正直的锉痕，比较整齐美观。适用于面积不大的平面锉削和最后锉光
	交叉锉		锉刀与工件夹持方向呈 30°~40°，且锉痕交叉。交叉锉时，锉刀与工件的接触面积增大，锉刀容易掌握平稳。交叉锉一般用于粗加工
	推锉		推锉一般用来锉削狭长平面，或使用顺向锉法锉刀受阻时使用。推锉时因锉齿的方向与锉刀的运动方向不同，故锉削效率低，只适用于加工余量较小的锉削或修整尺寸
	铲锉		铲锉是利用锉刀前端的弧度对工件表面的局部进行锉削，主要适用于锉削面的修整
曲面锉削	锉削外圆弧面	横向锉法 顺圆弧锉法	常见的外圆弧面锉削方法有横向锉法和顺圆弧锉法。锉削时要同时完成两种运动，即横向锉法是锉刀的前进和转动，顺圆弧锉法是锉刀的前进和上下摆动。横向锉法切削效率高，适用于粗加工；顺圆弧锉法锉出的圆弧面不会出现棱角现象，一般用于圆弧面的精加工阶段
	锉削圆球面		锉削圆球时要同时完成三种运动，即锉刀的前进、转动和摆动

四、锉削的操作要点

（1）锉削时要保持正确的操作姿势和锉削速度。锉削速度一般为 40 次 /min 左右。

（2）锉削时两手用力要平衡，回程时不要施加压力，以减少锉齿的磨损。

> **安全生产**
>
> （1）锉刀放置时不要露出钳台，以防跌落伤人。
>
> （2）不能用嘴吹铁屑或用手清理铁屑，以防伤眼或伤手。
>
> （3）不使用无锉柄或锉柄开裂的锉刀。
>
> （4）锉削时不要用手去摸锉削表面，以防锉刀打滑。
>
> （5）锉刀不得沾油和沾水。锉屑嵌入齿缝必须用钢丝刷顺着齿纹刷除，不允许用手直接清除。

§3–5 刮削

用刮刀刮除工件表面金属薄层的加工方法称为刮削，如图 3–23 所示。

图 3–23　刮削

一、刮削概述

刮削是在工件或校准工具（俗称研具）上涂一层显示剂，经过推研，使工件上较高的部位显示出来（这种显示高点的操作方法称为研点），然后用刮刀刮去较高部分的金属层。经反复研点和刮削（这一过程通常称为刮研），使工件表面达到所要求的尺寸精度和几何精度。

刮削加工后的工件表面，由于多次反复地受到刮刀的推挤和压光作用，其表面组织变得比原来紧密，并能获得较高的尺寸精度、形状精度、接触精度和很小的表面粗糙度值。刮削可使运动部件的接触面改善存油条件，减小摩擦，如机床导轨面、轴瓦等。它是一种古老的精加工方法，也是当前机器不能代替的一项操作，其劳动强度大，生产率低。但是，由于所用的工具简单，且不受工件形状和位置以及设备条件的限制，同时具有切削量小、切削力小、产生热量少、装夹变形小等特点，所以，在机械制造以及工具、量具制造或修理中仍占有非常重要的地位。

二、刮削余量

由于刮削每次只能刮去很薄的金属，若余量太大，则劳动强度大；若余量太小，则上道工序刀痕不能去除，因此，刮削余量一般为 0.05 ~ 0.4 mm，具体数值见表 3–11。

三、刮削工具

常用的刮削工具包括刮刀、研具和显示剂，其特点及应用见表3–12。

表3–11　刮削余量　mm

平面刮削余量					
平面宽度	平面长度				
	100 ~ 500	>500 ~ 1 000	>1 000 ~ 2 000	>2 000 ~ 4 000	>4 000 ~ 6 000
100以下	0.1	0.15	0.20	0.25	0.30
100 ~ 500	0.15	0.20	0.25	0.30	0.40

孔的刮削余量			
孔径	孔长		
	100以下	100 ~ 200	>200 ~ 300
80以下	0.05	0.08	0.12
80 ~ 180	0.10	0.15	0.25
180 ~ 360	0.15	0.20	0.35

表3–12　常用刮削工具的特点及应用

<table>
<tr><th colspan="2">工具类型</th><th>图示</th><th>特点及应用</th></tr>
<tr><td rowspan="2">刮刀</td><td>平面刮刀</td><td>手刮刀
挺刮刀</td><td>按刮削姿势分为手刮刀和挺刮刀。其主要用来刮削平面，如平板、平面导轨、工作台等，也可用来刮削外曲面。按所刮表面精度要求不同，可分为粗刮刀、细刮刀和精刮刀三种</td></tr>
<tr><td>曲面刮刀</td><td>三角刮刀
蛇头刮刀</td><td>按刀头形状分为三角刮刀和蛇头刮刀。其主要用来刮削内曲面，如滑动轴承的轴瓦等</td></tr>
<tr><td>研具</td><td>平面研具</td><td>标准平板
桥形平尺</td><td>研具是用来研点和检验刮削面精确性的工具，通过与刮削表面对研，以接触点多少和疏密程度来显示刮削平面的平面度，提供刮削依据。标准平板用来检查较宽的平面；桥形平尺用来检验狭长的平面，如检验机床导轨面的直线度误差等</td></tr>
</table>

续表

工具类型		图示	特点及应用
研具	角度研具		用来检验两个刮削面所组成角度的接触精度和几何精度，如V形导轨、燕尾导轨等。其形状有55°、60°等多种
	曲面研具	一般以相配合的零件为研具，如主轴的轴颈等	用来检验曲面的接触精度和几何精度
显示剂	红丹粉		用来显示刮削表面误差位置和大小。将其均匀涂抹于研具或刮削表面，对研后的凸起部分就被显示出来 红丹粉分铅丹和铁丹两种，前者呈橘红色，后者呈红褐色。使用时，用机油或牛油调和而成，广泛用于铸铁等黑色金属工件 普鲁士蓝油是用普鲁士蓝粉和蓖麻油及适量机油调和而成，呈深蓝色。多用于精密工件和有色金属及其合金的工件
	普鲁士蓝油		

四、刮削接触精度的检查

刮削接触精度常用 25 mm × 25 mm 正方形方框内的研点（接触点）数来检验，如图 3-24 所示。研点的数目越多，接触精度越高。在平面刮削中，各种平面接触精度研点数的要求见表 3-13；曲面刮削中，应用较多的是对滑动轴承轴瓦的刮削，其接触精度研点数的要求见表 3-14。

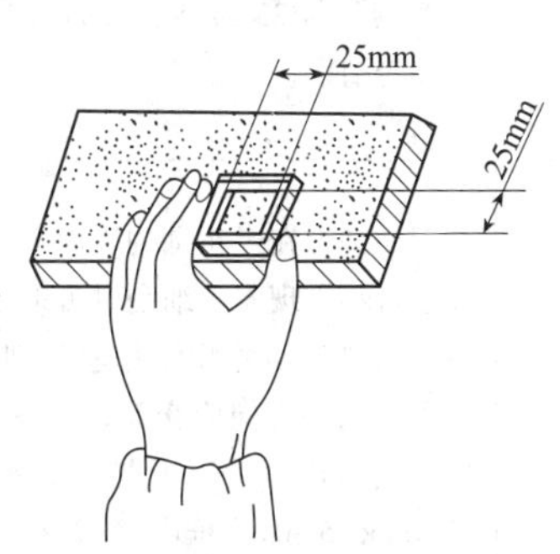

图 3-24　接触精度的检验方法

表 3–13　各种平面接触精度研点数的要求

平面种类	每 25 mm × 25 mm 内的研点数	应用
一般平面	2 ~ 5	较粗糙机件的固定结合面
	>5 ~ 8	一般结合面
	>8 ~ 12	机床台面、一般基准面、机床导向面、密封结合面
	>12 ~ 16	机床导轨及导向面、工具基准面、量具接触面
精密平面	>16 ~ 20	精密机床导轨、直尺
	>20 ~ 25	1 级平板①、精密量具
超精密平面	>25	0 级平板②、高精度机床导轨、精密量具

注：①②表中 1 级平板、0 级平板系指通用平板的精度等级。

表 3–14　滑动轴承接触精度研点数的要求

轴承直径 / mm	机床或精密机械主轴轴承			锻压设备和通用机械的轴承		动力机械和冶金设备的轴承	
	高精度	精密	普通	重要	普通	重要	普通
	每 25 mm × 25 mm 内的研点数						
≤ 120	25	20	16	12	8	8	5
>120	—	16	10	8	6	6	2

五、刮削方法及工艺

根据被刮削面的形状，刮削分为平面刮削和曲面刮削两种。

1. 平面刮削

（1）平面刮削步骤　为了保证零件的刮削质量和提高生产率，刮削时一般按粗刮、细刮、精刮和刮花的步骤进行，其方法和工艺要求见表 3–15。

表 3–15　平面刮削的方法及工艺要求

步骤	方法及工艺要求	刮刀几何角度要求
粗刮	用粗刮刀在刮削面上均匀地铲去一层较厚的金属，目的是去除余量、锈斑及机械加工刀痕。可采用连续推铲法，使刮削的刀迹连成长片。研点时，显示剂可调得适当稀些，当粗刮到每 25 mm × 25 mm 方框内有 2 ~ 3 个研点时，粗刮即告结束	刀刃平直 楔角90° ~ 92.5°
细刮	用细刮刀在经粗刮的表面上刮去稀疏的大块研点，进一步改善不平现象。细刮时可采用短刮法，即随着研点的增多，刀迹逐步缩短。每遍刮削须按一个方向进行，但两次刮削间的方向应交叉，以消除原方向的刀迹。研点时，显示剂可调得适当干些，要求涂得薄而均匀。当达到每 25 mm × 25 mm 方框内有 12 ~ 15 个研点时，细刮即告结束	刀刃圆弧半径较大 楔角92.5° ~ 95°

续表

步骤	方法及工艺要求	刮刀几何角度要求
精刮	用精刮刀在细刮的基础上，通过点刮法进一步增加研点，改善表面质量，使刮削面符合各项精度要求。精刮时刀迹要更小，不能重复，落刀要轻，起刀要快，并始终交叉地进行刮削。其显示剂应涂得更薄，只轻微改变刮削面的颜色即可。当达到每 25 mm × 25 mm 方框内有 20 个以上研点时，精刮即告结束	刀刃圆弧半径较小 楔角95° ~ 97.5°
刮花	刮花的目的一是增加刮削面的美观；二是改善滑动件之间的润滑条件，还可以根据花纹消失的多少来判断平面的磨损程度。但是，在接触精度要求高、研点要求多的工件中，不应该刮大块花纹，否则不能达到所要求的刮削精度。一般常见的刮削花纹有以下几种： 斜纹花　鱼鳞花　半月花　燕子花	

（2）平面研点方法　研点的方法应根据不同的形状和刮削面积的大小而有所区别。

1）中小型工件的研点　一般是研具固定不动，工件在研具上进行研点，如图 3–25 所示。研点时压力要均匀，避免显示失真。如果工件表面小于研具工作面，研点时最好不超出研具，如果工件表面等于或稍大于研具工作面，允许工件超出研具工作面，但超出部分应小于工件在推研方向上长度的 1/3。研点应在整个研具工作面上进行，以防止研具局部磨损。

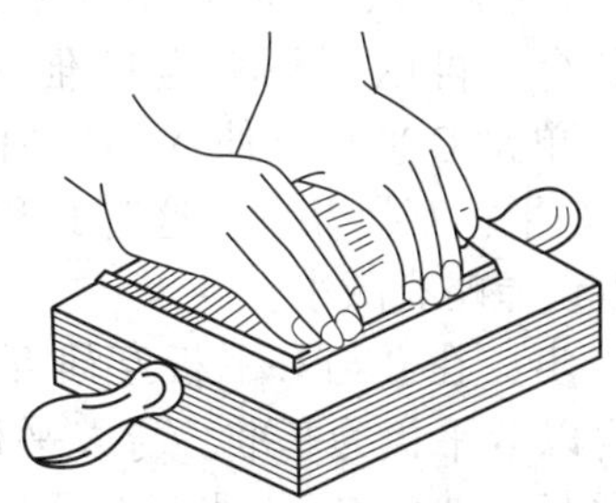

图 3–25　中小型工件的研点

2）大型工件的研点　将工件固定，研具在工件表面上研点，如图 3–26 所示。研点时，研具超出工件表面的长度应小于研具在推研方向上长度的 1/5。对于面积大、刚度差的工件，研具的质量要尽可能减轻，必要时还要采取卸荷研点。

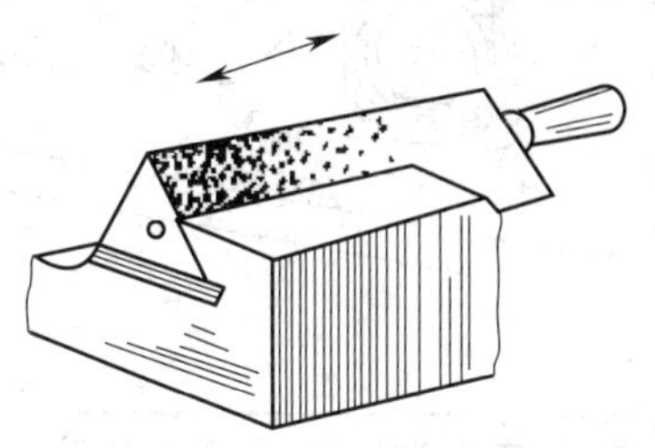

图 3–26　大型工件的研点

3）形状不对称工件的研点　研点时应在工件某个部位施加托力或压力（或配重），如图 3–27 所示，但用力的大小要适当、均匀。研点时还应注意，如果两次研点所显示的状况相差较大，应分析原因，认真检查研点方法，谨慎处理。

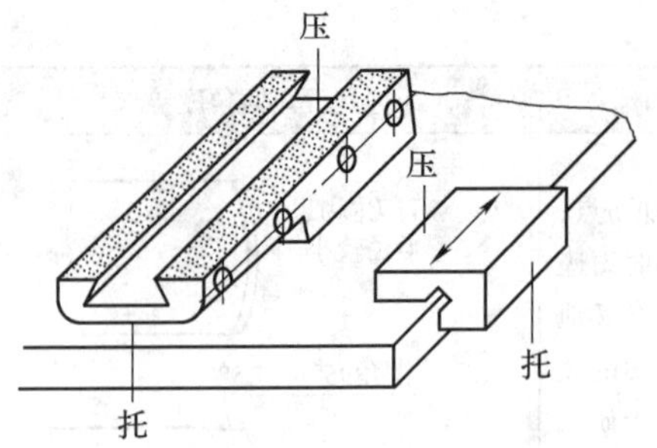

图 3-27　不对称工件的研点

（3）刮削面几何精度检验方法　刮削面的几何精度检验方法有很多，一般应根据实际情况合理、有效地选择。图 3-28 所示为部分常用检验方法，可供参考。

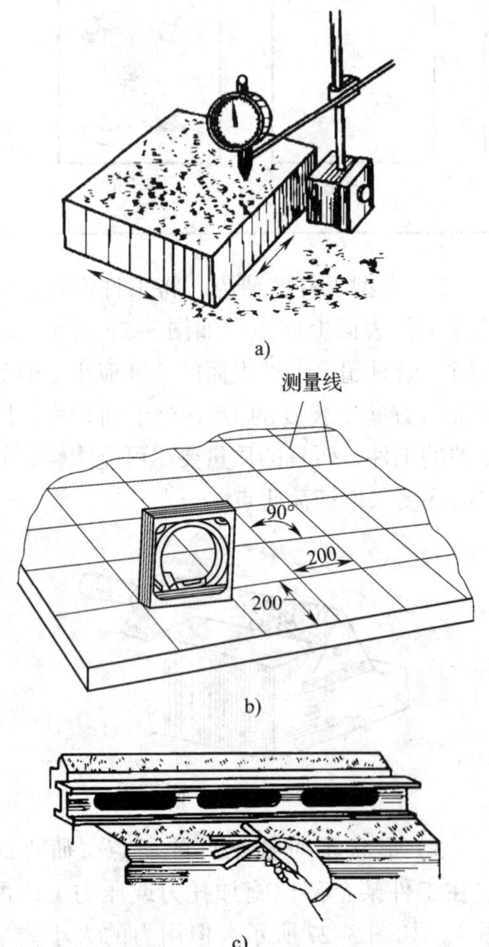

图 3-28　刮削面几何精度的检验方法
a）用指示表检测工件平行度
b）用水平仪检测大型工件平面度
c）用塞尺检测工件配合面间隙

2. 曲面刮削

曲面刮削方法如图 3-29 所示。对轴瓦研点时，应根据轴在轴承内的工作情况合理分布，以获得良好的工作效果。例如：在轴承长度方向上，中间研点可以少些；在轴承圆周方向上，受力大的部位，应该刮成较密的贴合点，以减少磨损，使轴承在负荷情况下保持其几何精度。

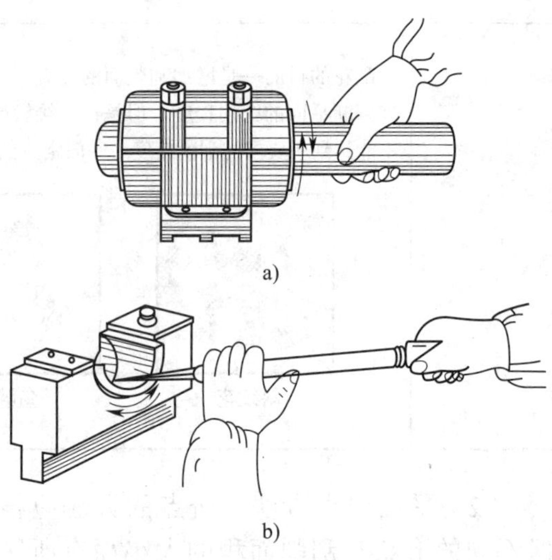

图 3-29　曲面刮削方法
a）研点　b）刮削

3. 原始平板刮削

原始平板刮削通常采用的是渐进法，即不用标准平板研点，而是以三块或三块以上平板依次循环互研互刮，直至达到所要求的精度，其步骤如图 3-30 所示。

（1）刮削方法

先将三块平板编号，粗刮去除机械加工刀痕，再按以下步骤进行循环刮削。

第一步：A 与 B 平板互研互刮，使 A、B 平板贴合，再以 A 平板为基准，与 C 平板互研，单刮 C 平板，使 A、C 平板贴合，然后 B、C 平板互研互刮，这时 B 和 C 平板的平面度误差略有减小。

第二步：在 B 与 C 平板互研互刮的基础上，再以 B 平板为基准，与 A 平板互研，单刮 A 平板，然后 C、A 平板互研互刮，这时 C 和 A 平板的平面度误差有所减小。

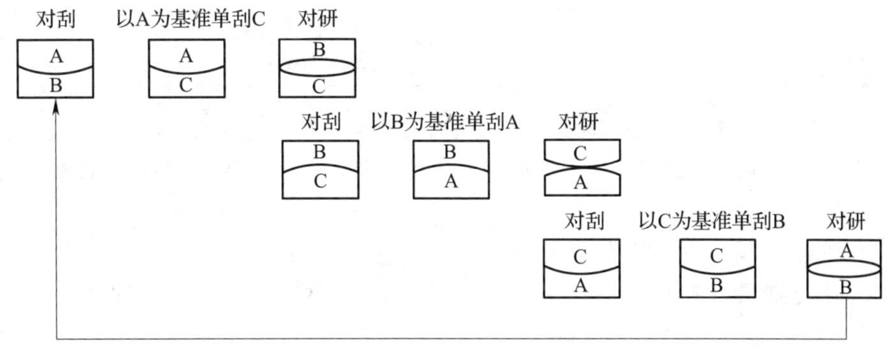

图 3-30 原始平板刮削步骤

第三步：在 C 与 A 平板互研互刮的基础上，再以 C 平板为基准，与 B 平板互研，单刮 B 平板，然后 A、B 平板互研互刮，这时 A 和 B 平板的平面度误差又进一步减小。

按上述步骤依次循环进行刮削，平板的平面度误差将会逐渐缩小。循环次数越多，平板的精确度级别越高。

（2）研点方法

粗刮和细刮时，可用正研法（沿平板纵向和横向研点），以消除纵横起伏误差。当进入精刮后，应采用对角研法（沿平板对角线方向研点），以消除平面的扭曲误差。直至任取两块平板，不论是采用直研还是对角研都能达到所要求的精度为止。铸铁平板精确度要求见表 3-16。

表 3-16　铸铁平板精确度要求（摘自 JJG 117—2013）

平板尺寸 /mm（公称尺寸）	工作面平面度公差值 /μm				任意 25 mm × 25 mm 面积内的研点数 / 个		
	0 级	1 级	2 级	3 级	0 级	1 级	2、3 级
160 × 100	3	6	12	25	≥ 25	≥ 20	≥ 12
250 × 160	3.5	7	14	27			
400 × 250	4	8	16	32			
630 × 400	5	10	20	39			
1 000 × 630	6	12	24	49			
1 600 × 1 000	8	16	33	66			
2 000 × 1 000	9.5	19	38	75			
160 × 160	3	6	12	25			
250 × 250	3.5	7	15	30			
400 × 400	4.5	9	17	34			
630 × 630	5	10	21	42			
1 000 × 1 000	7	14	28	56			

安全生产

（1）刮削前，工件的锐边、锐角必须去掉，防止伤手。

（2）刃磨刮刀时，应站在砂轮机的侧面或斜侧面，力的作用方向应通过砂轮轴线。刃磨时施加压力不能太大。

（3）刮削大型工件时，搬动要注意安全，安放要平稳。

（4）工件与研具对研时，超出部分不能过长，用力不宜过猛，以防工件（或研具）掉下砸伤人。

（5）刮削工件边缘时，不能用力过大过猛，避免当刮刀刮出工件时，连刀带人一起冲出而发生事故。

（6）刮刀用后，应用纱布包裹好并妥善安放，三角刮刀用毕不要放在经常与手接触的地方。

§3–6 研磨

用研磨工具（研具）和研磨剂从工件表面上研去一层极薄金属层的精加工方法称为研磨，如图 3–31 所示。

图 3–31 研磨

一、研磨特点

（1）在研磨过程中，研磨剂中的磨料被压嵌在研具表面上，形成无数切削刃。由于研具和工件的相对运动，因而对工件产生微量的切削作用，均匀地从工件表面切去一层极薄的金属。借助于研具的精确型面，可使研磨后的工件获得精确的尺寸、形状和极小的表面粗糙度值，其尺寸精度一般在 IT5 ~ IT3 之间，表面粗糙度值可达 Ra0.012 μm。

（2）操作方法简单，不需复杂设备，但加工效率较低。

（3）经研磨后的零件能提高表面的耐磨性、抗腐蚀性及疲劳强度，从而延长零件的使用寿命。

二、研磨余量

研磨是微量切削，因此，研磨余量不能太大，否则会使研磨时间增加，并缩短研具的使用寿命，一般在 0.005 ~ 0.03 mm 比较合适。研磨余量的大小应根据工件尺寸大小和精度要求有所不同，有时研磨余量就留在工件的公差之内。

三、研具

研具是保证被研磨工件几何形状精度的重要因素，因此，对研具材料、精度和表面粗糙度都有较高的要求。

1. 研具材料

在研磨加工中，研具必须具备两条基本要求：一是研具材料要容易嵌入磨料；二是研具要能较长时间地保持几何形状精度。所以，研具材料的硬度应比被研磨工件低，组织要细致均匀，具有较高的耐磨性、稳定性以及有较好的嵌存磨料的性能。常用研具材料的特点及应用见表 3–17。

2. 研具的类型

不同形状的工件需要不同形状的研具，常用研具的类型、特点及应用见表 3–18。

四、研磨剂

研磨剂是指用于研磨的，由磨料、分散剂和辅助材料制成的混合剂。

表 3–17 常用研具材料的特点及应用

材料名称	特点及应用
灰铸铁	具有硬度适中、嵌入性好、价格低、研磨效果好等特点，是一种应用广泛的研磨材料
球墨铸铁	球墨铸铁比灰铸铁的嵌入性更好，且更加均匀、牢固，常用于精密工件的研磨
软钢	软钢韧性较好，不易折断，常用来制作小型研具
铜	铜的性质较软，嵌入性好，常用来制作研磨软钢类工件的研具

1. 磨料

磨料在研磨中起切削作用，研磨效率、研磨精度与选用磨料的种类和粒度有密切的关系。磨料按来源分为天然磨料和人造磨料；按硬度分为普通磨料和超硬磨料。常用磨料的成分及特性见表 3–19。

表 3–18 常用研具的类型、特点及应用

研具类型	图示	特点及应用
研磨平板	有槽研磨平板　光滑研磨平板	主要用来研磨平面，如研磨量块、精密量具的测量面等。其中，有槽的用于粗研，光滑的用于精研
研磨环	固定式圆柱孔研磨环　可调式圆柱孔研磨环　圆锥孔研磨环（7：24）	主要用来研磨轴类工件的外圆柱表面和外圆锥表面。研磨环有固定式和可调式两种。固定式研磨环制造简单，但磨损后无法补偿，多用于单件工件的研磨；可调式研磨环的尺寸可在一定的范围内调整，其使用寿命较长
研磨棒	固定式圆柱研磨棒　可调式圆柱研磨棒 左向螺旋槽圆锥研磨棒　右向螺旋槽圆锥研磨棒	主要用来研磨套类工件的内孔。研磨棒有固定式和可调式两种，其中固定式研磨棒又分为光滑和带槽两种

表 3-19　常用磨料的成分及特性（摘自 GB/T 16458—2009 和 GB/T 2476—2016）

分类	名称		代号	成分及特性
普通磨料	天然刚玉		NC	一种天然磨料，主要成分 Al_2O_3 含量为 90% ~ 95%，密度 3.9 ~ 4.1 g/cm^3，旧莫氏硬度 9
	金刚砂		E	一种天然磨料，是天然刚玉和赤铁矿或磁铁矿、石英等的混合体，密度 3.7 ~ 4.3 g/cm^3，旧莫氏硬度 8
	石榴石		G	一种天然磨料，化学式为 $A_3B_2[SiO_4]$，密度 3.5 ~ 4.2 g/cm^3，旧莫氏硬度 6.5 ~ 7.5
	电熔刚玉	棕刚玉	A	一种人造刚玉磨料，用矾土经电弧炉熔炼制成，Al_2O_3 含量 95% 左右，并含少量的氧化钛等其他成分，呈棕褐色，密度不小于 3.90 g/cm^3
		白刚玉	WA	一种人造刚玉磨料，用铝氧粉经电弧炉熔炼制成，Al_2O_3 含量 98% 左右，呈白色，密度不小于 3.90 g/cm^3
		单晶刚玉	SA	一种人造刚玉磨料，以矾土、硫化物为主要原料，经电弧炉熔炼，颗粒由水解制成，Al_2O_3 含量不小于 98%，多为等积状的单晶体，呈浅灰色，密度不小于 3.95 g/cm^3
		微晶刚玉	MA	一种人造刚玉磨料，炼制的刚玉溶液经急速冷却而制成，晶体一般小于 300 μm，Al_2O_3 含量 95% 左右，密度不小于 3.90 g/cm^3
		铬刚玉	PA	一种人造刚玉磨料，用铝氧粉加入少量氧化铬在电弧炉内熔炼制成，Al_2O_3 含量不少于 98.5%，多呈粉红色，密度不小于 3.90 g/cm^3
		锆刚玉	ZA	一种人造刚玉磨料，是氧化铝和氧化锆的共熔混合物，为微晶结构
		黑刚玉	BA	一种人造刚玉磨料，又名人造金刚砂，由刚玉、铁尖晶石等组成，Al_2O_3 含量不小于 77%，密度不小于 3.61 g/cm^3
	陶瓷刚玉		CA	利用化学法合成氧化铝超细粉体，然后通过烧结的方法而制成的具有微晶结构的刚玉磨料
	碳化硅	绿碳化硅	GC	一种人造磨料，呈绿色光泽的结晶，SiC 含量 98.5% 左右，密度不小于 3.18 g/cm^3
		黑碳化硅	C	一种人造磨料，呈黑色光泽的结晶，SiC 含量 98% 左右，密度不小于 3.12 g/cm^3
		立方碳化硅	SC	一种人造磨料，碳化硅的低温相，主要物相为 β-SiC，属立方晶系，色泽为黄绿色
	碳化硼		BC	一种人造磨料，分子式为 B_4C，属六方晶系，呈黑色金属光泽，在电炉中用碳素材料还原硼酸制得
超硬磨料	金刚石		D	目前所知自然界中最硬的物质，化学成分为 C，是碳的同素异构体，密度为 3.52 g/cm^3。它包括天然金刚石、人造金刚石、单晶金刚石、多晶金刚石、微晶金刚石、纳米金刚石等
	立方氮化硼		B	立方晶系结构的氮化硼，分子式为 BN，用人工方法制造。它包括单晶立方氮化硼、多晶立方氮化硼、微晶立方氮化硼、纳米立方氮化硼等

国家标准把磨料的粒度分为粗磨粒和微粉两部分，GB/T 9258.2—2008 将粗磨粒划分为 P12 ~ P220 共 15 个号，GB/T 9258.3—2017 将微粉划分为 P240 ~ P2500 共 13 个号。选用时应根据零件的精度要求合理选取。

2. 分散剂

分散剂使磨料均匀分散在研磨剂中，并起稀释、润滑和冷却等作用，常用的有煤油、机油、动物油、甘油、酒精和水等。

3. 辅助材料

辅助材料主要是混合脂，常由硬脂酸、脂肪酸、环氧乙烷、三乙醇胺、石蜡、油酸和十六醇等几种材料配成，在研磨过程中起乳化、润滑和吸附作用，并促使工件表面产生化学变化，生成易脱落的氧化膜或硫化膜，借以提高加工效率。此外，辅助材料中还有着色剂、防腐剂和芳香剂等。

根据分散剂和辅助材料的成分和配合的比例不同，研磨剂分为液态研磨剂、研磨膏和固体研磨剂 3 种。液态研磨剂不需要稀释即可直接使用。研磨膏可直接使用或加分散剂稀释后使用，用油稀释的称为油溶性研磨膏，用水稀释的称为水溶性研磨膏。固体研磨剂常温时呈块状，可直接使用或加分散剂稀释后使用。

五、研磨方法

研磨分手工研磨和机械研磨两种。手工研磨应选择合理的运动轨迹，对提高研磨效率、工件的表面质量和研具的寿命有直接的影响。手工研磨的运动轨迹有直线形、直线与摆动形、螺旋线形、8 字形和仿 8 字形等，如图 3-32 所示。常用的研磨方法及工艺要求见表 3-20。

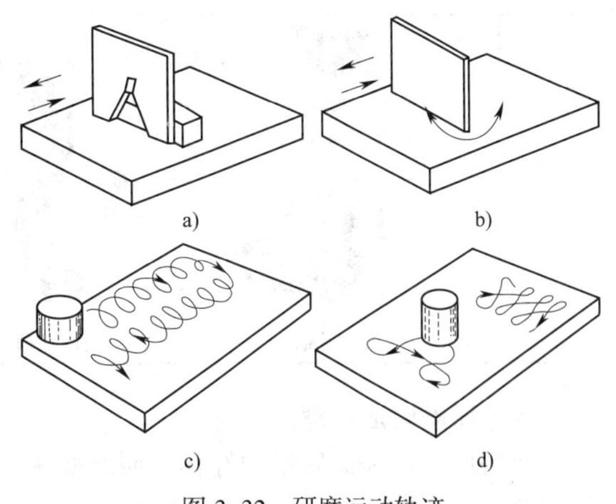

图 3-32　研磨运动轨迹

a）直线形　b）直线与摆动形

c）螺旋形　d）8 字和仿 8 字形

表 3-20　常用的研磨方法及工艺要求

类型	图示	要求
平面研磨	涂有研磨剂的研磨平板 工件 一般工件研磨	研磨平面一般在精磨之后进行。研磨时，研磨剂涂在研磨平板（研具）上，手持工件按一定的运动轨迹做相对运动。研磨一定时间后，将工件调转 90°～180°，以防工件倾斜。狭窄或较小工件可借助于导靠块进行研磨。对于工件上局部待研的小平面、方孔、窄缝等表面，也可手持研具进行研磨
	导靠块 工件 窄长工件研磨	

续表

类型	图示	要求
外圆研磨	研具 工件 研磨网纹 45°	研磨外圆一般在精磨或精车的基础上进行。手工研磨外圆可在车床上进行，工件和研具之间涂上研磨剂，工件由车床主轴带动旋转。工件的直径小于 80 mm 时转速为 100 r/min；直径大于 100 mm 时为 50 r/min。研具用手扶持作轴向往复移动，其移动速度视研磨出现的网纹倾斜角度来控制，当出现 45° 网纹时，说明研磨环的移动速度适宜
内孔研磨	研具 工件 圆柱孔研磨 研具 工件 圆锥孔研磨	研磨内孔需在精磨、精铰或精镗之后进行，其方法与外圆研磨正好相反，研磨时，将研磨棒夹在机床上并转动，把工件套在研磨棒上进行研磨

六、研磨时应注意的问题

研磨后工件表面质量的好坏、研磨效率的高低，除与研磨剂的选用及研磨的方法有关外，还须注意以下两个问题。

1. 研磨的压力和速度

在研磨过程中，压力大、速度快，则研磨效率高。若压力、速度太大，工件表面粗糙，则工件容易发热而变形，甚至会发生因磨料压碎而使表面划伤，因而必须合理加以控制。对较小的硬工件或粗研磨时，可用较大的压力、较低的速度进行研磨；而对大的、较软的工件或精研时，就应用较小的压力、较高的速度进行研磨。另外，研磨中若引起发热，应暂停，待冷却后再进行研磨。

2. 研磨中的清洁工作

在研磨中，必须重视清洁工作，才能研磨出高质量的工件表面。若忽视清洁工作，轻则工件表面拉毛，重则拉出深痕而造成废品。另外，研磨后应及时将工件清洗干净并采取防锈措施。

复习思考题

1. 什么叫划线？划线分哪两类？划线的主要作用有哪些？
2. 划线基准有哪三种基本类型？
3. 选择划线基准的基本原则是什么？它有哪些好处？
4. 划线前的准备工作有哪些？
5. 什么叫找正？为什么要找正？
6. 什么叫借料？在什么情况下需要进行借料划线？
7. 简述划线的步骤。
8. 在某一圆周上均匀分布 15 个孔，若用分度头进行划线，求分度头的转数。
9. 简述划线时的安全文明生产要求。

10. 简述錾子的种类及用途。
11. 叙述錾子前角、后角、楔角的定义及对錾削的影响。
12. 锤子由哪几部分组成？规格如何表示？
13. 简述錾削操作要点。
14. 錾削时应注意哪些安全文明生产知识？
15. 锯条的粗细规格用什么表示？解释 HTA300×10.7×1.4 的含义。
16. 锯条的分齿有哪两种形式？有何作用？
17. 简述锯削操作要点。
18. 锉刀一般由什么材料制成？锉刀的锉纹有哪两种形式？
19. 按用途不同锉刀如何分类？
20. 普通锉刀的规格用什么表示？如何正确选用锉刀？
21. 平面锉削的基本方法有哪几种？各用在什么场合？
22. 简述锉削时的安全文明生产要求。
23. 什么是刮削？刮削有哪些特点？
24. 简述平面刮削的步骤。
25. 简述原始平面的刮削方法。
26. 简述刮削时的安全操作要求。
27. 什么叫研磨？研磨有何特点？
28. 对研具材料有哪些要求？常用研具材料有哪几种？
29. 研磨剂由哪些成分组成？各种成分的作用是什么？
30. 试述平面研磨要点。

第四章

孔与螺纹加工

§4–1 钻床

钻床是钳工常用的孔加工机床，在钻床上可进行钻孔、扩孔、锪孔、铰孔和攻螺纹等多项操作，如图 4–1 所示。机修钳工常用的钻床有台式钻床、立式钻床和摇臂钻床等。

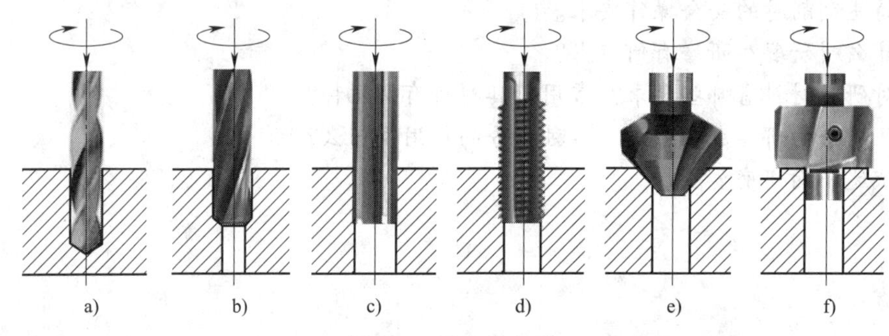

图 4–1 钻床的应用

a）钻孔 b）扩孔 c）铰孔 d）攻螺纹 e）锪埋头孔 f）锪平面

一、台式钻床

台式钻床是指可安放在作业台上，主轴竖直布置的小型钻床，简称台钻。它具有结构简单、操作方便、生产率高、灵活性强、易于维修等特点，应用较为广泛。其规格用最大钻孔直径来表示，常用的最大钻孔直径有 ϕ12 mm、ϕ6 mm 等几种。图 4–2 所示为 Z4112 型（台钻型号的含义可查阅附表 1）台钻的外形结构。

1. Z4112 型台式钻床的技术规格

最大钻孔直径	ϕ12 mm
立柱直径	ϕ70 mm
主轴最大行程	100 mm
主轴中心线至立柱表面距离	193 mm
主轴端面至工作台最大距离	332 mm
主轴端面至底座最大距离	565 mm
主轴锥度	（莫氏）B16
主轴转速范围	480 ~ 4 100 r/min

主轴转速级数	5 级
电动机功率	370 W
工作台面尺寸	256 mm × 256 mm
底座工作台面尺寸	528 mm × 360 mm
总高	1 037 mm

2. Z4112 型台式钻床的结构

如图 4–2 所示，Z4112 型台钻主要由底座、立柱、工作台、机头、主轴、主轴变速机构、进给机构、电气控制部分以及电动机等组成。

（1）底座（下工作台） 中间有两条 T 形槽，用来固定工件或夹具。

（2）立柱 立柱截面为圆形，用来支承工作台和机头。

（3）工作台 工作台主要用来安放被加工工件，它可沿立柱上下移动，并能绕立柱转动到任意位置，同时工作台自身还可左右倾斜 45°。

（4）机头 机头安装在立柱上，它可沿立柱上下调整所需高度，并能绕立柱转动。在机头下面有一支撑保险环。

（5）主轴 主轴是钻床的"心脏"，在下端装有钻夹头，主要用来安装孔加工刀具和传递转矩。

（6）主轴变速机构 该机构采用塔轮变速方法，如图 4–3 所示。通过改变 V 形带的位置，可实现 5 种不同的转速。V 形带松紧度的调整靠电动机前后移动来完成。

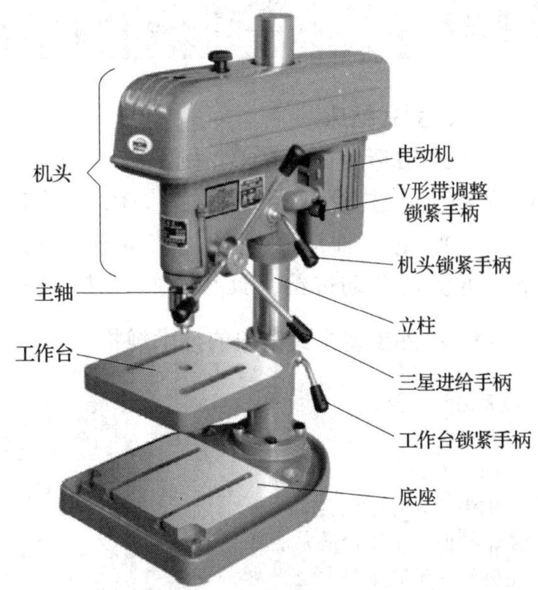

图 4–2 Z4112 型台式钻床

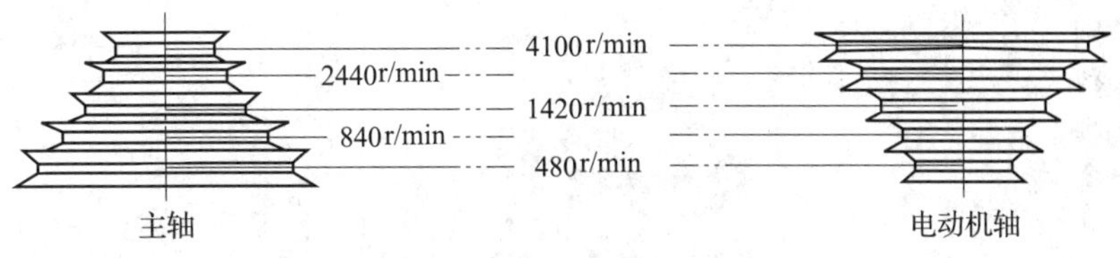

图 4–3 台钻的主轴变速机构

（7）进给机构 台钻通常只有手动进给。如图 4–4 所示，三星进给手柄带动齿轮轴转动，再由齿轮轴带动与其啮合的主轴套筒产生轴向移动。在主轴套筒下端的侧面装有进给标尺。在齿轮轴的另一端装有弹簧，使主轴自动抬起复位。

（8）电气控制部分 在机头的侧面装有控制开关，可使主轴正转或停车。

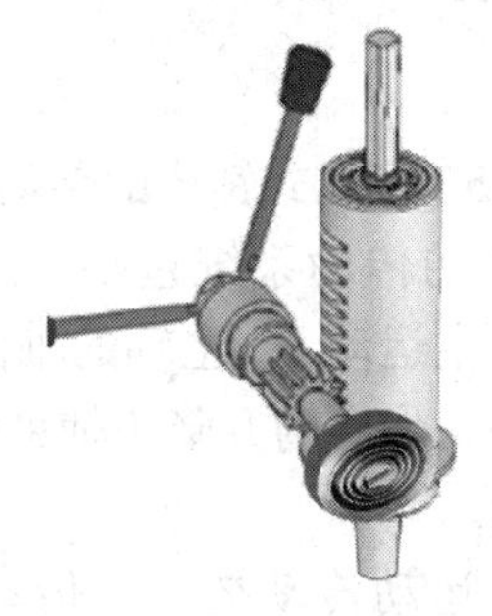
图 4–4 台钻的进给机构

安全生产

（1）操作前必须穿好工作服，扎好袖口，严禁戴手套，女生发辫应挽在帽子内。

（2）使用前要检查钻床各部件是否正常。

（3）变速时必须切断电源总开关，V 形带松紧度要适当。

（4）调整机头高度后，要及时将保险环移到位，并锁住机头。

（5）停车时，不能用手或其他物品止动主轴的惯性。

（6）凡两人或两人以上在同一台钻床上工作时，必须有一人负责安全，统一指挥，防止发生事故。

（7）工作完毕，关闭机床总电源，擦净机床，清扫工作地点。

二、立式钻床

立式钻床是指主轴箱和工作台安置在立柱上，主轴竖直布置的钻床，简称立钻。它是一种中型钻床，结构较为复杂，可实现自动进给，具有变速方便、使用范围广、功能全等特点，并配备了冷却系统，适用于单件、小批量的中、小型工件孔加工。图 4–5 所示为 Z525B 型（立钻型号的含义可查阅附表 1）立钻的外形结构。

1. Z525B 型立式钻床的技术规格

最大钻孔直径	ϕ25 mm
主轴锥孔	莫氏 3 号
主轴最大行程	200 mm
主轴中心线至立柱表面距离	315 mm
主轴端面至工作台最大距离	415 mm
主轴端面至底座最大距离	965 mm
主轴转速范围	85 ~ 1 500 r/min
主轴转速级数	6 级
主轴进给量范围	0.13 ~ 0.52 mm/r
主轴进给量级数	4 级
工作台移动行程	385 mm
工作台尺寸	ϕ400 mm
底座工作面尺寸	440 mm × 500 mm
主电动机功率	1.5 kW
冷却泵电动机功率及流量	0.125 kW　22 L/min
机床外形尺寸（长 × 宽 × 高）	1 050 mm × 730 mm × 2 300 mm

2. Z525B 型立式钻床的传动系统

该机床的传动系统包括 3 部分，即主轴的旋转（主运动）、主轴的轴向移动（进给运动）和工作台的升降（辅助运动），如图 4–6 所示。

（1）主运动传动链　由传动系统图可知，主运动传动链的首端为电动机，末端为主轴。来自电动机的动力直接经联轴器传给主轴变速箱中的轴Ⅰ；经齿轮（$z21$、$z48$）啮合将运动传给轴Ⅱ；通过轴Ⅱ上的三联滑移齿轮（$z28$、$z37$、$z19$）分别与轴Ⅲ上的齿轮（$z38$、$z29$、$z47$）啮合将运动传给轴Ⅲ，使轴Ⅲ得到3种转速；再通过轴Ⅲ上的齿轮（z47、z18）分别与轴Ⅳ上的齿轮（z25、z54）啮合又将运动传给轴Ⅳ，使轴Ⅳ得到6种转速。轴Ⅳ与主轴为花键连接，因此，主轴可获得6种不同的转速。

主运动的传动结构式如下：

$$\text{主电动机}(1\,430\ \text{r/min}) - \text{I} - \frac{21}{48} - \text{II} - \begin{Bmatrix} \frac{28}{38} \\ \frac{37}{29} \\ \frac{19}{47} \end{Bmatrix} - \text{III} - \begin{Bmatrix} \frac{47}{25} \\ \frac{18}{54} \end{Bmatrix} - \text{IV} - \text{主轴}$$

根据传动结构式，可列出主运动平衡方程式如下：

$$n_{\text{主轴}} = n_{\text{电动机}} \times \frac{21}{48} \times i_{\text{变}}$$

式中 $n_{\text{主轴}}$——主轴转速，r/min；

$i_{\text{变}}$——交换齿轮传动比。

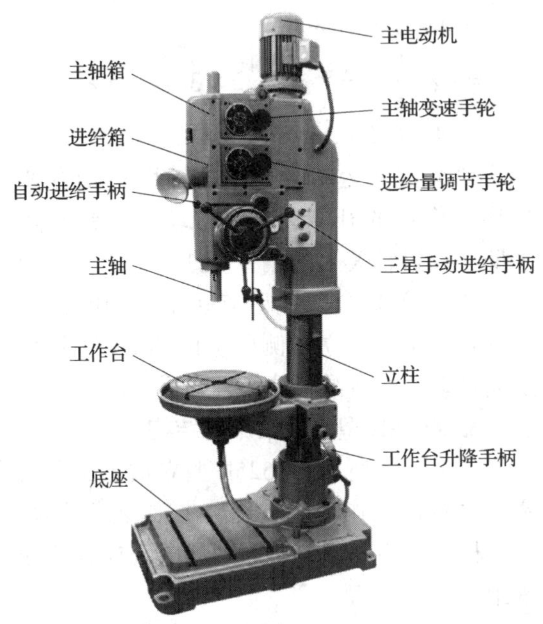

图 4-5　Z525B 型立式钻床

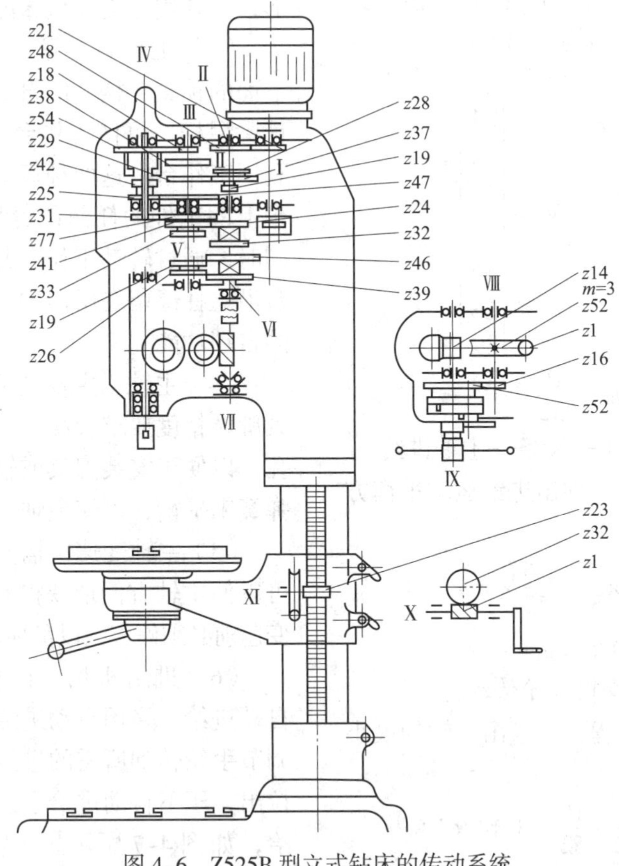

图 4-6　Z525B 型立式钻床的传动系统

根据运动平衡方程，可求出主轴的最高和最低转速如下：

$$n_{最高}=1\ 430\times\frac{21}{48}\times\frac{37}{29}\times\frac{47}{25}\approx1\ 501\ \text{r/min}$$

$$n_{最低}=1\ 430\times\frac{21}{48}\times\frac{19}{47}\times\frac{18}{54}\approx84\ \text{r/min}$$

（2）进给运动传动链　进给运动传动链的首端为主轴的旋转，末端为主轴的轴向移动。主轴的旋转运动通过轴Ⅳ上的齿轮（$z31$）与轴Ⅴ上的齿轮（$z77$）啮合将运动传给轴Ⅴ；通过轴Ⅴ上的两个双联滑移齿轮（$z41$ 和 $z33$、$z19$ 和 $z26$）分别与轴Ⅵ上的齿轮（$z24$、$z32$、$z46$、$z39$）啮合将运动传给轴Ⅵ，使轴Ⅵ得到 4 种转速；再经安全离合器将运动传给蜗杆轴Ⅶ（$z1$），由蜗杆带动轴Ⅷ上的蜗轮（$z52$）旋转；再通过轴Ⅷ上的齿轮（$z16$）与轴Ⅸ上的齿轮（$z52$）啮合将运动传给轴Ⅸ；最后通过轴Ⅸ上的齿轮（$z14$）带动主轴套筒上的齿条沿轴向移动。

进给运动的传动结构式如下：

$$\text{主轴（Ⅳ）}-\frac{31}{77}-\text{Ⅴ}-\left\{\begin{matrix}\frac{41}{24}\\ \frac{33}{32}\\ \frac{19}{46}\\ \frac{26}{39}\end{matrix}\right\}-$$

$$\text{Ⅵ}-\text{Ⅶ}-\frac{1}{52}-\text{Ⅷ}-\frac{16}{52}-\text{Ⅸ}-$$

$\pi m\times14$（其中 m=3）—齿条—主轴进给

根据传动结构式，列出进给运动平衡方程如下：

$$f=1\times\frac{31}{77}\times i_{进给}\times\frac{1}{52}\times\frac{16}{52}\times\pi m\times14$$

式中　f——主轴进给量，mm/r；

$i_{进给}$——进给交换齿轮传动比。

根据运动平衡方程，可求出主轴的最小和最大进给量如下：

$$f_{最小}=1\times\frac{31}{77}\times\frac{19}{46}\times\frac{1}{52}\times\frac{16}{52}\times3.14\times3\times14\approx0.13\ \text{mm/r}$$

$$f_{最大}=1\times\frac{31}{77}\times\frac{41}{24}\times\frac{1}{52}\times\frac{16}{52}\times3.14\times3\times14\approx0.54\ \text{mm/r}$$

（3）辅助运动　立钻的辅助运动主要是指工作台的升降运动。转动工作台升降手柄，通过轴Ⅹ上的蜗杆（$z1$）与轴Ⅺ上的蜗轮（$z32$）啮合，带动与蜗轮同轴的齿轮（$z23$）与安装在立柱侧面上的齿条相啮合，从而带动工作台沿立柱作升降运动。

3. Z525B 型立式钻床的结构

如图 4–5 所示，Z525B 型立钻主要由底座、立柱、工作台、主轴、主轴变速机构、进给机构、冷却系统、照明和电气控制部分等组成。

（1）底座（下工作台）　底座是立钻的基础，也是机床的冷却箱。

（2）立柱　Z525B 型立钻的立柱为圆柱形，主要用来支承机床的所有零、部件。

（3）工作台　该工作台为圆形，松开下面的锁紧手柄，能自身转动。松开后面的锁紧手柄，可使工作台绕立柱转动 ±180°。利用工作台的这两种运动，能使固定在工作台上的工件的任何位置都对准主轴的中心。同时，通过转动工作台升降手柄，可使工作台沿立柱停留在所需的高度（利用蜗杆蜗轮的自锁功能）。

（4）主轴　主轴是钻床的重要部件，对其旋转精度要求较高。在主轴的下端有内锥孔，以便于安装刀具或辅具。主轴的自重由弹簧来平衡，可使主轴停在任意高度位置。

（5）主轴变速机构　转动主轴变速手轮可以使主轴方便地获得 6 种不同的转速。但变速前必须停车，以免损坏传动链中的零件。

（6）进给机构　该立钻可实现手动和自动进给。采用自动进给时，首先将进给量调节手轮转到所需的进给量挡位，再将端盖拉出，压下自动进给手柄，即可实现自动进给，如图 4–7 所示。当需要控制钻孔深度

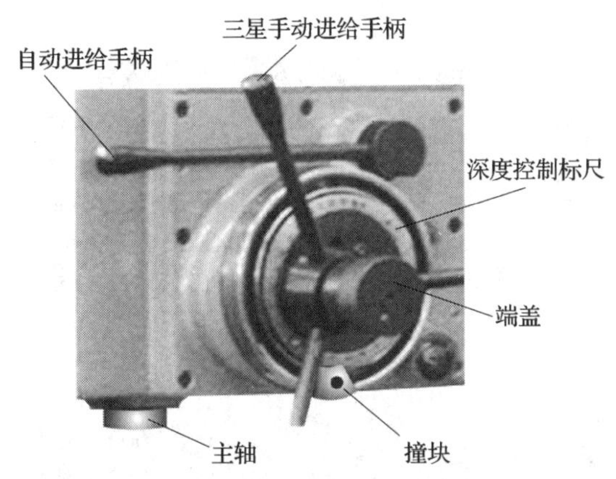

图 4–7　Z525B 型立式钻床的进给机构

时，可调节安装在刻度盘上的撞块位置，当撞块随刻度盘转动并碰到自动进给手柄座后，使自动进给手柄抬起，自动进给停止。转动三星手动进给手柄还可以随时增大进给量或终止自动进给。

（7）冷却系统　冷却液由安装在底座上的冷却泵直接供给，冷却液可循环使用。

（8）照明　照明采用 24 V 安全电压。

（9）电气控制部分　该立钻有正转、反转和停止按钮，主轴的正、反转是靠改变电动机的转向来实现的。冷却泵由转换开关单独控制。

安全生产

（1）操作钻床前，须将各操纵手柄移到正确位置，空运转试车，在各部机构都能正常工作时，方可操作使用。

（2）开机前，应检查是否有钻夹头钥匙或楔铁插在主轴上。

（3）变换主轴转速或进给量时，必须在停车后进行调整。

（4）调整工作台位置后，必须将工作台锁牢。

（5）严禁在主轴旋转状态下装夹、检测工件。

三、摇臂钻床

摇臂钻床是指摇臂可绕立柱回转和升降，主轴箱可在摇臂上做水平移动的钻床。它是一种较为大型的孔加工设备，内部结构复杂，将机械、液压和电气控制融为一体。其自动化程度较高，适用于在中、大型工件上进行钻孔、扩孔、铰孔、锪平面及攻螺纹等工作；在有工艺装备的条件下，还可以进行镗孔，是具有广泛用途的万能型机床。图 4–8 所示为 Z3050 × 16（Ⅰ）型（摇臂钻床型号的含义可查阅附表 1）摇臂钻床的外形结构。

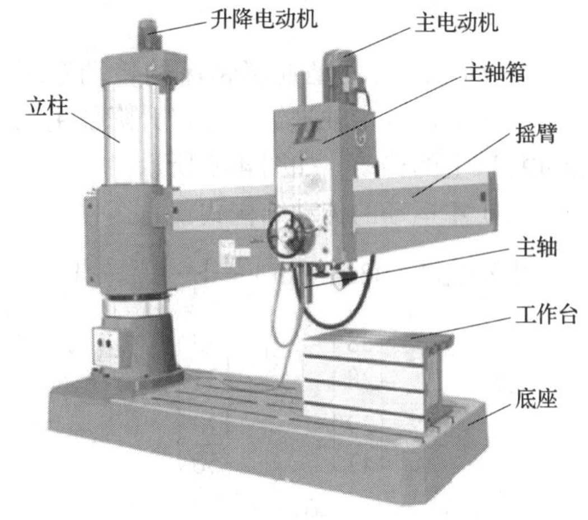

图 4–8　Z3050 × 16（Ⅰ）型摇臂钻床

1. Z3050 × 16（Ⅰ）型摇臂钻床的特点

（1）使用范围广，通用化程度较高。

（2）采用液压预选变速机构，可节省辅助时间。

（3）主轴正转、停车（制动）、变速、空挡等动作用一个手柄控制，操纵轻便。

（4）主轴箱，摇臂，内、外柱采用液压驱动的菱形块夹紧机构，夹紧可靠。

（5）有完善、可靠的安全保护装置。

2. Z3050 × 16（Ⅰ)型摇臂钻床的技术规格

最大钻孔直径	ϕ 50 mm
主轴锥孔	莫氏 5 号
主轴最大行程	315 mm
主轴中心线至立柱母线距离	最大 1 600 mm；最小 350 mm
主轴端面至底座工作面距离	最大 1 220 mm；最小 320 mm
主轴箱水平移动距离	1 250 mm
摇臂升降距离	580 mm
摇臂升降速度	1.2 m/min
摇臂回转角度	± 180°
主轴转速范围	25 ~ 2 000 r/min
主轴转速级数	16 级
主轴进给量范围	0.04 ~ 3.20 mm/r
主轴进给量级数	16 级
刻度盘每转钻孔深度	122 mm
立柱外径	350 mm
主轴允许最大扭矩	500 N · m
主轴允许最大进给抗力	18 kN
主电动机功率	4 kW
摇臂升降电动机功率	1.5 kW
液压夹紧电动机功率	0.75 kW
冷却泵电动机功率	0.125 kW
机床轮廓尺寸（长 × 宽 × 高）	2 500 mm × 1 040 mm × 2 840 mm
机床质量	3 600 kg

3. Z3050 × 16（Ⅰ)型摇臂钻床的传动系统

Z3050 × 16（Ⅰ)型摇臂钻床的传动系统包括主轴旋转、主轴进给、摇臂升降及主轴箱在摇臂上的移动，如图 4–9 所示。

（1）主运动的传动结构式：

$$\text{电动机（1 430 r/min）—Ⅰ—}\frac{35}{55}\text{—Ⅱ—}\frac{37}{42}\text{—Ⅲ—}\begin{Bmatrix}\frac{38}{38}\\ \frac{29}{47}\end{Bmatrix}\text{—Ⅳ—}\begin{Bmatrix}\frac{39}{31}\\ \frac{20}{50}\end{Bmatrix}\text{—Ⅴ—}\begin{Bmatrix}\frac{44}{34}\\ \frac{22}{44}\end{Bmatrix}\text{—Ⅵ—}\begin{Bmatrix}\frac{61}{39}\\ \frac{20}{80}\end{Bmatrix}\text{—Ⅶ—主轴}$$

（2）进给运动的传动结构式：

$$\text{主轴（Ⅶ）—}\frac{37}{48}\text{—Ⅷ—}\frac{22}{41}\text{—Ⅸ—}\begin{Bmatrix}\frac{30}{24}\\ \frac{18}{36}\end{Bmatrix}\text{—Ⅹ—}\begin{Bmatrix}\frac{22}{35}\\ \frac{16}{41}\end{Bmatrix}\text{—Ⅺ—}\begin{Bmatrix}\frac{31}{25}\\ \frac{16}{40}\end{Bmatrix}\text{—Ⅻ—}\begin{Bmatrix}\frac{40}{16}\\ \frac{16}{41}\end{Bmatrix}\text{—}ⅩⅢ\text{—}\frac{2}{77}\text{—}$$

πm × 13（其中 m=3）—齿条—主轴进给

4. Z3050 × 16（Ⅰ)型摇臂钻床的操作方法

Z3050 × 16（Ⅰ)型摇臂钻床的操纵系统主要集中在主轴箱的前面和下面，其位置和名称如图 4–10 所示。

（1）主轴的启动　按下主电动机启动按钮，指示灯亮时，主电动机启动。将主轴操纵手柄扳至正转（向前）或反转（向后）位置上，主轴即沿顺时针或逆时针方向转动，中间位置为停止，如图 4–11a 所示。

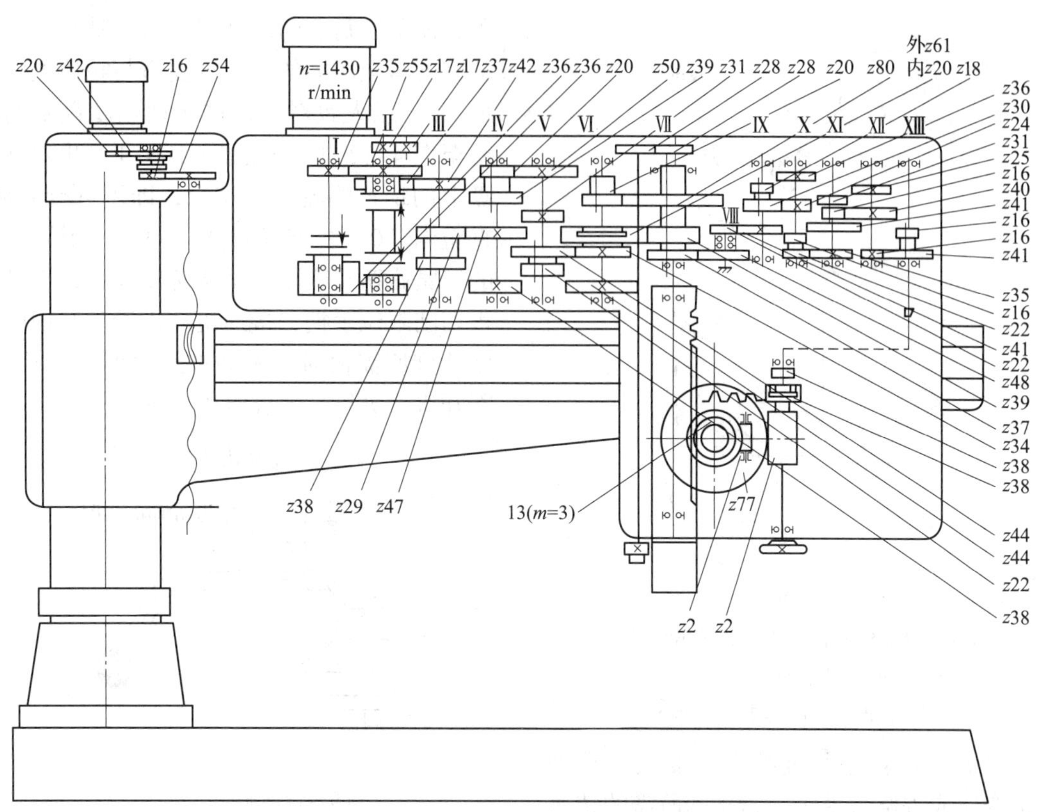

图 4-9　Z3050×16（Ⅰ）型摇臂钻床的传动系统

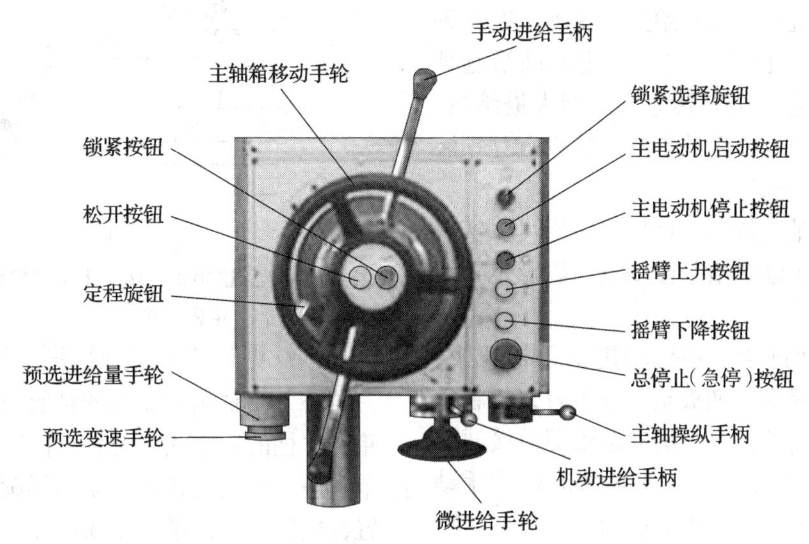

图 4-10　Z3050×16（Ⅰ）型摇臂钻床的操纵系统

（2）主轴的空挡　如图4-11b所示，将主轴操纵手柄向上抬起，即可用手轻便转动主轴，如再启动主轴，须先将主轴操纵手柄压至变速位置（离合器接通），再将主轴操纵手柄扳至正转或反转位置。

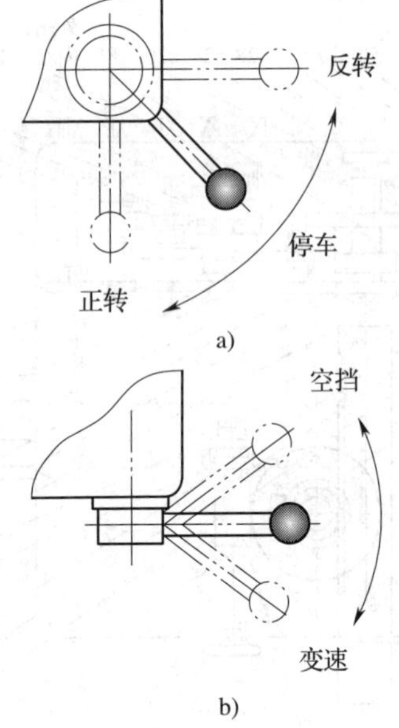

图 4-11　Z3050×16（Ⅰ）型摇臂钻床的主轴操纵手柄
a）主轴转向　b）空挡与变速

（3）主轴转速及进给量的变换　转动预选变速或进给量手轮，调整到所需的转速及进给量，然后将主轴操纵手柄压至变速位置，即可实现转速或进给量的变换。在主轴运转过程中，也可以进行转速或进给量预选。该机床有三级高转速及三级大进给量，为保证机床和操作者的安全，特设有互锁装置，不能同时选用。

（4）主轴的进给　该摇臂钻床可以实现机动进给、手动进给、微动进给以及定程切削。

1）机动进给　将机动进给手柄压下，然后将主轴操纵手柄扳至所需位置，再将手动进给手柄向外拉出，机动进给即被接通。

2）手动进给　在正常位置时转动手动进给手柄，即可实现手动进给。

3）微动进给　将机动进给手柄向上抬起，再将手动进给手柄向外拉出，转动微进给手轮，即可实现微动进给。

4）定程切削　将定程切削限位手柄拉出，转动刻度盘微调旋钮至图 4-12a 所示位置，使刻度盘上的蜗杆蜗轮脱开啮合，可转动刻度盘至所需的切削深度值与箱体上的副尺“0”线大致对齐，再转动刻度盘微调旋钮至图 4-12b 所示位置（180°），此时刻度盘上的蜗杆蜗轮已经啮合，即可进行微调，直至与“0”线准确对齐。同时，用另一端的锁紧旋钮将刻度盘微调旋钮顶紧，推进定程切削限位手柄，接通机动进给。当切削深度达到所需值时，机动进给手柄自动抬起，断开机动进给，完成定程切削。

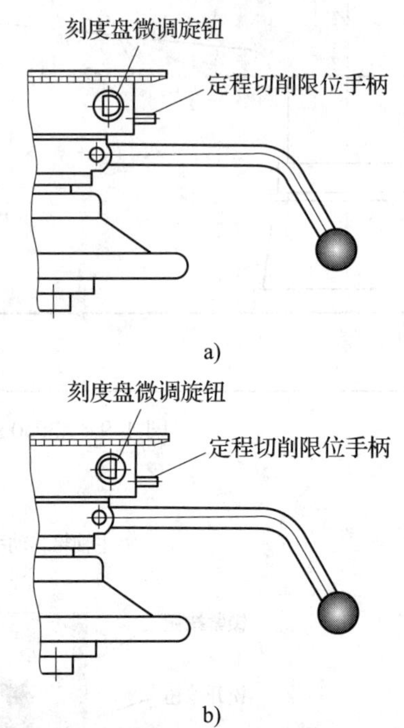

图 4-12　Z3050×16（Ⅰ）型摇臂钻床的定程切削
a）操纵位置（一）　b）操纵位置（二）

（5）主轴箱和立柱的锁紧与松开　主轴箱和立柱的锁紧或松开，可同时进行，也可单独进行，通过转动锁紧选择旋钮至所需位置，然后按压锁紧按钮或松开按钮即可。

（6）摇臂升降　摇臂升、降分别由摇臂上升、下降按钮控制。

（7）主轴箱沿摇臂导轨移动　直接转动主轴箱移动手轮，即可将主轴箱移动到所需位置。

小提示

（1）主轴机动进给时，手动进给手柄同时会旋转，操作者应与此手柄保持距离。

（2）在锁紧状态下，可直接按压升、降按钮，机床能自动完成松开—升降—再锁紧动作。

（3）摇臂和主轴箱位置调整结束后，都必须锁紧，以防止钻孔时因产生摇晃而发生事故。

四、钻床附具

1. 扳手三爪钻夹头

扳手三爪钻夹头（俗称钻夹头，类代号用“J”表示）是钻床主要的辅具之一，它分为重型（H）、中型（M）和轻型（L）3类，连接形式有锥孔连接和螺纹连接2种，其规格用最大夹持直径表示。在钻床上常用锥孔连接的重型钻夹头，如J2113H–B16型钻夹头，主要用来装夹 ϕ13 mm以下的直柄钻头，其结构如图4–13所示。

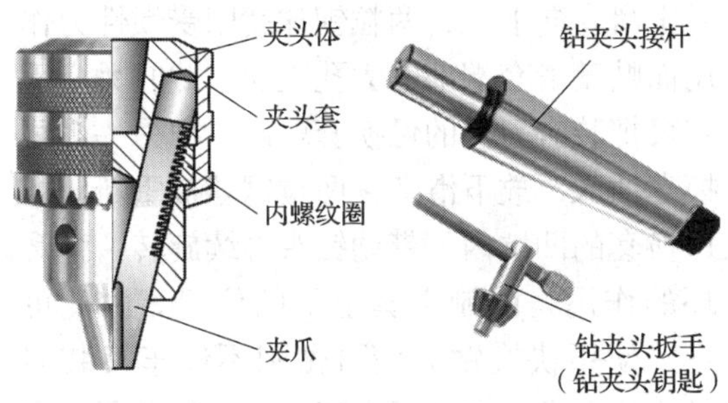

图4–13　扳手三爪钻夹头

夹头体的上端有一锥孔，用于连接钻夹头接杆或台钻主轴。钻夹头上的3个夹爪用来夹紧钻头的直柄，当带有小圆锥齿轮的钻钥匙带动夹头套上的大圆锥齿轮转动时，与夹头套紧配合的内螺纹圈也同时旋转。此内螺纹圈与3个夹爪上的外螺纹相配，于是3个夹爪便伸出或缩回，钻头直柄被夹紧或松开。

2. 钻头变径套

钻头变径套用来装夹 ϕ13 mm以上的锥柄钻头，如图4–14a所示。它采用的是莫氏锥度，其锥度较小，利用摩擦力原理，可以传递一定的转矩，且配合定位精度高，拆卸方便。

标准钻头变径套共有5种，包括：

（1）1号钻头变径套　内锥孔为1号莫氏锥度，外圆锥为2号莫氏锥度。

（2）2号钻头变径套　内锥孔为2号莫氏锥度，外圆锥为3号莫氏锥度。

（3）3号钻头变径套　内锥孔为3号莫氏锥度，外圆锥为4号莫氏锥度。

（4）4号钻头变径套　内锥孔为4号莫氏锥度，外圆锥为5号莫氏锥度。

（5）5号钻头变径套　内锥孔为5号莫氏锥度，外圆锥为6号莫氏锥度。

使用钻头变径套时，应根据钻头锥柄莫氏锥度的号数和钻床主轴锥孔来选用。当用较小直径钻头钻孔时，用一个钻头变径套不能直接与钻床主轴锥孔相配，此时需要把多个钻头变径套配接起来使用。这样不仅增加了装拆的麻烦，同时也加大了钻床主轴与钻头的同轴度误差值。为此，可采用非标钻头变径套，即外圆锥与钻床主轴锥孔一致，内锥孔与钻头锥柄一致。如在Z3050×16（Ⅰ）型摇臂钻床上使用的“内3/外5”非标钻头变径套等。

图4–14b所示为用楔铁将钻头从钻床主轴锥孔中拆下的方法。拆卸时楔铁带圆弧的一边放在上面，否则会把钻床主轴（或钻头变径套）上的长圆孔挤坏。同时，用手握住钻头或在钻头与钻床工作台之间垫上木板，以防钻头跌落而损坏钻头或工作台。

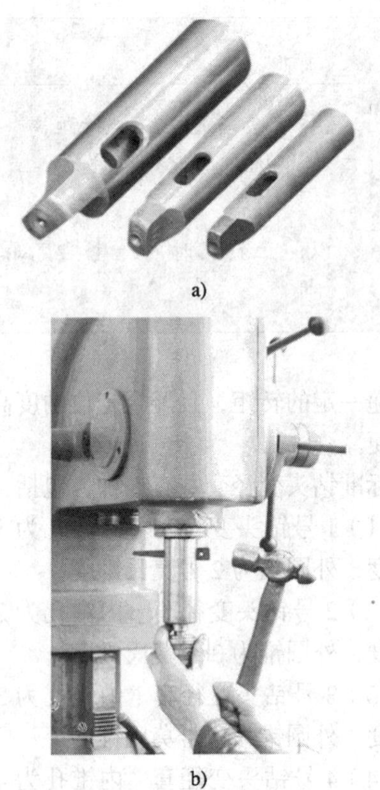

图 4-14　钻头变径套及其拆卸方法
a）钻头变径套　b）拆卸方法

3. 快换钻夹头

在钻床上加工同一工件时，往往需要调换直径不同的钻头或其他孔加工刀具。如用普通的钻夹头或钻头变径套来装夹刀具，需停车换刀，既不方便，又浪费时间，而且容易损坏刀具和钻头变径套，甚至影响到钻床的精度。这时可采用如图 4-15 所示的快换钻夹头。

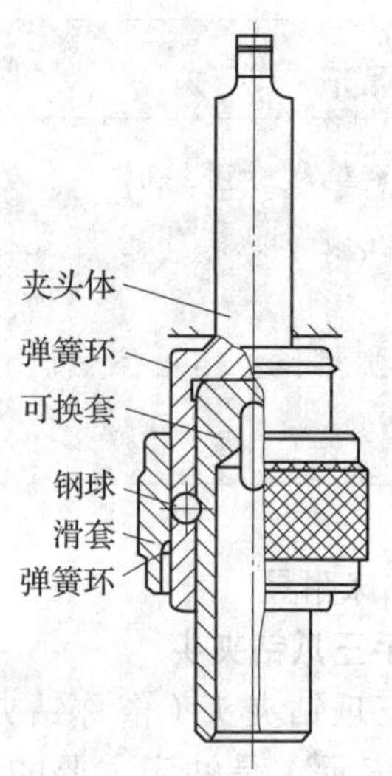

图 4-15　快换钻夹头

夹头体的莫氏锥柄装在钻床主轴锥孔内。根据孔加工的需要，可换套备有很多个，并预先装好所需的刀具，可换套的外圆表面有两个凹坑，钢球嵌入时便可传递动力。当需要更换刀具时，不必停车，只要用手把滑套向上推，两粒钢球就因受惯性力作用而贴于滑套端部的大孔表面。此时另一手就可把装有刀具的可换套取出，把另一个可换套插入，放下滑套，两粒钢球被重新压入可换套的凹坑内，带动钻头继续旋转。弹簧环的作用是限制滑套上下的位置。由此可见，使用快换钻夹头可做到不停车换装刀具，从而大大提高了生产率，也降低了操作者的劳动强度。

安全生产

为了延长钻床的使用寿命，确保机床精度，降低机床故障率，在做好日常维护与保养的基础上，应定期进行一级保养。一般每 3 ~ 6 个月进行 1 次，通常以操作人员为主，维修人员辅助。其保养内容和要求见表 4-1。

安全生产

表 4-1		钻床的一级保养
序号	保养部位	保养内容及要求
一	钻床外部	1. 外表清洁、无油污、无黄袍、无死角，“漆见本色、铁见光” 2. 检查紧固件，补齐外部缺、损件 3. 外露的精密表面修光毛刺，清洁无锈蚀 4. 擦拭钻床附件
二	传动机构	1. 检查、清洗传动轴、齿轮、齿条等 2. 检查、清洗导轨及工作台，要求清洁无锈蚀、无毛刺 3. 检查、调整手柄、手轮挡位
三	润滑系统	1. 检查油质、油量 2. 润滑装置齐全、完整、清洁 3. 油路畅通，油窗醒目
四	冷却系统	1. 清洗过滤网、冷却液箱，无沉淀、无杂物 2. 系统完整，管路畅通，无泄漏
五	电器	1. 检查、清扫电动机及电器箱 2. 检查电气元件触点，要求性能良好、安全可靠

§4-2 钻孔、扩孔和锪孔

一、钻孔

用钻头在实体材料上加工孔的方法称为钻孔，如图 4-16 所示。

在钻床上钻孔时，钻头的旋转是主运动，钻头沿轴向移动是进给运动。

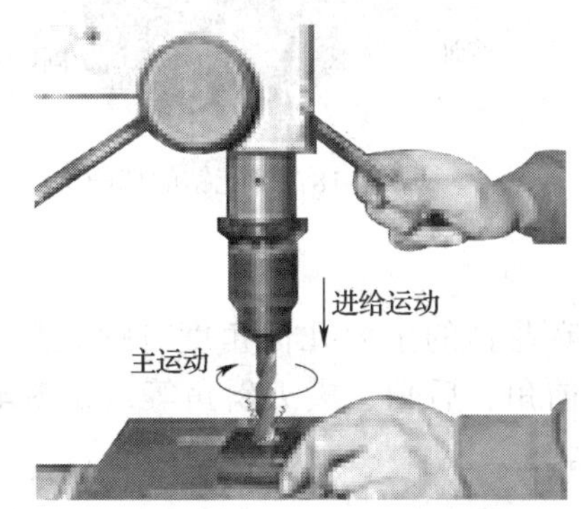

图 4-16 钻孔

1. 钻削的特点

钻削时由于钻头是在半封闭的状态下进行切削加工的，因此，钻削加工具有以下特点：

（1）切削量大，排屑困难。

（2）切削温度高，散热困难，钻头易磨损。

（3）摩擦严重，易产生切削“积屑瘤”。

（4）钻头细而长，钻孔时容易产生振动。

（5）加工精度低，钻孔的尺寸精度一般在 IT11 ~ IT10 级，表面粗糙度值一般在 Ra 100 ~ 25 μm。

2. 麻花钻的组成

麻花钻（俗称钻头）是指容屑槽由螺旋面构成的钻头，钻体部分形状像麻花一样，如图 4–17 所示。它是钳工常用的主要钻孔刀具，其工作部分用 W6Mo5Cr4V2 钢或其他同等性能的普通高速钢（代号：HSS）制造，热处理淬火后硬度达 62.5 ~ 66.5HRC；也可用高性能高速钢（代号：HSS—E）制造，淬火后硬度可达 64 ~ 68HRC。

麻花钻按制造精度等级分为普通级麻花钻和精密级麻花钻（精密级标记“H”，普通级不标记）；按与钻床的装夹形式分为直柄麻花钻（包括粗直柄、短系列、通用系列、长系列和超长系列）和莫氏锥柄麻花钻（包括通用系列、长系列、加长系列和超长系列）。

如图 4–17 所示，麻花钻由钻体和钻柄组成，规格用直径表示（靠近切削部分处测量），其参数可查阅相关国家标准。

（1）钻柄　钻柄是麻花钻的夹持部分，主要用来连接钻床主轴并传递动力。为了便于装夹，通常钻削 ϕ13 mm 以下的孔径时，选用直柄麻花钻；钻削 ϕ13 mm 以上的孔径时，选用莫氏锥柄麻花钻。在莫氏锥柄的小端有一扁尾，以备嵌入锥孔的槽中，做顶出钻头之用。

（2）钻体　麻花钻的钻体包括切削部分（又称钻尖）和由两条刃带形成的导向部分及空刀。切削部分是指由产生切屑的诸要素（主切削刃、副切削刃、横刃、前面、后面、刀尖）所组成的工作部分，如图 4–18 所示，它承担着主要的切削工作。导向部分用来保持麻花钻钻孔时的正确方向，副切削刃（又称刃带导向刃，即刃带与容屑槽的交线）可修光孔壁；为了减少刃带与孔壁的摩擦，便于导向，麻花钻的导向部分直径略有倒锥（用倒锥度表示，每 100 mm 长度上为 0.02 ~ 0.12 mm，但总倒锥量不应超过 0.25 mm）。空刀的作用是在磨制麻花钻时做退刀槽使用，通常锥柄麻花钻的规格、材料及商标也打印在此处。

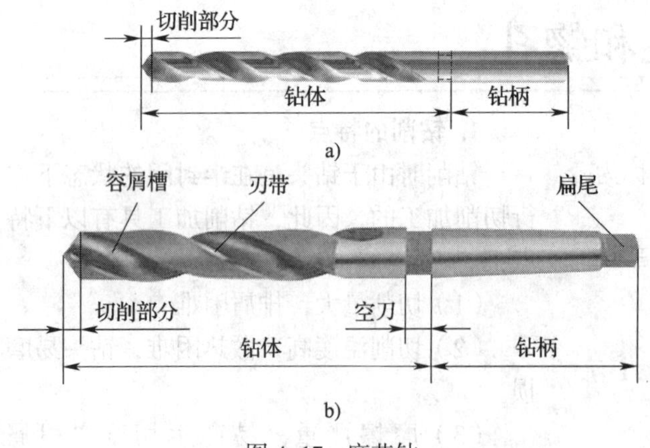

图 4–17　麻花钻

a）直柄麻花钻　b）莫氏锥柄麻花钻

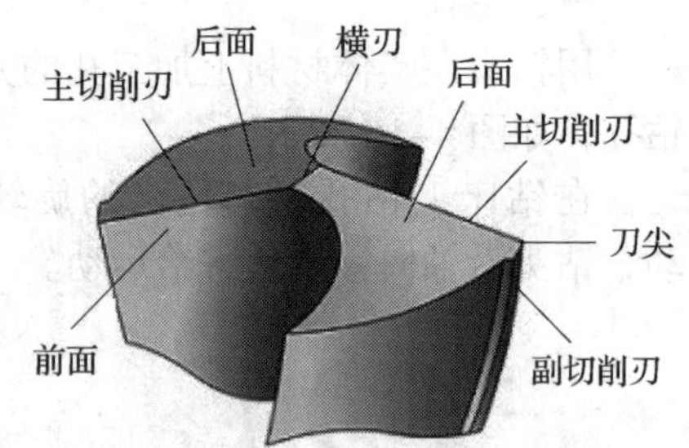

图 4–18　麻花钻的切削部分

3. 麻花钻的主要几何角度

由于麻花钻的结构较为复杂，在学习麻花钻的几何角度之前，首先要了解与其相关的几个辅助平面，见表 4–2。

麻花钻的主要几何角度有螺旋角、顶角、前角、后角、横刃斜角等，如图 4–19 所示。

表 4–2　与麻花钻几何角度相关的辅助平面

名称	定义及说明	图示
结构基面	与主切削刃上的外缘转点和横刃转点连线相平行且通过钻心的平面	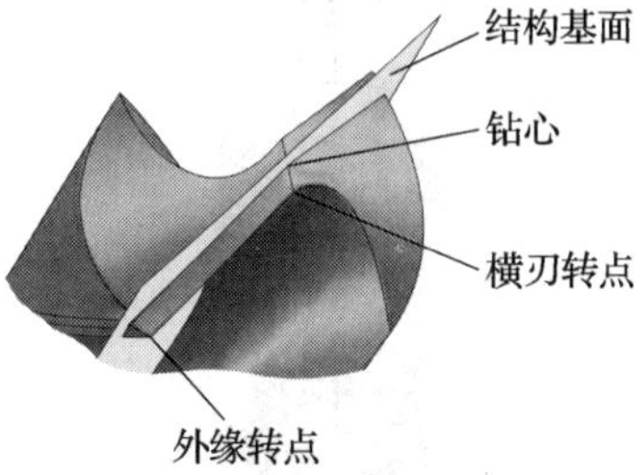
基面	通过切削刃上的选定点且垂直于该点切削速度方向的平面，实际上是通过该点与钻心连线的径向平面。由于麻花钻两主切削刃不通过钻心，所以主切削刃上各点的基面也就不同	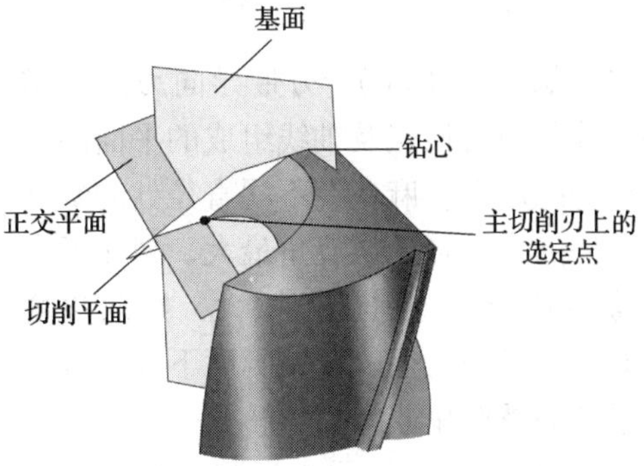
切削平面	通过切削刃上的选定点的切削平面，是由该点的切削速度方向和过该点切削刃的切线两者所构成的平面。标准麻花钻的主切削刃为直线，其切线就是钻刃本身。切削平面即该点切削速度方向与钻刃构成的平面	
正交平面	通过主切削刃上的选定点并垂直于基面和切削平面的平面	
柱剖面	通过主切削刃上的选定点作与麻花钻轴线平行的直线，该直线绕麻花钻轴线旋转所形成的圆柱面的切面	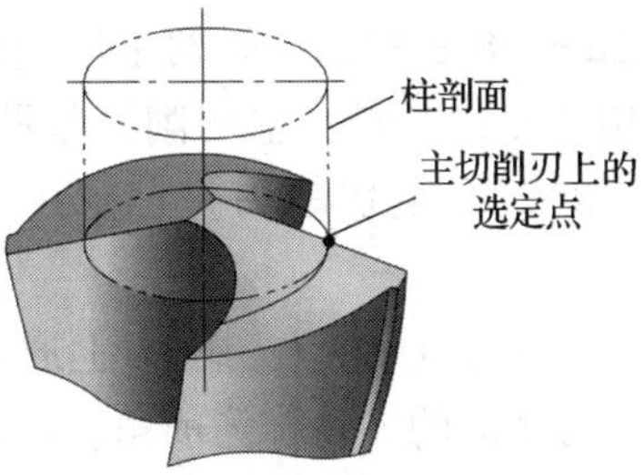

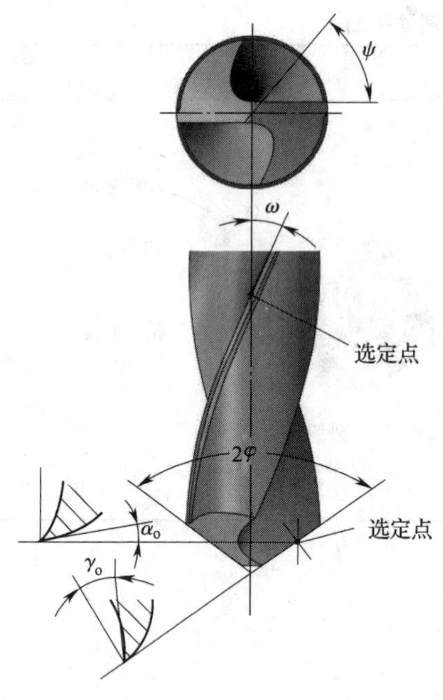

图 4–19　麻花钻的几何角度

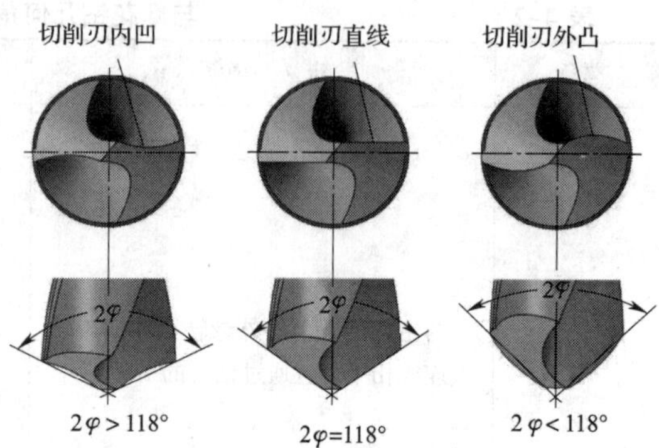

图 4–20　麻花钻顶角与主切削刃形状的关系

（1）螺旋角（ω）　刃带导向刃上选定点的切线与包含该点及轴线组成的平面间的夹角称为螺旋角。麻花钻不同直径处的螺旋角是不同的，外径处螺旋角最大，越接近中心，螺旋角越小。螺旋角增大，则前角增大，有利于排屑，但麻花钻刚度下降。麻花钻外缘处的螺旋角通常为 30°。

（2）顶角（2φ）　两主切削刃在结构基面上的投影间的夹角称为麻花钻的顶角。顶角越小，轴向力越小，外缘处刀尖角越大，有利于散热。但在相同条件下，所受扭矩增大，切屑变形加剧，排屑困难。顶角的大小一般根据麻花钻的加工条件而定，标准麻花钻的顶角 $2\varphi=118°\pm3°$，此时两主切削刃呈直线。顶角 $2\varphi>118°$ 时，主切削刃呈凹形；顶角 $2\varphi<118°$ 时，主切削刃呈凸形，如图 4–20 所示。

（3）前角（γ_o）　在主切削刃上通过选定点的前面与基面的夹角称为前角。前角的大小决定着切除材料的难易程度和切屑在前面上的摩擦阻力的大小。前角越大，切削越省力。由于麻花钻的前面是一个螺旋面，所以，主切削刃上的前角大小是变化的，外缘处最大，可达 $\gamma_o=30°$；自外向内逐渐减小，在钻心至 $d/3$ 范围内为负值；横刃处的前角 $\gamma_o=-60°\sim-54°$；接近横刃处的前角 $\gamma_o=-30°$。

（4）后角（α_o）　通过选定点在柱剖面上的后面与切削平面之间的夹角称为后角。后角的作用是减小麻花钻后面与切削面间的摩擦，麻花钻主切削刃上的后角大小也是变化的，外缘处最小，越接近钻心，后角越大。一般外缘处的后角 $\alpha_o=8°\sim14°$。

（5）横刃斜角（ψ）　横刃斜角是横刃角（在垂直于轴线的平面内，测量从外转角到横刃转角组成的直线与横刃的夹角）的补角。当麻花钻后面磨出后，横刃斜角自然形成，其大小与后角有关。标准麻花钻的横刃斜角 $\psi=50°\sim55°$。

4. 标准麻花钻的缺点

（1）横刃较长，横刃处前角为负值，在切削中，横刃处于挤刮状态，产生很大的轴向力，定心不良。

（2）主切削刃上各点前角大小不一样，致使各点的切削性能不同。靠近钻心处的前角为负值，处于挤刮状态，切削性能差，产生热量大，磨损严重。

（3）麻花钻刃带处的副后角为零。靠近切削部分的刃带与孔壁摩擦比较严重，产生热量大，易磨损。

（4）主切削刃外缘处的刀尖角较小，前角很大，刀齿薄弱，而此处的切削速度最高，故产生的切削热最多，磨损极为严重。

（5）主切削刃长，且全宽参与切削，分屑、断屑、排屑困难。

5. 标准麻花钻的修磨

由于麻花钻存在诸多缺点，因此在使用前，应根据工件材料和加工精度要求的不同，采取必要的修磨措施，以改善麻花钻的切削性能。其修磨方法和要求见表 4–3。

表 4–3　麻花钻的修磨方法及要求

修磨部位	修磨方法及要求	图示
磨短横刃并增大靠近钻心处的前角	这是最基本的修磨方式。修磨后横刃的长度 b 为原来的 1/5 ~ 1/3，以减小轴向抗力和挤刮现象，提高麻花钻的定心作用和切削的稳定性。同时，在靠近钻心处形成内刃，内刃斜角 τ=20° ~ 30°，内刃处前角 γ_τ=−15° ~ 0°，切削性能得以改善。一般直径在 5 mm 以上的麻花钻均须修磨横刃	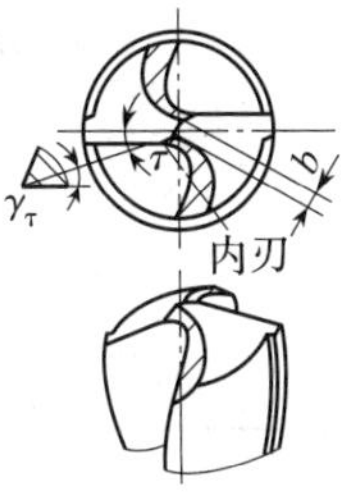
修磨主切削刃	主要是磨出第二顶角 $2\varphi_o$（70° ~ 75°）。在麻花钻外缘处磨出过渡刃（f_o=0.2d），以增大外缘处的刀尖角 ε，改善散热条件，增加刀齿强度，提高切削刃与刃带交角处的耐磨性，延长麻花钻寿命，减少孔壁的残留面积，有利于减小孔的表面粗糙度值	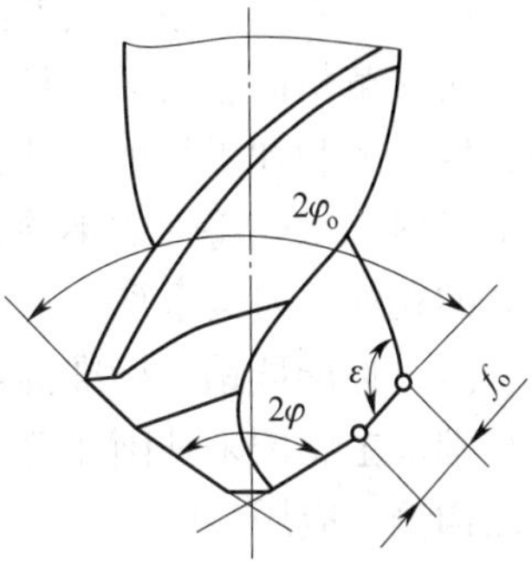
修磨刃带	在靠近主切削刃的一段刃带上，磨出副后角 α_{o1}=6° ~ 8°，并保留刃带宽度为原来的 1/3 ~ 1/2，以减少对孔壁的摩擦，提高麻花钻寿命	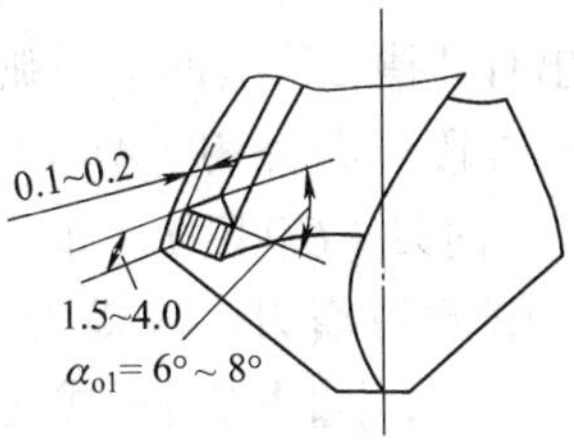
修磨前面	修磨外缘处前面，可以减小此处的前角，提高刀齿的强度，钻削黄铜时，可以避免“扎刀”现象	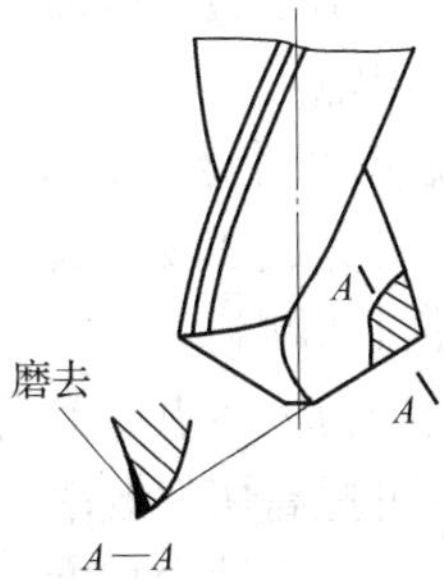

续表

修磨部位	修磨方法及要求	图示
修磨分屑槽	在两个后面或前面上磨出几条相互错开的分屑槽，使切屑变窄，以利于排屑。直径大于 15 mm 的麻花钻都可磨出分屑槽	A A a) 前面开槽 A A b) 后面开槽

6. 群钻

群钻是在广泛吸取实践经验后，经几十年的实践革新而获得的一种寿命长、适应性强、生产率和加工精度高的新型钻头。根据加工材料和工艺特性的不同，现已形成一套独立的孔加工刀具系列。

（1）标准群钻　标准群钻是群钻系列中的基础，主要用来钻削非合金钢钢和各种合金结构钢，应用最广。

1）结构特点

①磨出月牙槽，即在钻头的后面对称地磨出月牙槽，形成凹形圆弧刃，把主切削刃分成 3 段，即外刃（*AB* 段）、圆弧刃（*BC* 段）、内刃（*CD* 段），如图 4–21 所示。

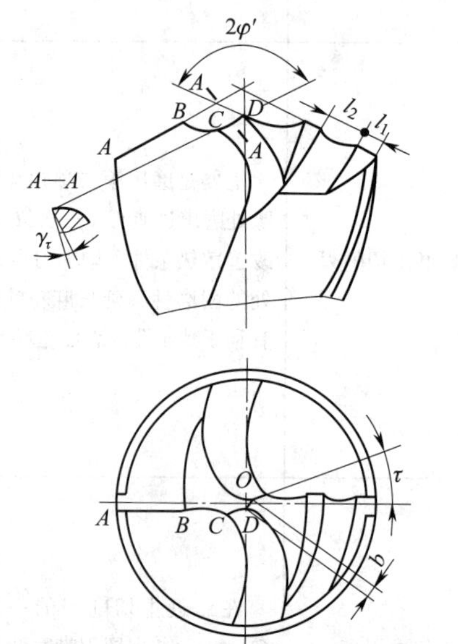

图 4–21　标准群钻

②磨短横刃，使横刃的长度为原来的 1/7 ~ 1/5，同时使新形成的内刃上的前角也大幅度增大。

③磨出单边分屑槽。

2）优点

①磨出月牙槽，形成凹形圆弧刃，把主切削刃分成 3 段，起到了分屑、断屑的作用，使排屑顺利。

②内刃上各点的前角增大，减小了切削阻力，可提高切削效率。

③降低了钻尖高度，可将横刃磨得较短而不影响钻尖强度，同时大大降低了切削时的轴向阻力，有利于切削速度的提高。

④钻孔时，在孔底切出圆环肋，加强了定心作用和钻头切削时的稳定性，有利于提高孔的加工质量。

⑤磨出分屑槽后，使切屑变窄，有利于排屑和切削液的进入，提高了钻头的寿命并且减小了工件变形，提高了加工质量。

（2）其他常用群钻　除标准群钻之外，其他常用群钻的工艺特点及改进措施见表 4–4。

表 4-4　　其他常用群钻的工艺特点及改进措施

名称及图示	工艺特点	改进措施
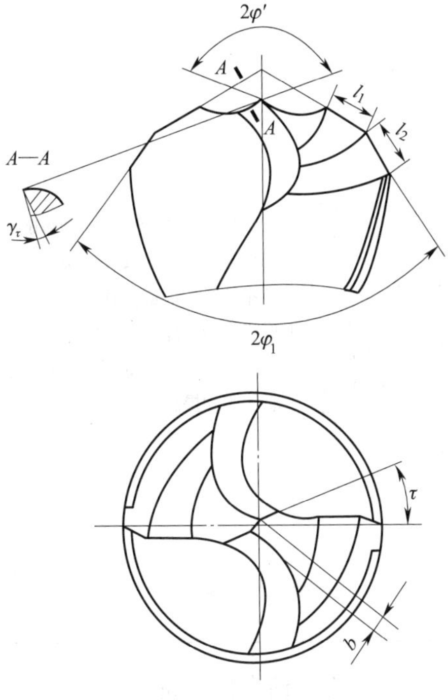 钻削铸铁用群钻	铸铁较脆，钻削时切屑呈碎块状并夹杂着粉末，挤轧在钻头后面、刃带与工件之间，产生剧烈的摩擦，使钻头磨损。磨损几乎完全发生在刀具后面上，最严重的部位是切削刃与刃带转角处的后面	①为了增大刀尖处的散热面积，磨出第二顶角，对直径较大的钻头可磨出第三顶角，从而提高钻头的寿命 ②将后角磨得更大，比钻钢材的钻头大 3° ~ 5°，并磨出第二重后角，增大后面与孔底间的容屑空间，有利于切削 ③在刀尖处磨出 $R0.5$ mm 左右的圆角，有利于提高加工质量 ④横刃可磨得更短，为标准麻花钻的 1/7 ~ 1/5
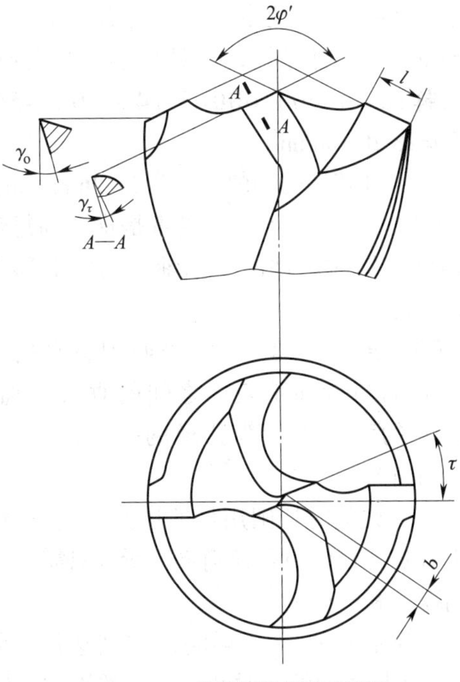 钻削黄铜或青铜用群钻	黄铜和青铜的硬度较低，组织疏松，切削阻力较小，若采用较锋利的切削刃，则会产生“扎刀”现象。“扎刀”就是钻头旋转时会自动切入工件，轻者使孔口损坏，钻头崩刃；重者将使钻头扭断，甚至会把工件从夹具中拉出造成事故	①为避免“扎刀”现象，钻头外缘处的前角应磨小 ②为提高生产率，横刃应磨得更短 ③主、副切削刃的交角处可磨成半径为 0.5 ~ 1.0 mm 的过渡圆弧，以减小钻孔表面粗糙度值

续表

名称及图示	工艺特点	改进措施
钻削薄板用群钻	在薄板工件上钻孔，不能用标准钻头。因为钻头的钻尖较高，当钻尖钻穿孔时，钻头立即失去定心作用，同时轴向力又突然减小，加上工件弹动，使钻头切削厚度突然增大，造成孔不圆或孔口毛边很大，甚至“扎刀”或折断麻花钻	①把钻头两主切削刃磨成圆弧形切削刃，形成锋利的两个刀尖，并比钻心刀尖略低 0.5 ~ 1.5 mm，形成三尖，加强定心作用 ②可将横刃磨得更短，加强定心作用和提高生产率

7. 钻削时切削用量的选择

如图 4–22 所示，钻削时切削用量包括切削速度、进给量和背吃刀量。

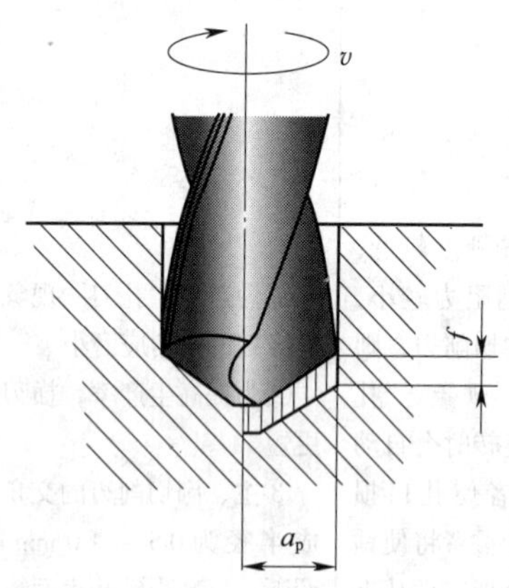

图 4–22　钻削时的切削用量

（1）切削速度（v）　切削速度是指钻孔时麻花钻直径上一点的线速度。其可由下式计算：

$$v=\frac{\pi dn}{1\ 000}$$

式中　v——切削速度，m/min；

d——麻花钻直径，mm；

n——钻床主轴转速，r/min。

例 4–1　麻花钻直径为 20 mm，以 450 r/min 的转速钻孔，其切削速度是多少？

解：$v=\pi dn/1\ 000=3.14\times20\times450/1\ 000=28.26$（m/min）

答：麻花钻的切削速度为 28.26 m/min。

（2）进给量（f）　进给量是指主轴每转一圈麻花钻对工件沿主轴轴线的相对移动量，单位是 mm/r。

（3）背吃刀量（a_p）　背吃刀量是指已加工表面与待加工表面之间的垂直距离。钻削时的背吃刀量为孔径的一半，即 $a_p=D/2$（mm）。

（4）钻削时切削用量的选择　钻孔时，由于背吃刀量已由孔径确定，所以只需选择切削速度和进给量。

对钻孔生产率的影响，切削速度 v 和进给量 f 是相同的；对钻头寿命的影响，切削速度 v 比进给量 f 大；对孔的表面粗糙度的影响，进给量f比切削速度v大。综合以上的影响因素，钻削用量的选用原则是：在允许的范围内，尽量先选较大的进给量f，当f受到表面粗糙度和麻花钻刚度的限制时，再考虑选较大的切削速度v。

具体选择切削用量时，应根据麻花钻直径、麻花钻材料、工件材料、加工精度及表面粗糙度等方面的要求，凭经验或参考表4–5和表4–6选取。

表4–5　高速钢麻花钻的进给量选择

钻头直径 d/mm	<3	3 ~ 6	6 ~ 12	12 ~ 25	>25
进给量 f/（mm · r^{-1}）	0.025 ~ 0.050	0.05 ~ 0.10	0.10 ~ 0.18	0.18 ~ 0.38	0.38 ~ 0.62

表4–6　高速钢麻花钻的切削速度选择

加工材料	硬度（HB）	切削速度 v/（m · min^{-1}）
低碳钢	100 ~ 125	27
	125 ~ 175	24
	175 ~ 225	21
中、高碳钢	125 ~ 175	22
	175 ~ 225	20
	225 ~ 275	15
	275 ~ 325	12
合金钢	175 ~ 225	18
	225 ~ 275	15
	275 ~ 325	12
	325 ~ 375	10
铜合金	—	20 ~ 48
铝合金	—	75 ~ 90
可锻铸铁	110 ~ 160	42
	160 ~ 200	25
	200 ~ 240	20
	240 ~ 280	12

续表

加工材料	硬度 HB	切削速度 v/（m · min^{-1}）
球墨铸铁	140 ~ 190	30
	190 ~ 225	21
	225 ~ 260	17
	260 ~ 300	12
灰铸铁	100 ~ 140	33
	140 ~ 190	27
	190 ~ 220	21
	220 ~ 260	15
	260 ~ 320	9

8. 钻孔的操作要点

（1）钻孔前要检查工件加工孔位置和麻花钻刃磨是否正确，钻床转速是否合理。

（2）起钻时，先钻出一浅坑，观察钻孔位置是否正确，并不断修正。

（3）当起钻达到钻孔位置要求后，即可压紧工件完成钻孔。

（4）钻孔时进给量要选择合理，钻孔将穿透时，必须减小进给力，以免造成麻花钻折断或发生事故。

（5）为了提高麻花钻寿命和改善加工孔的表面质量，钻孔时要选择合适的切削液。钻削不同材料时切削液的选用见表4–7。

表4–7　钻削不同材料时切削液的选用

工件材料	切削液
结构钢	3% ~ 5% 乳化液；7% 硫化乳化液
不锈钢、耐热钢	3% 肥皂加 2% 亚麻油水溶液；硫化切削油
紫铜、黄铜、青铜	不用；5% ~ 8% 乳化液
铸铁	不用；5% ~ 8% 乳化液；煤油
铝合金	不用；5% ~ 8% 乳化液；煤油；煤油与菜籽油的混合油
有机玻璃	5% ~ 8% 乳化液；煤油

安全生产

（1）操作钻床时不准戴手套，清除切屑时不准用手拿或用嘴吹碎屑，清除切屑时须停车。

（2）工件要夹紧，孔快钻穿时要尽量减小进给力。

（3）开动钻床前，应检查是否有钻夹头钥匙或楔铁插在主轴上。

（4）操作钻床时，头部不得与旋转的主轴靠得太近，钻床变速前应先停车。

（5）钻通孔时，工件下面必须垫上垫铁或使麻花钻对准工作台的槽，以免损坏工作台。

（6）清洁钻床或加注润滑油时，必须切断电源。

二、扩孔

用扩孔工具扩大工件直径的加工方法称为扩孔。标准扩孔钻的结构及扩孔原理如图 4–23 所示。

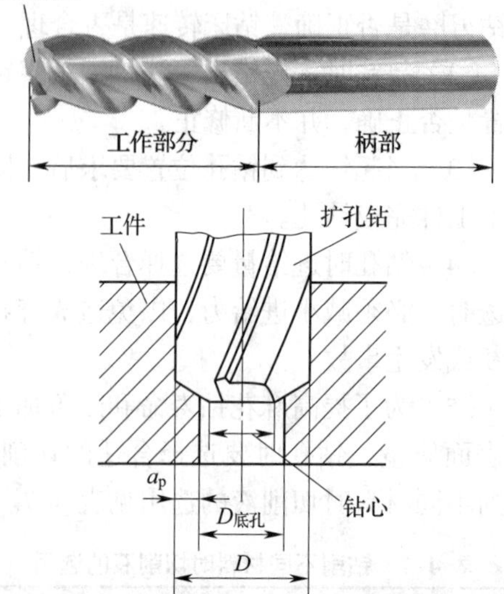

图 4–23　标准扩孔钻的结构及扩孔原理

1. 扩孔的特点

（1）扩孔钻因中心不切削，无横刃，切削刃只做成靠边缘的一段，故避免了横刃切削所引起的不良影响。

（2）因扩孔产生的切屑体积小，不需大容屑槽，故扩孔钻可加粗钻心，提高刚度，切削平稳。

（3）由于容屑槽较小，因此扩孔钻可做出较多的刀齿，以增强导向作用，一般整体式扩孔钻有 3 ～ 4 个主切削刃。

（4）扩孔时，背吃刀量较小，切屑易排出，切削阻力小。

由于扩孔时的切削条件优于钻孔，因此，当加工的孔径较大时，为了防止钻孔产生过多的热量造成工件变形或切削力过大，或更好地控制孔径尺寸，往往先钻出比图样要求小的孔，然后再把孔径扩大至要求。扩孔加工尺寸精度一般在 IT10 ～ IT9 级，表面粗糙度值在 *Ra* 12.5 ～ 3.2 μm，常作为孔的半精加工及铰孔前的预加工。

2. 扩孔的操作要点

（1）用扩孔钻扩孔时，底孔直径约为所要求直径的 0.9 倍，进给量为钻孔时的 1.5 ～ 2.0 倍，切削速度为钻孔时的 1/2。当采用手动进给时，进给量要均匀一致。

（2）在实际生产中，也常用麻花钻代替扩孔钻使用，一般用麻花钻扩孔时，底孔直径为所要求直径的 0.5 ～ 0.7 倍。

（3）用麻花钻扩孔时，应适当减小麻花钻的前角，以防扩孔时“扎刀”。

三、锪孔

用锪钻在孔口表面锪出一定形状的孔或表面的加工方法称为锪孔。锪孔时使用的刀具称为锪钻，一般用高速钢制造。按孔口的形状不同，锪钻一般分为锥形锪钻、圆柱形锪钻和端面锪钻，可分别锪制锥形沉孔、圆柱形沉孔和凸台端面等。锪钻的类型及应用见表 4–8。

表 4-8　　锪钻的类型及应用

<table>
<tr><th>孔口形状</th><th>锪钻类型及说明</th><th>锪孔应用及要求</th></tr>
<tr><td rowspan="2">锥形沉孔</td><td> 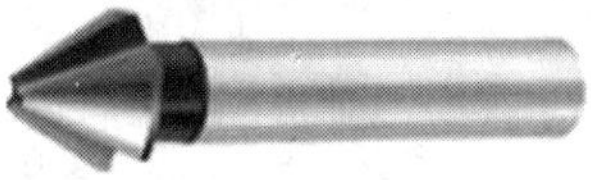标准锥形锪钻 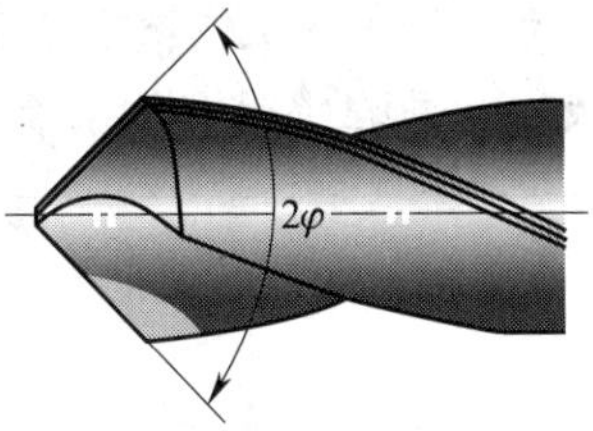</td><td rowspan="2"> 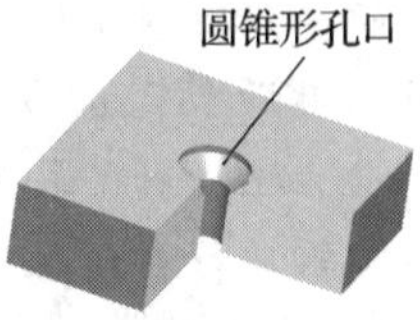圆锥形孔口
锪孔时锪钻锥角应与零件设计锥角一致，且保证锪钻轴线与孔中心线同轴，适用于埋头螺钉连接</td></tr>
<tr><td>2φ
用麻花钻改制的锥形锪钻</td></tr>
<tr><td rowspan="2">圆柱形沉孔</td><td> 标准圆柱形锪钻 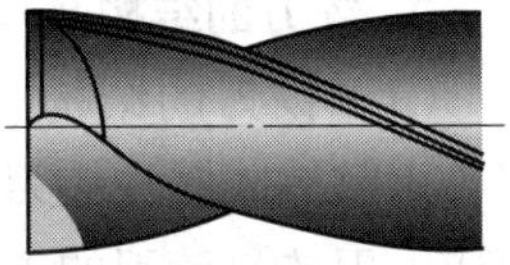</td><td rowspan="2"> 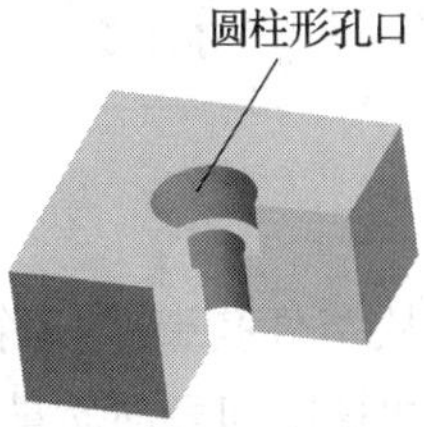圆柱形孔口
用麻花钻改制的平底锪钻锪孔时，必须先用普通麻花钻扩出一个台阶孔做导向，然后再用平底锪钻锪至所要求深度，即按照“一钻、二扩、三锪”的顺序进行，如下图所示 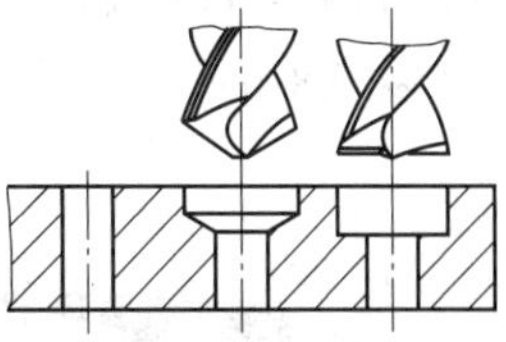</td></tr>
<tr><td>用麻花钻改制的圆柱形锪钻</td></tr>
<tr><td>凸台端面</td><td> 标准端面锪钻</td><td> 端面锪平
将孔口端面锪平，并与孔中心线垂直，能使连接螺栓（或螺母）的端面与连接件保持良好接触，使连接可靠</td></tr>
</table>

工厂提示

锪孔时应注意：

（1）锪孔时的进给量应为钻孔时的 2 ~ 3 倍，切削速度以钻孔时的 1/3 ~ 1/2 为宜。尽量减小振动以获得较小的表面粗糙度值。

（2）当用麻花钻改磨成锪钻时，应尽量选用较短的麻花钻，并修磨外缘处前面，使前角变小，以防振动和“扎刀”，还应磨出较小的后角，防止锪出多角形表面。

（3）当锪钢质材料的工件时，因切削热量大，故应在导柱和切削表面上加注切削液。

§4–3 铰孔

用铰刀从工件孔壁上切除微量金属层，以提高其尺寸精度和表面质量，这种对孔精加工的方法称为铰孔，如图 4–24 所示。铰刀是精度较高的多刃刀具，具有切削余量小、导向性好、加工精度高等特点。铰孔尺寸精度一般在 IT9 ~ IT7 级，表面粗糙度值一般在 Ra3.2 ~ 0.8 μm。

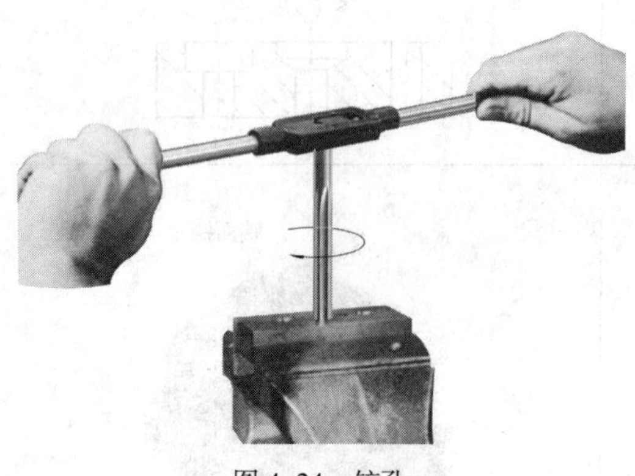

图 4–24 铰孔

一、铰刀

1. 铰刀的种类

铰刀的种类繁多，常用的铰刀有手用整体圆柱铰刀、机用整体圆柱铰刀、手用可调节铰刀、螺旋槽铰刀、锥铰刀等，其种类、图示、特点及应用见表 4–9。

2. 铰刀的结构及规格参数

（1）铰刀的结构　如图 4–25 所示，铰刀（以整体式圆柱铰刀为例）由柄部和刀体组成。刀体是铰刀的主要工作部分，它包含导锥、切削锥和校准部分。导锥用于将铰刀引入孔中，不起切削作用；切削锥承担主要的切削任务；校准部分有圆柱刃带，主要起定向、修光孔壁、保证铰孔直径等作用。为了减小铰刀和孔壁的摩擦，校准部分略有倒锥度。铰刀齿数一般为 4 ~ 8 齿，为测量直径方便，多采用偶数齿。

（2）铰刀的规格参数　铰刀的规格用切削直径表示，即紧接切削锥之后的铰刀直径。对于常备标准铰刀的直径公差按 m6 级制造，另外，国家标准还制定了加工 H7、H8、H9 级孔的铰刀直径公差。手用和机用整体式圆柱铰刀的优先采用系列以及铰刀直径公差参数见附表 2。

表 4–9 常用铰刀的种类、图示、特点及应用

种类	图示	特点及应用
手用整体圆柱铰刀		手用铰刀用 W6Mo5Cr4V2 钢或其他同等性能的高速钢制造，其工作部分硬度达 63 ~ 66HRC；也可用 9SiCr 钢或其他同等性能的合金工具钢制造，工作部分硬度达 62 ~ 65HRC。手用整体圆柱铰刀的切削部分较长，刀齿做成不均匀分布形式，铰孔时定心好、轴向力小，具有操作方便等特点，应用较为广泛
机用整体圆柱铰刀		机用铰刀用 W6Mo5Cr4V2 钢或其他同等性能的高速钢制造，其工作部分硬度达 63 ~ 66HRC。它分直柄和莫氏锥柄两种，其切削锥角较大，校准部分较短，刀齿做成均匀分布形式
手用可调节铰刀		调节两端螺母可使刀条沿刀体中的斜槽做轴向移动，以改变铰刀的直径。它适用于修配、单件生产以及特殊尺寸（非标）情况下铰削通孔
螺旋槽铰刀		螺旋槽铰刀的切削刃沿螺旋线分布，铰孔时切削平稳，铰出的孔壁光滑。铰刀的螺旋槽方向一般是左旋，以避免铰削时因铰刀顺时针转动而产生自动旋进现象，同时使铰下的切屑容易被推出孔外。常用于铰削带有键槽的孔，可防止铰孔时键槽勾住刀刃
锥铰刀	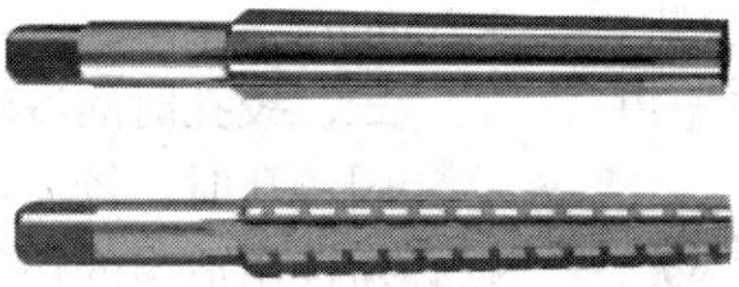	用以铰削圆锥孔。按锥度分为 1 ：10 锥铰刀、1 ：30 锥铰刀、1 ：50 锥铰刀和莫氏锥铰刀。由于锥铰刀的刀刃全部参加切削，其负荷较大，铰削费力。因此，对于锥度比较大的铰刀由多支组成一套，其中粗铰刀的刀刃上开有螺旋形分布的分屑槽，以减小铰削负荷

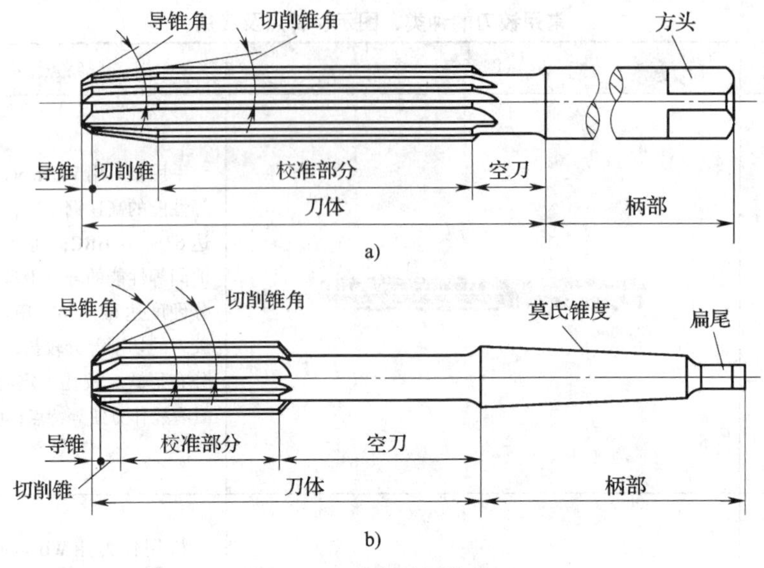

图 4–25 整体式圆柱铰刀
a）手用 b）机用

小提示

实际中，铰孔精度和表面质量取决于很多因素，这些因素包括：

（1）被加工材料的种类和加工余量。

（2）铰刀的切削角度。

（3）铰刀使用时的条件。

（4）装夹和操作方法。

（5）润滑情况。

二、铰削时切削用量的选择

1. 铰削余量

铰削余量是由上道工序（钻孔或扩孔）留下来在直径方向的加工余量。铰削余量太大会使切削刃负荷增大，切削变形增大，被加工表面呈撕裂状态，同时加剧铰刀磨损。铰削余量太小，上道工序留下的切削刀痕不能全部去除，达不到铰孔精度要求。因此，铰削余量的选择直接影响铰削精度和表面粗糙度，铰削余量的选择见表 4–10。

表 4–10 铰削余量的选择

铰孔直径 /mm	<5	5 ~ 20	21 ~ 32	33 ~ 50	51 ~ 70
铰削余量 /mm	0.1 ~ 0.2	0.2 ~ 0.3	0.3	0.5	0.8

2. 机铰时的切削速度（v）和进给量（f）

机铰时为了避免铰刀过早磨损和产生刀瘤，减少切削热及变形，提高铰孔质量，应合理选用切削速度和进给量。通常铰削钢件及铸铁件时，v=4~8 m/min、f=0.5~1.0 mm/r；铰削铜或铝材料时，v=8~12 m/min、f=1.0~1.2 mm/r。

三、铰孔时的冷却与润滑

因铰孔时，铰刀与孔壁摩擦较严重，所以必须选用适当的切削液，以减少摩擦和散热，同时将切屑及时冲掉，提高铰孔质量。切削液的选用见表 4–11。

表 4–11　铰孔时切削液的选用

工件材料	切削液
钢	（1）10% ~ 20% 乳化液 （2）铰孔质量要求较高时，用 30% 菜籽油加 70% 肥皂水 （3）铰孔质量要求更高时，用菜籽油、柴油、猪油
铸铁	（1）不用 （2）煤油（会引起孔径缩小，最大收缩量为 0.02 ~ 0.04 mm） （3）低浓度乳化液
铝	煤油
铜	乳化液

四、铰削的操作要点

（1）工件要夹正，两手用力要平衡，速度要均匀，铰刀不得摇摆，以保持铰削的稳定性，避免出现喇叭口或将孔径扩大。

（2）铰孔时，不论进刀还是退刀都不能反转。因为反转会使切屑卡在孔壁与刀齿后面形成的楔形腔内，将孔壁刮毛，甚至挤崩刀刃。

（3）铰削钢件时，要经常清除粘在刀齿上的积屑，并可用油石修光刀刃，以免孔壁被拉毛。

（4）铰削过程中如果铰刀被卡住，不能用力强行扳转铰刀，以防损坏铰刀；而应稍反转取出铰刀，清除切屑，检查铰刀是否损坏，加注切削液。继续铰削时要缓慢进给，以防再次卡刀。

（5）机铰时，工件应使一次装夹完成钻、扩、铰，以保证铰刀中心线与钻孔中心线一致。铰孔完成后，要待铰刀退出后再停车，以防将孔壁拉出痕迹。

（6）铰削尺寸较小的圆锥孔时，可先以小端直径钻出底孔，并留出铰削余量，然后用锥铰刀铰削。对于锥度比较大或尺寸和深度较大的圆锥孔，为减小切削余量及刀齿负荷，铰孔前可先钻出阶梯孔，然后再用锥铰刀铰削。铰削过程中要经常用相配的锥销来检查铰孔尺寸。

安全生产

（1）铰刀是精加工工具，刀刃较锋利，刀刃上如有毛刺或切屑黏附，不可用手清除，应用油石小心地磨去。

（2）铰圆柱通孔时，铰刀夹持要牢，以免铰刀跌落而损坏。

（3）铰刀使用完毕要擦净并涂上机油，放置时保护好刀刃，以防与硬物碰撞而损坏。

§4–4　螺纹加工

一、攻螺纹

用丝锥在工件孔中切削出内螺纹的加工方法称为攻螺纹，如图 4–26 所示。按其操作方法分为手工攻螺纹（简称手攻）和机械攻螺纹（简称机攻）两种。

1. 丝锥的种类

丝锥是指通过旋转并沿螺纹导程轴向进刀，在被加工孔中形成内螺纹的一种成形刀具。其种类很多，机修钳工常用丝锥的种类、图示、特点及应用见表 4–12。

图 4–26　攻螺纹

表 4–12　　　　常用丝锥的种类、图示、特点及应用

丝锥种类			图示	特点及应用
普通螺纹丝锥	手用	等径丝锥	初锥 中锥 底锥	手用丝锥的螺纹部分通常用 9SiCr 钢、T12 钢或同等性能的合金工具钢、非合金工具钢制造。公称直径 $d \leqslant 3$ mm 的硬度达 664HV；公称直径 3 mm<$d \leqslant 6$ mm 的硬度达 60HRC；公称直径 d>6 mm 的硬度达 61HRC。其主要用于一般螺纹连接的内螺纹加工，应用最为广泛
		不等径丝锥	头锥 二锥 精锥	在头锥上标记 1 条圆环，在二锥上标记 2 条圆环或顺序号Ⅰ、Ⅱ。使用时必须按头锥、二锥、精锥顺序进行。其主要用于直径较小或直径较大以及螺纹精度要求较高的场合
	机用	直槽		普通机用丝锥的螺纹部分用 W6Mo5Cr4V2 钢或同等性能的高速钢制造，硬度达 62 ~ 63HRC；高性能机用丝锥的螺纹部分用 W2Mo9Cr4VCo8 钢或同等性能的高速钢制造，硬度达 65HRC。机用丝锥一般为单支，其切削部分较短，夹持部分与工作部分的同轴度较好，多用于细牙丝锥。螺旋槽丝锥的特点是便于排屑，可用于带槽孔的螺纹攻制
		螺旋槽		
管螺纹丝锥				用于管螺纹加工

续表

丝锥种类	图示	特点及应用
圆锥管螺纹丝锥		主要用于有密封要求的圆锥管螺纹加工

2. 丝锥的结构

丝锥由柄部和工作部分组成，如图 4-27 所示。柄部起夹持和传递扭矩的作用。在工作部分上沿轴向开有几条容屑槽，以形成锋利的切削刃，前段为切削锥，起切削和引导作用；后段为校准部分，可修整螺纹牙型。为了减小摩擦，校准部分略有倒锥。

3. 成组丝锥切削量的分配

攻螺纹时，为了减小切削力，延长丝锥寿命，一般将整个切削量分配给几支丝锥来承担。通常 M6 ~ M24 丝锥每组有 2 支；M6 以下及 M24 以上的丝锥每组有 3 支；细牙螺纹丝锥每组有 2 支。

成组丝锥切削量的分配形式有锥形分配和柱形分配两种，如图 4-28 所示。

（1）锥形分配（等径丝锥）如图 4-28a 所示，在成组丝锥中，各支丝锥的大径、中径、小径均相等，仅切削锥的长度及切削锥角不等。切削锥较长，且切削锥角较小的为初锥，在通孔中攻螺纹可一次加工

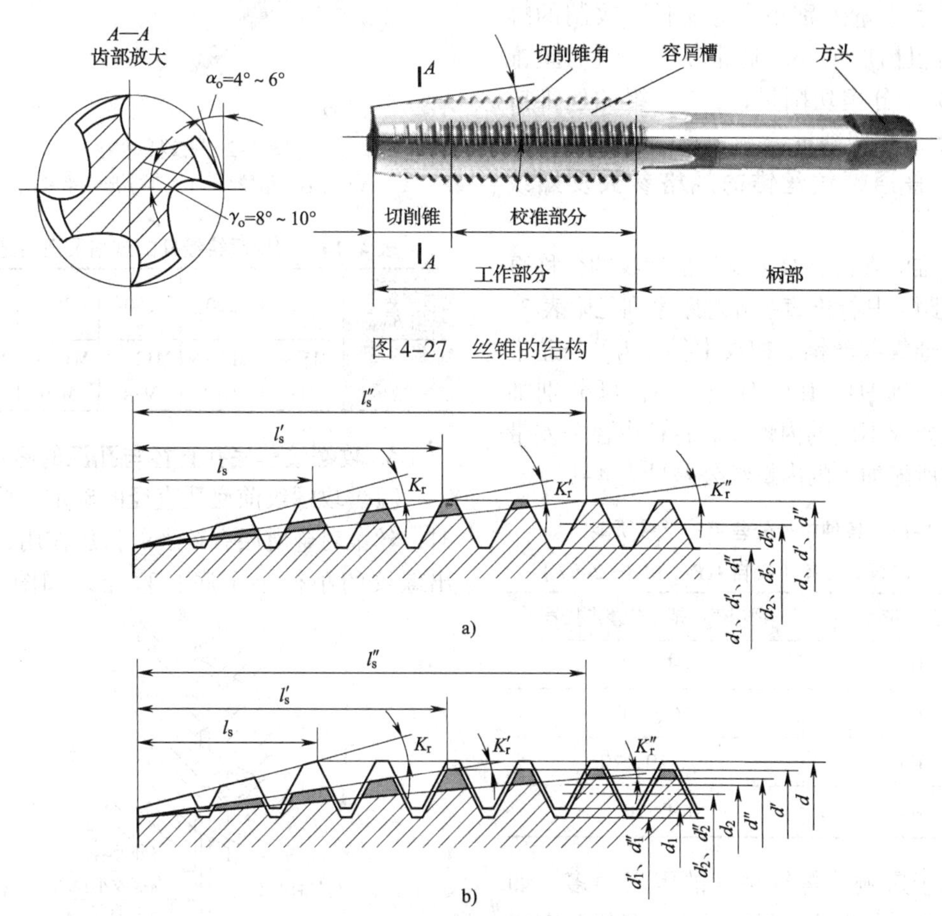

图 4-27　丝锥的结构

图 4-28　丝锥切削量分配形式

a）锥形分配　b）柱形分配

完成螺纹成品尺寸；切削锥较短的为底锥，它只起修短螺尾的作用；切削锥长度介于初锥和底锥之间的为中锥，具有单支丝锥的功能。

（2）柱形分配（不等径丝锥） 如图4–28b所示，在成组丝锥中，各支丝锥的大径、中径、小径以及切削锥长度和切削锥角均不相等。其切削锥较长，且切削锥角较小的为第一粗锥（头锥），它的校准部分不具备完整螺纹牙型，在加工螺纹时起粗加工作用；切削锥较短的为精锥，它的校准部分具有完整螺纹牙型，起最后精加工作用；切削锥长度介于第一粗锥和精锥之间的为第二粗锥（二锥），起第二次粗加工作用。这种丝锥的切削量分配比较合理，切削省力，各支丝锥磨损量差别小，寿命长，攻制的螺纹表面粗糙度值小。通常3支一组的丝锥按6∶3∶1分担切削量；2支一组的丝锥按7.5∶2.5分担切削量。

4. 普通螺纹丝锥的规格参数及螺纹公差带

丝锥的规格参数主要包括螺纹的公称直径和螺距。其标准直径和螺距系列见附表3。

普通螺纹丝锥的螺纹中径（d_2）公差带有4种，即H1、H2、H3和H4，可分别加工精度要求不同的内螺纹。各种中径公差带的丝锥所能加工的内螺纹公差见表4–13。

表4–13 各种中径公差带的丝锥所能加工的内螺纹公差（摘自GB/T 968—2007）

丝锥公差带代号	适用于内螺纹公差带代号
H1	4H、5H
H2	5G、6H
H3	6G、7H、7G
H4	6H、7H

由于影响攻螺纹精度的因素很多，如被加工材料的性质、机床条件、丝锥装夹方法、切削速度、切削液种类等，因此，在选取丝锥公差带时，可按加工条件根据生产经验或通过实验，在标准所列范围内选择最适当的丝锥。丝锥各公差带的极限偏差值参见附表4。

5. 铰杠

铰杠是手工攻螺纹时用来夹持丝锥的工具。常用铰杠有普通活络铰杠和丁字形活络铰杠两种，如图4–29所示。普通铰杠的规格用其长度表示，其规格及适用范围见表4–14。

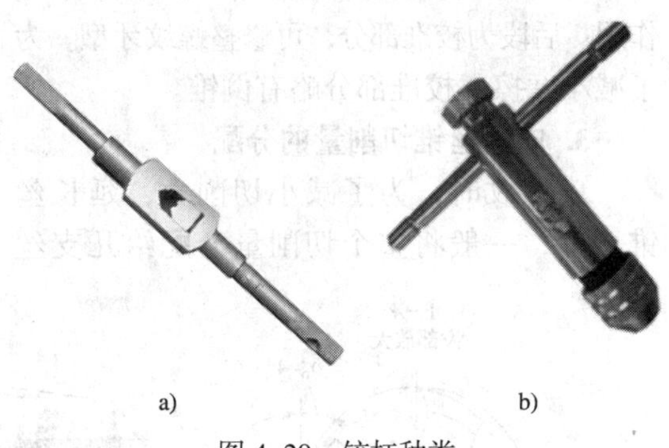

图4–29 铰杠种类

a）普通活络铰杠 b）丁字形活络铰杠

表4–14 常用活络铰杠的规格及适用范围

铰杠规格/mm	150	220	280	380	480
夹持丝锥范围	M5～M8	M8～M12	M12～M14	M14～M16	M16～M22

6. 攻螺纹前底孔直径与孔深的确定

（1）攻螺纹前底孔直径的确定 攻螺纹时，丝锥对金属层有较强的挤压作用，使攻出螺纹的小径小于底孔直径，如图4–30

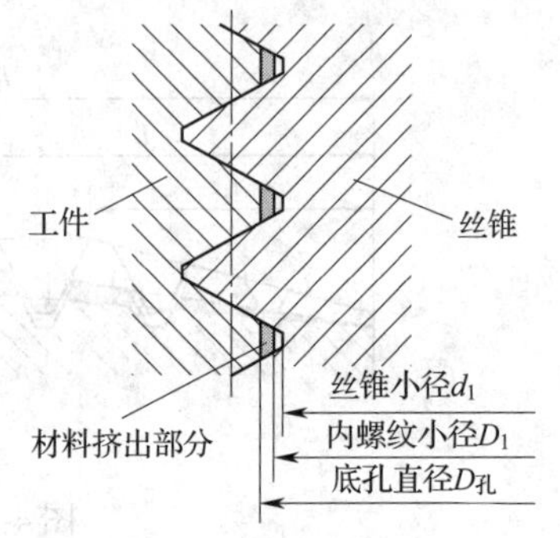

图4–30 材料产生塑性变形示意图

所示。因此，攻螺纹之前的底孔直径应稍大于内螺纹小径，避免螺纹牙顶与丝锥牙底没有足够的材料变形空间，丝锥被挤压出来的材料箍住，甚至出现螺纹“烂牙”或折断丝锥的现象。但底孔直径又不宜过大，否则会使攻出的螺纹牙型不完整，影响使用强度。

1）攻制钢件或塑性较大材料时，底孔直径的计算公式为：

$$D_{孔}=D-P$$

式中 $D_{孔}$——螺纹底孔直径，mm；

D——螺纹公称直径，mm；

P——螺距，mm。

2）攻制铸铁件或塑性较小的材料时，底孔直径的计算公式为：

$$D_{孔}=D-(1.05 \sim 1.10)P$$

用于普通螺纹钻底孔的麻花钻直径及常用螺纹公差带的小径极限值可从附表 5 中查出。

（2）攻螺纹底孔深度的确定　攻盲孔螺纹时，由于丝锥的切削锥部分不能攻出完整的螺纹牙形，因此钻孔深度要大于螺纹的有效长度，如图 4–31 所示。

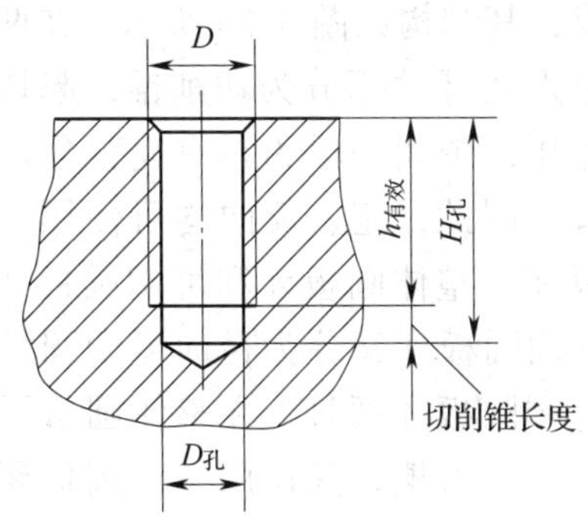

图 4–31　钻孔深度示意图

钻孔深度的计算公式为：

$$H_{孔}=h_{有效}+0.7D$$

式中 $H_{孔}$——底孔深度，mm；

$h_{有效}$——螺纹有效长度，mm；

D——螺纹公称直径，mm。

例 4–2　分别计算在钢件和铸铁件上攻 M10 螺纹的底孔直径各为多少。若攻盲孔螺纹，其螺纹有效深度为 60 mm，求底孔深度为多少；若钻孔，n=400 r/min，f=0.5 mm/r，求钻一个孔的机动时间最少为多少。（顶角 2φ=120°，只计算钢件）

解：查附表 3 可知，对于 M10 的螺纹，螺距 P=1.5 mm

钢件攻螺纹底孔直径：

$$D_{孔}=D-P=10-1.5=8.5\text{ mm}$$

铸铁件攻螺纹底孔直径：

$$\begin{aligned}D_{孔}&=D-(1.05 \sim 1.10)P\\&=10-(1.05 \sim 1.10)\times 1.5\\&=(8.425 \sim 8.350)\text{ mm}\end{aligned}$$

取 $D_{孔}$=8.4 mm（按麻花钻直径标准系列取一位小数）

底孔深度：

$$H_{孔}=h_{有效}+0.7D=60+0.7\times 10=67\text{ mm}$$

钻孔机动时间：

$$t=\frac{H}{nf}$$

其中 $H=H_{孔}+H_o$（H_o 为钻尖高度）

$$H_o=\frac{\sqrt{3}D_{孔}}{6}=\frac{1.73\times 8.5}{6}=2.45\text{ mm}$$

得 $$t=\frac{67+2.45}{400\times 0.5}\approx 0.34\text{ min}$$

7. 攻螺纹的操作要点

（1）正确控制底孔直径及深度，并在孔口倒角，倒角直径可略大于螺纹公称直径，以方便丝锥顺利切入，并可防止孔口挤出毛刺。通孔螺纹两端均倒角。

（2）工件夹持要正确，尽量使底孔中心线或孔口表面置于铅垂或水平位置，以便容易判断丝锥是否歪斜。

（3）起攻时，要尽量把丝锥放正，然后对丝锥施加轴向压力并转动铰杠，如图 4–32 所示。当丝锥切入 1 ~ 2 圈时，应从不同的方向仔细检查丝锥与工件表面的垂直度，并逐步进行校正，如图 4–33 所示。

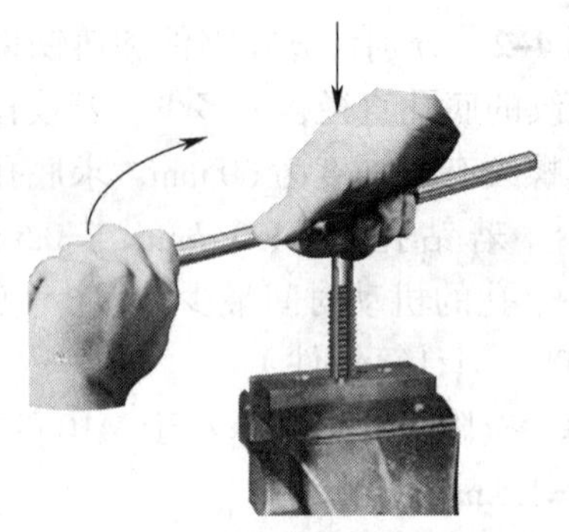

图 4–32　起攻方法

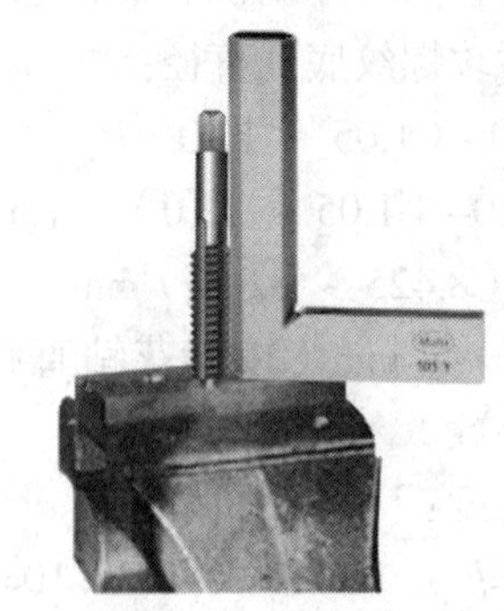

图 4–33　垂直度检查方法

（4）当丝锥切入 3 ~ 4 圈螺纹时，只需两手均匀用力转动铰杠，不应再对丝锥施加压力，否则螺纹牙型将被损坏。每扳转铰杠 1/2 ~ 1 圈，就应倒转 1/4 ~ 1/2 圈，使切屑碎断后容易排出，并可减少因切削刃粘屑而使丝锥扎住的现象。

（5）攻不通孔螺纹时，要经常退出丝锥，清除孔内切屑。

（6）攻塑性材料的螺纹时，要加注切削液，一般用机油或浓度较大的乳化液；对于精度要求较高的螺纹可用菜籽油或二硫化钼等；在不锈钢材料攻螺纹时，可用 32 号 L–AN 全损耗系统用油或硫化油。

（7）当攻螺纹过程中换用后一支丝锥时，要先用手旋入已攻出的螺纹中，以防产生乱牙。

（8）机攻时，丝锥与底孔要保持同轴。

（9）机攻时，丝锥的校准部分不能全部伸出工件，否则在反转退出丝锥时会产生“乱牙”。

二、套螺纹

用圆板牙在外圆柱面（或外圆锥面）上切削出外螺纹的加工方法称为套螺纹，如图 4–34 所示。

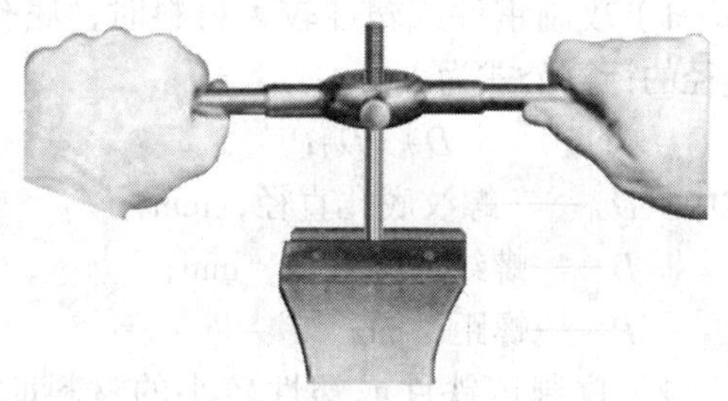

图 4–34　套螺纹

1. 套螺纹的工具

（1）圆板牙　圆板牙是加工外螺纹的刀具，用 9SiCr 钢或同等性能的合金工具钢制造，其螺纹部分的硬度不低于 60HRC；也可用 W6Mo5Cr4V2 钢或同等性能的高速钢制造，公称直径 $d \leqslant 3$ mm 时，硬度不低于 61HRC，公称直径 $d>3$ mm 时，硬度不低于 62HRC。圆板牙由切削锥、校准部分和容屑孔组成，其结构如图 4–35 所示。在两端面处成锥形的螺纹部分为切削锥，起切削和引导作用；中间一段为具有完整牙形的校准部分。因此，正、反向均可使用。常用的圆板牙有整体圆板牙和可调圆板牙。其中，可调圆板牙又分为径向可调圆板牙和周向可调圆板牙两种。在整体圆板牙的圆周上开一 V 形槽，其作用是当圆板牙磨损而螺纹直径变大后，可沿该 V 形槽磨开，借助于圆板牙架上的两调整螺钉进行螺纹直径的微量调节，以延长圆板牙的使用寿命。

（2）圆板牙架　圆板牙架是装夹圆板牙的工具，其结构如图 4–36 所示。圆板牙放入其中后，用螺钉定位紧固。

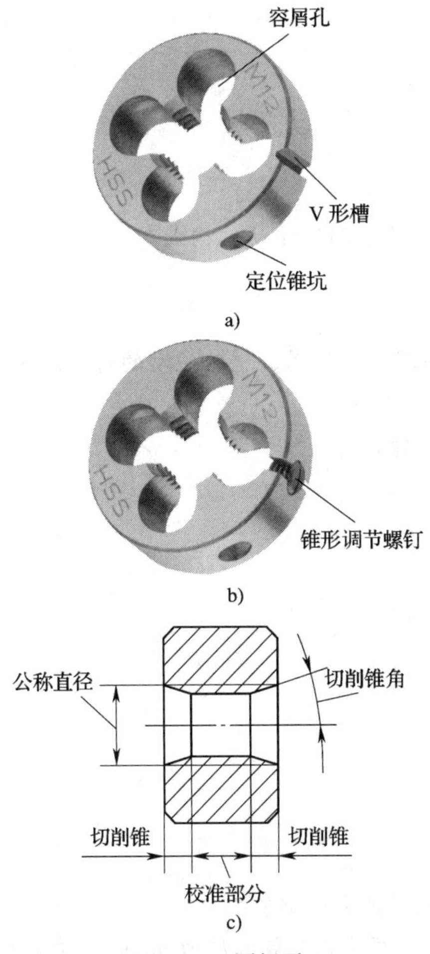

图 4–35　圆板牙

a）整体圆板牙　b）径向可调圆板牙　c）工作部分结构

2. 套螺纹前圆杆直径的确定

套螺纹时，由于圆板牙切削锥对材料不但有切削作用，还有挤压作用，其牙顶将被挤高，因此圆杆直径应小于螺纹公称直径。一般可按下列经验公式来确定：

$$d_{杆}=d-0.13P$$

式中　$d_{杆}$——套螺纹前圆杆直径，mm；

d——螺纹公称直径，mm；

P——螺距，mm。

套螺纹前圆杆直径也可从附表 6 中查出。

3. 套螺纹的操作要点

（1）套螺纹前应将圆杆切入端倒成 15° ~ 20°的锥体，其小端直径应稍小于螺纹小径，以便圆板牙切入。重要螺纹的切入端通常倒成 45°的斜角。

（2）套螺纹时应保持圆板牙的端面与圆杆轴线垂直。

（3）开始套螺纹时，要适当施加轴向压力，当切入 1 ~ 2 牙后再次检查垂直度，然后不再施加向下的压力，两只手用力均匀地转动圆板牙架即可。

（4）在套螺纹过程中，要经常反转 1/4 圈，使切屑断碎以便及时排出，并加注合适的切削液。

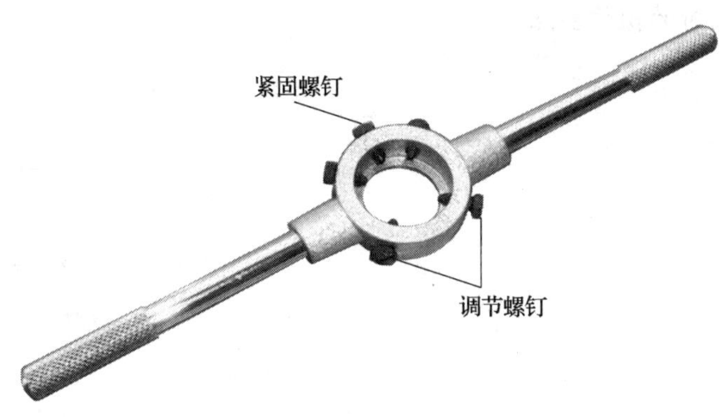

图 4–36　圆板牙架

复习思考题

1. 钳工常用的钻床有哪几种？各有何特点？

2. 台式钻床由哪几部分组成？它采用了什么变速机构？

3. 简述台钻安全操作要求。

4. 根据 Z525B 型立钻传动系统图写出主运动、进给运动的传动结构式。

5. Z525B 型立式钻床主要由哪些部件组成？

6. 简述立钻安全操作要求。

7. 根据 Z3050×16（Ⅰ）型摇臂钻床传动系统图写出主运动、进给运动的传动结构式。

8. 钻头变径套共分几号？如何使用？

9. 麻花钻由哪几部分组成？各部分的主要作用是什么？

10. 叙述麻花钻顶角、前角、后角和横刃斜角的定义。

11. 标准麻花钻有哪些缺点？

12. 叙述标准麻花钻的修磨方法。

13. 标准群钻与标准麻花钻相比在结构上有何特点？

14. 如何正确选择钻孔时的切削用量？

15. 钻孔时应注意哪些安全文明生产事项？

16. 扩孔有哪些特点？

17. 简述锪钻的种类和用途。

18. 铰削余量为什么不能太大或太小？

19. 叙述丝锥的组成部分及各部分的作用。

20. 什么是等径丝锥？什么是不等径丝锥？各自的特点是什么？

21. 分别在钢件和铸铁件上攻制 M12 的内螺纹，若螺纹的有效长度为 35 mm，求攻螺纹前钻底孔麻花钻的直径及钻孔深度。若 n=400 r/min，f=0.5 mm/r，求钻孔切削时间。（麻花钻顶角为 120°，只计算钢件）

22. 简述套螺纹时的操作要点。

第五章

机修钳工辅助操作

§5-1 弯形与矫正

一、弯形

将坯料（如板料、条料或管子等）弯成所需形状的加工方法称为弯形，如图 5-1 所示。

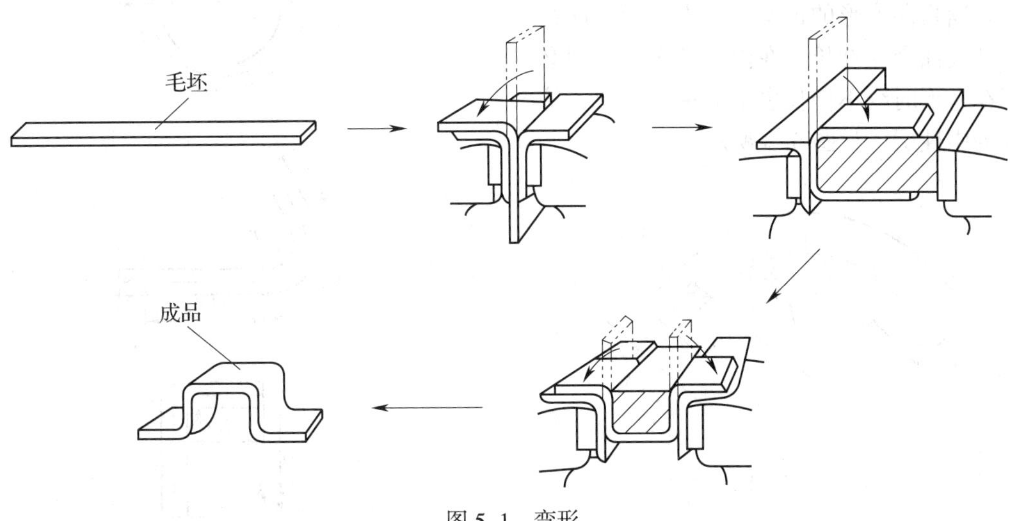

图 5-1 弯形

1. 材料弯曲变形过程

弯形的实质是使材料产生塑性变形，因此，只有塑性好的材料才能进行弯形。其材料变形过程如下：

（1）初始阶段　如图 5-2 所示，在弯曲力矩作用下，坯料发生弯曲。其内层金属在压应力作用下被压缩而缩短，外层金属受拉应力作用而伸长。初始阶段应力较小，坯料只发生弹性变形。

（2）塑性变形阶段　当弯曲力矩足够大时，应力达到材料屈服点后开始产生塑性变形。坯料的内、外表面首先由弹性变形状态过渡到塑性变形状态，而后塑性变形由内、外表面向中心扩展。

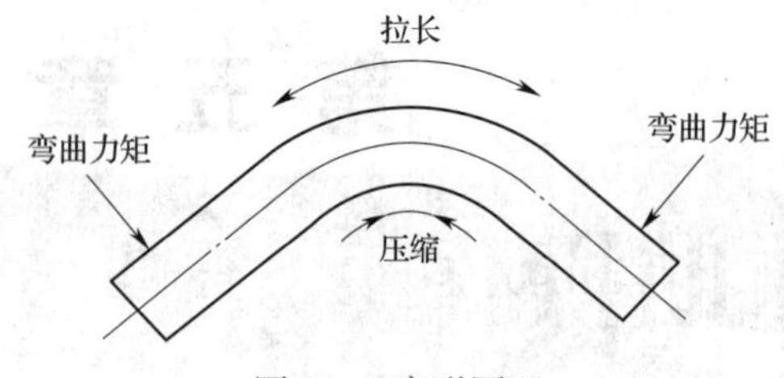

图 5-2　弯形原理

（3）断裂阶段　随着弯曲力矩增大，当坯料弯曲半径小到一定程度，变形应力超过材料抗拉强度的极限值时，在坯料受拉伸的外表面首先出现裂纹，并向内伸展，致使材料发生断裂破坏。

由此可知，在弯形过程中，材料表面变形最大，材料塑性越好，允许的最小弯形半径也越小。若弯形半径不变，材料厚度越小，表面变形越小。

2. 中性层

材料弯曲变形的过程中，内表面受压缩短，外表面受拉伸长，在内、外表面之间必然存在弯形时既不伸长也不缩短的一层，该层称为中性层，如图 5-3 所示。

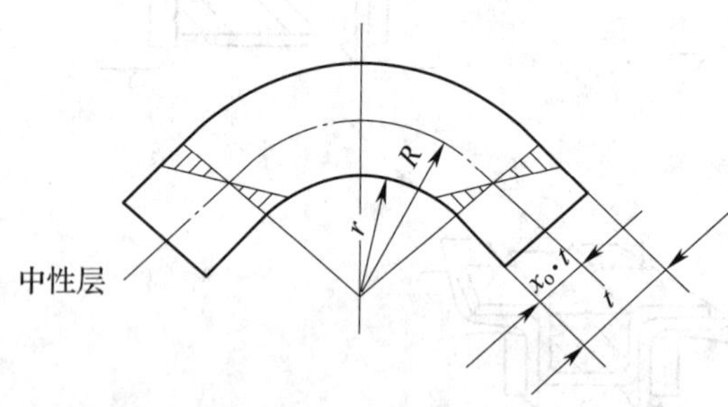

图 5-3　中性层

3. 中性层的确定

坯料经弯形后，只有中性层的长度不变，因此，计算弯形工件坯料长度时，可按中性层的长度计算。但当材料弯形后，中性层并不一定在材料的正中，而是偏向内层材料一边。实验证明，中性层的实际位置与材料的弯曲半径 r 和材料的厚度 t 有关。当 $r/t \geqslant 16$ 时，中性层的位置接近于材料几何中心处，即 $R=r+t/2$；当 $r/t<16$ 时，中性层位置 $R=r+x_o t$。一般情况下，为简化计算，当 $r/t \geqslant 8$ 时，可取 $x_o=0.5$ 进行计算。中性层的位置系数 x_o 见表 5-1。

表 5-1　弯形时的中性层位置系数 x_o

r/t	0.25	0.5	0.8	1	2	3	4	5
x_o	0.2	0.25	0.3	0.35	0.37	0.4	0.41	0.43
r/t	6	7	8	10	12	14	≥ 16	
x_o	0.44	0.45	0.46	0.47	0.48	0.49	0.5	

4. 弯形坯料的长度计算

在实际生产中，制件弯形的形式有多种，最为常见的有圆环制件、带内圆弧制件和内直角制件，如图 5-4 所示。

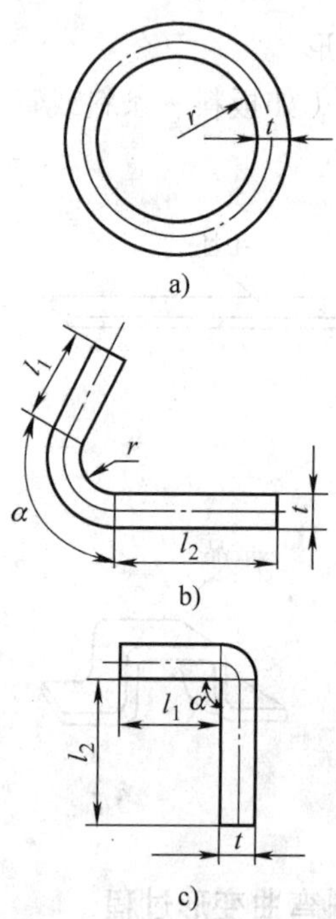

图 5-4　常见的弯形形式

a）圆环制件　b）带内圆弧制件　c）内直角制件

带内圆弧制件弯形部分中性层长度的计算公式为：

$$A=\pi\ (r+x_o t)\ \alpha/180$$

式中　A——圆弧部分中性层长度，mm；

r——弯形半径，mm；

x_o——中性层位置系数；

t——材料厚度，mm；

α——弯形角，（°）。

内直角制件弯形部分中性层的长度，可按弯形前后毛坯体积不变的原理进行计算，其经验公式为：

$$A=0.5t$$

例 5–1 把厚度 $t=4$ mm 的钢板坯料，弯成图 5–4b 中的制件，若弯形角 $\alpha=120°$，内弯形半径 $r=16$ mm，边长 $l_1=60$ mm、$l_2=120$ mm，求坯料长度 L。

解： $r/t=16/4=4$，查表 5–1 得 $x_o=0.41$。

$A=\pi(r+x_ot)\alpha/180=3.14\times(16+0.41\times4)\times120/180=36.93$（mm）

根据 $L=l_1+l_2+A$，得

$$L=60+120+36.93=216.93\text{（mm）}$$

例 5–2 把厚度 $t=3$ mm 的钢板坯料，弯成图 5–4c 中的制件，若 $l_1=60$ mm，$l_2=100$ mm，求坯料长度 L。

解： 因为是内面为直角的弯形制件，所以

$$L=l_1+l_2+A=l_1+l_2+0.5t$$
$$=60+100+0.5\times3$$
$$=161.5\text{（mm）}$$

小提示

由于材料本身性质的差异和弯形工艺及操作方法的不同，理论上计算的坯料长度和实际需要的坯料长度之间会有误差。因此，成批生产时，要采用试弯的方法确定坯料长度，以免造成成批废品。

5. 弯形方法

弯形按弯形时的坯料温度分为冷弯和热弯；按弯形的操作方法分为手工弯形和机械弯形。金属材料在常温下进行的弯形，称为冷弯。当变形量过大（料厚大于 5 mm 及直径较大的棒料和管材），金属产生过大塑性变形，从而引起冷作硬化，使机械性能下降时，则应采用加热弯曲成型，这种方法称为热弯。弯形时，为了抵消材料的弹性变形（回弹现象），可凭经验适当多弯些。机修钳工常用的弯形操作方法有：

（1）借助台虎钳、锤子等常用工具进行弯形　对于尺寸不大、形状不太复杂的板料、条料等单件或少量制件的弯形，可在台虎钳上进行操作。如图 5–5 所示，弯形时应注意装夹方法和锤击部位。当弯折工件在钳口以上较长或板料较薄时，应用手压住工件上部，用木锤在靠近弯形的部位轻轻敲打，否则，易使板料翘曲变形。

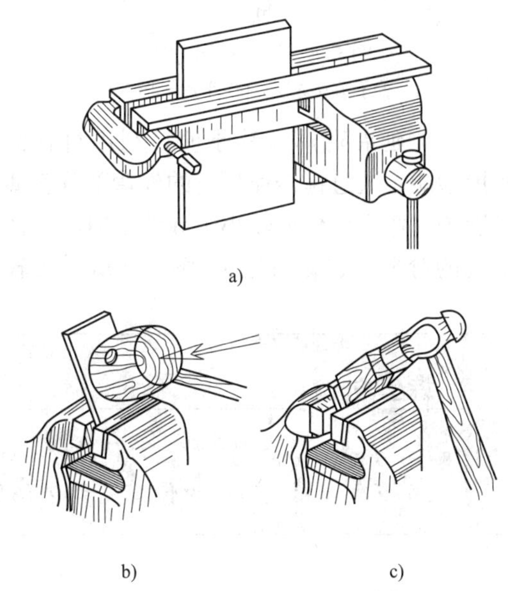

图 5–5　板料在台虎钳上弯形
a）较长板料装夹　b）用木锤弯形　c）用钢锤弯形

（2）模具整体弯形　对于棒料、条料、管材可借助简易模具一次整体弯形，如图 5–6 所示。当管子直径在 12 mm 以下时可以采用冷弯方法；管子直径大于 12 mm

时采用热弯方法。管子弯形的临界半径必须是管子直径的 4 倍以上。管子直径在 10 mm 以上时，为防止管子弯瘪，必须在管内灌满干沙，两端用木塞塞紧，并将焊缝置于中性层的位置上。否则，易使焊缝开裂。

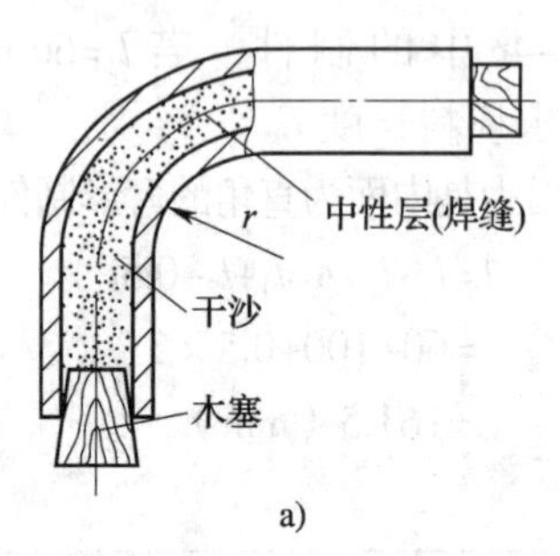

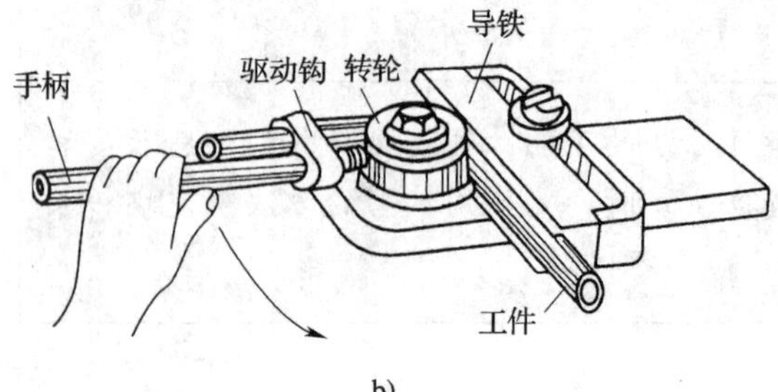

图 5-6　管子弯形方法

a）管子填充方法　b）手动弯形工具

（3）延展弯形　其原理是利用材料的延展性能，通过锤击使材料的外弯部分变薄延展（内弯部分变形较小）导致材料弯曲而实现的弯形（也称放边）。图 5-7 所示为较宽条料和角铁型材的弯形。在打薄放边的过程中，角材底面必须与铁砧表面贴平，否则会产生翘曲现象；锤击点应均匀并呈放射线状，不得敲打角材弯角处。锤击时，材料可能会产生冷作硬化现象，应及时退火。另外，应随时用样板或量具检查外形，防止弯形过大。

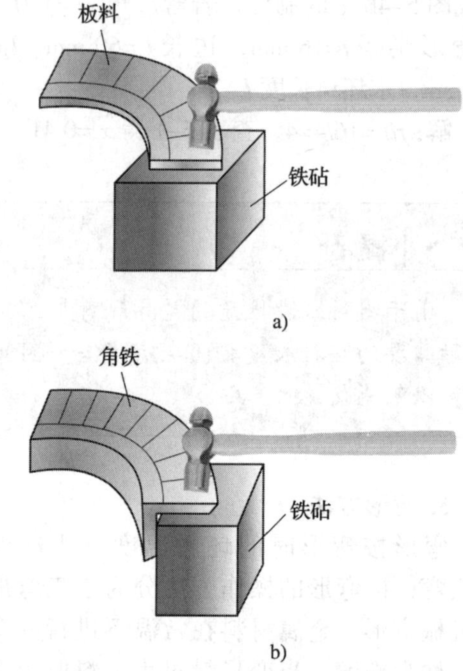

图 5-7　延展弯形方法

a）较宽条料在宽度方向上的弯形　b）角铁弯形

课堂讨论

（1）有焊缝管子弯形时，为什么必须将焊缝放在中性层位置上？

（2）在管子填充时，为什么用干沙而不能用湿沙？

二、矫正

消除材料或制件弯曲、翘曲、凸凹不平等缺陷的加工方法称为矫正，如图 5-8 所示。

1. 矫正概述

矫正的实质就是让金属材料产生新的塑性变形来消除原来不应存在的塑性变形。因此，只有塑性较好的材料才能进行矫正。在矫正过程中，材料要受到锤击、弯形等外力的作用，使材料内部组织发生变化，造成硬度提高、性质变脆，这种现象称为冷作硬化。冷作硬化给后续加工带来困难，必要时应进行退火处理，使材料恢复原来的力学性能。

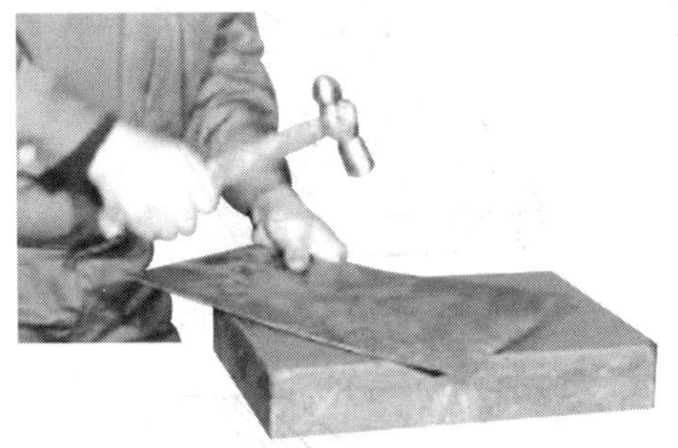
图 5–8　板料矫正

矫正按制件矫正时是否加热分为冷矫正和热矫正；按操作方法分为机械矫正和手工矫正。对于单件、小批量的制件常采用手工矫正。手工矫正是将材料（或工件）放在矫正平板、铁砧或台虎钳上，采用锤击、弯曲、延展或伸张等方法进行矫正。

2. 手工矫正常用的工具

（1）矫正平板和铁砧　矫正平板、铁砧及台虎钳都可以作为矫正板材、型材或制件的基座。

（2）软、硬锤子　矫正一般材料均可采用钳工锤子；矫正已加工表面、薄板件或有色金属制件时，应采用铜锤、木锤或橡胶锤等软锤。图 5–9 所示为用木锤矫正板料。

图 5–9　用木锤矫正板料

（3）抽条和拍板　抽条是采用条状薄板料弯成的简易手工工具，它用于抽打较大面积的板料，如图 5–10 所示。拍板是用质地较硬的木材（如檀木等）制成的专用工具，主要用于敲打铁皮或有色金属板料。

（4）螺旋压力机　如图 5–11 所示，主要借助于 V 形铁等支承工具矫正棒料或轴类工件。

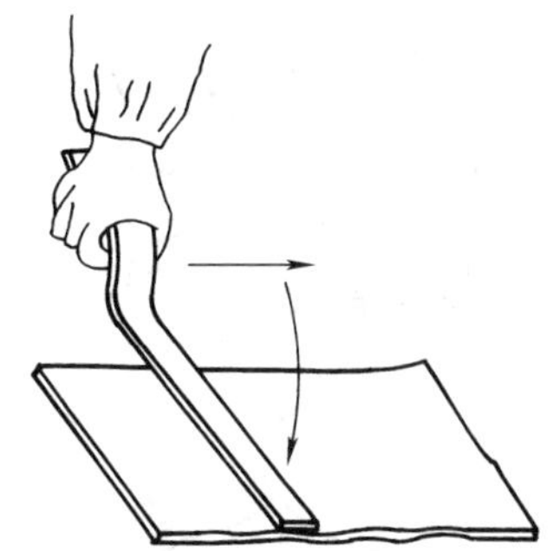
图 5–10　用抽条抽打板料

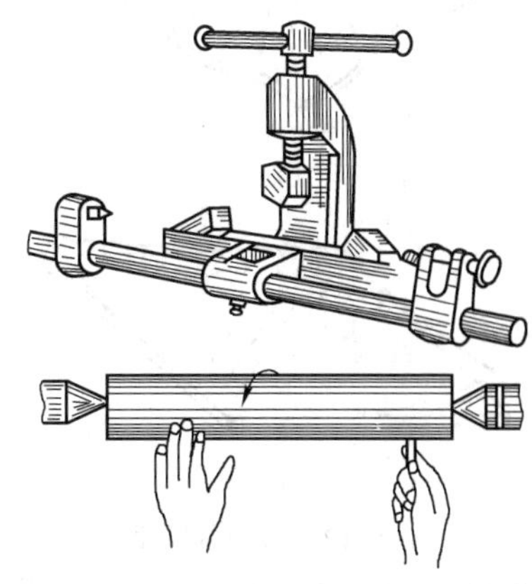
图 5–11　螺旋压力机矫正棒料

3. 矫正方法

（1）延展法　当板料制件出现中部凸凹、边缘呈波浪形以及翘曲等变形时，应采用延展法矫正，如图 5–12 所示。

板料制件中间凸起，是由于变形后中间材料变薄、面积增大引起的。矫正时可锤击板料边缘，使边缘材料延展变薄，其厚度与凸起部位的厚度越趋近则越平整。图 5–12a 中箭头标记部分为锤击位置。锤击时，由里向外用力逐渐由轻到重，由稀到密。如果直接锤击凸起部位，则会使凸起的部位变得更薄，这样不但达不到矫平的目的，反而使凸起更为严重。如果薄板表面有多处凸起部位，应先在凸起的交界处轻轻锤击，使几处凸起部位合并成一处，然后再锤击凸起四周而矫平。

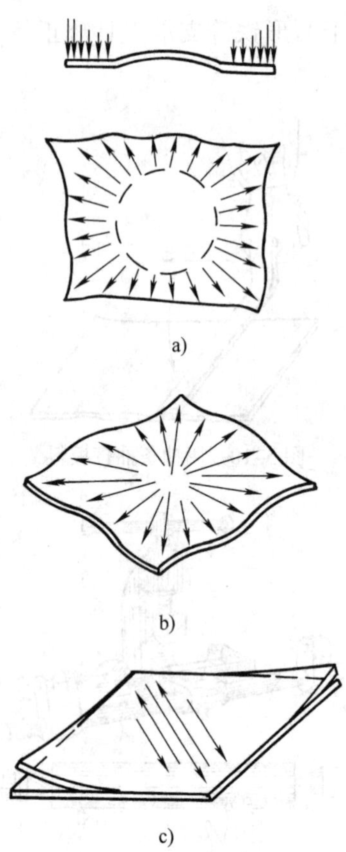
a)
b)
c)

图 5-12　薄板的矫平

a）中间凸起　b）边缘成波浪形　c）对角翘起

如果板料制件四周呈波纹状，则说明板料四周变薄而伸长了。如图 5-12b 所示，锤击点应从中间向四周，按图中箭头所示方向，密度逐渐变稀，力量逐渐减小，经反复多次锤打，使板料达到平整。

如果板料制件发生对角翘曲，则应沿没有翘曲的对角线锤击，使其延展而矫平，如图 5-12c 所示。

如果板料是铜箔、铝箔等薄而软的材料，可用平整的木块，在平板上推压材料的表面，使其达到平整（图 5-13），也可用木锤或橡皮锤锤击。

（2）扭转法　扭转法用来矫正条料或角铁的扭曲变形。如图 5-14 所示，矫正时将制件一端夹持在台虎钳上，用扳手或其他扭转工具朝变形相反方向扭转即可。

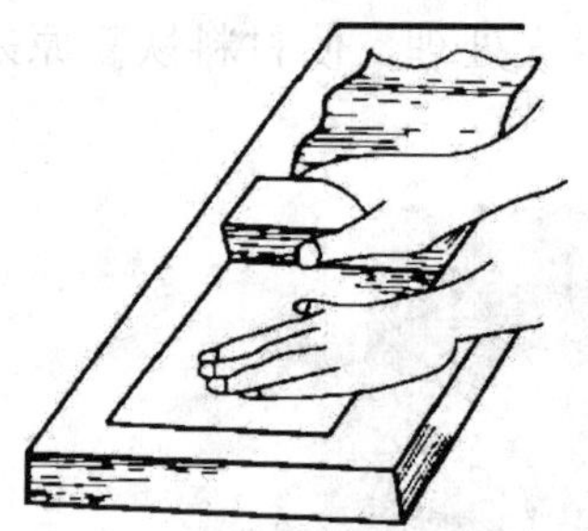

图 5-13　铜箔等软材料的矫正

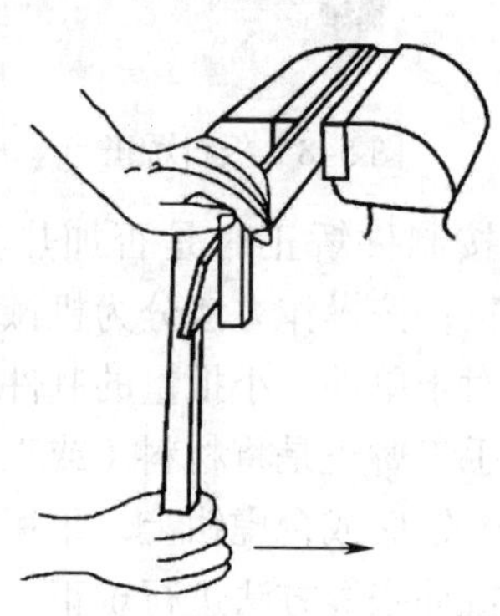

图 5-14　扭转法

（3）伸张法　伸张法用来矫正各种细长线材的卷曲变形，其方法如图 5-15 所示。

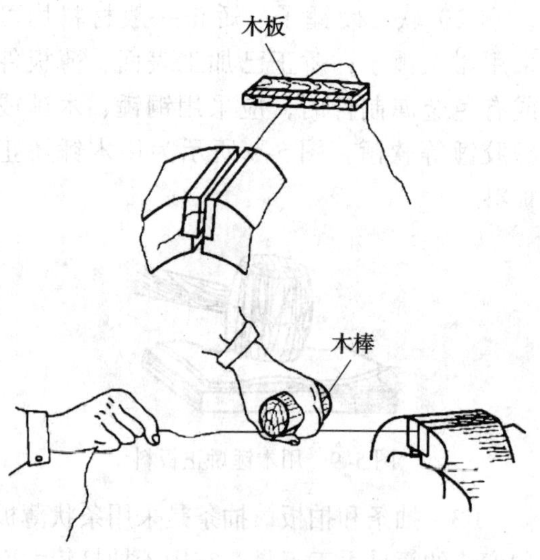

图 5-15　伸张法

（4）弯形法　弯形法主要用来矫正各种轴类、棒料、条料或型材的弯曲变形，如图 5-16 所示。

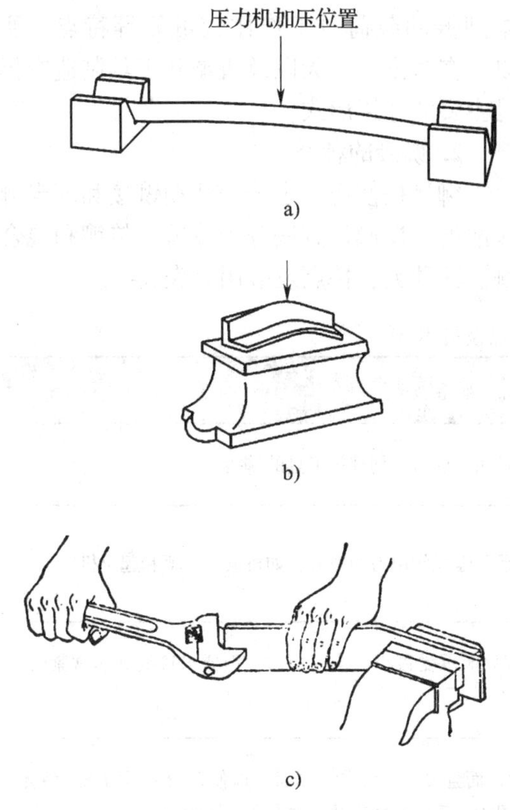

a)

b)

c)

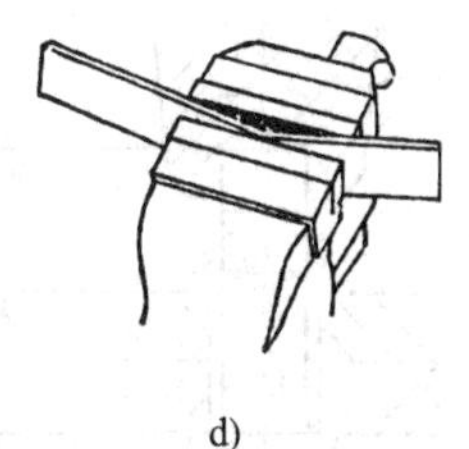

d)

图 5-16　弯形法

a）轴类矫直　b）角铁矫直

c）扳手矫直　d）台虎钳矫直

矫直前，先查明弯曲程度和部位，做上标记，然后使凸部向上置于平台，用锤子连续锤击凸处，使凸起部位材料受压缩短，凹入部位受拉伸长，以消除弯曲变形。对直径较大的轴类、棒类制件，一般先找出弯曲部位，用压力机在轴的突出部位加压校直。

（5）热矫正法　热矫正法是利用金属的热胀冷缩特性对轴、型材进行矫正的方法。用乙炔火焰对弯曲的最高点加热，使其受热膨胀，由于材料在高温时力学性能降低，不易向周围处于低温的材料方向膨胀，而冷却后加热部位材料收缩，使弯曲部位得到矫正。

小提示

（1）矫正时要看准变形的部位，分层次进行矫正，不可弄反。

（2）对已加工工件进行矫正时，要注意保持工件的表面质量，不能有明显的锤击印迹。

（3）矫正力不能超过材料的变形极限。

§5-2　铆接、粘接与锡焊

一、铆接

借助铆钉形成不可拆的连接称为铆接，如图 5-17 所示。

1. 铆接的特点

目前，在很多工件的连接中，铆接已逐渐被焊接所代替，但因铆接具有结构简单、

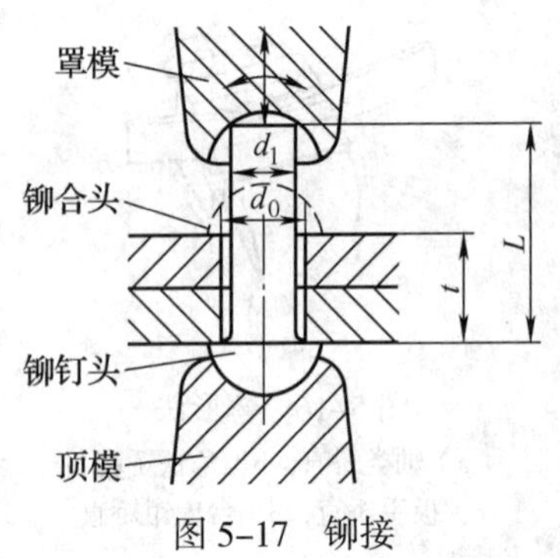

图 5-17　铆接

操作方便、接头质量易于检查、工艺简单、不受被连接材料的限制、在承受严重冲击和剧烈振动载荷时工作比较可靠等特点，所以，在桥梁、航天以及机械和工具制造中仍是主要的连接形式。

2. 铆接的种类

铆接按使用要求分为活动铆接和固定铆接两类；按操作方法分为冷铆、热铆和混合铆。其种类、特点及应用见表 5-2。

表 5-2　铆接的种类、特点及应用

种类			特点及应用
按使用要求分类	活动铆接		其结合部位可以相互转动，如钢丝钳、剪刀、划规等工具的铆接
	固定铆接	强固铆接	应用于结构需要有足够的强度、承受强大作用力的地方，如桥梁、车辆和起重机等
		紧密铆接	应用于低压容器装置，这种铆接只能承受很小的均匀压力，但要求接缝处非常紧密，以防止渗漏，如气筒、水箱、油罐等
		强密铆接	这种铆接不但能承受很大的压力，而且要求接缝非常紧密，即使在较大压力下，液体或气体也保持不渗漏，一般应用于锅炉、压缩空气罐及其他高压容器的铆接
按铆接方法分类	冷铆		铆接时，铆钉不需加热，直接镦出铆合头，直径在 8 mm 以下的钢制铆钉都可以用冷铆方法铆接。采用冷铆时铆钉的材料必须具有较好的塑性
	热铆		把整个铆钉加热到一定温度，然后再铆接。因铆钉受热后塑性好，容易成形，而且冷却后铆钉杆收缩，还可加大结合强度。热铆时要把铆钉孔直径放大 0.5 ~ 1 mm，使铆钉在热态时容易插入。直径大于 8 mm 的钢质铆钉多采用热铆
	混合铆		在铆接时，只把铆钉的铆合头端部加热。对于细长的铆钉，采用这种方法，可以避免铆接时铆钉杆的弯曲

3. 铆钉

铆钉的种类很多，按材质不同（GB 116—1986）可分为碳素钢铆钉、特种钢铆钉、铜及其合金铆钉、铝及其合金铆钉；按铆钉的形状可分为平头、半圆头、沉头、半圆沉头、管状空心、皮带铆钉等。常用铆钉的形状及应用见表 5-3。

表 5-3　常用铆钉的形状及应用

名称	形状	应用
平头铆钉		铆接方便，应用广泛，常用于一般无特殊要求的铆接中，如铁皮箱盒、防护罩壳及其他结合件中

续表

名称	形状	应用
半圆头铆钉	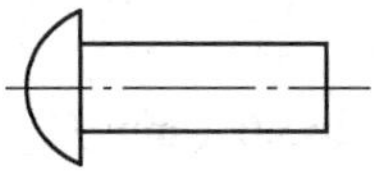	应用广泛，如钢结构的屋架、桥梁和车辆、起重机等
沉头铆钉	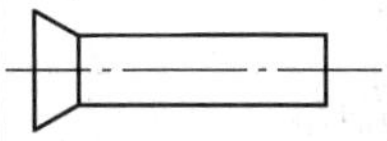	应用于框架等制品中表面要求平整的地方，如铁皮箱柜的门窗以及某些手用工具等
半圆沉头铆钉	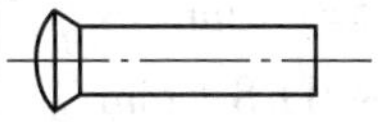	用于有防滑要求的地方，如脚踏板和走路梯板等
管状空心铆钉	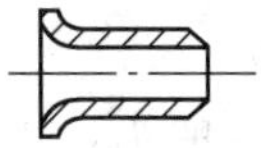	用于在铆接处有孔要求的地方，如电气部件的铆接等
皮带铆钉	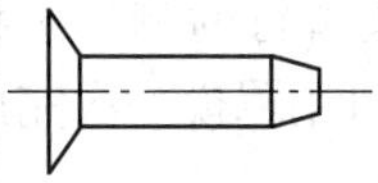	用于铆接机床制动带，以及铆接毛毡、橡胶、皮革材料的制件

由于铆钉生产已经标准化，所以铆钉标记时，一般要标出公称直径、公称长度和国家标准号。如“铆钉 GB 867—1986—5×20”，其含义是：公称直径为 5 mm、公称长度为 20 mm、材料为 ML2、不经表面处理的半圆头铆钉。

4. 铆接工具及铆接形式

（1）铆接工具　手工铆接工具除锤子外，还有压紧冲头、罩模、顶模等，如图 5–18 所示。压紧冲头用于被连接件的铆前压紧，使工件之间及铆钉更好地贴合；罩模用于铆接时镦出完整的铆合头；顶模用于铆接时顶住铆钉头，这样既有利于铆接又不损伤铆钉头。

（2）铆接形式　由于铆接时的构件要求不一样，所以铆接分为搭接、对接、角接等多种形式，如图 5–19 所示。

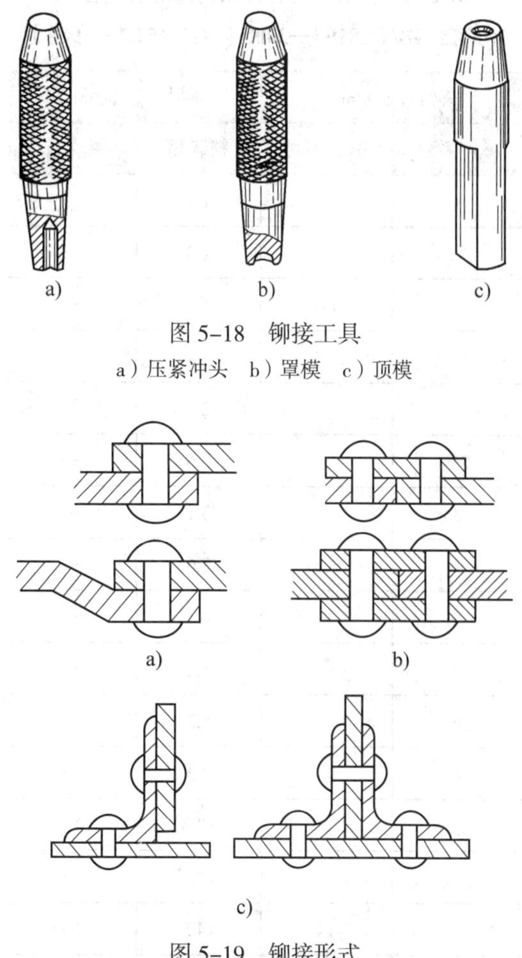

图 5–18　铆接工具

a）压紧冲头　b）罩模　c）顶模

图 5–19　铆接形式

a）搭接　b）对接　c）角接

5. 铆钉杆径、通孔直径及铆钉长度的确定

（1）铆钉杆径 d（公称直径）的确定　铆钉杆径的大小与被连接板的厚度、连接形式以及被连接板的材料等多种因素有关。当被连接板材厚度相同时，铆钉杆径等于板厚的 1.8 倍；当被连接板材厚度不同，搭接连接时，铆钉杆径等于最小板厚的 1.8 倍。铆钉杆径可在计算后按表 5–4 圆整。

（2）通孔直径 d_h 的确定　铆接时，通孔直径的大小，应根据装配要求和铆钉杆径来选择。如孔径过小，铆钉插入困难；孔径过大，则铆合后的工件容易松动。具体数值见表 5–4。

表 5-4　标准铆钉杆径系列及通孔直径

（摘自 GB/T 18194—2000 和 GB 152.1—1988）

铆钉杆径 d/mm		通孔直径 d_h/mm	
基本系列	第二系列	精装配	粗装配
1		1.1	—
1.2		1.3	—
	1.4	1.5	—
1.6		1.7	—
2		2.1	—
2.5		2.6	—
3		3.1	—
	3.5	3.6	—
4		4.1	—
5		5.2	—
6		6.2	—
8		8.2	—
10		10.3	11
12		12.4	13
	14	14.5	15
16		16.5	17
	18	—	19
20		—	21.5
	22	—	23.5
24		—	25.5
	27	—	28.5
30		—	32

（3）铆钉长度的确定　铆接时铆钉所需长度，除被铆接件的总厚度外，还要为铆合头留出足够的长度。因此，半圆头铆钉铆合头所需长度应为圆整后铆钉杆径的 1.25 ~ 1.5 倍；沉头铆钉铆合头所需长度应为圆整后铆钉杆径的 0.8 ~ 1.2 倍。

例 5-3　用沉头铆钉搭接连接厚度为 2 mm 和 5 mm 的两块钢板，如何选择铆钉杆径、长度及通孔直径？

解：铆钉杆径为：

$$d=1.8t=1.8\times 2=3.6\ (\text{mm})$$

按表 5-4 圆整后，取 d=4 mm。

铆钉长度 l 为铆合头长度 l_h 与铆接件的总厚度 l_t 之和，即

$$l=l_h+l_t$$

$$l_h=(0.8\sim 1.2)\times d=(0.8\sim 1.2)\times 4=3.2\sim 4.8\ (\text{mm})$$

$$l_t=2+5=7\ (\text{mm})$$

$$l=10.2\sim 11.8\ (\text{mm})$$

根据选取的铆钉杆径，查表 5-4 得通孔直径为 4.1 mm。

6. 铆接方法

冷铆时的操作步骤一般为：工件压紧—铆钉镦粗—铆合头初步成型—铆合头修整。图 5-20 所示为半圆头铆钉的铆接过程。热铆时，在工件压紧后可用罩模一次完成。

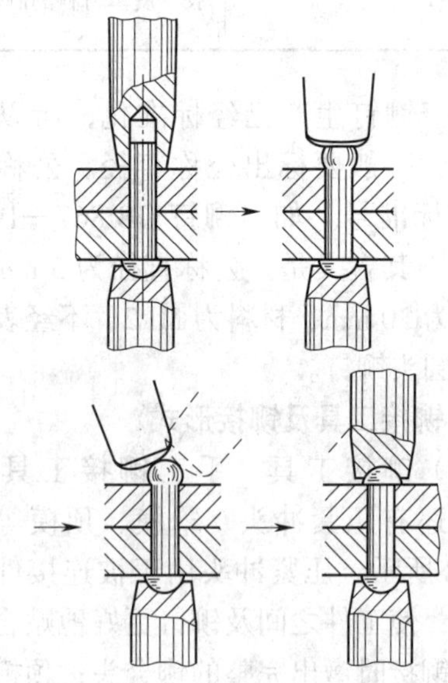

图 5-20　半圆头铆钉的铆接过程

二、粘接

粘接是借助粘接剂形成的连接。粘接工艺操作方便、连接可靠，适应性广，在各种机械设备修复过程中取得了良好的效果。目

前，在设备制造和修理中，已逐渐采用粘接技术，实现以粘代铆、以粘代机械紧固，并可解决过去某些连接方式所不能解决的问题，简化复杂的机械结构和装配工艺。

粘接剂按照使用的材料来分，可分为无机粘接剂和有机粘接剂两大类。

1. 无机粘接剂及其应用

无机粘接剂主要是由磷酸溶液和氧化物组成的，工业上大都采用磷酸和氧化铜，也可加入一些辅助填料，以得到所需要的性能。

无机粘接剂有粉状、薄膜、糊状、液体等几种形态，以液体形态使用最多。无机粘接剂操作方便、成本低，但强度低、脆性大、适用范围小。无机粘接剂在量具和刃具制造、设备修理、模具制造和定位件的固定上得到越来越广泛的应用。

2. 有机粘接剂及其应用

有机粘接剂通常由几种原料组合而成，它是以合成树脂为基体，再添加增塑剂、固化剂、稀释剂、填料、促进剂等配制而成。一般有机粘接剂由使用者根据实际需要配制，但有些品种已有专门生产厂家供应。

有机粘接剂的品种很多，下面介绍两种最常用的粘接剂。

（1）环氧粘接剂　凡含有环氧基团的高分子聚合物的粘接剂，统称为环氧粘接剂或环氧树脂。由于它具有粘接力强、固化收缩小、耐腐蚀、绝缘性好及使用方便等优点，因而得到广泛应用。其缺点是耐热性差、脆性大，使用时如添加适当的增韧剂即能达到较好的粘接效果。

如图 5–21 所示，当车床尾座底板磨损后，为了修复其精度，可粘接塑料板。在粘接前用砂布仔细打光结合面，并擦净粉末，并对被粘接表面进行清洗：先用丙酮溶剂清洗，经碱液在一定温度下处理 20 ~ 30 min 后，再用丙酮润湿。待其风干挥发后，将已配好的环氧粘接剂涂在被连接表面，涂层宜薄，为 0.1 ~ 0.15 mm，然后将两被粘接件压在一起。为了保证胶层固化完好，必须有足够的粘接时间。

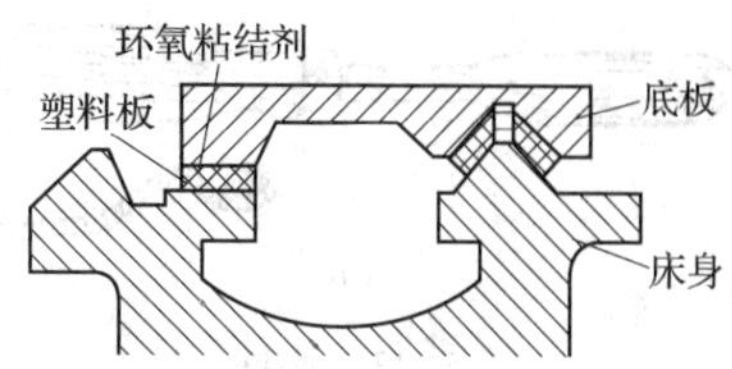

图 5–21　车床尾座板的粘接

（2）聚丙烯酸酯粘接剂　该粘接剂常用的牌号有 501、502。此类粘接剂的特点是没有溶剂，可在室温下固化，并呈一定的透明状，但因固化速度较快，所以不适于大面积粘接。

工厂提示

使用无机粘接剂必须选择好接头的结构形式，尽量使用套接，避免平面对接和搭接。接合处的表面尽量粗糙，可滚花、铣浅槽或车出浅螺纹，以提高粘接强度。粘接前，还应进行粘接面的除锈、脱脂和清洗操作。粘接后的工件须经适当的干燥硬化才能使用。

三、锡焊

锡焊是一种常用的连接方法，如图 5–22 所示。

锡焊时，工件材料并不熔化，只是将焊锡熔化而把工件连接起来。锡焊的优点是传递热量少，被焊工件不产生热变形，焊接工具简单，操作方便。锡焊常用于强度要求不高或密封性要求较好的连接。

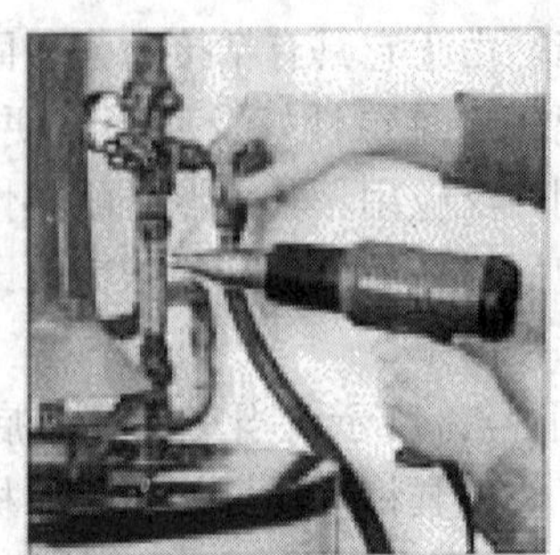

图 5–22　锡焊

1. 锡焊工具

锡焊常用的工具有烙铁、烘炉和喷灯等。烙铁有电烙铁和非电加热烙铁（简称烙铁）两种，如图 5–23 所示。

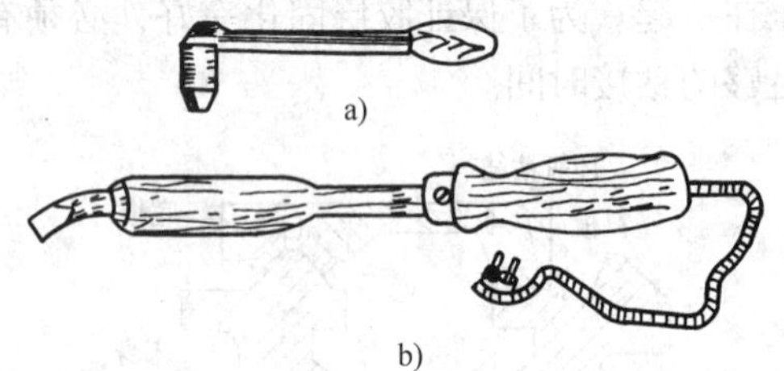

图 5–23　烙铁
a）烙铁　b）电烙铁

2. 焊料与焊剂

锡焊用的焊料称为焊锡，焊锡是一种锡铅合金，熔点一般在 180 ~ 300℃之间。

焊剂又称焊药。焊剂的作用是消除焊缝处的金属氧化膜，提高焊锡的流动性，增加焊接强度。

锡焊常用的焊剂及应用见表 5–5。

表 5–5　锡焊常用的焊剂及应用

焊剂名称	应用
稀盐酸	用于锌板或镀锌钢板的焊接
氯化锌溶液	一般锡焊均可以使用
焊膏	用于小工件焊接和电线接头等
松香	主要用于黄铜、纯铜等

3. 锡焊工艺

（1）用锉刀、锯条片或砂纸清除焊接处的油污和锈蚀。

（2）按焊接工件的大小选择不同功率的烙铁，接通电源或用火加热烙铁。烙铁首先加热到 250 ~ 550℃（切忌温度过高），然后在氯化锌溶液中浸一下，再蘸上一层焊锡。用木片或毛刷在工件焊接处涂上焊剂。

（3）将烙铁放在焊缝处，稍停片刻，使工件表面受热，然后均匀缓慢地移动，使焊锡填满焊缝。

（4）用锉刀清除焊接后残余焊锡，并用热水清洗焊剂，然后擦净烘干。

复习思考题

1. 什么叫弯形？什么样的材料才能进行弯形？弯形后内、外层材料发生什么变化？

2. 什么叫中性层？弯形时中性层的位置与哪些因素有关？

3. 求图 5–24 所示弯形工件毛坯长度。其中，a=100 mm，b=120 mm，c=200 mm，r=5 mm，t=5 mm。

4. 将 ϕ6 mm 圆钢弯成外径为 48 mm 的圆环，求圆钢的下料长度。

5. 什么叫矫正？矫正的实质是什么？

6. 常用的矫正方法有哪几种？各用在什么场合？

7. 什么叫铆接？按使用要求不同铆接分哪几种？按铆接方法不同铆接又分为哪几种？

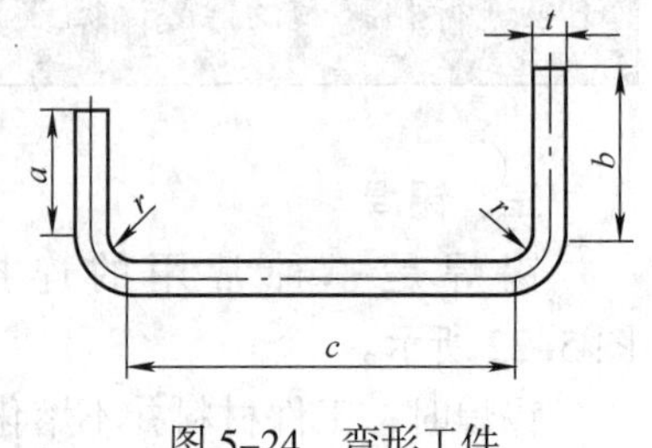

图 5–24　弯形工件

8. 用半圆头铆钉搭接厚度为 8 mm 和 2 mm 的两块钢板，选择铆钉直径和长度。

9. 何为粘接？简述粘接在机械维修中广泛应用的原因。

10. 何为环氧粘接剂？它有何特点？

11. 简述环氧粘接剂的使用操作方法。

12. 锡焊有何优点？常用于什么场合？

第六章

装配与维修基础知识

§6-1 常用电动工具及起重设备

一、手电钻

手电钻是一种便携式电动工具，如图6-1所示。在机械装配与维修中，当受工件形状或加工部位的限制不能用钻床钻孔时，可使用手电钻加工。

手电钻的电源电压分单相（220 V）和三相（380 V）两种。其规格用最大钻孔直径来表示，常用的有 ϕ6 mm、ϕ13 mm 等几种，在使用时可根据不同情况进行选择。

手电钻使用时必须注意以下几点：

（1）连接电源时，应检查电源与手电钻的额定电压是否相符，漏电保护是否安全可靠。

（2）使用前，应先开机空运转，检查传动部分是否正常；如有异常，应排除故障后再使用。

（3）三相电源手电钻试转时，应观察主轴的旋转方向是否正确。

（4）钻孔时，所用钻头必须锋利；把持手电钻要稳固，不宜用力过猛。当孔将钻穿时须相应减小压力，以防“扎刀”发生事故。

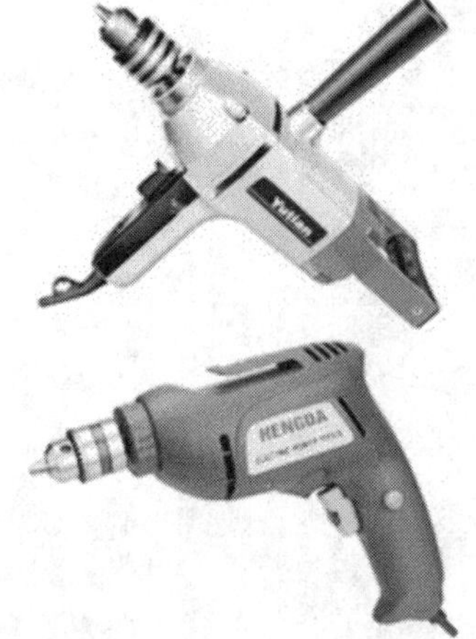

图6-1 手电钻

二、电磨头

电磨头属于高速磨削工具，如图6-2所示。通过更换不同的磨具，可对零件的局部进行修理、修磨、抛光、切割及除锈，在机械装配与维修、模具制造等方面应用较为广泛。

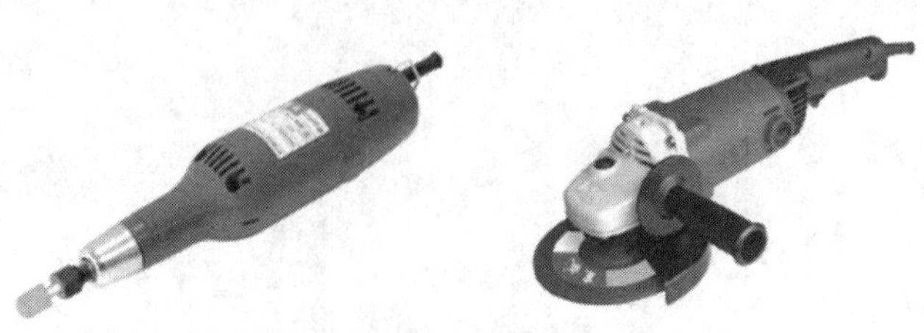

图6-2 电磨头

电磨头使用时必须注意以下几点：

（1）使用前应开机空运转 2 ~ 3 min，检查旋转声音是否正常；若有异常，则应排除故障后再使用。

（2）新装砂轮应修整后使用，否则所产生的离心力会造成严重振动，影响加工精度。

（3）砂轮外径不得超过电磨头铭牌上规定的尺寸，工作时砂轮与工件的接触力不宜过大，更不能用砂轮冲击工件，以防砂轮爆裂，造成事故。

三、电剪刀

电剪刀俗称铁皮剪，如图 6–3 所示。它使用灵活、携带方便，能用来剪切各种几何形状的金属板材。用电剪刀剪切后的板材，具有板面平整、变形小、质量好等优点。因此，它是单件、小批量薄板类零件落料加工的主要工具之一。

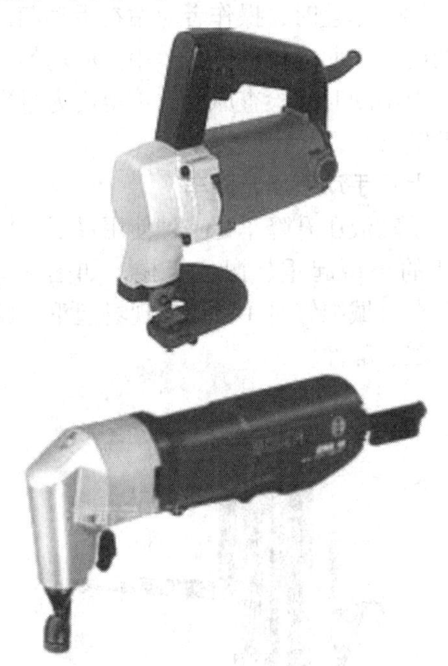

图 6–3　电剪刀

使用电剪刀时必须注意以下几点：

（1）使用前应确定电源完好无损，电源插头插实后方可正常使用，且必须配带钢丝手套。

（2）开机前应检查整机各部分螺钉是否紧固，然后开机空运转，待运转正常后，方可使用。

（3）剪切时，两刀刃的间距需根据所剪板材厚度进行调整。当剪切较厚板材时，间距应调整为 0.2 ~ 0.3 mm；剪切较薄板材时，间距应调整为 0.2 δ（δ 为板材厚度）；当剪切小半径时，须将两刀刃间距调整为 0.3 ~ 0.4 mm。

四、电动扳手

电动扳手是以电动机为动力，通过传动机构驱动工作头的一种螺钉、螺母装拆工具，如图 6–4 所示。常用的有电动冲击扳手、定扭矩电动扳手等。它具有操作方便、省时省力、效率高等优点，广泛应用于装配生产线等场合。

图 6–4　电动扳手

使用电动扳手时应注意以下几点：

（1）现场所接电源与电动扳手铭牌是否相符，是否接有漏电保护器。

（2）根据螺钉、螺母规格选择匹配的套筒，并妥善安装。

（3）尽可能在使用时找好反向力矩支靠点，以防反作用力伤人。

（4）使用时发现电动机碳火花异常时，应立即停止工作，进行检查处理，排除故障。此外碳刷必须保持清洁干净。

五、千斤顶

千斤顶是一种小型起重工具，如图 6–5 所示，主要用来起重工件或重物。机修钳工常用来拆卸和装配过盈配合的零件，如锻压设备的滑动轴承等。它具有体积小、操作简单、使用方便等优点。

图 6–5 千斤顶

使用千斤顶时应注意以下几点：

（1）千斤顶应垂直安放在重物下面。

（2）合用多个千斤顶升降重物时，要有人统一指挥，尽量保持各个千斤顶的升降速度和高度一致，以免重物发生倾斜。

（3）千斤顶加垫的木板或铁板等表面不能有油污，以防受力时打滑。

（4）起重较重的工件时，应在重物下面随起随垫枕木，以防意外。

（5）重物不得超过千斤顶的额定载荷。

六、手动葫芦

手动葫芦是一种使用方便、操作简单的手动起重工具，如图 6–6 所示，一般用于机械的垂直起吊或中、小型设备的水平拉动。

使用手动葫芦时应遵守下列规程：

（1）使用前严格检查手动葫芦的吊钩、链条，不得有裂纹，棘爪弹簧应保证制动可靠。

图 6–6 手动葫芦

（2）使用时，吊钩一定要挂牢，起重链条一定要理顺，链环不得错扭，以免使用时卡住链条。

（3）起重时，操作者应站在手动葫芦链轮的同一平面内拉动链条，用力应均匀、平缓。拉不动时应检查原因，不得用力过猛或抖动链条。

七、手动液压升降车

手动液压升降车是一种使用灵活、操作方便的小型起重、搬运机械，如图 6–7 所示。在机械维修时，常用来现场起重、搬运设备零、部件。

图 6–7 手动液压升降车

使用手动液压升降车时应注意以下几点：

（1）多人一同作业时，应听从统一指挥。

（2）起重时，应先将脚轮止动，并固定好装拆的零、部件。

（3）移动时应保持缓慢平稳。

八、单梁桥式起重机

单梁桥式起重机是一种轻小型有轨起重设备，一般起重量为 1 ~ 16 t。如图 6–8 所示，它由横梁、小车和电动葫芦等组成，具有体积小、质量轻、使用方便等优点。单梁桥式起重机通常安装于生产车间，机修钳工在设备安装和维修中经常使用。

使用单梁桥式起重机时应注意以下几点：

（1）使用前，应试车检查各控制系统是否灵敏、安全可靠。

（2）电动葫芦的限位器是防止吊钩上升或下降超过极限位置的安全装置，不能当作行程开关使用。

（3）不准倾斜起吊或拖拉重物。

（4）吊运重物时，操作人员与工件应保持 1 m 以上的距离。吊运前方应无人、无障碍。操作人员跟车行走时，应注意防止绊倒。

（5）严禁超载起重重物和长时间将重物吊在空中。

图 6–8 单梁桥式起重机

安全生产

设备拆卸修复和装配过程中，经常使用起重设备和吊装工具。常用的起重设备有：桥式吊车、电动葫芦等。常用的吊装工具有：手动葫芦、钢丝绳、链条、吊钩以及专用的吊装工具等。使用过程中，必须按照有关起重设备和吊具使用的安全操作规程进行操作，并遵守以下安全措施：

（1）工作前要明确分工，统一信号，准备好吊装工具、起重设备等工作，必须确定专人负责指挥。

（2）起吊零、部件，不准用铁丝、麻绳和 V 带做起吊工具，不准用一根钢丝绳代替两根用，钢丝绳严禁超负荷使用。

（3）起吊时吊钩要垂直于重心，绳与地面垂直线的夹角一般不超过 45°。

（4）零、部件起吊稍离地面时要暂停起吊，检查起重设备、起吊工具和绳索是否牢固可靠，零、部件是否平稳，棱角处要加软垫，确保无误后方可继续起吊。吊件上、下严禁站人。

§6-2 装配工艺概述

一、装配的概念

机械产品一般由许多零件和部件组成。零件是构成机器或产品的最小单元，由两个或两个以上的零件组合成机器的一部分称为部件。按规定的技术要求，将零件或部件进行配合和连接，使之成为半成品或成品的工艺过程称为装配。

在装配过程中，最先进入装配的零件或部件称为装配基准件。可以独立进行装配的部件称为装配单元。

装配是机械制造过程的最后阶段，在机械产品制造过程中占有非常重要的地位，装配工作的好坏，对产品质量起着决定性作用。

二、装配工艺过程

工艺过程是指改变生产对象的形状、尺寸、相对位置或性质等，使其成为成品或半成品的过程。产品的装配工艺过程包括以下4个阶段：

1. 装配前的准备

（1）熟悉产品的装配图、工艺文件和技术要求，了解产品的结构、零件的作用以及相互连接关系。

（2）确定装配方法、顺序和准备所需要的工具。

（3）对将要进入装配的零件进行清理和清洗，去除零件上的毛刺、铁锈及油污。

（4）对有些零件还需要进行刮削等修配工作，对有特殊要求的零件还要进行平衡试验、密封性试验等。

2. 装配工作

装配工作是装配工艺过程中的主要阶段，分为部件装配和总装配。

（1）部件装配　把零件装配成部件的过程称为部件装配。

（2）总装配　把零件和部件装配成最终产品的过程称为总装配。

3. 调整、精度检验和试车

（1）调整　调节零件或机构的相互位置、配合间隙、结合面松紧等，使各零、部件之间达到规定的设计要求。

（2）精度检验　精度检验是指机构或机器的几何精度检验和工作精度检验等。几何精度是指机器静态时的精度，工作精度一般指机器工作状态下的精度。

（3）试车　试车是指设备装配后，按设计要求进行的运转试验，其目的是检验机器运转的灵活性、振动、工作温升、噪声、转速、功率等性能是否符合要求。

4. 喷漆、油封、装箱

喷漆是为了防止非加工面锈蚀，并使机器的外表更加美观；油封是为了防止工件的配合面及零件的已加工面锈蚀；装箱是为了便于运输和存储。

三、装配的组织形式

装配的组织形式随着生产类型、产品复杂程度和技术要求的不同而不同，一般分为固定式装配和移动式装配两种。

1. 固定式装配

固定式装配是将产品或部件的全部装配工作安排在一个固定的工作地点进行。在装配过程中，产品的位置不变，装配所需的零件和部件都汇集在工作场地附近。固定式装配主要应用于单件生产或小批量生产。

2. 移动式装配

移动式装配是指工作对象（部件或组件）在装配过程中，有顺序地由一个工人转移到另一个工人，即所谓“流水装配法”。移动装配时，常利用传送带、滚道或地面传输线运送装配对象。每一工作地点由一个工人或一组工人重复地完成固定的工作内容，技术熟练，并且广泛地使用专用设备、专用工具和采用互换性原则，因而装配质量好，生产率高，生产成本低，适用于大批量生产，如汽车、拖拉机的装配。

四、装配工艺规程

1. 装配工艺规程及作用

装配工艺规程是指导装配施工的主要技术文件之一。它规定产品及部件的装配顺序、装配方法、装配技术要求、检验方法及装配时所需的设备、工具、时间定额等，是提高产品质量和效率的必要措施，也是组织生产的重要依据。

2. 编制装配工艺规程的方法和步骤

（1）对产品进行分析　研究产品装配图、装配技术要求及相关资料，了解产品的结构特点和工作性能，确定装配方法和装配的组织形式。

（2）确定装配顺序　通过工艺性分析，将产品分解成若干个可以独立装配的组件和分组件，即装配单元。

产品的装配总是从装配基准件（基准零件或基准部件）开始。因此，根据装配单元确定装配顺序时，应首先确定装配基准件。然后根据装配结构的具体情况，按照“先下后上，先内后外，先难后易，先精密后一般，先重大后轻小”的原则，同时安排必要的检验工序并确定装配顺序。图 6–9 所示为某圆锥齿轮轴组件的装配图。经分析，装配基准件为锥齿轮轴，其装配顺序如图 6–10 所示。

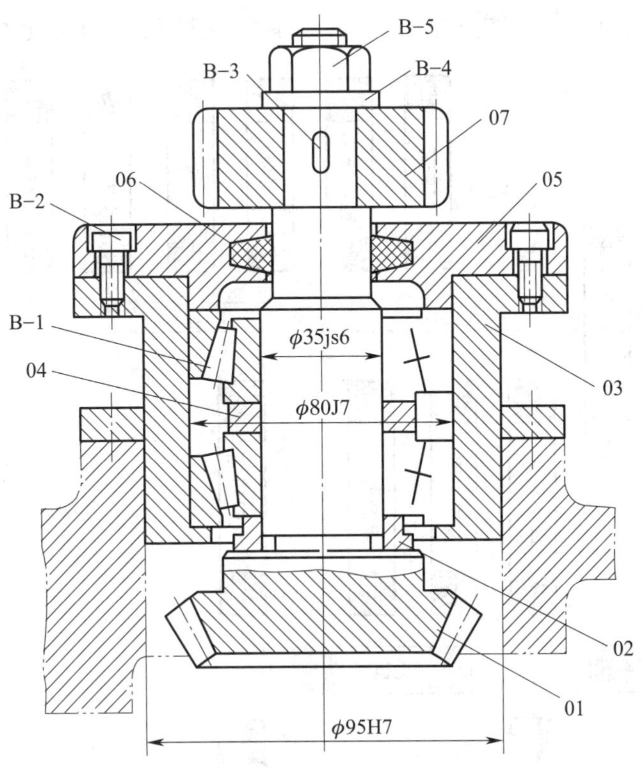

图 6–9　锥齿轮轴组件的装配图

01—锥齿轮轴　02—衬垫　03—轴承套　04—隔圈　05—轴承盖　06—毛毡圈　07—圆柱齿轮　B–1—轴承　B–2—螺钉　B–3—键　B–4—垫圈　B–5—螺母

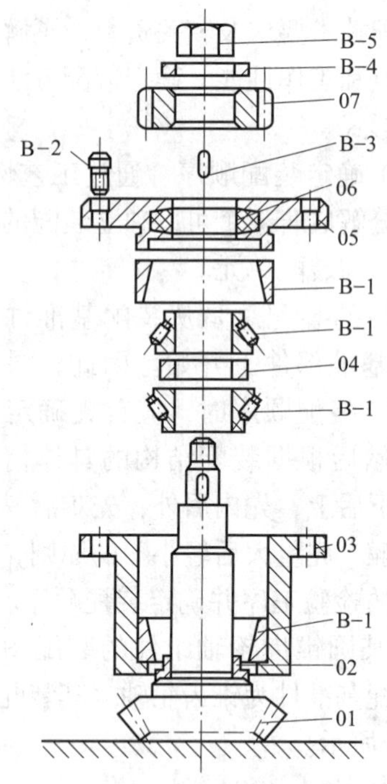

图 6-10　锥齿轮轴组件的装配顺序

（3）绘制装配单元系统图　装配单元系统图是指表示产品装配单元的划分及其装配顺序的示意图。

装配单元系统图的绘制方法：

1）先画一横线，在横线左端画出代表基准件的长方格，在横线的右端画出代表产品的长方格。

2）按装配顺序从左向右将代表直接装到产品上的零件或组件的长方格从横线引出，零件画在横线上面，组件画在横线下面。

3）用同样方法可把每一组件及分组件的系统图展开画出。

图 6-11 所示为锥齿轮轴组件的装配单元系统图。

由此可见，装配单元系统图表明了产品零、部件间的相互装配关系及装配流程，可

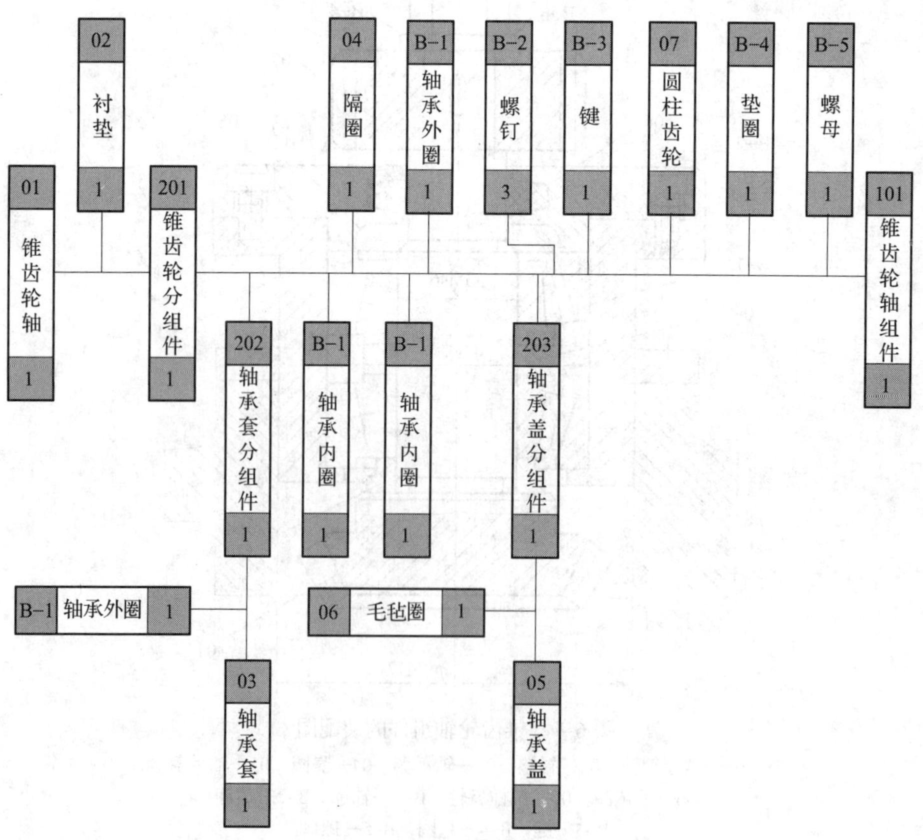

图 6-11　锥齿轮轴组件的装配单元系统图

以用来指导和组织装配工艺过程。

（4）划分装配工序和装配工步　根据装配单元系统图，将装配工作划分成装配工序和装配工步。由一个工人或一组工人在不更换设备或地点的情况下完成的装配工作称为装配工序。用同一工具，不改变工作方法，并在固定的位置上连续完成的装配工作称为装配工步。

装配工作一般由若干个装配工序组成，一个装配工序可包括一个或几个装配工步。如锥齿轮轴组件装配就由 4 个工序组成。

（5）编写装配工艺文件　主要是编写装配工艺卡片，它包含着完成装配工艺过程所必需的一切资料。单件或小批量生产不需要制定工艺卡片，工人按装配图和装配单元系统图进行装配。成批生产应根据装配单元系统图分别制定总装和部装的装配工艺卡片。表 6–1 为锥齿轮轴组件装配工艺卡片，它简要说明了每一工序的工作内容，所需设备和工夹具、工人技术等级、时间定额等。大批量生产则需一序一卡。

表 6–1　　锥齿轮轴组件装配工艺卡

<table>
<tr><td colspan="4" rowspan="2">（锥齿轮轴组件装配图）</td><td colspan="5">装配技术要求</td></tr>
<tr><td colspan="5">（1）组装时，各装入零件应符合图样要求
（2）组装后圆锥齿轮应转动灵活，无轴向窜动</td></tr>
<tr><td colspan="2" rowspan="2">厂名</td><td colspan="2" rowspan="2">装配工艺卡</td><td>产品型号</td><td colspan="2">部件名称</td><td colspan="2">装配图号</td></tr>
<tr><td></td><td colspan="2">轴承套</td><td colspan="2"></td></tr>
<tr><td colspan="2">车间名称</td><td>工段</td><td>班组</td><td>工序数量</td><td colspan="2">部件数</td><td colspan="2">净重</td></tr>
<tr><td colspan="2">装配车间</td><td></td><td></td><td>4</td><td colspan="2">1</td><td colspan="2"></td></tr>
<tr><td rowspan="2">工序号</td><td rowspan="2">工步号</td><td colspan="2" rowspan="2">装配内容</td><td rowspan="2">设备</td><td colspan="2">工艺装备</td><td rowspan="2">工人等级</td><td rowspan="2">工序时间</td></tr>
<tr><td>名称</td><td>编号</td></tr>
<tr><td>Ⅰ</td><td>
1</td><td colspan="2">分组件装配：圆锥齿轮与衬垫的装配
以锥齿轮轴为基准，将衬垫套装在轴上</td><td></td><td></td><td></td><td></td><td></td></tr>
<tr><td>Ⅱ</td><td>
1</td><td colspan="2">分组件装配：轴承盖与毛毡的装配
将已剪好的毛毡塞入轴承盖槽内</td><td></td><td></td><td></td><td></td><td></td></tr>
<tr><td>Ⅲ</td><td>
1
2
3</td><td colspan="2">分组件装配：轴承套与轴承外圈的装配
用专用量具分别检查轴承套孔及轴承外圈尺寸
在配合面上涂上机油
以轴承套为基准，将轴承外圈压入孔内至底面</td><td>压力机</td><td>塞规
卡规</td><td></td><td></td><td></td></tr>
<tr><td>Ⅳ</td><td>
1
2
3
4
5

6
7</td><td colspan="2">锥齿轮轴组件装配：
以圆锥齿轮组件为基准，将轴承套分组件套装轴上
在配合面上加油，将轴承内圈压装在轴上并紧贴衬垫
套上隔圈，将另一轴承内圈压装在轴上，直至与隔圈接触
将另一轴承外圈涂上油，压至轴承套内
装入轴承盖分组件，调整端面的高度，使轴承间隙符合要求后，拧紧 3 个螺钉
安装平键，套装齿轮、垫圈，拧紧螺母，注意配合面加油
检查锥齿轮转动的灵活性及轴向窜动</td><td>压力机</td><td></td><td></td><td></td><td></td></tr>
</table>

									共　张
编号	日期	签章	编号	日期	签章	编制	移交	批准	第　张

§6-3 装配前的准备工作

一、装配前零件的清理和清洗

在装配过程中，零件的清理和清洗工作对提高装配质量、延长产品使用寿命具有重要的意义，特别是对于轴承、精密配合件、液压元件、密封件以及有特殊清洗要求的零件更为重要。

1. 零件的清理

装配前要清除零件上的型砂、铁锈、切屑、研磨剂、油污等；清理时，要避免划伤重要的配合表面；清理后，箱体零件内壁的不加工表面要涂上浅色油漆。

2. 零件的清洗

（1）清洗方法　单件小批量生产中，零件可在清洗槽中手工清洗；成批或大批量生产中，常用清洗机清洗零件。在清洗方法上，可以采用气体清洗、浸酯清洗、喷淋清洗、超声波清洗等。

（2）清洗剂　常用的清洗剂有汽油、煤油、柴油和化学清洗液等。

工业汽油适用于清洗较精密的零件，航空汽油适用于清洗质量要求更高的零件，使用汽油清洗时要注意防火。

煤油、柴油清洗力不及汽油，清洗后干燥较慢，但比汽油安全。

化学清洗液含有表面活性剂，对油脂、水溶性污垢具有良好的清洗能力，且配制简单，稳定耐用，无毒，不易燃，使用安全，以水代油，节约能源，常用于清洗钢件上以油为主的油垢和机械杂质。

工厂提示

（1）严禁用汽油清洗橡胶制品（如密封圈等），以防发胀变形，应使用酒精或化学清洗剂清洗。

（2）滚动轴承不能使用棉纱清洗，已加注润滑脂的密封滚动轴承不需要清洗。

（3）清洗后的零件，应等零件上油滴干后再进行装配。清洗后暂不装配的零件应妥善保管，防止脏物和灰尘再次污染。

（4）零件的清洗工作，可分为一次清洗和二次清洗，零件在第一次清洗后，应检查有无碰损和划伤，待进行修整后再进行二次清洗。

二、零件的密封性试验

对于某些有承受工作压力要求的零、部件，如机床的气动元件、液压元件及压力容器等，在装配前应进行气密性试验和渗漏试验。

1. 气密性试验

气密性试验是指在规定压力下，观测产品或其零、部件气密性程度的试验。如图 6-12 所示，试验前，将试件各孔全部封闭，然后浸入水中，并向试件内部通入压缩空气至压力要求，若水中无气泡冒出说明试件气密性达到了设计要求。对于大型试件，可通过观察压力表的压力有无回落来判断试件是否符合设计要求。

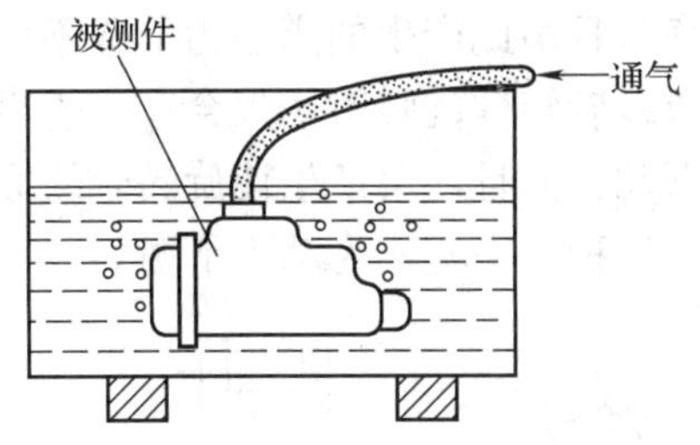

图 6–12　气密性试验

2. 渗漏试验

渗漏试验是指在规定压力下，观测产品或其零、部件对试验液体的渗漏情况。对于容积较小的零件，可采用手动泵进行渗漏试验，图 6–13 所示为三位五通换向阀阀体的渗漏试验。试验前，按要求装好两端的密封圈和端盖，封闭其他孔口，加压至规定的试验压力后，仔细观察试件各部位是否有渗透、泄漏等现象，以此来判断试件是否符合设计要求。

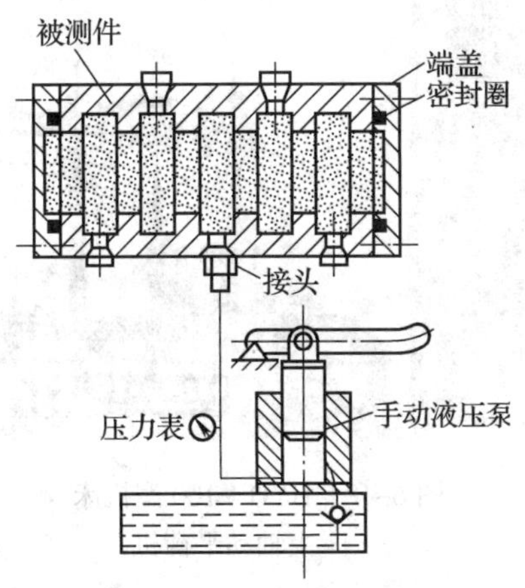

图 6–13　渗漏试验

三、旋转件的平衡

机器中的旋转件（如带轮、飞轮、叶轮及各种转子等），由于材料密度不匀、本身形状对旋转中心不对称、加工或装配产生误差等原因，造成重心与旋转中心发生偏移，旋转时，因有不平衡量而产生离心力，使旋转中心无法固定，引起机械振动，从而使机器工作精度降低，零件寿命缩短，噪声增大，甚至发生破坏性事故。

旋转件的不平衡形式有静不平衡和动不平衡两种。

1. 静不平衡

图 6–14 所示为旋转件在径向各截面上有不平衡量，由此产生的离心力的合力通过旋转件重心，不会引起使旋转轴线倾斜的力矩，这种不平衡称为静不平衡。其特点是：静止时，不平衡量自然地处于铅垂线的下方；旋转时，不平衡离心力只产生垂直于旋转轴线方向的振动。

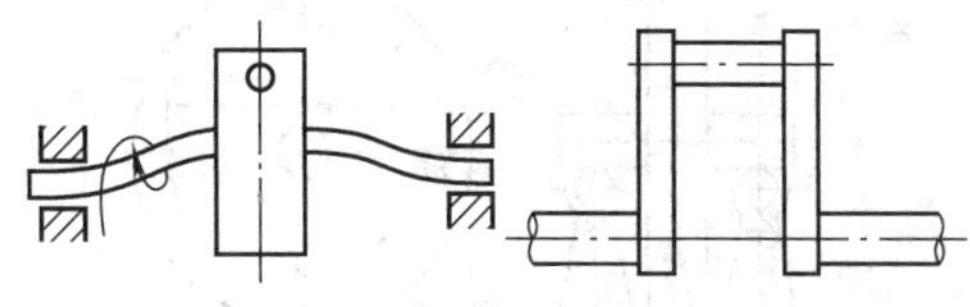
图 6–14　零件的静不平衡

（1）静平衡试验　调整产品或零、部件使其达到静态平衡的过程称为静平衡试验。其方法是先确定旋转件上不平衡量的大小和位置，然后去除或抵消不平衡量对旋转的不良影响。静平衡试验的步骤如下：

1）将待平衡的旋转件装上心轴后，放在平衡支架上。平衡支架应采用圆柱形或棱形，如图 6–15 所示。支承面应坚硬、光滑，并有较高直线度、平行度，准确调至水平，以使旋转件在其上滚动时有较高的灵敏度。

a)
b)
图 6–15　静平衡装置
a）圆柱形平衡支架　b）棱形平衡支架

2）用手轻推旋转件使其缓慢转动，待其自动静止后在旋转件的下方做标记，重复转动若干次，如所做标记位置不变，则为不平衡量方向。

3）在与标记相对称部位粘上一质量为 m 的橡皮泥，使 m 对旋转中心产生力矩，恰好等于不平衡量 G 对旋转中心产生的力矩，即 $mr=Gl$，如图 6–16 所示，此时，旋转件获得静平衡。

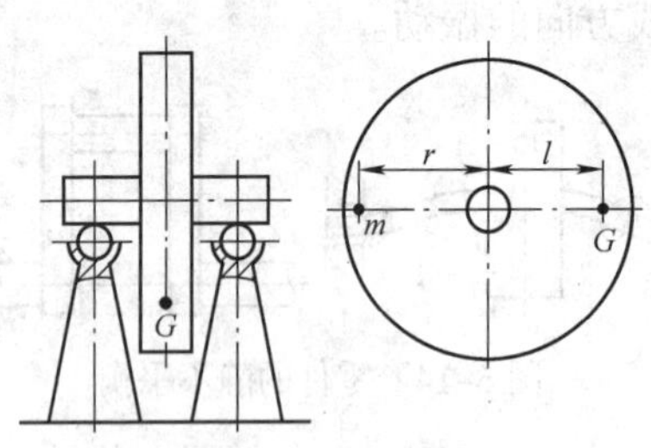

图 6–16　静平衡法

4）去掉橡皮泥，在其所在部位加上质量相当于 m 的重块，或在不平衡量处（与 m 相对直径上 l 处）去除一定质量（m）。待旋转件可在任何角度均能在支架上停留时，静平衡即告结束。

（2）静平衡的应用　静平衡只能平衡旋转件重心的不平衡，无法消除不平衡力矩。因此，静平衡只适于“长径比”较小（如盘类旋转件）或长径比虽然大但转速不太高的旋转件。

2. 动不平衡

图 6–17 所示为旋转件在径向截面上有不平衡量且由此产生的离心力形成不平衡力矩，所以旋转件旋转时不仅会产生垂直于轴线的振动，而且还会产生使旋转轴线倾斜的振动，这种不平衡称为动不平衡。

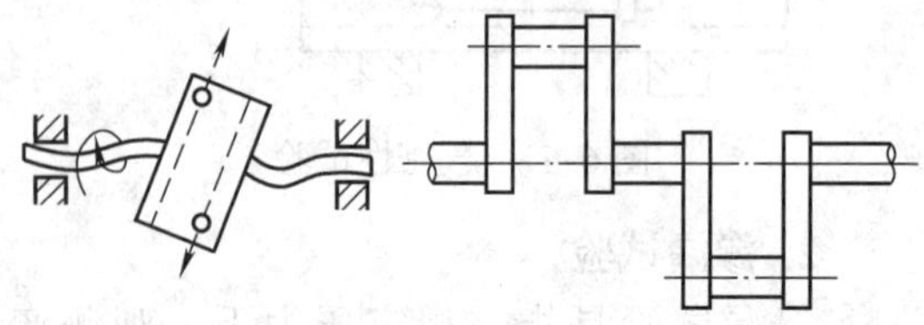
图 6–17　零件的动不平衡

对旋转的零、部件，在动平衡试验机上进行试验和调整，使其达到动态平衡的过程称为动平衡试验。对于长径比较大或转速较高的旋转件，必须进行动平衡试验。图 6–18 所示为 HYQ—100 型机床主轴动平衡机。

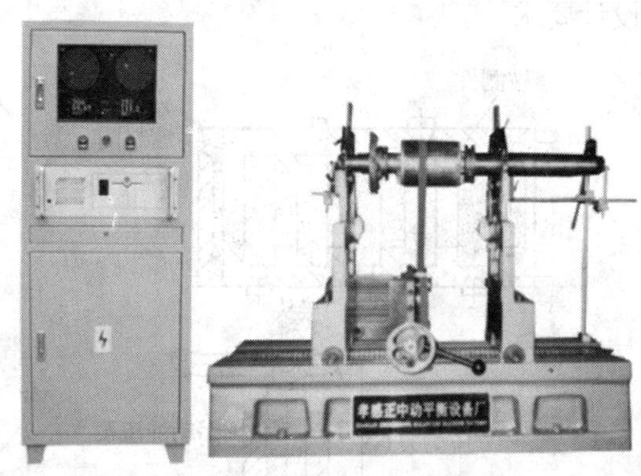
图 6–18　HYQ—100 型机床主轴动平衡机

§ 6–4　装配尺寸链与装配方法

一、装配尺寸链

1. 装配尺寸链定义

在零件加工或产品装配过程中，为了达到加工精度或装配精度，要涉及各零件的许多有关尺寸。例如，图 6–19a 中齿轮孔与轴配合间隙 A_{Δ} 的大小，与孔径 A_1 及轴径 A_2

的大小有关；图 6–19b 中齿轮端面和机体孔端面配合间隙 B_{Δ} 的大小，与机体孔端面距离尺寸 B_1、齿轮宽度 B_2 及垫圈厚度 B_3 的大小有关；图 6–19c 中机床床鞍和导轨之间配合间隙 C_{Δ} 的大小与尺寸 C_1、C_2 及 C_3 的大小有关。这些尺寸可以组成一个封闭外形，这些互相联系且按一定顺序排列的封闭尺寸组合称为尺寸链。

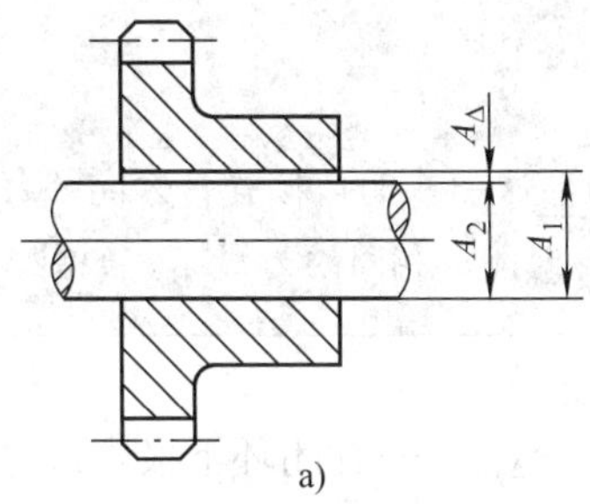

a)

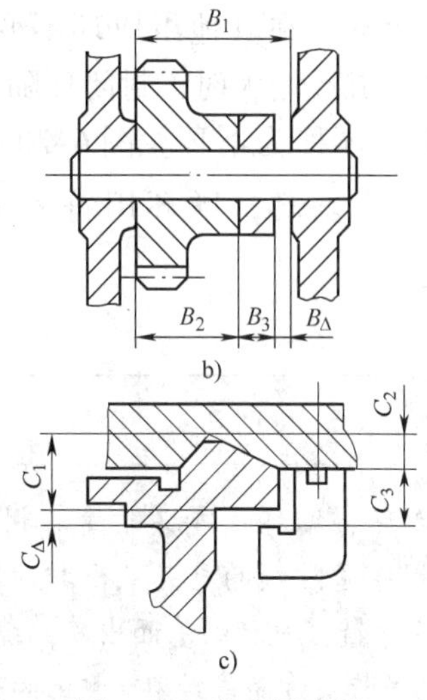

b)

c)

图 6–19　装配尺寸链

由此可知，影响某一装配精度的各有关装配尺寸所组成的尺寸链，就称为装配尺寸链。

小提示

尺寸链有两大特性：

（1）关联性　尺寸链中各尺寸相互联系、相互影响，像链条一样，一环扣一环。

（2）封闭性　有关尺寸首尾相接，呈封闭状态。

2. 装配尺寸链简图

为了简便起见，通常不绘出该装配部分的具体结构，也不必按严格的比例，只要依次绘出各有关尺寸，排列成封闭的外形，这种示意图称为装配尺寸链简图。图 6–19 所示的 3 种情况，其装配尺寸链简图如图 6–20 所示。

3. 装配尺寸链的环

构成尺寸链的每一个尺寸都称为“环”，在每个尺寸链中至少有 3 个环。

（1）封闭环　在零件加工或机器装配过程中，最后自然形成（或间接获得）的尺寸，称为封闭环。一个尺寸链只有一个封闭环，如图 6–20 中的 A_{Δ}、B_{Δ} 和 C_{Δ}。

（2）组成环　尺寸链中除封闭环以外的其余尺寸均称为组成环。同一尺寸链中的组成环，用同一字母表示，如 A_1、A_2，B_1、B_2、B_3，C_1、C_2、C_3 等。

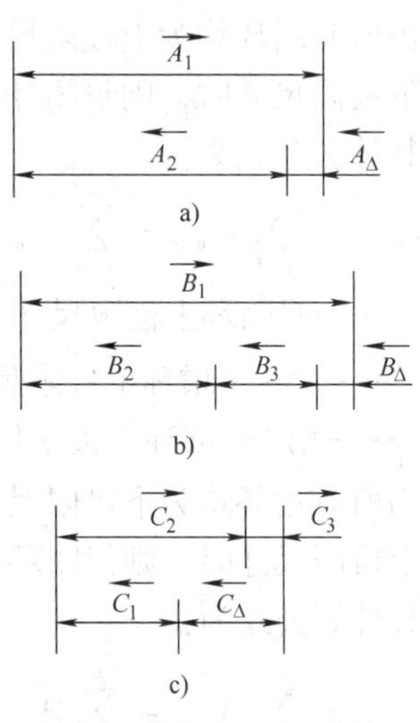

图 6–20　装配尺寸链简图

（3）增环　在其他组成环不变的条件下，当某组成环增大时，封闭环随之增大，那么该组成环称为增环。图 6–20 中的 A_1、B_1、C_2、C_3 为增环，增环用符号 $\overrightarrow{A_1}$、$\overrightarrow{B_1}$、$\overrightarrow{C_2}$、$\overrightarrow{C_3}$ 表示。

（4）减环　在其他组成环不变的条件下，当某组成环增大时，封闭环随之减小，那么该组成环称为减环。图 6–20 中的 A_2、B_2、B_3、C_1 为减环，减环用符号 $\overleftarrow{A_2}$、$\overleftarrow{B_2}$、$\overleftarrow{B_3}$、$\overleftarrow{C_1}$ 表示。

小提示

封闭环、增环、减环的简易判断方法：

封闭环通常指的就是装配技术要求或装配精度。

由尺寸链任一环的基面出发，绕其轮廓转一周，回到这一基面，按旋转方向给每个环标出箭头，凡是箭头方向与封闭环相反的为增环，箭头方向与封闭环相同的为减环，如图 6–20 所示。

4. 封闭环极限尺寸计算

由尺寸链简图中可以看出，封闭环公称尺寸等于所有增环公称尺寸之和减去所有减环公称尺寸之和，即：

$$A_\Delta = \sum_{i=1}^{m} \overrightarrow{A_i} - \sum_{i=1}^{n} \overleftarrow{A_i}$$

式中　A_Δ——封闭环的公称尺寸，mm；

$\overrightarrow{A_i}$——第 i 个增环公称尺寸，mm；

$\overleftarrow{A_i}$——第 i 个减环公称尺寸，mm；

Σ——求和符号；

m——增环数目；

n——减环数目。

（1）当所有增环均为上极限尺寸，所有减环均为下极限尺寸时，则封闭环必为上极限尺寸，其计算公式为：

$$A_{\Delta\max} = \sum_{i=1}^{m} \overrightarrow{A}_{i\max} - \sum_{i=1}^{n} \overleftarrow{A}_{i\min}$$

式中　$A_{\Delta\max}$——封闭环上极限尺寸；

$\overrightarrow{A}_{i\max}$——第 i 个增环上极限尺寸；

$\overleftarrow{A}_{i\min}$——第 i 个减环下极限尺寸。

（2）当所有增环均为下极限尺寸，所有减环均为上极限尺寸时，则封闭环必为下极限尺寸，其计算公式为：

$$A_{\Delta\min} = \sum_{i=1}^{m} \overrightarrow{A}_{i\min} - \sum_{i=1}^{n} \overleftarrow{A}_{i\max}$$

式中　$A_{\Delta\min}$——封闭环下极限尺寸；

$\overrightarrow{A}_{i\min}$——第 i 个增环下极限尺寸；

$\overleftarrow{A}_{i\max}$——第 i 个减环上极限尺寸。

将两式相减，可得封闭环公差为：

$$\delta_\Delta = \sum_{i=1}^{m+n} \delta_i$$

式中　δ_Δ——封闭环公差；

δ_i——第 i 个组成环公差。

上式表明，封闭环公差等于各组成环公差之和。

例 6–1　图 6–19b 所示齿轮轴装配中，要求装配后齿轮端面和箱体凸台端面之间具有 0.1 ~ 0.3 mm 的轴向间隙。已知 $B_1=80^{+0.1}_{0}$ mm，$B_2=60^{0}_{-0.06}$ mm，B_3 尺寸应控制在什么范围内才能满足装配要求？

解：（1）根据题意绘尺寸链简图。

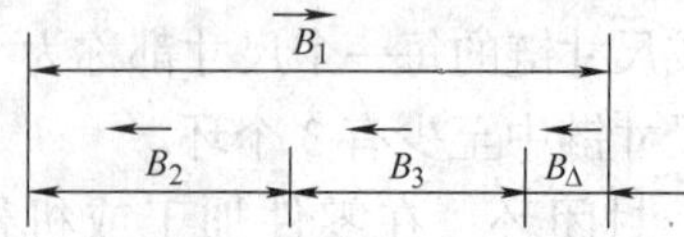

（2）确定封闭环、增环、减环分别为 B_Δ、$\overrightarrow{B_1}$、$\overleftarrow{B_2}$、$\overleftarrow{B_3}$。

（3）列尺寸链方程式，计算 B_3。

$$B_\Delta = B_1 - (B_2 + B_3)$$

$$B_3 = B_1 - B_2 - B_\Delta = 80 - 60 - 0 = 20 \text{（mm）}$$

（4）确定 B_3 极限尺寸。

$$B_{\Delta\max}=B_{1\max}-\ (B_{2\min}+B_{3\min})$$
$$B_{3\min}=B_{1\max}-B_{2\min}-B_{\Delta\max}$$
$$=80.1-59.94-0.3$$
$$=19.86\ (\mathrm{mm})$$
$$B_{\Delta\min}=B_{1\min}-\ (B_{2\max}+B_{3\max})$$
$$B_{3\max}=B_{1\min}-B_{2\max}-B_{\Delta\min}$$
$$=80-60-0.1$$
$$=19.9\ (\mathrm{mm})$$

故 $B_3=20^{-0.10}_{-0.14}\ (\mathrm{mm})$

二、装配方法

零件精度是保证装配精度的基础，装配精度直接与零件制造精度有关，但装配精度并不完全取决于零件精度。如果在装配时采取一定的工艺措施，即使零件制造精度降低，也能保证装配要求。常用的工艺措施有：对工件进行测量、挑选，对某一装配件进行修配，调整装配件位置等。为正确处理装配精度与零件制造精度的关系，妥善解决生产的经济性与使用要求之间的矛盾，生产中可采用不同的装配方法。

1. 互换装配法

在装配时，各配合零件不经修配、选择或调整即可达到装配精度的方法称为互换装配法。互换装配法的装配精度完全依赖于零件的制造精度，其特点及适应范围是：

（1）装配操作简便，生产率高。

（2）装配时间易确定，便于组织流水线装配。

（3）零件磨损后，更换方便。

（4）对零件精度要求高。适用于组成环数少，装配精度要求不高的场合或大批量生产中。

2. 分组装配法

在成批或大批量生产中，将产品各配合件按实测尺寸分组，装配时按组进行互换装配以达到装配精度的方法称为分组装配法。这种装配方法的装配精度取决于分组数。其特点及适用范围是：

（1）经分组后零件的配合精度高。

（2）可增大零件的制造公差，使零件制造成本降低。

（3）虽然增加了测量、分组等工作，但可以提高装配精度。

（4）适用于大批量生产中装配精度要求很高、组成环数较少的场合。

3. 修配装配法

在装配时，修去指定零件上预留修配量，以达到装配精度的方法称为修配装配法。如图 6–21 所示，在卧式车床尾座装配中，用修刮尾座底板的方法以保证车床前后顶尖的等高度。这种装配方法的特点及适应范围是：

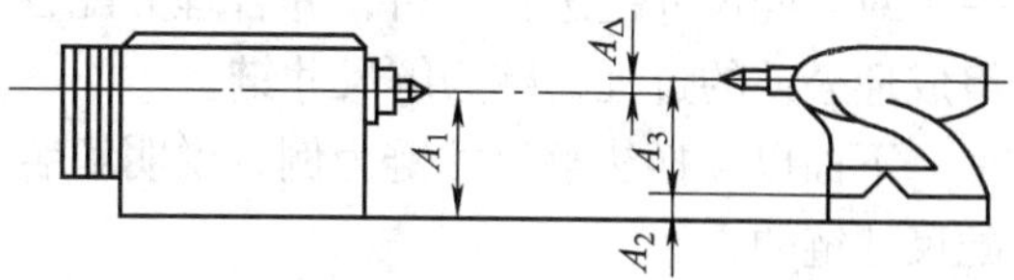

图 6–21　修刮尾座底板

（1）零件的加工精度要求降低。

（2）不需要高精度的加工设备，节省机械加工时间。

（3）装配工作复杂化，装配时间增加，适于单件、小批量生产或成批生产精度高的产品。

4. 调整装配法

在装配时，用改变产品中可调整零件的相对位置或选用合适的调整件以达到装配精度的方法称为调整装配法。如图 6–22 所示，

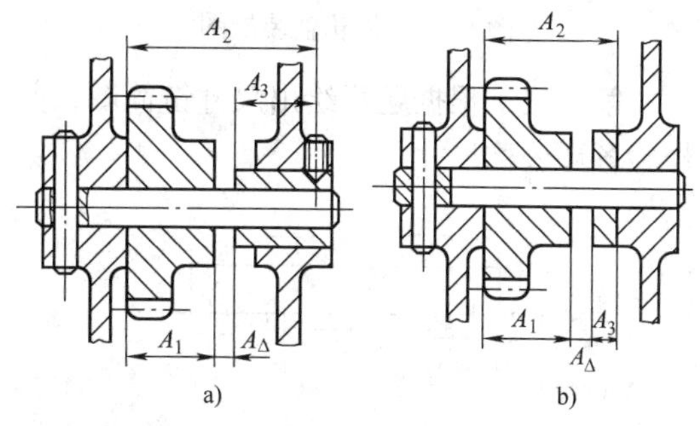

图 6–22　调整装配法

a）可动调整　b）固定调整

调整装配法分为可动调整（调整零件的相对位置）和固定调整（调整选用零件的尺寸）两种。其特点是：

（1）装配时，零件不需任何修配加工，只靠调整就能达到装配精度。

（2）可以定期进行调整，容易恢复配合精度，对于容易磨损而需要改变配合间隙的结构极为有利。

（3）容易使配合件的刚度受到影响，甚至会影响配合件的位置精度和寿命。

三、装配尺寸链解法

不论采用哪种装配方法，都需要应用尺寸链的概念。根据装配精度（即封闭环公差）对装配尺寸链进行分析，并合理分配各组成环公差的过程，称为解尺寸链。

下面以互换法解尺寸链为例，说明解装配尺寸链的方法。

例 6–2 图 6–23 所示齿轮箱部件，装配要求为轴向窜动量为 A_{Δ}=0.2 ~ 0.7 mm。已知 A_1=122 mm，A_2=28 mm，A_3=A_5=5 mm，A_4=140 mm，试用互换法解尺寸链。

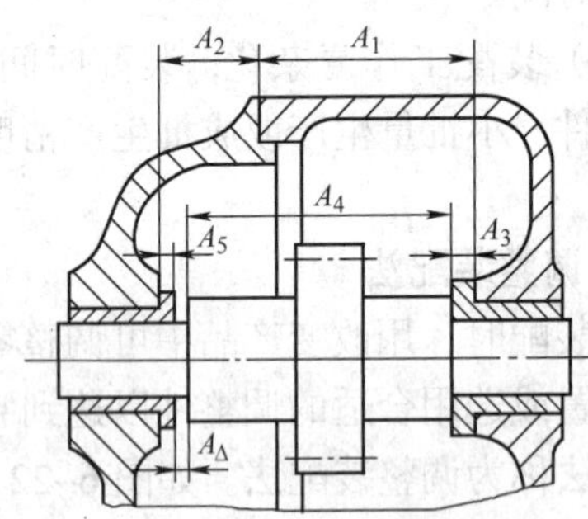

图 6–23　齿轮轴装配图

解：（1）根据题意绘出尺寸链简图，并校验各环公称尺寸。

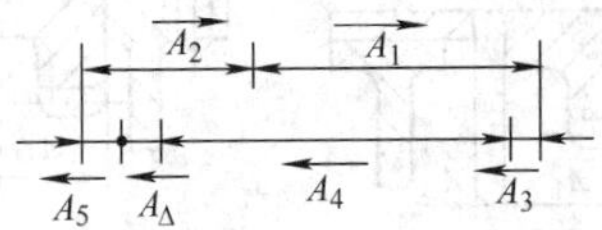

其中 A_1、A_2 为增环，A_3、A_4、A_5 为减环，A_{Δ} 为封闭环。

$$\begin{aligned}A_{\Delta}&=(A_1+A_2)-(A_3+A_4+A_5)\\&=(122+28)-(5+140+5)\\&=0\end{aligned}$$

各环公称尺寸确定无误。

（2）确定各组成环公差及极限尺寸。首先求出封闭环公差：

$$\delta_{\Delta}=0.7-0.2=0.5\ (\text{mm})$$

根据 $\delta_{\Delta}=\sum_{i=1}^{m+n}\delta_i=\delta_1+\delta_2+\delta_3+\delta_4+\delta_5=0.5$ mm，同时考虑各组成环尺寸的大小、加工和测量的难易程度，合理分配各环尺寸公差：

$$\delta_1=0.20\text{ mm},\ \delta_2=0.10\text{ mm},$$

$$\delta_3=\delta_5=0.05\text{ mm},\ \delta_4=0.10\text{ mm}$$

（3）确定协调环。为了能满足装配精度要求，应在各组成环中选择一个环，其极限尺寸由封闭环极限尺寸方程式来确定，此环称协调环，一般选择便于加工和测量的组成环为协调环。本题选 A_4 为协调环。

（4）确定各组成环极限偏差，并计算协调环极限尺寸。

根据“入体原则”及各组成环公差值，确定组成环极限偏差：

$$A_1=122^{+0.20}_{\ \ 0}\text{ mm},\ A_2=28^{+0.10}_{\ \ 0}\text{ mm},$$

$$A_3=A_5=5^{\ \ 0}_{-0.05}\text{ mm}$$

$$\begin{aligned}A_{4\min}&=A_{1\max}+A_{2\max}-A_{3\min}-A_{5\min}-A_{\Delta\max}\\&=122.20+28.10-4.95-4.95-0.7\\&=139.70\ (\text{mm})\end{aligned}$$

$$\begin{aligned}A_{4\max}&=A_{1\min}+A_{2\min}-A_{3\max}-A_{5\max}-A_{\Delta\min}\\&=122+28-5-5-0.2=139.80\ (\text{mm})\end{aligned}$$

所以 $A_4=140^{-0.20}_{-0.30}$ mm

§6-5 维修工艺概述

设备维修是产品生产过程中的重要环节之一。基本内容包括：设备维护与保养、设备检查和设备修理。

一、设备维护与保养

维护保养的内容是保持设备清洁、整齐、润滑良好、安全运行，包括及时紧固松动的紧固件，调整活动部分的间隙等。实践证明，设备的寿命在很大程度上取决于维护保养的好坏。维护保养依工作量大小和难易程度分为日常保养、一级保养和二级保养等。

1. 日常保养

日常保养又称例行保养。其主要内容是：进行清洁、润滑，紧固易松动的零件，检查零件、部件的完整。这类保养的项目和部位较少，大多数在设备的外部，一般由操作人员承担。

2. 一级保养

主要内容包括内部清洁、润滑、机构检查和调整。通常以操作人员为主，维修人员为辅。

3. 二级保养

主要是对设备局部进行解体检查和调整工作，必要时对达到规定磨损限度的零件加以更换。此外，还要对主要零部件的磨损情况进行测量、鉴定和记录。一般是在操作人员参与下，由专职保养维修人员承担。

在各类维护保养中，日常保养是基础。保养的类别和内容，要针对不同设备的特点加以规定，不仅要考虑到设备的生产工艺、结构复杂程度、规模大小等具体情况和特点，同时还要考虑到不同企业内部长期形成的维修习惯等。

二、设备检查

设备检查，是指对设备的运行情况、工作精度、磨损或腐蚀程度进行测量和校验。通过检查全面掌握机器设备的技术状况和磨损情况，及时查明和消除设备的隐患，有目的地做好修理前的准备工作，以提高修理质量，缩短修理时间。

检查按时间间隔分为日常检查和定期检查。日常检查由设备操作人员执行，同日常保养结合起来，目的是及时发现不正常的技术状况，进行必要的维护保养工作。定期检查是按照计划，在操作者参与下，定期由专职维修人员执行，目的是通过检查，全面准确地掌握零件磨损的实际情况，以便确定是否有进行修理的必要。

检查按技术功能，可分为机能检查和精度检查。机能检查是指对设备的各项机能进行检查与测定，如是否漏油、漏水、漏气，防尘密闭性如何，零件耐高温、高速、高压的性能如何等。精度检查是指对设备的实际加工精度进行检查和测定，以便确定设备精度的优劣程度，为设备验收、修理和更新提供依据。

三、设备修理

设备在生产过程中由于磨损、腐蚀、老化、维护不良、操作不当或设计缺陷等原因，使技术状态发生劣化，导致设备发生故障或损坏。为恢复其功能而进行的技术活动，称为设备修理。设备的修理和维护保养是设备维修的不同方面，二者由于工作内容与作用的区别是不能相互替代的，应把二者同时做好，以便相互配合、相互补充。

1. 设备修理类别

修理工作分为定期性修理和计划外修理。根据修理范围的大小、修理间隔期长短、修理费用多少，设备修理又分为小修理、中修理和大修理3类。

（1）小修理　小修理通常只需修复、更换部分磨损较快和使用期限等于或小于修理间隔期的零件，调整设备的局部结构，以保证设备能正常运转到计划修理时间。小修理的特点是：修理次数多，工作量小，每次修理时间短，修理费用计入生产费用。小修理一般在生产现场由车间专职维修人员执行。

（2）中修理　中修理是对设备进行部分解体、修理或更换部分主要零件与基准件，或修理使用期限等于或小于修理间隔期的零件。同时要检查整个机械系统，紧固所有机件，消除扩大的间隙，校正设备的基准，以保证设备能恢复和达到应有的标准和技术要求。中修理的特点是：修理次数较多，工作量不是很大，每次修理时间较短，修理费用计入生产费用。中修理的大部分项目由车间的专职维修人员在生产车间现场进行，个别要求高的项目可由机修车间承担，修理后要组织验收。

（3）大修理　大修理是指通过更换，恢复其主要零、部件，恢复设备原有精度、性能和生产率而进行的全面修理。大修理的特点是：修理次数少，工作量大，每次修理时间较长，修理费用由大修理基金支付。设备大修后，质量管理部门和设备管理部门应组织使用和承修单位有关人员共同检查验收，合格后送修单位与承修单位办理交接手续。

课堂讨论

设备故障与设备事故有何区别？

2. 设备修理的方法

（1）标准修理法　又称强制修理法，是指根据设备零件的使用寿命，预先编制具体的修理计划，明确规定设备的修理日期、类别和内容。设备运转到规定的期限，不管其技术状况好坏，任务轻重，都必须按照规定的作业范围和要求进行修理。此方法有利于做好修理前准备工作，有效保证设备的正常运转，但有时会造成过度修理，增加了修理费用。

（2）定期修理法　定期修理法是指根据设备零件的使用寿命、生产类型、工作条件和有关定额资料，事先规定出各类计划修理的固定顺序、计划修理间隔期及其修理工作量。在修理前通常根据设备状态来确定修理内容。此方法有利于做好修理前准备工作，有利于采用先进修理技术，减少修理费用。

（3）检查后修理法　检查后修理法是指根据设备零、部件的磨损资料，事先只规定检查次数和时间，而每次修理的具体期限、类别和内容均由检查后的结果来决定。这种方法简单易行，但由于修理计划性较差，检查时有可能由于对设备状况的主观判断误差引起零件的过度磨损或故障。

3. 设备修理的组织方法

（1）部件修理法　部件修理法是指将需要修理设备的部件拆卸下来，换上事先已准备好的同类部件。这种方法使设备停歇时间缩短，适用于拥有大量同类型设备的企业和关键的生产设备。

（2）分步修理法　分步修理法是指设备的各个部件，不在同一时间内修理，而是将设备各个独立的部分，按顺序分别进行修理，每次只集中修理一个部分。这种方法的优点是，由于把修理工作量分散，因而可以利用非生产时间进行修理。这种方法适用于结构上具有相对独立部件的设备，以及修理工作量大的设备，如组合机床、大型起重设备等。

（3）同步修理法　这种方法是将工艺上相互紧密联系的数台设备安排在同一时期内修理，实现同步化，以减少分散修理所占的停机时间，适用于流水生产线的设备等。

四、设备修理的工作过程

一般包括：修前准备，拆卸，修复或更换零、部件，装配调整和试车验收等步骤。

（1）修前准备工作　熟悉技术资料、修理检验标准；设备技术状态的调查、检测；确定修理工艺；准备工、量具和工作场地等。

（2）设备的拆卸　正确地解除零、部件在机构中相互间的约束和固定形式，把它们有次序地分解出来并妥善放置，防止拉伤、变形，便于寻找。

（3）修理工作　对已解体后的零、部件，按照修理的类别、修理工艺进行修复或更换。

（4）装配调整和试车验收工作　对修复或更换后的零、部件进行装配，按照修理验收标准，进行精度检验、空运转试验和负荷试验。

在设备修理过程中，要牢固树立“安全第一”思想，制订修理方案时，必须制定相应的安全措施，专人负责。施工中要组织好工作场地，遵守安全技术规程，做到安全、文明生产。

§6-6　设备拆卸

一、拆卸前的准备工作

拆卸是指使用一定的工具和手段，解除对零、部件造成各种约束的连接，将产品零、部件逐个分离的过程。该项工作是设备修理过程中的重要环节，在拆卸中，若考虑不周，方法不当，就会造成被拆卸零、部件的损坏，甚至使整台设备的精度、性能降低。因此，拆卸前应做好以下工作。

（1）调查分析设备的损坏状况　修理前要认真听取操作人员对机床设备修理的要求，详细了解机床故障症状，如精度丧失情况、主要件的磨损情况、机床传动系统的精度及外观缺损等。在操作人员的配合下，对必要的项目进行修前的试机检查，如主轴精度、导轨磨损程度、传动系统的振动情况、操作机构的灵活性及进给机构的准确性等，逐项检查，做好记录。

（2）熟悉有关技术资料　查阅设备说明书、装配图及历次修理记录，对设备的工作原理、结构和性能等做详细了解，并了解设备修理的精度检验标准，仔细研究确定达到各项精度要求的措施。

（3）掌握各零、部件之间的装配关系、连接和定位方法、配合性质及盈隙大小，测量出有关零、部件的相对位置，并做出标记和记录。

（4）研究制定正确的拆卸方法。

（5）准备必备的拆卸工具，特别是专用和自制的特殊工、量具。

二、拆卸的基本要求

机械设备拆卸时，应该按照与装配相反的顺序进行，一般是从外部拆到内部，从上部拆到下部，先拆成部件或组件，再拆成零件的原则进行。另外，在拆卸中还必须注意下列原则：

（1）对不易拆卸或拆卸后会降低连接质量和损坏一部分连接零件的，应当尽量避免拆卸。如密封零件、过盈连接、铆接和焊接连接件等。

（2）用击卸法冲击零件时，必须垫好软衬垫，或用软材料（如紫铜）做的锤子或冲棒，以防止损坏零件表面。

（3）拆卸时，用力应适当，注意保护主要结构件。对于相配合的两零件，在不得已必须采用破坏性拆卸时，应保留价值较高、制造困难或质量较好的零件。

（4）长径比较大的零件，如较精密的细长轴、丝杠等零件，拆下后，随即清洗、涂油，垂直悬挂。重型零件可用多支点支承卧放，以免变形。

（5）拆下的零件应尽快清洗，并涂油防锈，妥善保管。零件较多时，要按部件分门别类，做好标记后放置。

（6）拆下的细小、易丢失的零件，如螺钉、螺母、垫圈及销子等，清洗后尽可能再装到主要零件上去，防止丢失。轴上零件拆下后，最好按原次序方向临时装回轴上或用钢丝串起来放置。

（7）拆下的各种液压件，在清洗后均应将进出口封好，以免灰尘杂质侵入。

（8）在拆卸旋转部件时，应注意尽量不破坏原来的平衡状态。

（9）容易产生位移而又无定位装置或有方向性的相配件，在拆卸时应先做好标记，以便装配时容易辨认。

小提示

（1）拆卸时，若出现异常情况（拆不动），应仔细查找原因，绝不能猛敲狠打。

（2）拆卸大型零件，要坚持慎重、安全的原则。拆卸中应仔细检查锁紧螺钉及压板等零件是否拆开。吊挂时，要注意安全。

（3）必要时，在设备拆卸前应制定相应的安全措施。

（4）拆下的高精度零件要单独存放。

三、常用的拆卸方法

根据零、部件结构特点的不同，应采用合理的拆卸方法。常用拆卸过盈连接的方法有击卸法、拉拔法、顶压法、加热法和破坏性拆卸法等。

1. 击卸法

击卸法是用锤子或其他重物的冲击力把零件拆下来的一种方法。它具有使用工具简单、操作灵活方便、适用广泛等特点，是拆卸工作中最常用的方法。击卸时要注意对受击部位的保护，如图 6–24 所示。

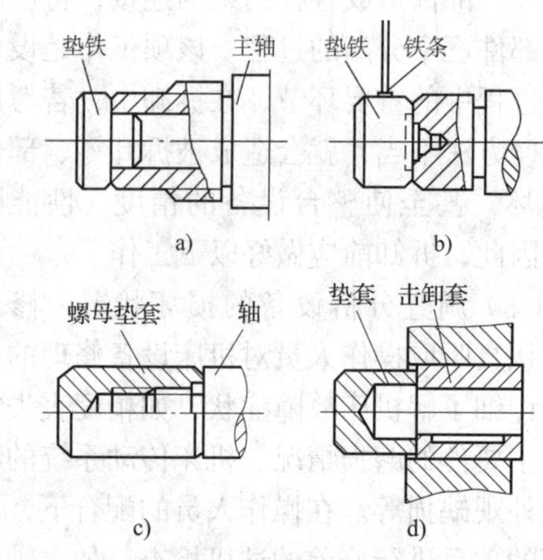

图 6–24　击卸时的保护

a）保护主轴的垫铁　b）保护轴端中心孔的垫铁

c）保护轴端螺纹的垫套　d）保护击卸套的垫套

2. 拉拔法

拉拔法是利用专用拉拔器把零件拆卸下来的一种静力拆卸方法。它具有拆卸件不受冲击力、拆卸安全、不容易损坏零件等特点，适用于拆卸精度较高，不许敲击的零件和无法敲击的零件，如图 6–25 所示。

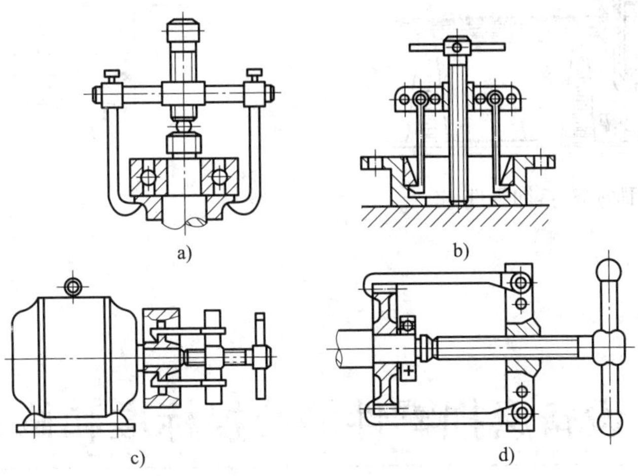

图 6–25　拉拔法

a）用拉拔器拉卸滚动轴　b）用拉拔器拉卸滚动轴承外圈

c）用拉拔器拉卸带轮　d）用拉拔器拉卸齿轮和滚动轴承

3. 顶压法

顶压法是利用压力机、弓形夹等设备和工具进行的一种静力拆卸方法，一般用于形状简单的小型过盈配合件，如图 6–26 所示。

4. 加热法

加热法是利用金属材料热胀冷缩的物理特性，将包容件加热膨胀后进行拆卸的方法，用于配合过盈量较大或无法用击卸法拆卸的连接，如滚动轴承的拆卸。如图 6–27 所示，在加热前用石棉把靠近轴承部分的轴颈隔离开，防止轴受热胀大，用拉拔器卡爪钩住轴承内圈，给轴承施加一定拉力；然后迅速将加热到 100℃左右的热油浇注在轴承内圈上，待轴承内圈受热膨胀后，即可用拉拔器将轴承拉出。

5. 破坏性拆卸法

破坏性拆卸是拆卸中应用最少的一种方法，只有在拆卸焊接、铆接或严重锈蚀等固定连接件时，才不得已采用保存主要零件、破坏次要零件的一种措施。破坏性拆卸一般采用车、锯、錾、钻、气割等方法，将次要零件或已损坏零件拆卸下来。图 6–28 所示为用车削方法将磨损后的轴套切去。

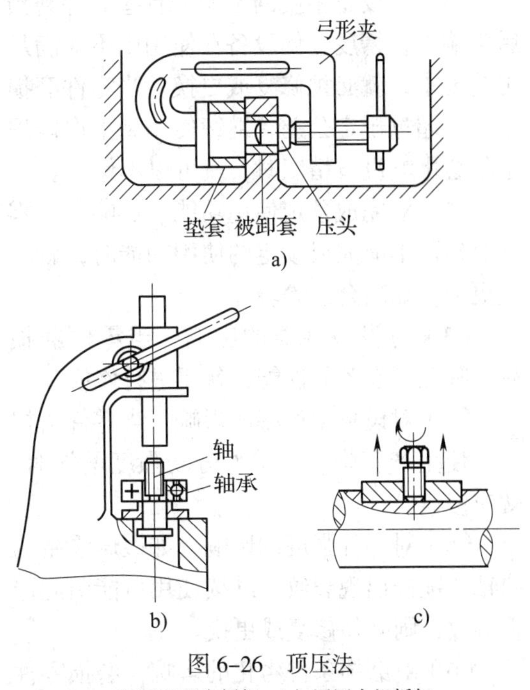

图 6–26　顶压法

a）用弓形夹拆卸　b）用压力机拆卸

c）用螺钉顶压拆卸

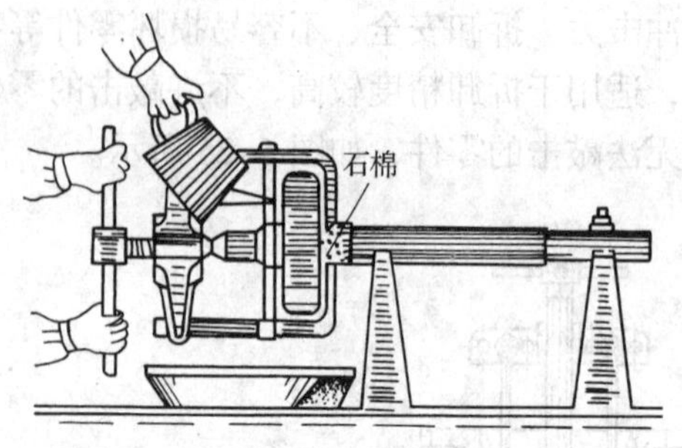

图 6–27　用加热法拆卸零件

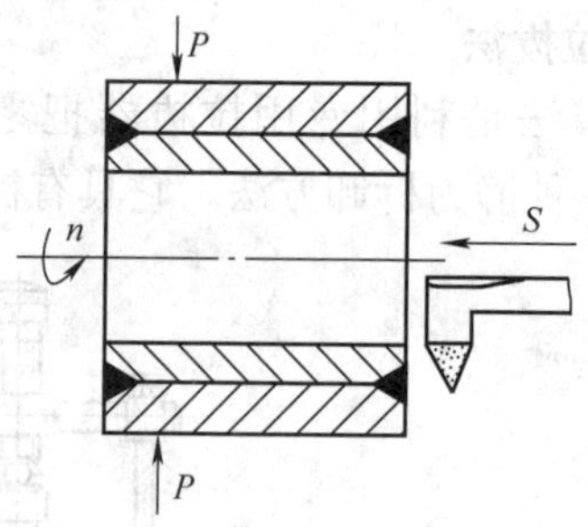

图 6–28　破坏性拆卸法

§6–7　设备磨损零件的修换标准和修复方法

一、设备磨损零件的修换标准

设备磨损零件是否可以继续使用或修换，主要取决于零件的磨损程度及其对设备精度、性能的影响，一般应考虑以下几个方面：

（1）对设备精度的影响　有些零件磨损后影响设备精度，使设备在使用中不能满足工艺要求，就必须修复或更换。当零件磨损量尚未超过规定公差，继续使用到下次修理也不会影响设备精度时，就可以不修换。

（2）对完成预定使用功能的影响　当零件磨损而不能完成预定的使用功能时，就必须更换，如离合器等。

（3）对设备性能的影响　当零件磨损后，降低了设备的性能，就要进行修换。

（4）对设备生产率的影响　当零件磨损后，使生产率降低，工人劳动强度增加时，就应修换。

（5）对零件强度的影响　如锻压设备的曲轴、锤杆出现裂纹，继续使用可能引起严重事故，则必须修复或更换。

（6）对磨损条件劣化的影响　磨损零件若继续使用，会加速磨损，还可能造成发热咬死和断裂等事故，就必须修换。

设备磨损零件在保证设备精度的前提下，应尽量修复，避免更换。零件是否修复，要考虑零件修复的经济性；修复后，能否恢复零件的原有技术要求和保持或恢复足够的强度和刚度；同时还要考虑零件的使用寿命和工厂现有的修理工艺技术水平。一般零件的修理周期，应比重新制作的周期要短；否则，就要考虑更换。

二、零件常用的修复方法

1. 电镀修复法

常用的有镀铬、镀铁和金属刷镀。电镀法不但能恢复磨损零件的尺寸，还能改善表面性能，提高硬度、耐磨性、耐腐蚀性等，多用于轴与轴颈的修复。

图 6–29 所示为电刷镀原理示意图。刷镀时，将专用直流电源的负极接到工件上（作为电刷镀时的阴极），正极与镀笔相连接（作为电刷镀时的阳极）。镀笔通常采用高纯细石墨块作阳极材料，石墨块包裹着棉套。蘸满镀液的镀笔以一定的相对运动速度在工件上移动，并保持适当的压力。在镀笔

与工件接触部位，金属离子在电场力的作用下沉积在工件表面上，形成镀层。时间越长沉积越厚，直至符合要求。

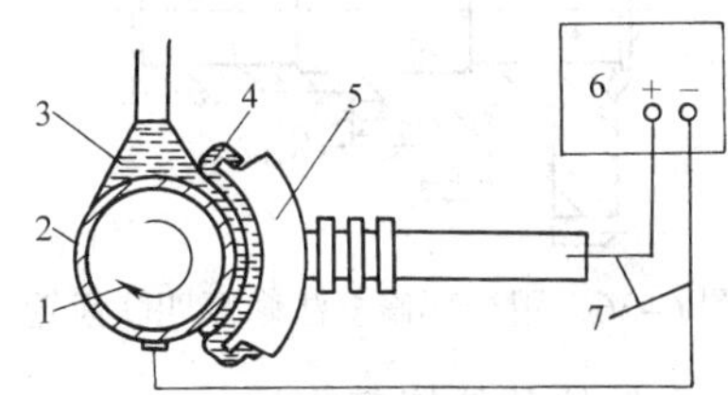

图 6–29　电刷镀原理示意图

1—工件　2—涂镀层　3—刷镀液　4—阳极包套　5—刷镀笔　6—电源　7—电缆线

电刷镀技术是电镀技术的新发展，它具有设备轻便、工艺灵活、沉积速度快、镀层种类多、镀层结合强度高、环境污染小、适应范围广等特点。

2. 金属喷涂修复法

有气喷法和电喷法两种。此方法多用于轴或轴颈的修复，也可用来修复导轨、青铜轴承等。

气喷法如图 6–30 所示。它是利用氧—乙炔火焰熔化非自熔金属合金或尼龙塑料丝或粉末，并通过压缩空气将熔融金属或尼龙塑料吹成雾状，向工件磨损部位喷涂的一种方法。

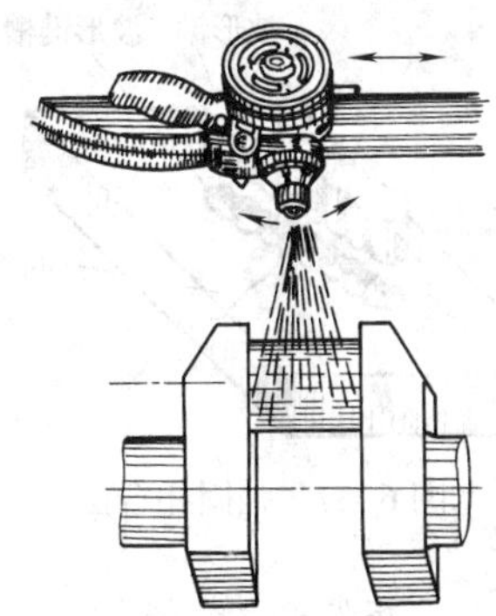

图 6–30　气喷涂示意图

电喷法是利用一般焊接电弧熔化两根不断进给的电极（金属丝），然后通过压缩空气把熔融金属吹成雾状，向工件上喷涂。

3. 焊接修复法

零件磨损或局部断裂时，可用焊接的方法进行修复。

（1）振动电堆焊　振动电堆焊常用于对主轴、花键轴、齿轮等零件进行修复。

（2）气焊　气焊常用于修复断裂损坏的碳素钢、合金钢、铸铁和有色金属及其合金零件，还可以修复薄壁零件和低熔点合金。

（3）手工电弧焊　手工电弧焊常用于修复碳素钢、合金钢和铸铁零件。

（4）气体保护电弧焊　气体保护电弧焊用于修复不锈钢、耐热钢、铝、镁、钛合金等制成的零件。

（5）钎焊　钎焊是用熔点低于零件材料的填充金属（钎料）将零件连接或填补缺陷。其常用于碳素钢、合金钢、铸铁、有色金属及其合金等制成的零件。

4. 粘接修复法

利用粘接剂对零件的磨损、缺陷部位进行修补，如在机床导轨面上粘接金属或非金属导轨板；对轴、套、拨叉等零件断裂处进行修复等。图 6–31 所示为用粘接法补偿镶条厚度。

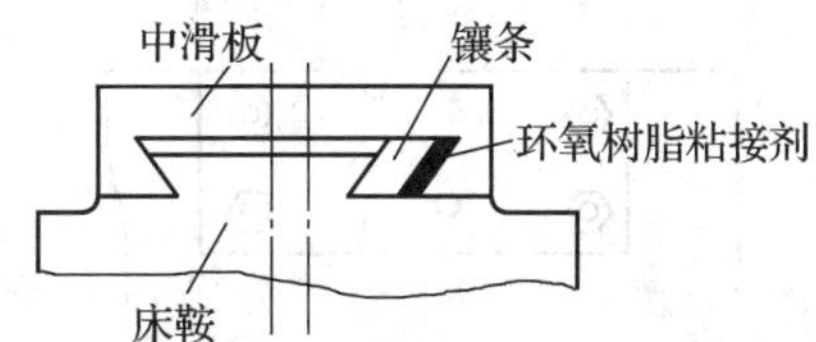

图 6–31　用粘接法补偿镶条厚度

5. 机械加工修复法

（1）改变尺寸修复法　相配合的零件、配合表面磨损后，可对其主要零件（如轴）进行切削加工，恢复其几何公差和表面粗糙度，并按其新尺寸配制与之配合的零件，达到配合要求。修复的原则是：对结构复杂而贵重的零件进行切削加工恢复精度，而对其相配件重新制作。

（2）镶加零件修复法　常用的有 3 种方法：

1）镶套法　如图 6–32 所示，将箱体磨损孔加大后，压入镶套，用骑缝螺钉紧固。

2）加垫法　当轴肩磨损时，可切去磨损部位，加一个适当尺寸的垫进行补偿，如图 6–33 所示。

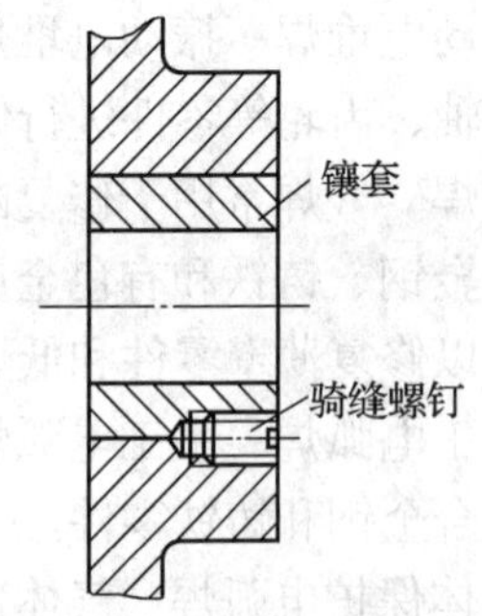

图 6-32 用镶套法修复箱体孔

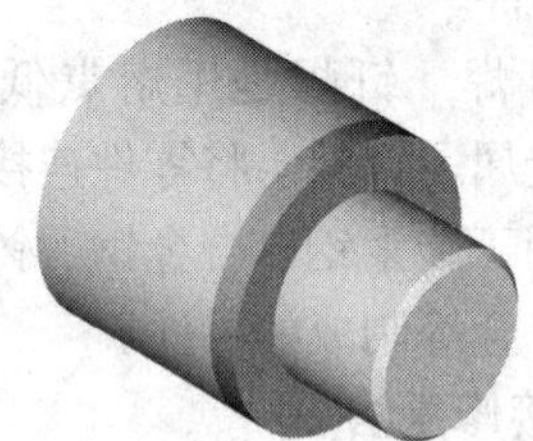

图 6-33 加垫法

3）机械加固法 如图 6-34 所示，在裂纹端部钻一卸荷孔，用钢板加固。

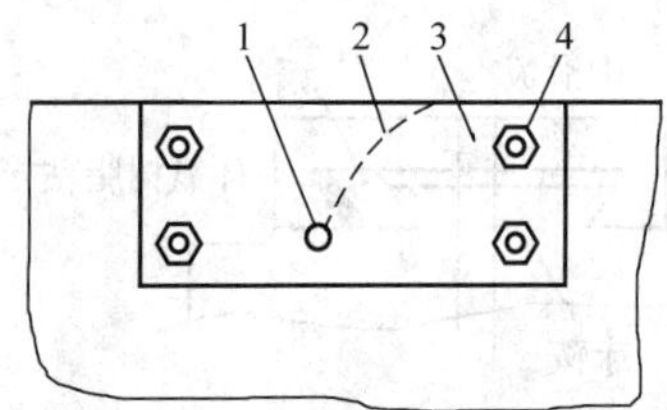

图 6-34 机械加固法

1—卸荷孔 2—裂纹 3—钢板 4—螺钉

（3）局部修复法 当零件只是局部磨损或损坏，而其他部位尚可使用时，可将损坏部位切除，制造新件后，用压配、键连接、螺纹连接、铆接、焊接或粘接等方法加以固定，如图 6-35、图 6-36 所示。

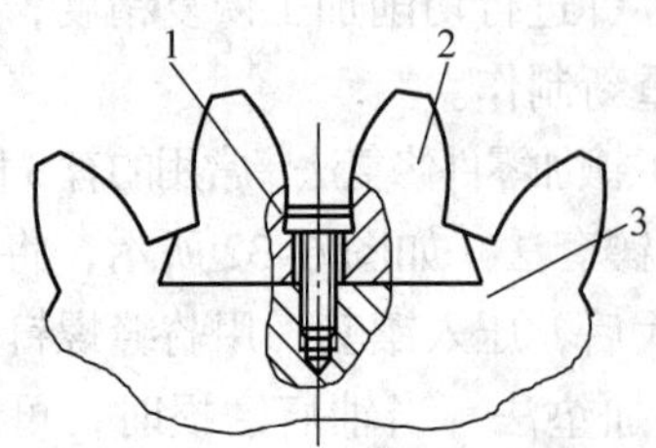

图 6-35 用螺钉固定镶齿齿块

1—圆柱头螺钉 2—齿形镶块 3—齿轮

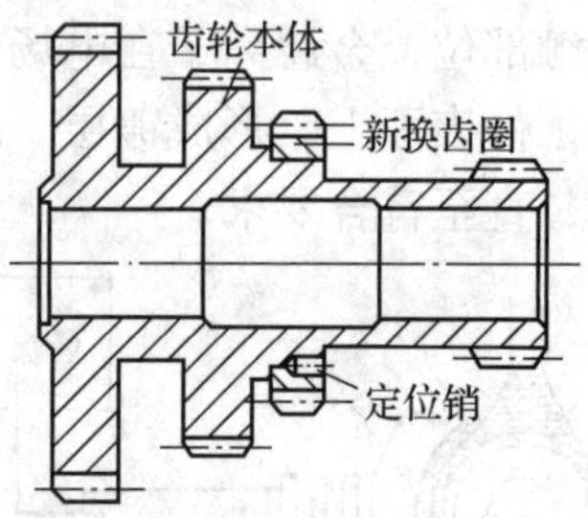

图 6-36 用局部修复法修复四联齿轮

6. 零件的其他修复方法

（1）金属扣合法 机床床身、机架、箱体及其他大型铸件产生裂纹或折断，在垂直于铸件裂纹或折断的方向，用铣、钻、錾等方法加工出一定形状、尺寸的扣合槽，嵌入与之相吻合的扣合键，使产生裂纹或折断的铸件两面连接在一起，并具有一定的强度和密封性。

根据扣合的方法和特点，金属扣合法可分为强固扣合法、热扣合法、强密扣合法和优级扣合法 4 种，如图 6-37、图 6-38、图 6-39 和图 6-40 所示。

（2）塑性变形法 塑性变形法有镦粗法、扩胀法和挤压法等，适用于塑性好而精度要求不太高的零件修复。

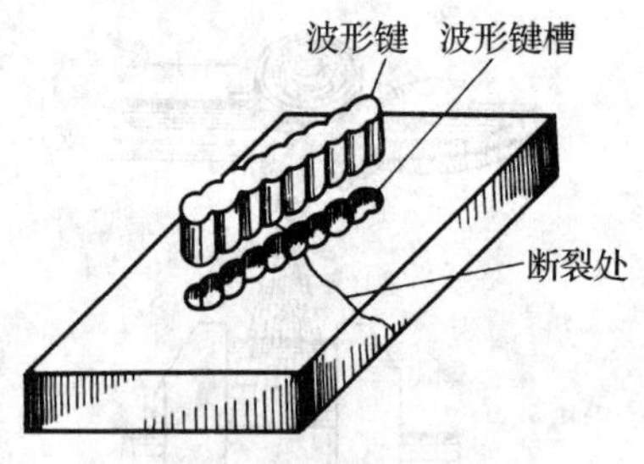

图 6-37 强固扣合法

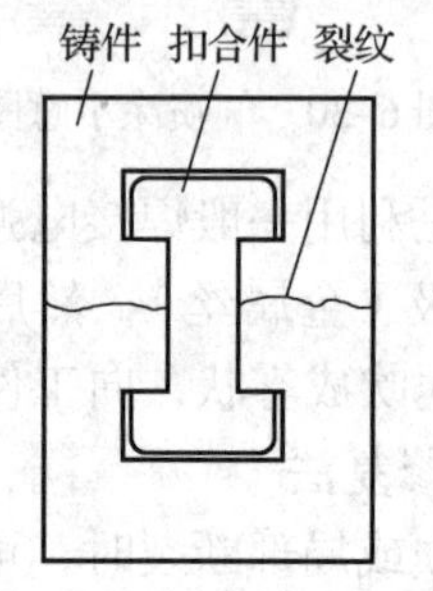

图 6-38 工字型热扣合法

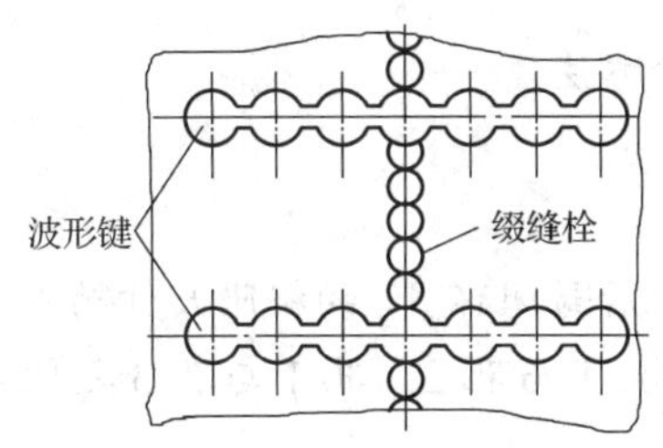

图 6-39　强密扣合法

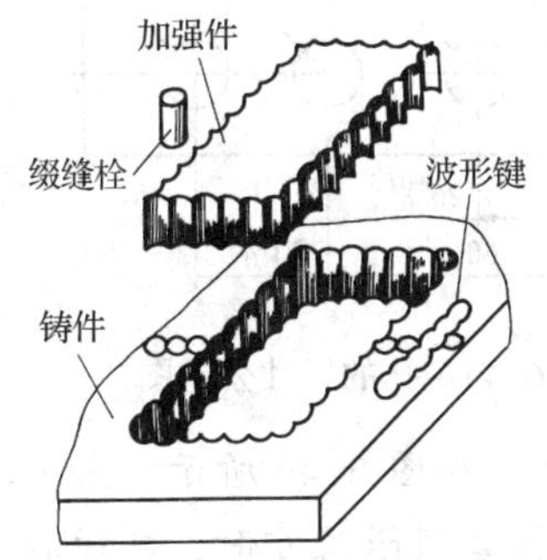

图 6-40　优级扣合法

有色金属套筒等零件，可以通过镦粗法增大其外径尺寸，然后用切削加工方法恢复外径尺寸精度，如图 6-41 所示。

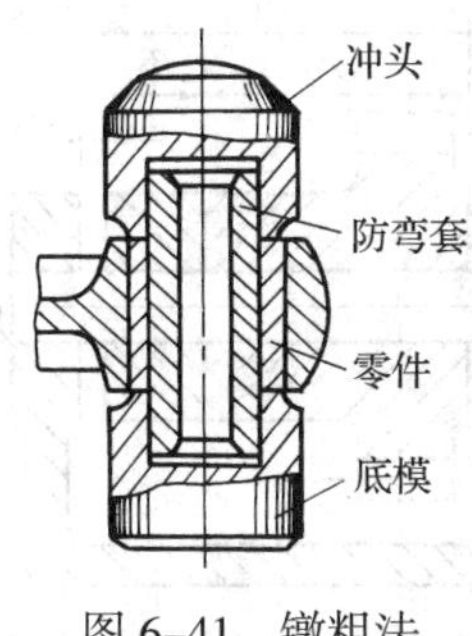

图 6-41　镦粗法

扩胀法是在专用模具上用扩胀冲头对套筒零件进行冲击，以增大套筒零件的外径和内径，如图 6-42 所示。

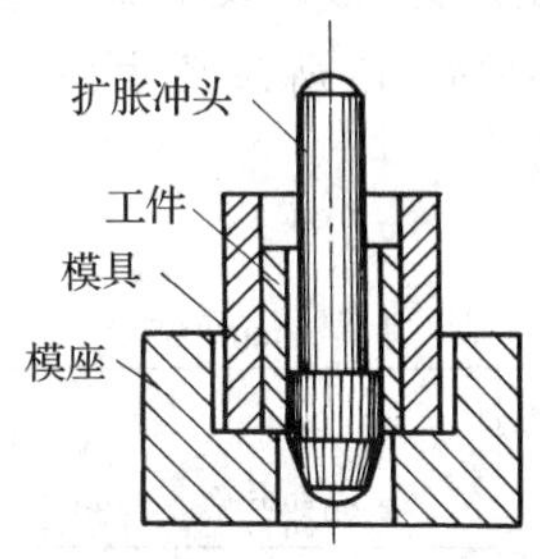

图 6-42　扩胀法

挤压法是通过专用冲头和冲模使套筒零件外径缩小的方法，如图 6-43 所示。

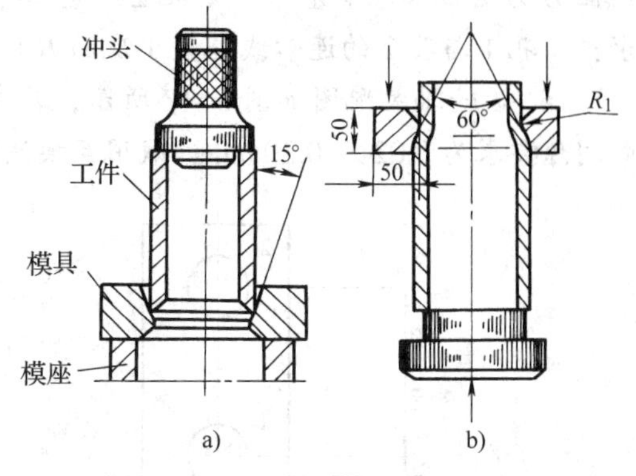

图 6-43　挤压法

复习思考题

1. 使用手电钻、电磨头、电剪刀、电动扳手应注意什么？
2. 使用千斤顶、手动葫芦、手动液压升降车、单梁桥式起重机应注意什么？
3. 设备起吊时应遵守哪些安全技术规程？
4. 装配工艺过程包括哪 4 个阶段？各自的工作内容是什么？
5. 装配组织形式有哪几种？有何特点？
6. 什么叫装配单元系统图？如何绘制？它有何作用？
7. 装配工艺规程有哪些内容？如何制定？
8. 装配前应做好哪些准备工作？

9. 静不平衡与动不平衡有何不同？简述静平衡试验方法。

10. 什么叫装配尺寸链、封闭环、增环、减环？

11. 装配方法有哪几种？各有何特点？

12. 已知各组成环及加工公差如图 6–44 所示。装配后封闭环 A_Δ 的极限尺寸为多少？

13. 按图 6–45 所注尺寸公差加工各孔。求加工后孔 1 与孔 2，孔 1 与孔 3 之间能达到的尺寸精度。

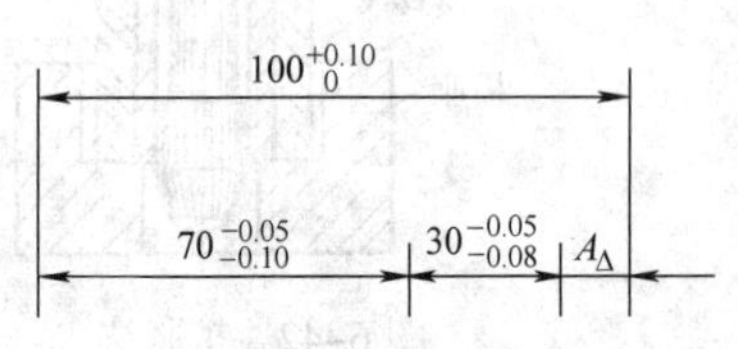

图 6–44　尺寸链图

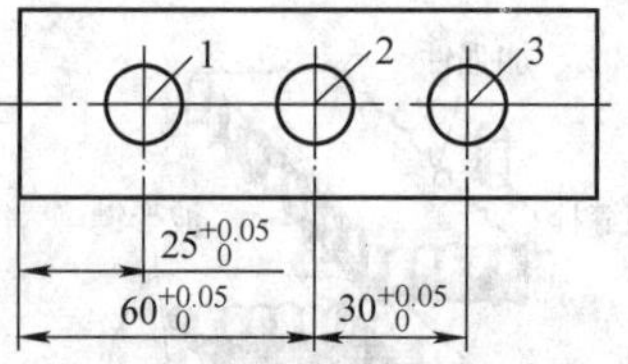

图 6–45　孔的尺寸公差图

14. 在一工件上钻、铰孔 1 与孔 2，其位置尺寸的要求如图 6–46 所示。若加工时均以底面 B 为定位和测量基准，则孔 2 应对基准面 B 控制在什么极限尺寸时，才能满足图样要求？（孔 1 与孔 2 的连心线垂直于底面 B）

15. 齿轮轴装配图如图 6–47 所示，其中 B_1=100 mm，B_2=70 mm，B_3=30 mm，装配后轴向间隙要求为 0.02 ~ 0.20 mm。试用互换法解该装配尺寸链。

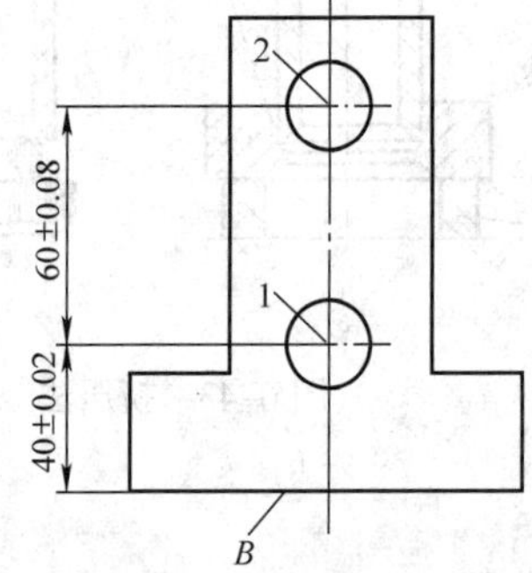

图 6–46　钻、铰两孔的零件加工图

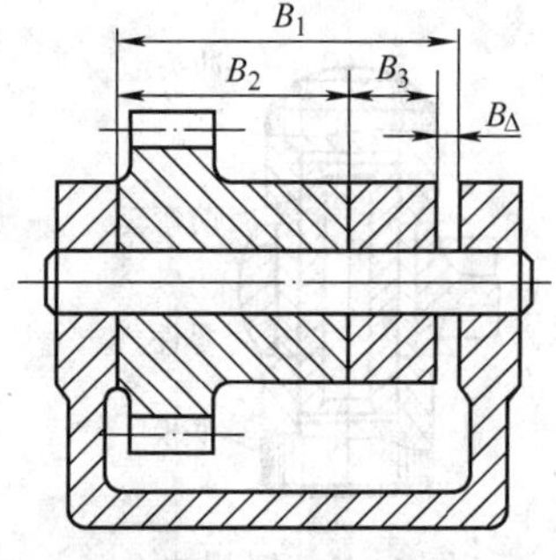

图 6–47　齿轮轴装配图

16. 设备维修的基本内容包括哪些？

17. 设备修理的类别有哪些？有何特点？

18. 常用的拆卸方法有哪些？

19. 叙述设备磨损的修换原则。

20. 零件常用的修复方法有哪些？

第七章

固定连接的装配与修理

在机械产品中零件之间的连接方法包括固定连接和活动连接两类，其中最常见的固定连接有螺纹连接、键连接、销连接和过盈连接等。

§7-1 螺纹连接的装配与修理

螺纹连接是机械设备中最基本的一种连接方法，它是一种可拆卸的固定连接，具有结构简单、连接可靠、装拆方便等优点，在机械中应用非常广泛。

一、常用装拆工具

螺纹连接的紧固件主要有螺栓、螺钉、螺柱、螺母等，现已标准化。其种类繁多，形状各异，因此，螺纹连接的装拆工具也各有不同，其结构、特点及应用见表7-1。

表7-1　常用螺纹连接装拆工具

工具名称		图示	特点及应用
螺钉旋具	一字旋具		规格用旋体长度表示。使用时，应根据螺钉沟槽的宽度选用
	十字旋具		主要用来装拆头部带十字槽的螺钉，其优点是旋具不易从槽中滑出
扳手	活扳手		开口尺寸可在一定范围内调节。使用时，应让固定钳口承受主要作用力，否则容易损坏扳手。其规格用长度表示

续表

工具名称		图示	特点及应用
扳手	呆扳手	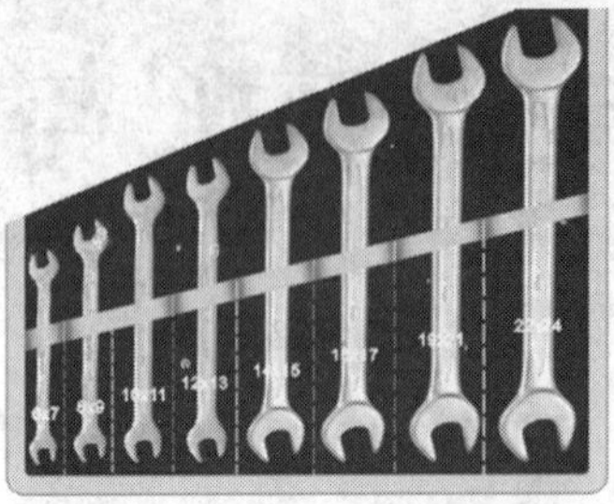	其规格用开口尺寸表示，一般由多把不同规格的呆扳手组成一套。用于装拆六角形或方头的螺母或螺钉
	梅花扳手	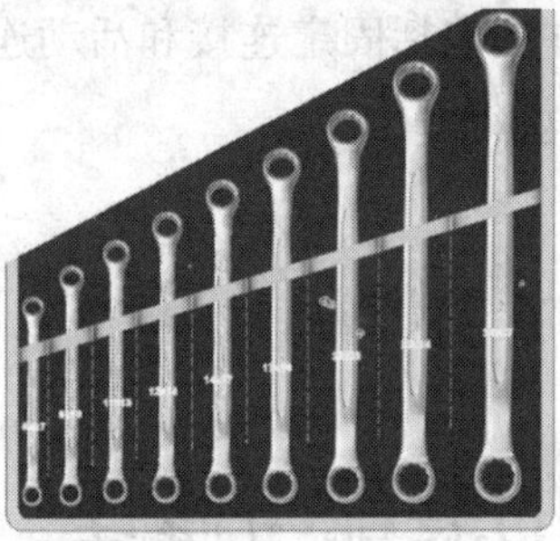	其特点是承载能力大、换位转角小（30°）。适用于工作空间狭小、不能容纳普通扳手的场合
	套筒扳手		由不同规格的梅花套筒组成一套。在受结构限制其他扳手无法装拆或为了节省装拆时间时采用，使用方便，工作效率较高
	内六角扳手	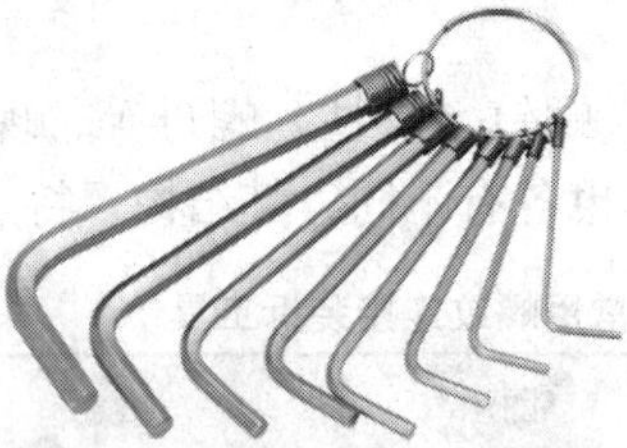	用于装拆内六角螺钉。其规格用六方的对边尺寸表示，使用时必须与螺钉配套
	钩形扳手		用于装拆圆螺母
	扭力扳手	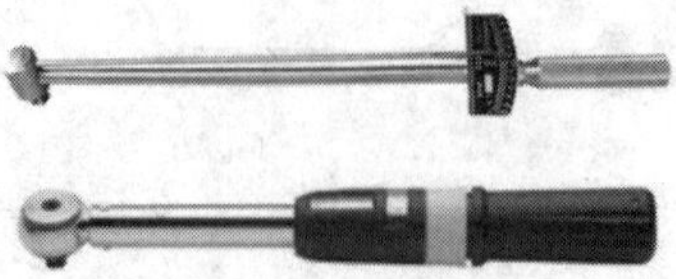	常用的有指针式和数显式，主要用于有预紧力要求的场合
	棘轮扳手	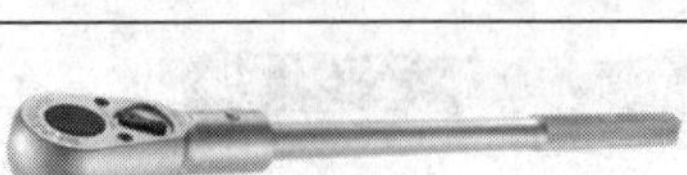	此扳手不用换位，反复摆动手柄即可拧紧或松开螺母或螺钉，具有使用方便、效率高等特点

二、螺纹连接的类型

螺纹连接的主要类型有螺栓连接、螺钉连接、双头螺柱连接和紧定螺钉连接等，其结构、特点及应用见表 7–2。

表 7–2　常见螺纹连接的结构、特点及应用

连接类型	结构	特点及应用
螺栓连接		无须在连接件上加工螺纹，连接件不受材料的限制。其主要用于连接件不太厚，并能从两边进行装配的场合
螺钉连接		螺钉直接拧入一连接件的螺纹孔中，结构简单。其主要用于连接件的结构受到限制，且不需经常拆装的场合
双头螺柱连接		将螺柱一端拧入并紧定在一连接件的螺纹孔中，拆卸时只需旋下螺母，螺柱仍留在机体螺纹孔内，故螺纹孔不易损坏。其主要用于连接件的结构受到限制，且需经常拆装的场合
紧定螺钉连接		将螺钉拧入一连接件的螺纹孔中，其末端顶住另一零件的表面，或顶入相应的凹坑中。其常用于固定两个零件的相对位置，并可传递不大的力或转矩

三、螺纹连接的装配技术要求

1. 保证一定的拧紧力矩

为了达到连接可靠和紧固的目的，装配时要施加一定的拧紧力矩，保证螺纹牙间产生足够的预紧力和摩擦力。

2. 有可靠的防松措施

螺纹连接一般都具有自锁性，正常情况下不会自行松脱，但在冲击、振动、变负载或工作温度变化很大的情况下，为了保证连接的可靠，必须采取有效的防松措施。

3. 保证螺纹连接的配合精度

螺纹配合精度是指内、外螺纹的公差带，它由螺纹公差精度和旋合长度两个因素确定。根据使用场合，国家标准将螺纹公差精度分为精密、中等、粗糙三级，并规定了 3 种不同组别的旋合长度（短、中、长），以保证足够的连接强度。

四、螺纹连接的装配要点

1. 双头螺柱的装配

（1）双头螺柱装配必须保证与机体螺孔的配合有足够的紧固性（在装拆螺母过程中，双头螺柱不能松动）。通常是利用螺纹尾部的不完整牙型来实现过盈配合而达到紧固的目的。

将双头螺柱拧入机体螺孔的方法很多，常用的有以下两种：

1）双螺母法　如图 7–1 所示，先将两个螺母相互锁紧在双头螺柱上，然后转动上面的螺母，将双头螺柱拧入螺孔。

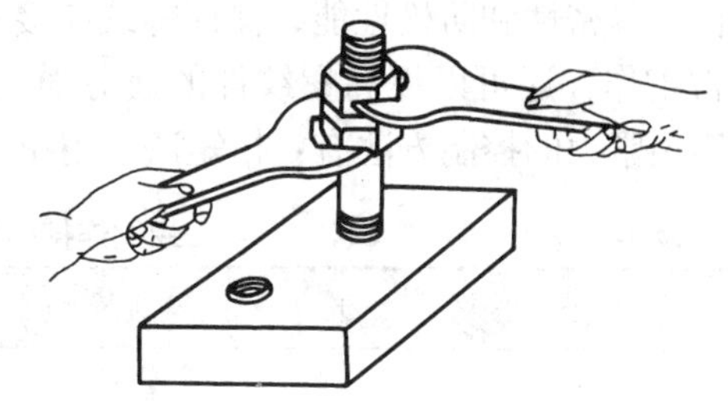

图 7–1　双螺母拧紧法

2）长螺母拧紧法　如图 7–2 所示，先将长螺母旋入双头螺柱上，再拧紧止动螺钉，然后扳动长螺母，即可将双头螺柱拧入螺孔。取下长螺母时，先旋松止动螺钉，再拧出长螺母。

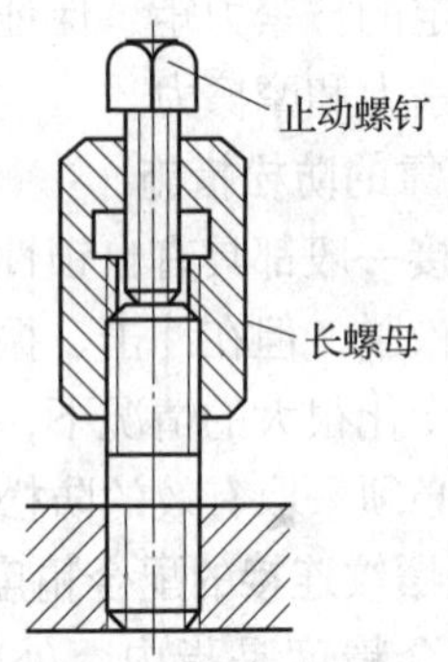

图 7–2　长螺母拧紧法

（2）双头螺柱装配应保证螺柱轴心线与机体表面垂直，配合面应加注润滑油。

2. 螺钉、螺栓、螺母的装配

（1）应保证螺钉、螺栓或螺母端面与零件表面接触良好。

（2）被连接件应紧密贴合，受力均匀，连接牢固。

（3）拧紧成组螺钉或螺母时，应按先中间、后两边、对称、分层次、逐步拧紧，以保证连接件及螺钉受力均匀，如图 7–3 所示。

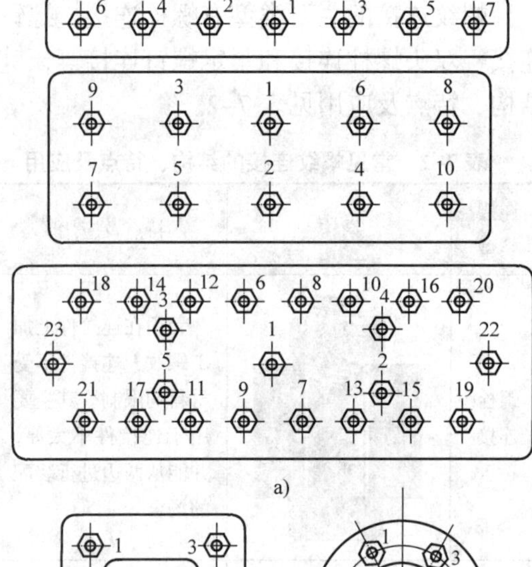

图 7–3　拧紧成组螺钉的顺序

a）长方形结构　b）方形结构　c）圆形结构

五、螺纹连接的预紧

螺纹连接的预紧就是在正常状态下把螺纹拧紧后，再加大拧紧力矩，使螺纹连接在承受工作载荷之前受到预紧力的作用（材料有微量的变形）。

螺纹进行预紧的目的是增强螺纹连接的刚性、紧密性和防松性能，保证螺纹连接的正常工作，还可以提高螺纹件的疲劳强度。常用预紧力的控制方法有：扭矩法（用扭力扳手控制）、扭角法（控制螺钉或螺母的转角）和控制螺栓伸长法。

六、螺纹连接的防松

螺纹连接一般都具有自锁性，通常情况下不会自行松脱，但在冲击、振动或交变载荷下，为避免螺纹连接松动，螺纹连接应有可靠的防松装置，其常用防松方法见表 7–3。

表 7–3　螺纹连接的常用防松方法及应用

防松方法		结构	特点及应用
附加摩擦力防松	双螺母		将主螺母拧紧至预定位置，然后再拧紧副螺母。此防松装置增加了结构尺寸和质量，一般用于低速重载或较平稳的场合

续表

防松方法		结构	特点及应用
附加摩擦力防松	弹簧垫圈		此防松装置结构简单，但容易刮伤螺母和被连接件表面，同时，因弹力分布不均，螺母容易偏斜。一般用于工作较平稳，且不经常拆装的场合
机械防松	槽螺母		它防松可靠，但螺杆上销孔位置不易与螺母最佳锁紧位置的槽口吻合。多用于变载和振动场合
	止动垫圈		装配时，先把垫圈的内翅插入螺杆槽中，然后拧紧螺母，再把外翅弯入螺母的外缺口内。常用于受力不大的圆螺母防松
	带耳垫圈		垫圈耳部分别与连接件和六角螺钉或螺母紧贴，防止回松。常用于连接部分可容纳弯耳的场合
	串联钢丝		用钢丝穿过各螺钉头部的径向小孔，利用钢丝的相互牵制作用来防止回松。装配时应注意钢丝的穿绕方向。适用于结构紧凑的成组螺纹连接
破坏螺纹副防松	焊点或冲点	焊点或冲点	将螺钉或螺母拧紧后，在螺纹旋合处点焊或冲点。防松效果好，用于不再拆卸的场合

七、螺纹连接的失效形式和修理

（1）螺孔损坏使配合过松　可将螺孔钻大，攻制大直径的新螺纹，配换新螺钉。当螺孔螺纹只损坏端部几扣时，可将螺孔加深，配换稍长的螺钉。

（2）螺钉、螺柱的螺纹损坏　一般更换新的螺钉、螺柱。

（3）螺钉头拧断　若螺钉断处在孔外，可在螺钉上锯槽、锉方或焊上一个螺母后再拧出。若断处在孔内，可用比螺纹小径小一点的钻头将螺钉钻出，再用丝锥修整内螺纹。

（4）螺钉、螺柱因锈蚀难以拆卸　可将煤油加入锈蚀处，待煤油渗入螺纹部分后即可拆卸；也可用锤子敲打螺钉或螺母，使铁锈受振动脱落后拧出。

§7–2 键连接的装配与修理

键连接是通过键实现轴和轴上零件间的周向固定以传递运动和转矩的一种连接方法。其中，有些类型还可以实现轴向固定和传递轴向力。它具有结构简单、工作可靠、装拆方便等优点，应用广泛。键连接可分为松键连接、紧键连接和花键连接。

一、松键连接的装配

1. 特点及应用

键是键连接的主要零件，现已标准化。按键的结构，松键连接分为普通平键连接、半圆键连接、导向平键连接和滑键连接4种，其特点及应用见表7–4。

表7–4　松键连接的特点及应用

键连接类型	图示	特点及应用
普通平键连接	A型　B型　C型	普通平键连接靠键的侧面传递转矩，只对轴上零件做周向固定，不能承受轴向力，轴与轮毂的同轴度较好。应用广泛，常用于高精度、传递重载荷、冲击及双向扭矩的场合
半圆键连接		半圆键连接的工作原理与平键连接相同。轴上键槽用与半圆键半径相同的盘状铣刀铣出，因此半圆键在槽中可绕其几何中心摆动以适应轮毂槽底面的斜度。半圆键连接的结构简单，制造和装拆方便，但由于轴上键槽较深，对轴的强度削弱较大，故一般多用于轻载连接，尤其是锥形轴端与轮毂的连接中

续表

键连接类型	图示	特点及应用
滑键连接		将键固定在轮毂上，键随轮毂一起沿轴槽滑动，适用于轴向移动距离较大的场合
导向平键连接		导向平键用螺钉固定在轴上的键槽中，轮毂沿键的侧面作轴向滑动，用于轮毂沿轴向移动距离较小的场合

2. 装配技术要求

（1）应保证键与键槽的配合要求　键与键槽的配合性质取决于键和键槽的尺寸公差带，具体要求见附表 7 ~ 附表 11。

（2）键与键槽应有较小的表面粗糙度值。

（3）键装入键槽中应与槽底贴紧，长度方向与键槽有 0.1 mm 的间隙，键与轮毂槽底部有 0.3 ~ 0.5 mm 的间隙。

3. 装配要点

（1）清理键与键槽上的毛刺，以防配合后产生较大过盈而影响配合的正确性。

（2）对于重要的键连接，装配前应检查键的直线度，键槽与轴心线的对称度和平行度。

（3）用键的头部与键槽试配，应能使键较紧地嵌在键槽中（对普通平键和导向平键而言）。

（4）在配合面上加润滑油，用铜棒将键轻轻敲入键槽中，使键与键槽底部贴紧，允许长度方向有 0.1 mm 的间隙。

（5）试配并安装轮毂（齿轮、带轮等），键与键槽非配合面有间隙，以保证轴与轴上零件的同轴度要求。装配后轮毂在轴上不允许有圆周方向的晃动。

二、紧键连接的装配

紧键连接主要指楔键连接，楔键有普通楔键和钩头楔键两种，如图 7–4 所示。楔键上、下两面是工作面，键的上表面与轮毂槽的底面各有 1 : 100 的斜度，键侧与键槽间有一定的间隙。装配时需打入，靠楔紧作用来传递扭矩。紧键连接还能轴向固定零件，并传递单方向的轴向力，但使轴上零件与轴的配合产生偏心和歪斜，多用于对中性要求不高，转速较低的场合。钩头楔键用于不能从另一端将键打出的场合。

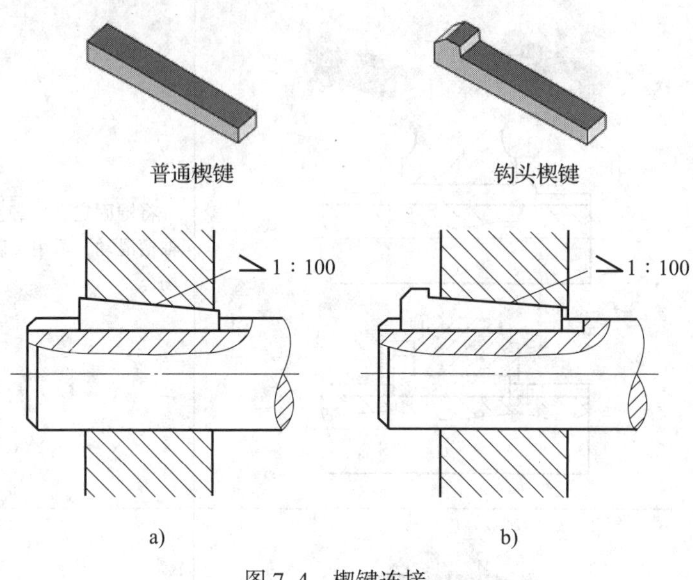

图 7–4　楔键连接
a）普通楔键连接　b）钩头楔键连接

装配楔键时一定要用涂色法检查键与轮毂槽底面的接触情况，若接触不良，应对轮毂槽进行修整，合格后，在配合面加润滑油，用铜棒轻轻敲入，保证轮毂周向和轴向紧固可靠。对于钩头楔键，钩头与轮毂端面间应留一定的距离，以便拆卸。

三、花键连接的装配

花键连接是由轴和毂孔上的多个键齿和键槽组成，如图 7–5 所示。按齿形不同，分为矩形花键连接和渐开线花键连接；按使用要求和内、外花键的尺寸公差带分为滑动、紧滑动和固定 3 种花键连接。它具有承载能力强、传递扭矩大、同轴度高和导向性好等优点，但制造成本高。花键连接适用于载荷大和同轴度要求高的传动机构中，在机床和汽车中应用广泛。

1. 固定花键连接的装配

内花键与外花键之间有少量过盈。当过盈量较小时，可用铜棒轻轻敲入。过盈量较大时，可将内花键加热到 80 ~ 120℃后再进行装配。

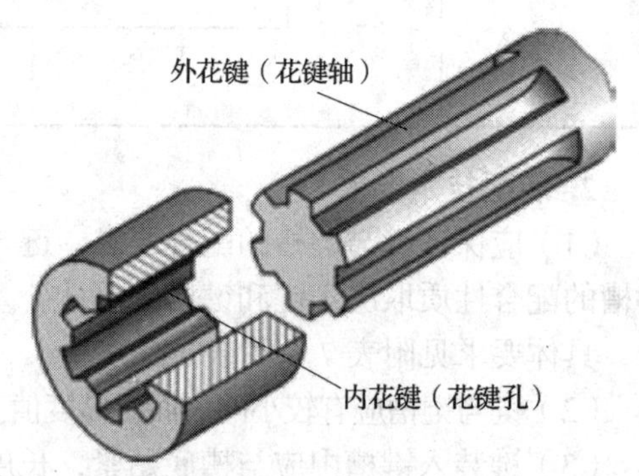

图 7–5　花键连接

2. 滑动、紧滑动花键连接的装配

内花键零件能在花键轴上自由滑动，没有阻滞现象。连接时应保证正确的配合间隙，但用手摆动时，不应感觉有明显的周向间隙。装配时，应用涂色法检查配合情况，修整轮毂与花键轴，加注润滑油后装入。

小提示

花键连接的定心方式有大径定心、小径定心和键侧定心 3 种，但国家标准 GB/T 1144—2001 中只规定了小径定心一种，其理由是：

（1）采用小径定心，有利于以花键孔为基准。

（2）小径定心稳定性好，易实现热处理后磨削花键的工艺，可获得较高精度。

四、键连接的失效形式和修理

（1）松键和紧键损坏　一般是更换新键。

（2）轮毂或轴上的键槽损坏　将损坏的键槽加宽，再配制新键。

（3）尺寸较大的外花键磨损　可进行镀铬或堆焊，然后再加工到规定尺寸的方法修复。堆焊时要缓慢冷却，以防花键轴变形。

§7–3　销连接的装配与修理

销连接主要用来固定零件之间的相对位置，起定位作用，也可用于轴与轮毂的连接，传递不大的载荷，还可作为安全装置中的过载剪断元件，如图 7–6 所示。它具有连接可靠、定位方便、装拆容易、制造简便等特点，在各种机械中应用广泛。

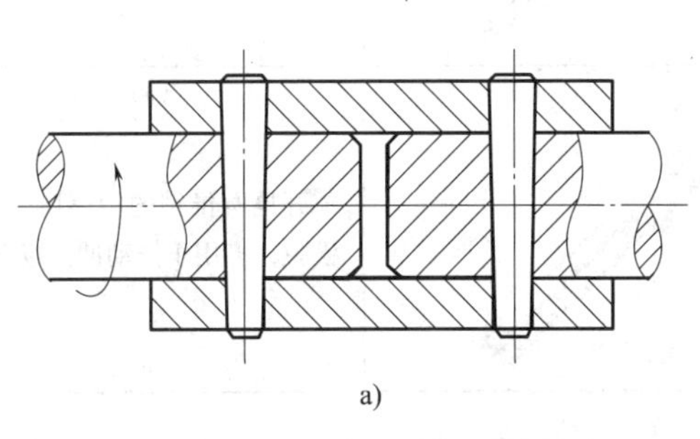

a)

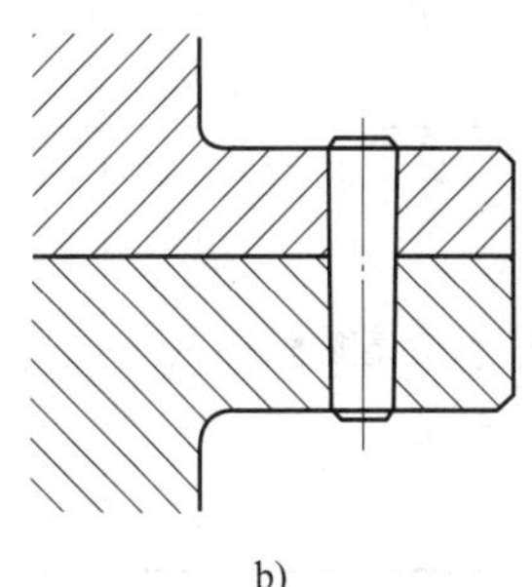

b)

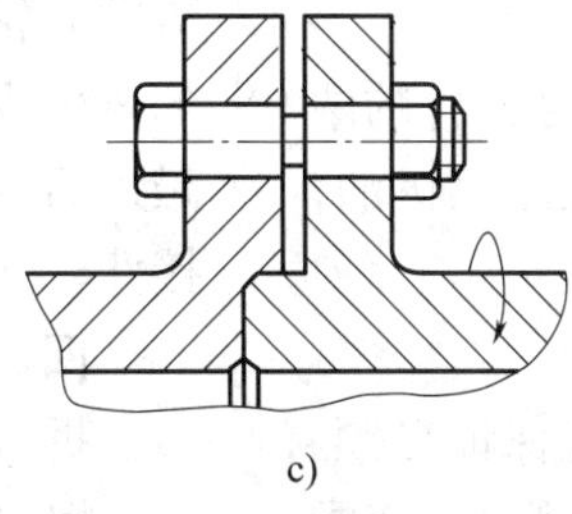

c)

图 7–6　销连接

a）连接作用　b）定位作用　c）过载保护

一、销的种类

销是销连接中的主要元件，它的种类较多，其中圆柱销和圆锥销是最基本的类型，这两类销均已标准化，因此在机械制造中应用广泛。其特点及应用见表 7–5。

表 7–5　常用圆柱销和圆锥销的特点及应用

类型		图示	特点及应用
圆柱销	普通圆柱销		圆柱销利用较小过盈量固定在销孔中，经过多次装拆后，连接的紧固性及精度降低，故只宜用于不常拆卸处，可用来连接和定位
	内螺纹圆柱销	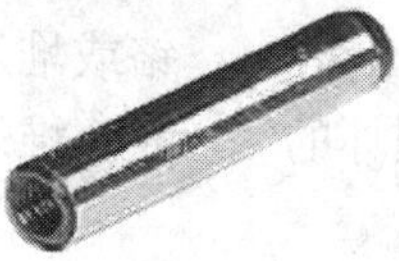	主要用于盲孔或从对面不便于拆卸的场合，装入盲孔时应在轴向上开通气槽
圆锥销	普通圆锥销	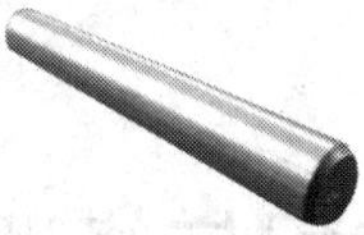	圆锥销有 1∶50 的锥度，装拆比圆柱销方便，多次装拆对连接的紧固性及定位精度影响较小，可用来连接和定位
	内螺纹圆锥销	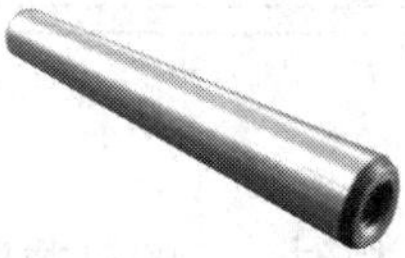	主要用于盲孔或从对面不便于拆卸的场合，装入盲孔时应在轴向上开通气槽
	螺尾锥销	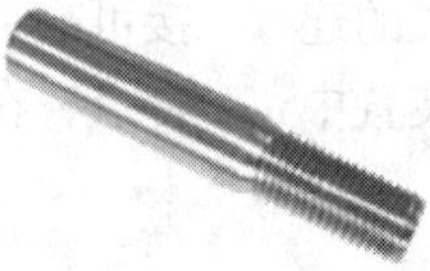	
	开尾圆锥销		开尾圆锥销的销尾可分开，能防止松脱，多用于振动冲击场合

二、圆柱销的装配

为保证配合精度，必须将被连接件的两孔同时钻、铰加工，然后在销上涂上机油，用铜棒轻轻敲入孔中。

三、圆锥销的装配

圆锥销在轴向力的作用下能保证自锁。圆锥销以小端直径和长度代表其规格。装配时，以小端直径选择钻头，被连接件的两孔应同时钻、铰加工，孔径大小以圆锥销长度的 80% 左右能自由插入为宜，用铜棒轻轻敲入后，圆锥销的大端可稍露出或平于被连接件。

四、销连接的拆卸与修理

拆卸圆锥销时，应注意大、小端的方向。螺尾锥销可用螺母旋出，如图 7–7 所示。拆卸内螺纹圆锥销和内螺纹圆柱销时，可用螺钉旋出或用拔销器拔出，如图 7–8 所示。

销连接损坏或磨损时，一般是更换销。若销孔损坏或磨损严重时，可重新钻、铰较大尺寸的销孔，更换相适应的新销。

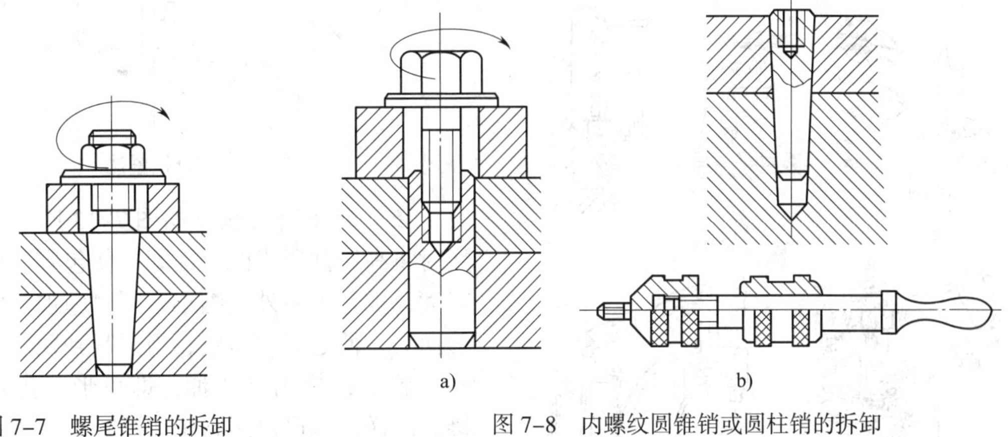

图 7–7　螺尾锥销的拆卸

图 7–8　内螺纹圆锥销或圆柱销的拆卸
a）用螺钉拆卸　b）用拔销器拆卸

§7–4　过盈连接的装配与修理

过盈连接是靠包容件（孔）和被包容件（轴）配合后的过盈量来达到紧固连接目的的一种连接方法，如图 7–9 所示。过盈连接能传递扭矩、轴向力和一定的冲击载荷，具有结构简单、同轴度高、承载能力强等优点，但配合面加工精度要求较高，装拆比较困难。

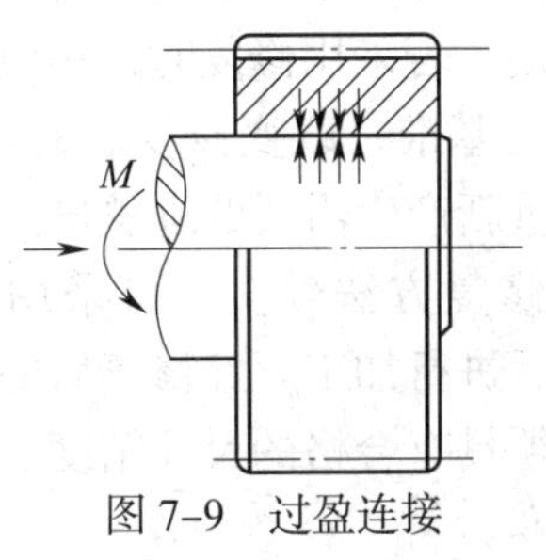

图 7–9　过盈连接

一、过盈连接的装配技术要求

（1）配合件要有较高的几何精度，并保证配合时有足够、准确的过盈量。

（2）配合表面应有较小的表面粗糙度值。

（3）装配时，清洗配合表面并涂上机油，压入过程应连续，速度要稳定，不宜太快，一般以 2 ~ 4 mm/s 为宜，并准确地控制压入行程。

（4）细长件或薄壁零件，装配前应注意检查过盈量和几何公差，装配时最好沿垂直方向压入，以免变形。

二、过盈连接的装配方法

1. 圆柱面过盈连接的装配

相配合的孔口或轴端应有 3° ~ 5° 的倒角，以便于装配。根据过盈量的大小不同，采用不同的装配方法：

（1）压入法　当配合尺寸和过盈量较小时，可采用常温下的压入法。常用的压入方法和设备如图 7–10 所示。

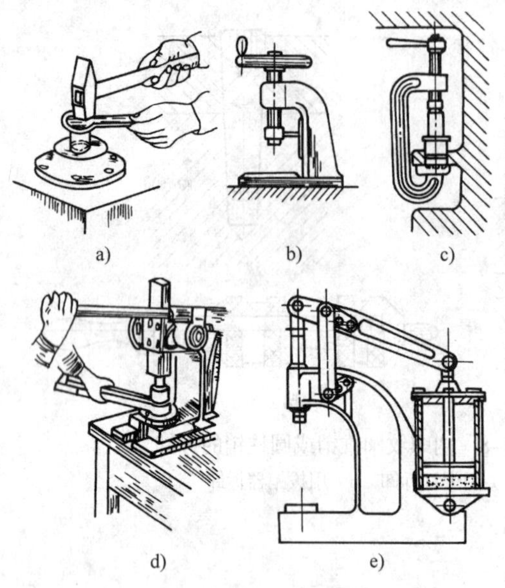

图 7–10　压入方法和设备

a）锤子加垫块　b）螺旋压力机　c）弓形夹　d）齿条压力机　e）气动杠杆压力机

（2）热胀法　利用金属材料热胀冷缩的物理特性，将包容件（孔）加热胀大，再将常温状态的被包容件（轴）压入，达到过盈连接。加热温度和加热方法的选择，应根据过盈量及轮毂尺寸大小来选择。常用的加热方法有沸水加热（80 ~ 100℃）、蒸气加热（120℃）、油加热（90 ~ 230℃）、电阻炉加热、红外线辐射加热和感应加热等。

（3）冷缩法　利用热胀冷缩的特性，将轴冷却，轴颈缩小后装入常温的孔中。常用的方法是采用干冰冷缩（–78℃）和液氮冷缩（–195℃）。

2. 圆锥面过盈连接的装配

圆锥面过盈连接是利用轴和孔零件在轴向上的相对位移，使径向产生过盈量而获得的过盈连接。常用的装配方法有两种：

（1）螺母拉紧法　如图 7–11 所示，拧紧螺母可使配合面压紧形成过盈连接。过盈量的大小取决于两零件在轴向上的相对位移量的大小。常用的锥度为 1 : 30 ~ 1 : 8。

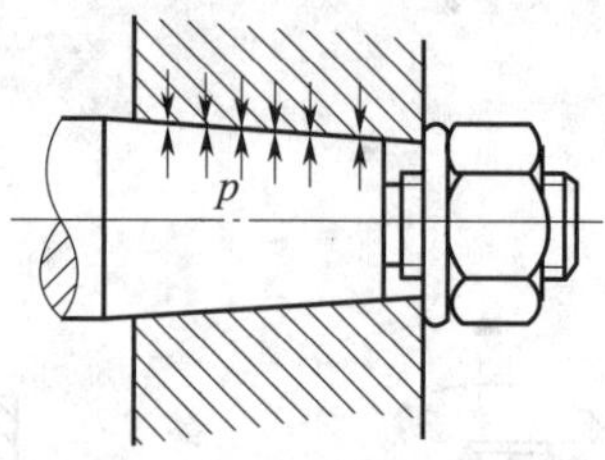

图 7–11　螺母拉紧法

（2）液压套合法　如图 7–12 所示，装配时将高压油压入配合面间，使包容件内径胀大，被包容件外径缩小，同时施加一定的轴向力，使之互相压紧，当压紧到预定的轴向位置后，排出高压油，即可形成过盈连接。同样，也可以用高压油拆卸。

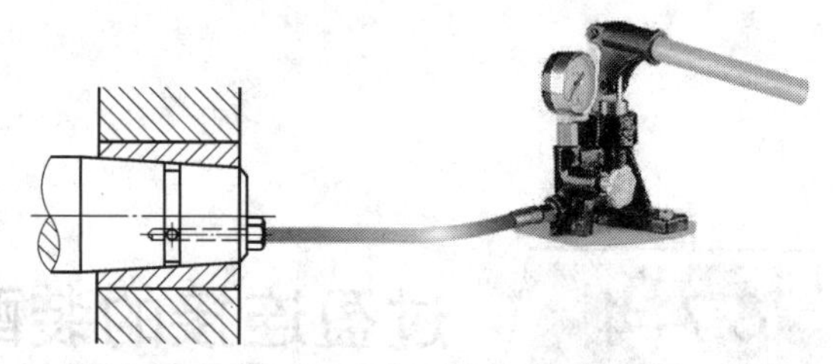

图 7–12　液压套合法

利用液压套合法装拆过盈连接，既不需要很大轴向力，也不损伤配合表面，多用于承载较大且需多次装拆的场合，尤其适用于大型零件。

三、过盈连接的拆卸与修理

过盈连接的零件一般不进行拆卸，拆卸时容易损伤或破坏连接零件。过盈连接的失效形式是过盈量的丧失而使配合松动。对于简单的包容件一般采取更换的办法重新建立过盈连接。若采用修复时，一般首先修复孔，以孔为基准，改变修复后的轴的尺寸，使轴、孔重新产生需要的过盈量。

轴的修复方法较多，可采用喷涂、刷镀、补焊后进行加工。经修复后的孔、轴配合面，必须具有合格的尺寸精度、表面粗糙度及同轴度。

复习思考题

1. 螺纹连接的基本类型有哪些？各适用于什么场合？
2. 螺纹连接的装配技术要求有哪些？
3. 螺纹连接常用的防松方法有哪些？
4. 螺纹连接的失效形式有哪几种？如何进行修理？
5. 什么叫键连接？根据键的结构和用途不同，键连接可分为哪几大类？
6. 简述松键连接和紧键连接的装配要点。
7. 简述花键连接的装配要点。
8. 键的失效形式有哪几种？如何修理？
9. 简述圆柱销、圆锥销的装配要点。
10. 什么是过盈连接？简述过盈连接的装配技术要求。
11. 常用的过盈连接的装配方法有哪些？各用于什么场合？

第八章
传动机构的装配与修理

§8-1 带传动机构的装配与修理

带传动是指由带和带轮组成传递运动或动力的传动。其工作原理是依靠张紧在带轮上的带与带轮之间的摩擦力或啮合来传递运动和动力。带传动具有工作平稳、噪声小、结构简单、制造方便，并能起到过载保护作用等优点，适用于两轴中心距较大的场合，是一种常用的机械传动。但它的传动比不准确（同步齿形带传动除外）、传动效率较低。

一、带传动的类型

根据工作原理不同，带传动可分为摩擦带传动和啮合带传动两大类，其具体结构、特点及应用见表 8-1。

表 8-1　常见带传动的结构、特点及应用

结构类型		图示	特点及应用
摩擦带传动	平带传动		由一条平带与两个或多个带轮组成的摩擦传动。带的工作面与带轮的轮缘表面接触，平带的横截面为扁平矩形。其形式有两轴线平行的开口传动和交叉传动，以及两交错轴的半交叉传动
	V 带传动		由一条或数条 V 带和 V 带轮组成的摩擦传动。V 带的横截面为等腰梯形或近似等腰梯形，两侧面为工作面，工作时 V 带与轮槽两侧面接触，在同样拉力的作用下，V 带传动的摩擦力约为平带传动的 3 倍，故能传递较大的载荷，应用最为广泛
	多楔带传动		由多楔带与两个或多个带轮组成的传动，其中至少一个带轮有楔槽，带轮的轴线与带的纵截面垂直。多楔带是若干 V 带的组合，可避免多根 V 带长度不等、传力不均的缺点

续表

结构类型		图示	特点及应用
摩擦带传动	圆形带传动		由圆带和带轮组成的摩擦传动。带的横截面为圆形，常用皮革或棉绳制成，只用于小功率传动
同步（齿形）带传动			由同步带与两个或多个同步带轮组成的啮合传动，其同步运动或动力通过带齿与轮齿相啮合传递。带与带轮间没有相对滑动，可保持主、从动轮传动比恒定

由于V带传动在机械中最为常用，所以本节以下内容均以V带传动为例。

二、带传动机构的装配技术要求

（1）带轮安装要正确，其外圆径向圆跳动量和垂直于轮槽工作面基准直径处的斜向圆跳动量应控制在规定范围内。

（2）两带轮轴线应相互平行，相对应的V形槽的对称平面应重合，其误差不得超过20′。

（3）带轮工作面表面粗糙度值大小要适当，过于粗糙，将加剧带的磨损；过于光滑，则带易打滑。

（4）带的初拉力要适当，且调整方便。

小提示

在国家标准GB/T 11544—2012中规定普通V带的截面尺寸型号有Y型、Z型、A型、B型、C型、D型、E型共7种，其基准长度系列见附表12。

三、带传动机构的装配要点

1. 带轮的装配

带轮与轴一般采用过渡配合，同轴度较高，并且用紧固件作周向和轴向固定。带轮在轴上的固定形式如图8-1所示。

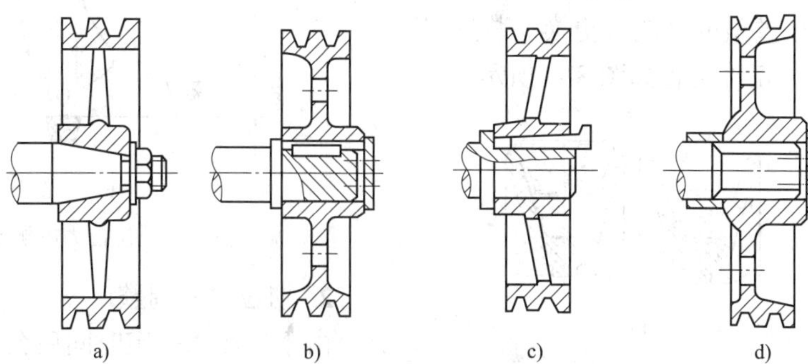

图8-1　带轮与轴的连接

a）圆锥过盈连接　b）平键连接　c）楔键连接　d）花键连接

带轮与轴装配后，要检测带轮的外圆径向圆跳动量和垂直于轮槽工作面基准直径处的斜向圆跳动量，如图 8–2 所示。还要检测两带轮轴心线的倾斜及相对位置是否正确，如图 8–3 所示。

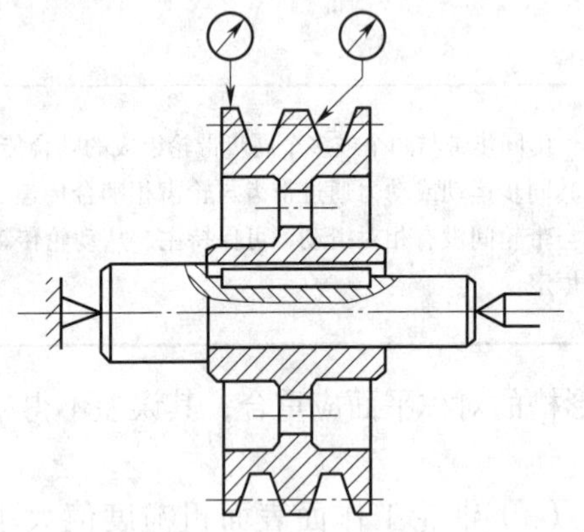

图 8–2 带轮圆跳动量的检测

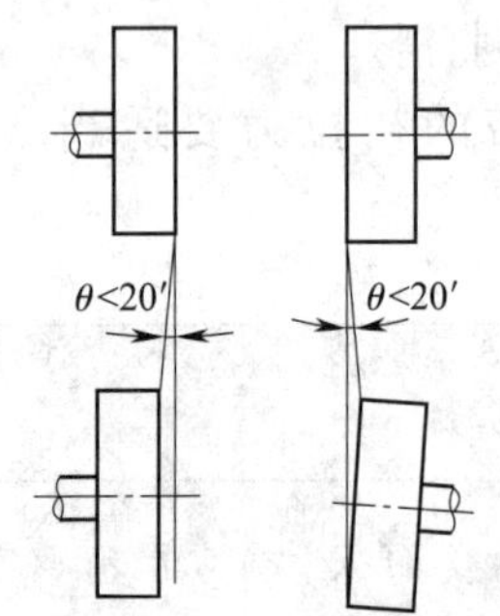

图 8–3 带轮安装位置的检测

2. V 带的安装

（1）安装前应检查带是否配组，不配组的带不得同组安装，新、旧带不能同组混装使用。

（2）安装前必须检测轮槽的尺寸和间距，对超过规定公差值的带轮应更换。装好后的 V 带在槽中的正确位置如图 8–4 所示。

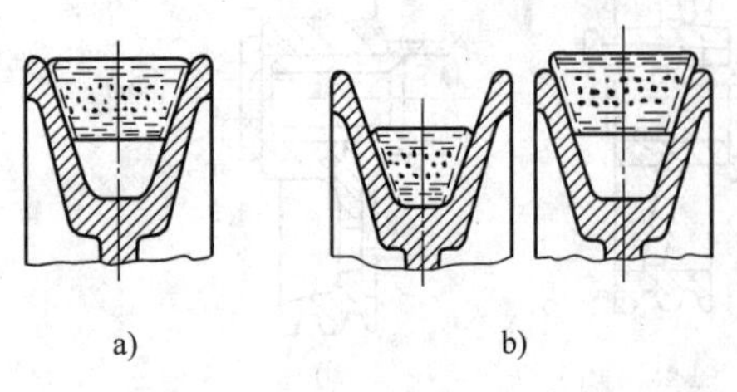

图 8–4 V 带在轮槽中的位置

a）正确 b）错误

（3）套装带时不得强行撬入，应先将中心距调小，待 V 带进入轮槽后再进行张紧（通常先套装小带轮，后套装大带轮）。

四、初拉力的控制与调整

初拉力是指带运行前张紧在带轮上的拉力。由于带传动是摩擦传动，适当的初拉力是保证带传动正常工作的重要因素。初拉力不足，带将在带轮上打滑，传动效率降低；初拉力过大，则会使带寿命缩短，轴压力增大，易损坏轴和轴承等零件。

1. 初拉力的测定

（1）初拉力的测定，通常是在 V 带与两带轮切点的跨度中点处，施加一规定的垂直于带边的力 G，每跨度 100 mm 产生挠度 1.6 mm，如图 8–5a 所示。

（2）在实际生产中，对于一般要求的机械，可根据经验判断初拉力是否合适。用拇指竖直按压在 V 带与两带轮切点的中间处，能将 V 带按下 15 mm 左右即可，如图 8–5b 所示。

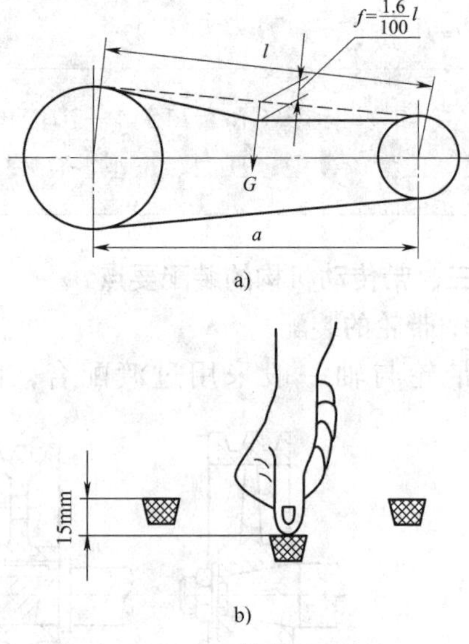

图 8–5 初拉力的测定

2. 初拉力的调整

由于带使用一定时间后会变长而使初拉力减小。所以，在带传动机构中均有调整初拉力的装置。其常用方法见表 8–2。

表 8-2　　带传动初拉力的调整方法

调整方法		图示	特点及应用
改变中心距法	定期调整	水平方向调节中心距 倾斜或垂直方向调节中心距	将装有带轮的电动机装在滑道或固定铰链上，旋转调节螺钉以增大或减小中心距从而达到张紧或放松的目的。它是最普通的一种，调节可靠
	自动调整		利用电动机的自重拉大中心距，达到自动调整的目的
不改变中心距法	定期调整	张紧轮在带的内侧	当带传动的中心距不能调整时，可采用张紧轮法 V 形带或同步带张紧时，张紧轮一般放在带的松边内侧并应尽量靠近大带轮一边，这样可使带只受单向弯曲，且小带轮的包角不致过分减小
	自动调整	张紧轮在带的外侧	平带传动时，张紧轮一般应放在松边外侧，并要靠近小带轮处。这样小带轮包角可以增大，提高了平带的传动能力

五、带传动机构的修理

带传动机构常见的失效形式有轴颈弯曲、带轮与轴配合松动、带轮槽磨损、带拉长或断裂、带轮崩裂等。

（1）轴颈弯曲　用百分表检测弯曲程度，采用矫直或更换的方法修复。

（2）带轮与轴配合松动　当带轮和轴颈磨损量不大时，可将轮孔用车床修圆修光，轴颈用镀铬、堆焊或喷镀法加大直径，然后磨削至配合尺寸。当轮孔磨损严重时，可将轮孔镗大后压装衬套，用骑缝螺钉固定，加工出新的键槽，如图 8–6 所示。

（3）带轮槽磨损　可适当车深轮槽，并修整轮缘。

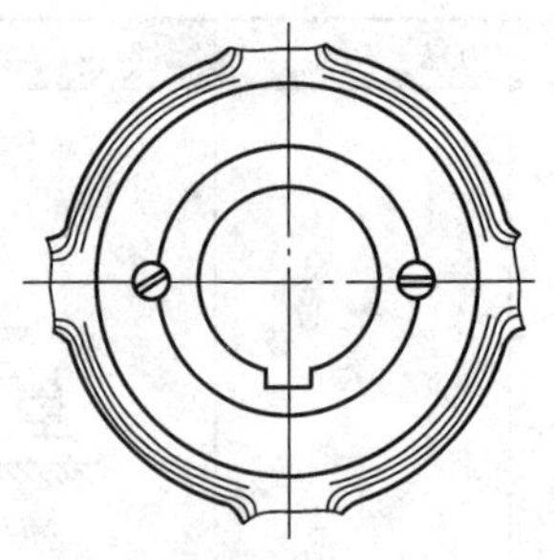

图 8–6　在带轮孔中压入衬套

（4）V 带拉长　V 带拉长在正常范围内时，可通过调整中心距张紧。若超过正常的拉伸量，则应更换新带。更换新 V 带时，应将一组 V 带一起更换。

（5）带轮崩碎　应更换新带轮。

§8–2　链传动机构的装配与修理

链传动机构是由两个链轮和连接它们的链条组成，通过链条与链轮的啮合来传递运动和动力，如图 8–7 所示。链传动具有传递功率大、传递效率高、能保证准确的平均传动比、对工况环境要求低等特点，适用于低速、重载、环境恶劣、有远距离传动要求或温度变化大的场合。但安装维护要求较高，无过载保护作用。

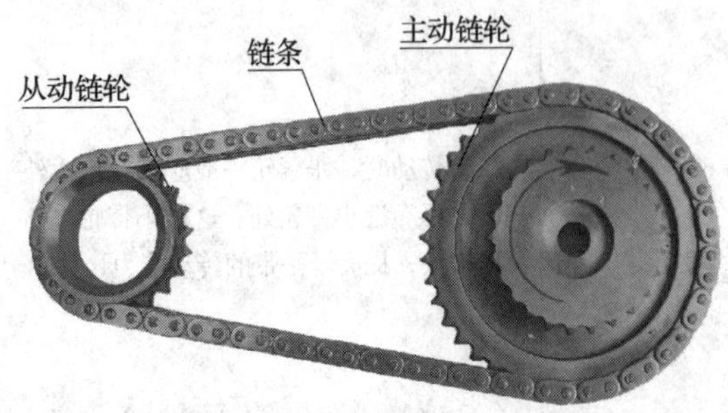

图 8–7　链传动的基本结构

一、链的类型

链是链传动中的主要部件，它的类型繁多，按链的结构分为滚子链、套筒链、齿形链、多板链和其他结构链；按照用途不同，链可分为传动链、输送链、起重链和其他用途链，如图 8–8 所示。传动链主要用于一般机械中传递运动和动力，通常工作速度 $v \leqslant 15$ m/s；起重链用于起重机械中提起重物，其工作速度 $v \leqslant 0.25$ m/s；输送链主要用于链式输送机中移动重物，其工作速度 $v \leqslant 4$ m/s。

a)

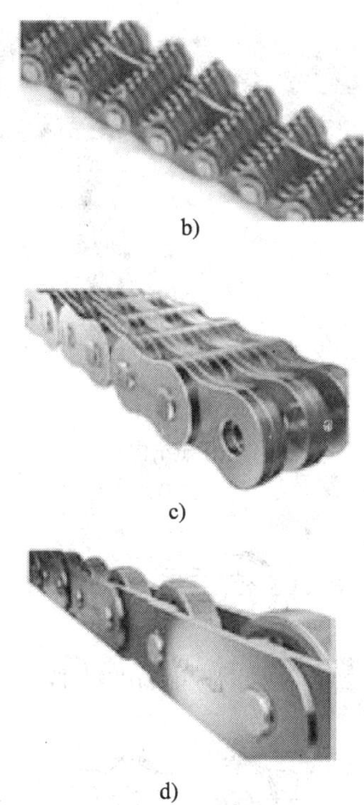

图 8–8　链的类型

a）滚子传动链　b）齿形链（无声链）
c）起重链　d）输送链

二、链传动机构的装配技术要求

1. 链轮的两轴线必须平行

其允差为沿轴长方向 0.5 mm/1 m。

2. 两链轮的中心平面应重合

轴向偏移量不能太大，一般当两轮中心距小于 500 mm 时，轴向偏移量应在 1 mm 以下，两轮中心距大于 500 mm 时，轴向偏移量应在 2 mm 以下。两链轮轴线平行度及轴向偏移量的检测方法如图 8–9 所示。

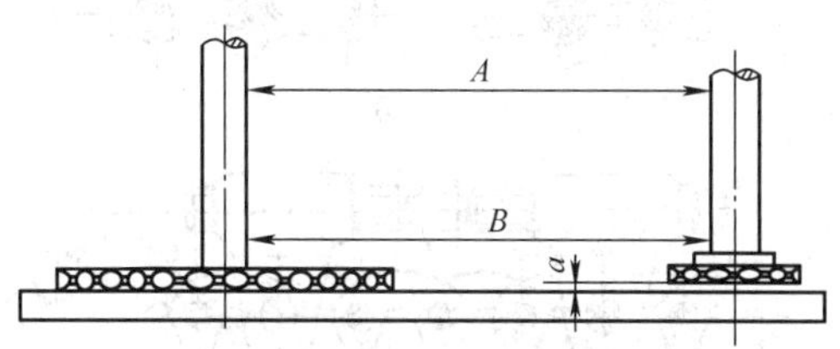

图 8–9　两链轮轴线平行度及轴向偏移量的检测

3. 链轮的圆跳动量符合要求

对于精密滚子链传动必须用百分表检测链轮齿根圆的径向圆跳动和齿部端面圆跳动，如图 8–10 所示。

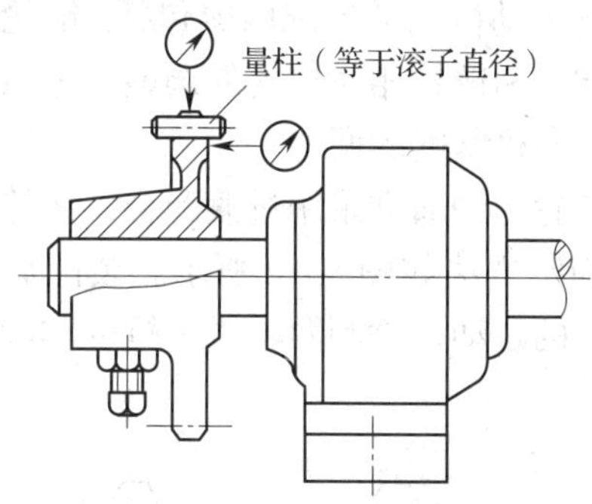

图 8–10　链轮圆跳动量的检测

（1）链轮齿根圆的径向圆跳动量不应超过下列两数值中的较大数值：

（$0.000\ 8d_f+0.08$）mm 或 0.15 mm，最大到 0.76 mm（d_f 为齿根圆直径）。

（2）链轮齿部端面圆跳动量不应超过下列两数值中的较大数值：

（$0.000\ 9d_f+0.08$）mm 或 0.25 mm，最大到 1.14 mm。

4. 链条的松紧度要适当

旋转链轮将链条的一边张紧，然后检测链条松边中点的总移动量 $A \sim C$，如图 8–11 所示。当两链轮的中心连线与水平面的夹角小于 45° 时，位置 $A \sim C$ 的移动量应是中心距的 2%（±1%）~ 6%（±3%）；当两链轮的中心连线与水平面的夹角大于 45° 时，位置 $A \sim C$ 的移动量应是中心距的 1%（±0.5%）~ 3%（±1.5%）。

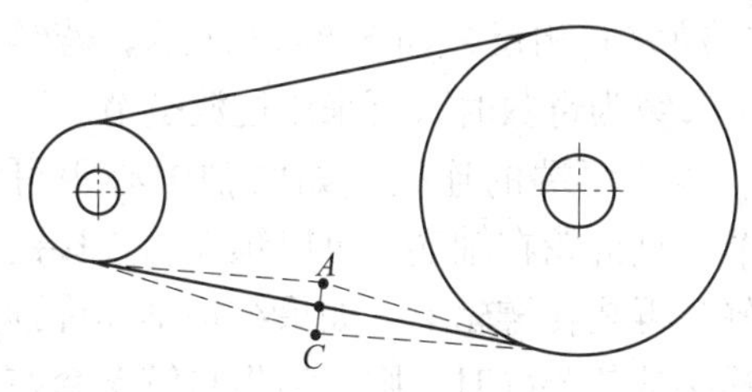

图 8–11　链条松紧度的检测

链条的松紧调整可用张紧轮或惰轮来实现，特别是对于当两链轮的中心连线与水平面的夹角大于 60°时的倾斜链传动。但对链条的调整应保证不会对链条产生附加载荷。

三、链传动机构的装配

链传动机构的装配内容包括：链轮与轴的装配，两链轮相对位置的调整，链条的安装和链条松紧度的调整。

链轮与轴通常采用过渡配合，链轮在轴上的固定方法如图 8–12 所示。装配后应检测链轮的跳动，检测两轴线平行度和轴向偏移量。

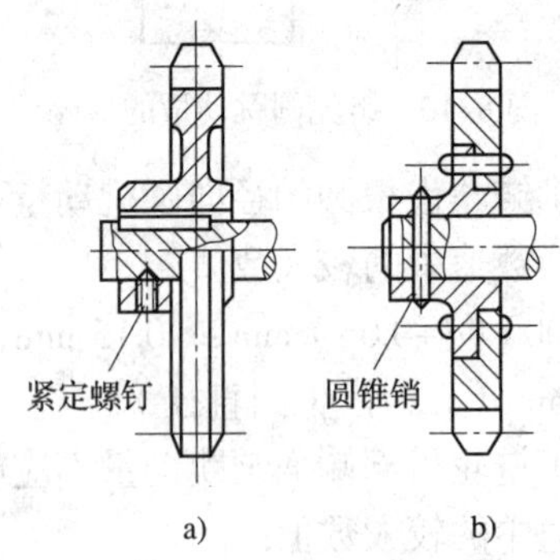

图 8–12　链轮的固定方法

用于动力传动的链主要是套筒滚子链。如图 8–13 所示，套筒滚子链由内链板、外链板、套筒、销轴、滚子等组成。外链板固定在销轴上，内链板固定在套筒上，滚子与套筒间和套筒与销轴间均可相对转动，因而链条与链轮的啮合主要为滚动摩擦。套筒滚子链可单列使用和多列并用，多列并用可传递较大功率。常用的连接链节有带弹性锁片和带开口销两种形式。当使用带弹性锁片的连接链节时，应注意带弹性锁片的开口与链条运动方向相反，如图 8–13 所示。若链条的链节数为奇数时，可采用过渡链节。

链条两端的连接，如两轴中心距可以调节，且链轮在轴端，可以预先将连接链节装好，再装在链轮上。如果结构不允许预先将连接链节装好时，则必须先将链条套在链轮上再进行连接。此时须采用专用的拉紧工具，如图 8–14a 所示。齿形链必须先套在链轮上，再用拉紧工具拉紧后进行连接，如图 8–14b 所示。

滚子链结构

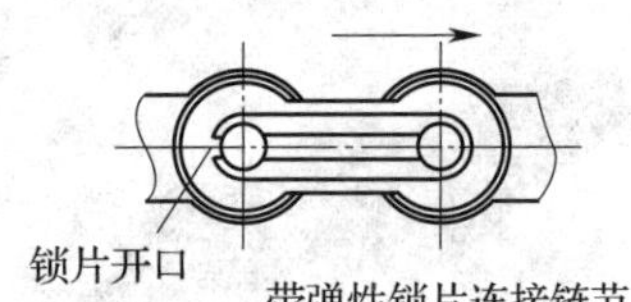

带弹性锁片连接链节

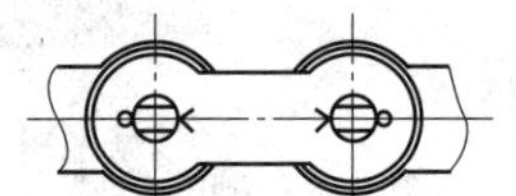

带开口销连接链节

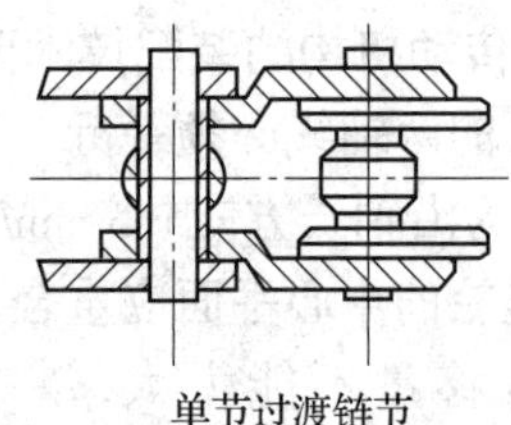

单节过渡链节

图 8–13　套筒滚子链的结构和连接链节形式

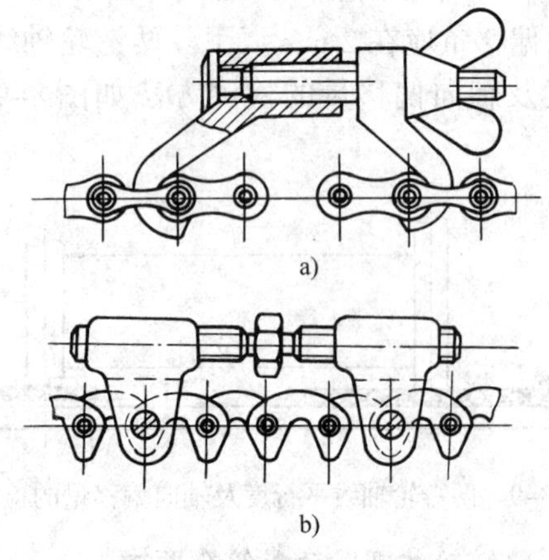

图 8–14　拉紧链条的方法

a）套筒滚子链条的拉紧　b）齿形链条的拉紧

四、链传动机构的修理

链传动机构常见的失效形式有：链条拉长、链轮磨损、链轮轮齿个别折断和链节断裂等。

（1）链条拉长　链条经长时间使用后会被拉长而下垂，产生抖动和掉链，链节拉长后使链和链轮磨损加剧。当链轮中心距可以调整时，可通过调整中心距使链条拉紧；若中心距不能调节时，可使用张紧轮张紧，也可以卸掉一个或几个链节来调整。

（2）链轮磨损　链轮牙齿磨损后，节距增加，使磨损加快，当磨损严重时，应更换新的链轮。

（3）链轮轮齿个别折断　可采用堆焊后修复，或更换新链轮。

（4）链节断裂　可采用更换断裂链节的方法修复。

§8–3　齿轮传动机构的装配与修理

齿轮传动是机械中最常用的传动方式之一，它依靠轮齿间的啮合来传递运动和动力。其优点是传动比恒定、速比范围大、传动效率高、传动功率大、结构紧凑、使用寿命长等；缺点是无过载保护、高速时噪声大、不宜用于远距离传动、制造装配要求高等。

一、齿轮传动的类型

由于齿轮传动可传递空间任意两轴之间的运动和动力，其结构类型较为复杂，所以分类方法较多，通常可按图 8–15 所示进行分类。其中直齿圆柱齿轮传动、直齿圆锥齿轮传动和齿轮齿条传动最为典型，其结构、特点及应用见表 8–3。

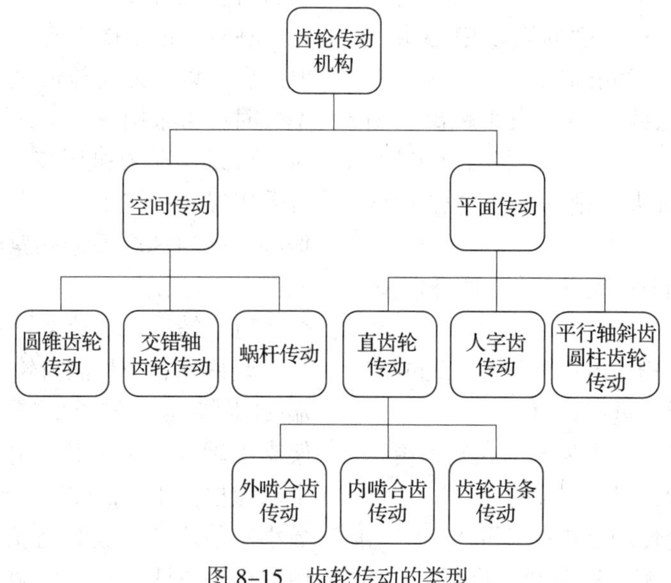

图 8–15　齿轮传动的类型

表 8–3　　典型齿轮传动的结构、特点及应用

类型	结构	特点及应用
直齿圆柱齿轮传动机构		它是齿轮传动机构中的最基本形式，啮合时齿面上的接触线是一条与轴线平行的直线，这就使轮齿的啮合沿整个齿宽同时接触或同时分离，无轴向力产生，但容易引起冲击、振动和噪声。用于两平行轴之间的中、低速传动场合
直齿圆锥齿轮传动机构		由于轮齿分布在圆锥表面上，能产生一定的轴向力。用于传递两相交轴之间的运动和动力，通常两轴交角为 90°
齿轮齿条传动机构		此传动机构的特点是可将齿轮的回转运动变为齿条的往复直线运动，或将齿条的直线往复运动变为齿轮的回转运动

二、齿轮传动机构的装配技术要求

（1）齿轮与轴的配合要适当，能满足使用要求。空套齿轮在轴上不得有晃动现象；滑移齿轮不应有咬死或阻滞现象；固定齿轮不得有偏心或歪斜现象。

（2）保证齿轮有准确的安装中心距和适当的齿侧间隙。齿侧间隙是指两啮合齿轮非工作齿面间法线方向的最小距离。侧隙过小，齿轮传动不灵活，热胀时会卡齿，加剧磨损；侧隙过大，则易产生冲击和振动。

（3）保证齿面有一定的接触面积和正确的接触位置。

（4）在变速机构中应保证齿轮准确的定位，其错位量不得超过规定值。

（5）对转速较高的大齿轮，在装入箱体前应进行平衡试验，以免振动过大。

三、圆柱齿轮传动机构的装配

圆柱齿轮的装配一般分两步进行：先将齿轮装在轴上，再把齿轮轴组件装入箱体。

1. 齿轮与轴的装配

在轴上空套或滑移的齿轮与轴的配合为间隙配合，装配前应检测孔与轴的加工尺寸是否符合配合要求。

在轴上固定的齿轮，与轴的配合多为过渡配合，以保证孔与轴的同轴度。当过盈量不大时，可采用手工工具压入；当过盈较大时，可采用压力机压装；当过盈量很大时，可采用温差法装入。压装时应尽量避免齿轮偏心、歪斜和端面未贴紧轴肩等安装误差，如图 8–16 所示。

对于精度要求较高的齿轮传动，齿轮在轴上装好后，应检测齿轮的径向圆跳动量和端面圆跳动量。如图 8–17 所示，用等高 V 形架支承轴承安装轴颈，用百分表每隔 2 ~ 4 个轮齿检测 1 次，旋转 1 周百分表的最大与最小示值之差，就是齿轮的径向圆跳动量。用同样的方法可检测出端面圆跳动量。

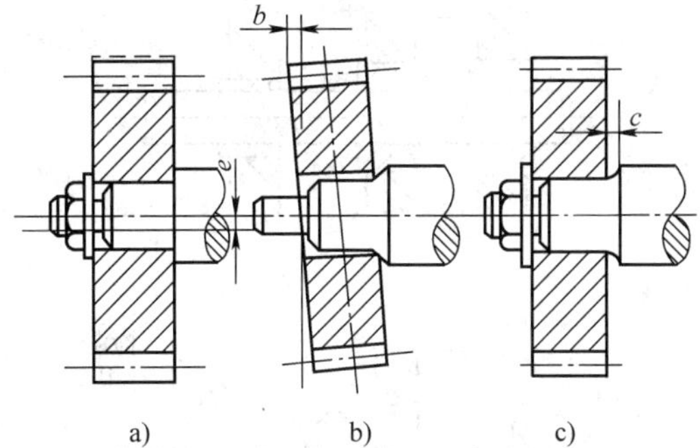

图 8-16　齿轮在轴上的安装误差

a）齿轮偏心　b）齿轮歪斜

c）齿轮端面未贴紧轴肩

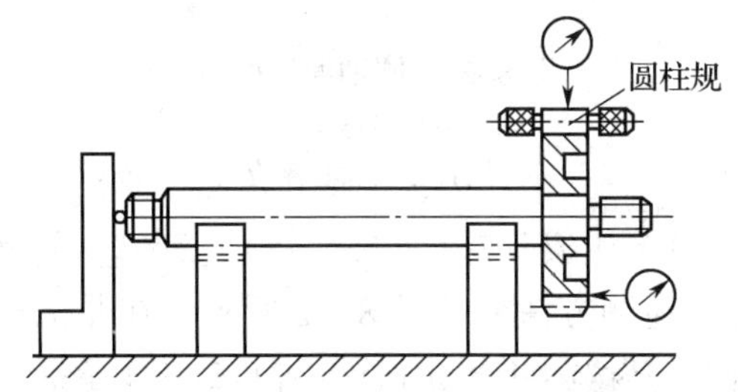

图 8-17　齿轮径向圆跳动和端面圆跳动的检测

2. 齿轮轴装入箱体

齿轮啮合质量的好坏，除齿轮本身的制造精度外，箱体孔的几何精度也对其有直接的影响，所以在齿轮轴组件装入箱体前，应对箱体进行检测。

（1）孔距　相互啮合的一对齿轮的安装中心距是影响齿侧间隙的主要因素。箱体孔距的检测方法如图 8-18 所示。图 8-18a 是用游标卡尺分别测得 d_1、d_2、L_1、L_2，然后计算出中心距 A:

$$A = L_1 + \left(\frac{d_1}{2} + \frac{d_2}{2}\right)$$

$$A = L_2 - \left(\frac{d_1}{2} + \frac{d_2}{2}\right)$$

$$A = \frac{L_1 + L_2}{2}$$

图 8-18b 是用游标卡尺（或千分尺）和心棒测量孔距:

$$A = \frac{L_1 + L_2}{2} - \frac{d_1 + d_2}{2}$$

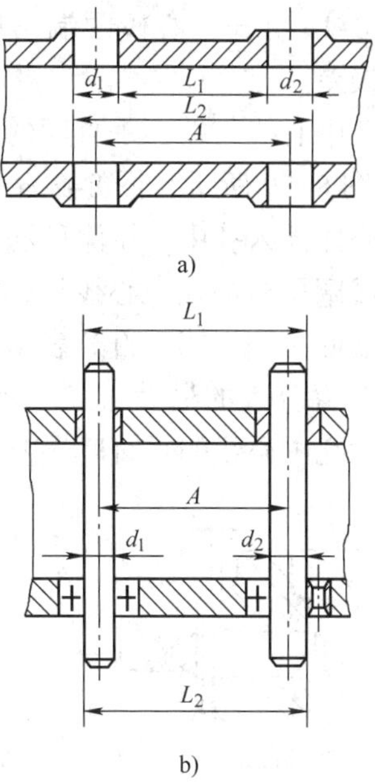

图 8-18　箱体孔距的检测

a）用游标卡尺测量

b）用游标卡尺（或千分尺）和心棒测量

（2）孔系（轴系）平行度的检测　孔系平行度影响齿轮的啮合位置和接触面积。检测方法如图 8-18b 所示，分别测量出心棒两端尺寸 L_1 和 L_2，则两尺寸之差就是两中心线的平行度误差值。

（3）孔中心线与基面距离尺寸精度和平行度的检测　检测方法如图 8-19 所示，箱体基面用等高垫铁支承在平板上，心棒与孔紧密配合。用游标高度尺（量块或百分表）测量心棒两端尺寸 h_1、h_2，则轴线与基面的距离 h 为:

$$h = \frac{h_1 + h_2}{2} - \frac{d}{2} - a$$

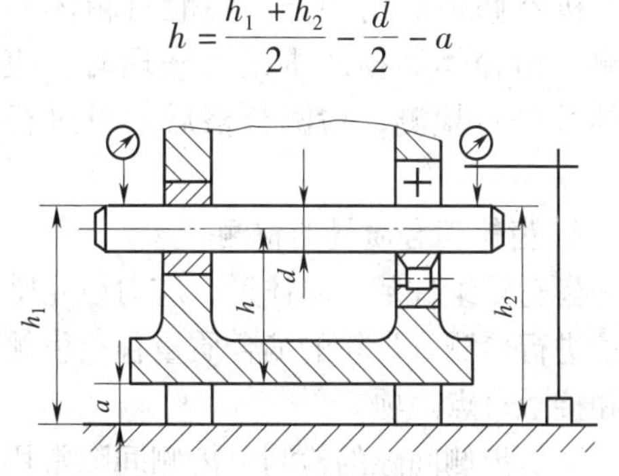

图 8-19　孔中心线与基面距离和平行度的检测

由图 8–19 可知，心棒两端高度之差即为平行度误差。

（4）孔中心线与端面垂直度的检测　检测方法如图 8–20 所示，图 8–20a 是将带圆盘的专用心棒插入孔中，用涂色法（涂在孔口端面）或塞尺检测孔中心线与孔端面垂直度。图 8–20b 是用心棒和百分表检测，心棒转动一周，百分表的最大与最小示值之差，即为端面对孔中心线的垂直度误差。

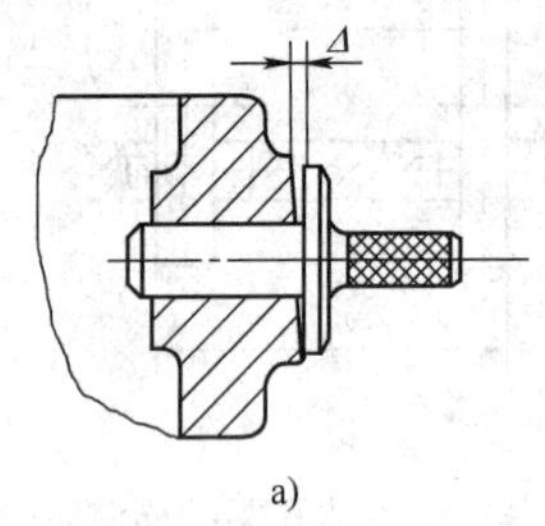

a)

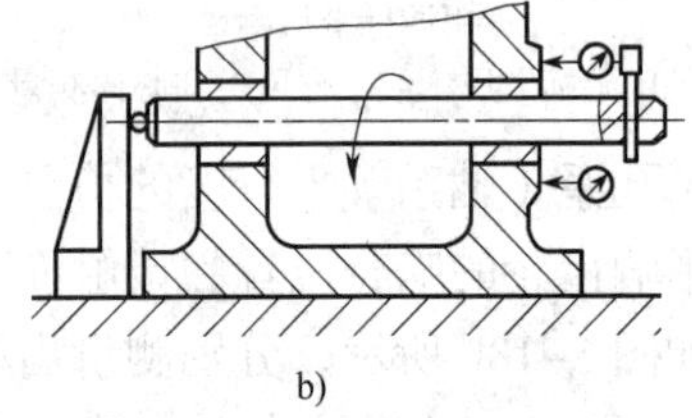

b)

图 8–20　孔中心线与端面垂直度的检测

a）用专用心棒检测

b）用百分表和心棒检测

（5）孔中心线同轴度的检测　检测方法如图 8–21 所示，图 8–21a 为成批生产时，用专用心棒检测；图 8–21b 为用百分表及心棒检测，百分表最大与最小示值之差的一半为同轴度误差值。

机器修理后的装配，一般对箱体不做检测，但箱体磨损严重或大修理时，应对箱体孔进行检测，检测合格后方可进行装配。

3. 齿轮啮合质量的检测

齿轮轴组件装入箱体后，应对齿轮啮合质量进行检测。齿轮的啮合质量包括齿侧间隙和接触斑点两项。

（1）齿侧间隙的检测　齿侧间隙常用的检测方法有两种：

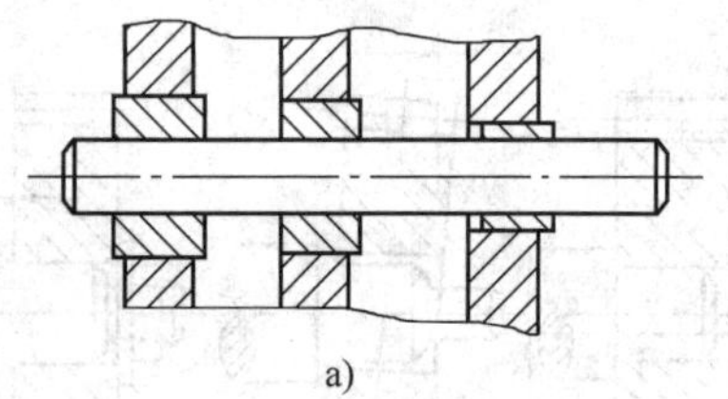

a)

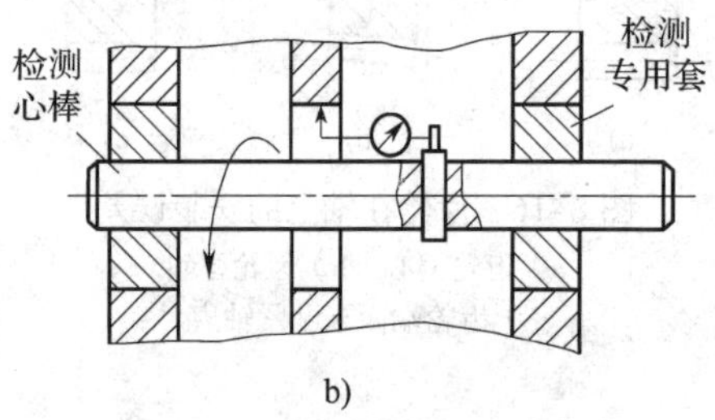

b)

图 8–21　同轴度的检测

a）用专用心棒检测

b）用百分表和心棒检测

1）压铅丝法　它是一种最简单、最直观的检测方法，如图 8–22 所示，在非工作齿面的齿宽方向上用油脂粘上 2 ～ 4 条平行铅丝（铅丝直径应不小于要求齿侧间隙的 4 倍），转动啮合齿轮挤压过铅丝后，其铅丝最薄处的厚度尺寸即为齿侧间隙。

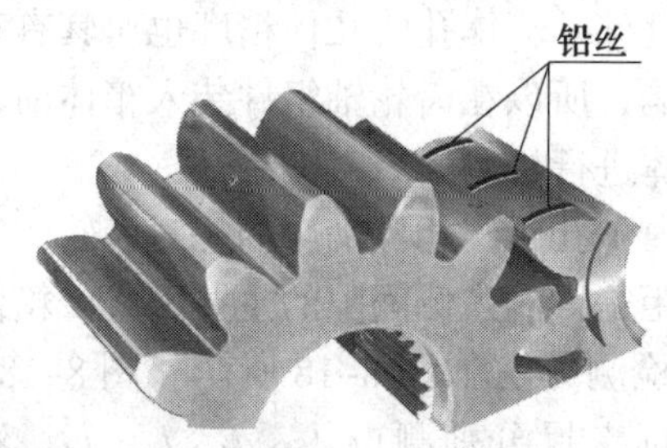

图 8–22　用压铅丝法检测齿侧间隙

2）百分表检测法　如图 8–23 所示，它是将一个齿轮固定不动，把百分表的测量触头直接抵在另一个齿轮的齿面上，并转动该齿轮，其百分表的读数差值即为齿侧间隙。

（2）接触斑点的检测　齿面的接触斑点主要是指齿轮啮合后接触斑点的位置、形状和面积。通常用涂色法检测，如图 8–24 所示，其位置应在节圆处上下对称分布；具体面积要求见表 8–4。对于双向工作的齿轮，正反两个方向都应检测。

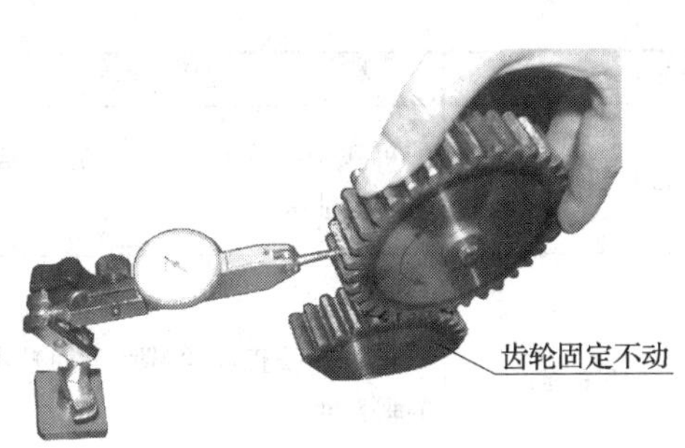

图 8–23　用百分表法检测齿侧间隙

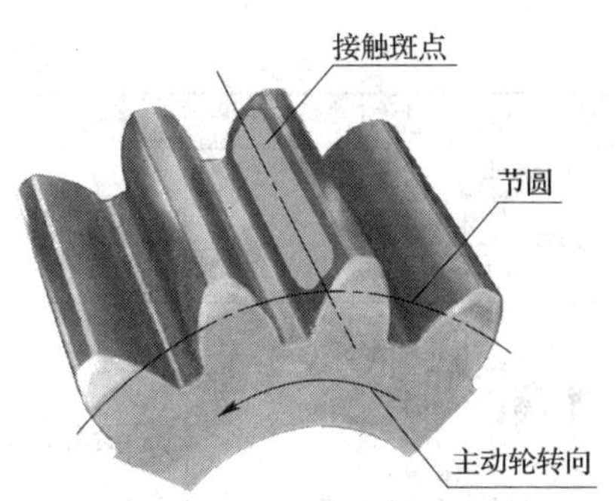

图 8–24　直齿圆柱齿轮的接触斑点位置示意图

表 8–4　　直齿圆柱齿轮装配后（轻载）的接触斑点（摘自 GB/Z 18620.4—2008）

齿面接触斑点图示	b_{c1}　b_{c2}　h_{c1}　h_{c2}　有效齿面高度			
齿轮精度等级	b_{c1} 占齿宽百分比	h_{c1} 占有效齿高百分比	b_{c2} 占齿宽百分比	h_{c2} 占有效齿高百分比
4 级或更高	50%	70%	40%	50%
5 级、6 级	45%	50%	35%	30%
7 级、8 级	35%	50%	35%	30%
9 级 ~ 12 级	25%	50%	25%	30%

影响接触斑点的主要因素是齿形制造精度及安装精度。当接触位置正确而接触面积太小时，是由于齿形误差太大所致，应在齿面上加研磨剂进行跑合，以增加接触面积。齿形正确而安装有误差造成接触不良的原因及调整方法见表 8–5。

四、圆锥齿轮传动机构的装配

装配圆锥齿轮传动机构与装配圆柱齿轮传动机构的顺序相似。圆锥齿轮传动机构装配的关键是正确确定轴交角、安装距和啮合质量的检测与调整。

表 8–5　　渐开线圆柱齿轮由安装造成接触不良的原因及调整方法

接触斑点	原因分析	调整方法
正常接触		
	中心距太大	可在中心距允差范围内，刮削轴瓦或调整轴承座
	中心距太小	
同向偏接触	两齿轮轴线不平行	
异向偏接触	两齿轮轴线歪斜	

续表

接触斑点	原因分析	调整方法
单面偏接触	两齿轮轴线不平行，同时歪斜	可在中心距允差范围内，刮削轴瓦或调整轴承座
游离接触（在整个齿圈上接触区由一边逐渐偏向另一边）	齿轮端面与回转中心线不垂直	检查并校正齿轮端面与回转中心线的垂直度
不规则接触（有时齿面一个点接触，有时在端面边线上接触）	齿面有毛刺或有碰伤隆起	去除毛刺、修整

1. 箱体检测

圆锥齿轮传动一般是传递相互垂直的两轴之间的运动。将已装配好的两锥齿轮轴组件装入箱体之前，需检测箱体两安装孔中心线的垂直度和相交程度。

图 8–25 所示为在同一平面内两孔中心线垂直度和相交程度的检测方法。图 8–25a 所示为检测垂直度的方法，将百分表装在心棒 1 上，在心棒 1 上装有定位套筒，以防止心棒轴向窜动，旋转心棒 1，百分表在心棒 2 上 L 长度的两点示值差，即为两孔中心线在 L 长度内的垂直度误差。图 8–25b 所示为两孔中心线相交程度检测，心棒 1 的测量端做成叉形槽，心棒 2 的测量端为台阶形，分别为过端和止端。检测时，若过端能通过叉形槽，而止端不能通过，则相交程度合格，否则为超差。

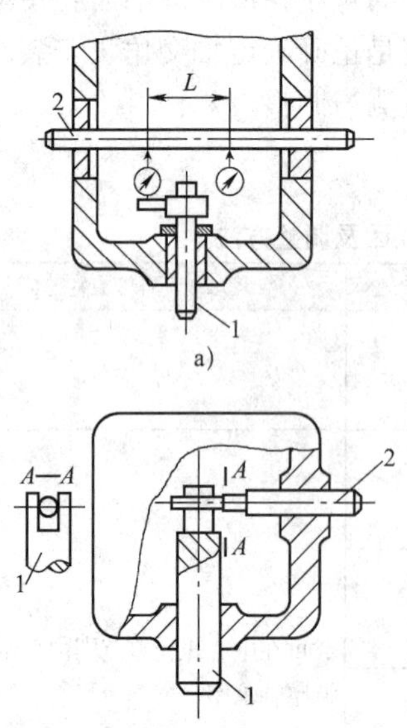

图 8–25　同一平面内两孔中心线垂直度和相交程度的检测

a）检测垂直度　b）检测两孔中心线相交程度

图 8–26 所示为不在同一平面内的两孔中心线垂直度的检测方法。箱体用千斤顶 3 支承在平板上，用直角尺 4 将心棒 2 调至与平板垂直。此时测量心棒 1 对平板的平行度误差即为两孔中心线垂直度误差。

在机械大修理后，都要进行箱体检测，一般中、小修理可不做此检测。

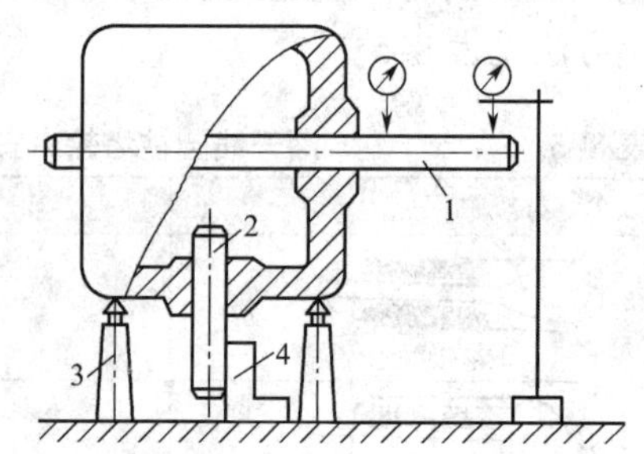

图 8–26　不在同一平面内的两孔中心线垂直度的检测

1，2—心棒　3—千斤顶　4—直角尺

2. 两圆锥齿轮安装距的确定

当一对标准的圆锥齿轮传动时，必须使两齿轮分度圆锥相切，锥顶重合。确定圆锥齿轮安装距时，先安装一工艺轴，然后按图 8–27 所示的方法测量其安装距，并固定该圆锥齿轮的轴向位置。另一圆锥齿轮的安装距可根据齿侧间隙来确定。

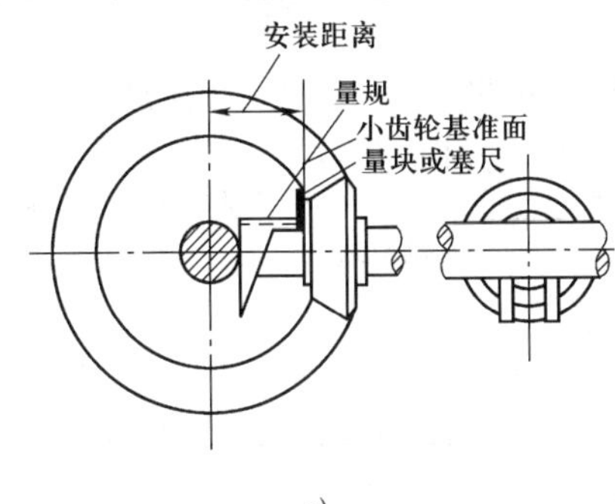

a)

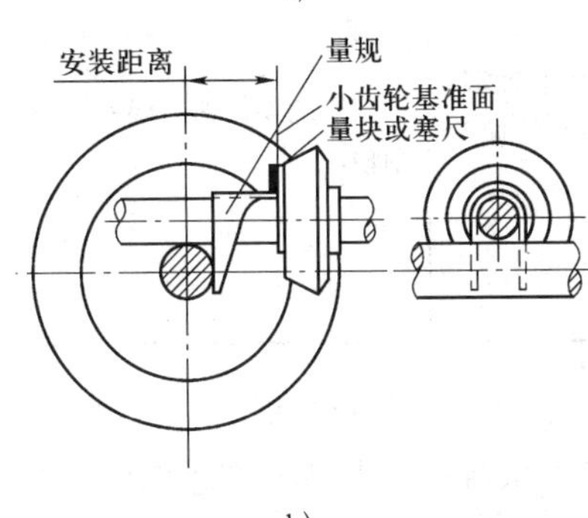

b)

图 8–27　圆锥齿轮安装距的检测方法
a）相交轴圆锥齿轮　b）交错轴圆锥齿轮

用背锥面作定位面的圆锥齿轮，装配时将背锥面对齐对平，就可以保证两齿轮的正确安装位置。

圆锥齿轮轴向位置确定后，一般采用改变调整垫片厚度或改变固定套圈的位置等方法进行固定，如图 8–28 所示。

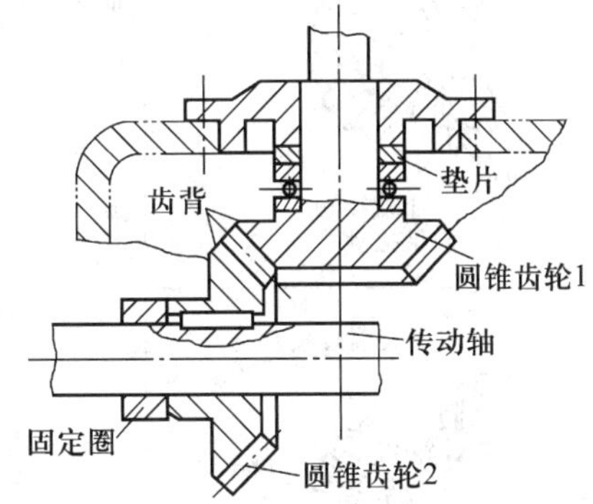

图 8–28　圆锥齿轮轴向位置的固定与调整

3. 圆锥齿轮啮合质量的检测

（1）齿侧间隙的检测　一般采用压铅丝法或百分表法检测，与圆柱齿轮基本相同。

（2）接触斑点检测　一般用涂色法检测。在无载荷时，接触斑点应靠近轮齿小端；满载时，接触斑点在齿高和齿宽方向应不少于 40% ~ 60%（随齿轮精度而定）。直齿圆锥齿轮涂色检测时的各种误差情况及调整方法见表 8–6。

表 8–6　　直齿圆锥齿轮的接触斑点状况分析及调整方法

接触斑点	接触状况及原因	调整方法
正常接触（中部偏小端接触）	在轻微负荷下，接触区在齿宽中部，略宽于齿宽的一半，稍近于小端，在小齿轮齿面上较高，大齿轮齿面上较低，但都不到齿顶	
低接触 高接触 高低接触	小齿轮接触区太高，大齿轮太低，由小齿轮轴向定位误差所致	小齿轮沿轴向移出：如侧隙过大，可将大齿轮沿轴向移进
	小齿轮接触区太低，大齿轮太高，原因同上，但误差方向相反	小齿轮沿轴向移进：如侧隙过小，则将大齿轮沿轴向移出
	在同一齿的一侧接触区高，另一侧低，如小齿轮定位正确且侧隙正常，则为加工不良所致	装配无法调整，需调换零件，若只做单向传动，可按以上两种方法调整

续表

接触斑点	接触状况及原因	调整方法
小端接触 同向偏接触	两齿轮的齿两侧同在小端接触，由轴线交角太大所致	不能用一般方法调整，必要时修刮轴瓦
	同在大端接触，由轴线交角太小所致	
大端接触 小端接触	大小齿轮在齿的一侧接触于大端，另一侧接触于小端，由两轴心线偏移所致	应检测零件加工误差，必要时修刮轴瓦

五、齿轮传动机构的修理

齿轮传动机构工作一段时间后，会产生磨损、润滑不良或过载，使磨损加剧。齿面出现点蚀、胶合，轮齿产生塑性变形，齿侧间隙增大，噪声增大，传动精度降低，严重时甚至发生轮齿断裂。

（1）齿轮磨损严重或轮齿断裂时，应更换新的齿轮。

（2）如果是小齿轮与大齿轮啮合，一般小齿轮比大齿轮磨损严重，应及时更换小齿轮，以免加速大齿轮磨损。

（3）大模数、低转速的齿轮，个别轮齿断裂时，可用镶齿法修复。

（4）大型齿轮轮齿磨损严重时，可采用更换轮缘法修复。此方法具有较好的经济性。

（5）圆锥齿轮因轮齿磨损或调整垫圈磨损而造成齿侧间隙增大时，可进行调整。调整时，将两个锥齿轮沿轴向移近，使齿侧间隙减小，再选配调整垫圈厚度来固定两齿轮的位置即可。

§8-4 蜗杆蜗轮传动机构的装配与修理

蜗杆蜗轮传动机构用来传递空间互相垂直的两交错轴之间的运动和动力，如图 8-29 所示。

蜗杆蜗轮传动具有传动比大、结构紧凑、自锁性好、传动平稳、噪声小等优点，但它的传动效率低，工作时发热量大，需要有良好的润滑条件。

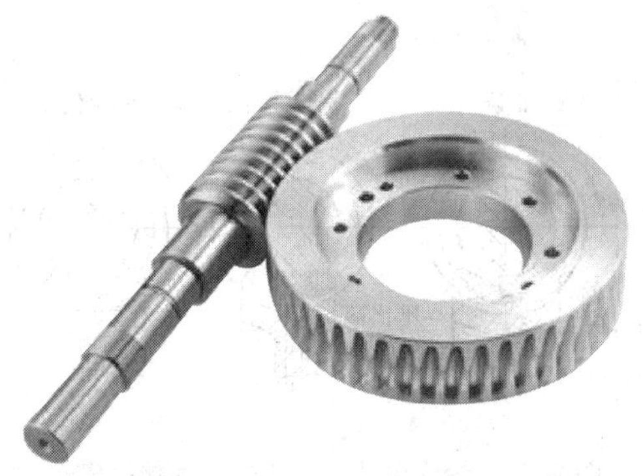

图 8-29　蜗杆蜗轮传动机构

一、蜗杆蜗轮传动机构的装配技术要求

（1）蜗杆轴线应与蜗轮轴线垂直。

（2）蜗杆轴线应在蜗轮轮齿的对称中心平面内。

（3）蜗杆、蜗轮间的中心距要准确。

（4）要有适当的齿侧间隙和接触斑点。

（5）装配后，转动灵活、无阻滞现象。

二、蜗杆蜗轮传动机构箱体装配前的检测

为了确保蜗杆蜗轮传动机构的装配技术要求，新装或大修理时，应对蜗杆蜗轮箱体进行装配前检测。一般修理时可不做检测。

1. 检测箱体上蜗杆孔中心线与蜗轮孔中心线的垂直度

检测方法如图 8-30 所示，测量时，将心轴 1 和 2 分别插入箱体上蜗轮和蜗杆的安装孔内，在心轴 1 上的一端套上装有百分表的支架 3，用螺钉 4 拧紧，百分表触头抵在心轴 2 的侧母线上，旋转心轴 1，百分表的示值差即为两轴线在 L 长度内的垂直度误差值。

2. 检测箱体上蜗杆孔与蜗轮孔的中心距

检测方法如图 8-31 所示，测量时，将心轴 1、2 分别插入箱体蜗轮和蜗杆安装孔中，用 3 只千斤顶将箱体支承在平板上，调整千斤顶，分别使两心轴与平板平行后，测量出心轴 1 和心轴 2 至平板的距离，即可计算中心距：

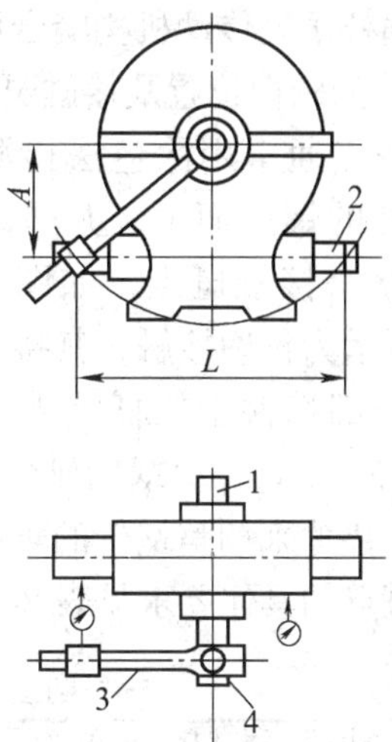

图 8-30　蜗杆蜗轮箱体孔轴线垂直度的检验

1—蜗轮孔心轴　2—蜗杆孔心轴

3—支架　4—螺钉

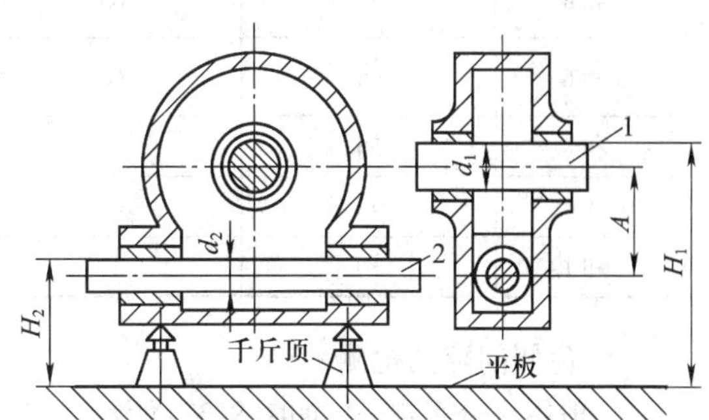

图 8-31　蜗杆轴孔与蜗轮轴孔中心距的检测

1—蜗轮孔心轴　2—蜗杆孔心轴

$$A=\left(H_1-\frac{d_1}{2}\right)-\left(H_2-\frac{d_2}{2}\right)$$

三、蜗杆蜗轮传动机构的装配步骤

（1）组合式蜗轮应先将蜗轮齿圈压装在轮毂上，方法与过盈配合装配相同，并用螺钉固定。

（2）将蜗轮装在轴上，其安装及检测方法与圆柱齿轮相同。

（3）将蜗轮轴装入箱体，然后再装入蜗杆。因蜗杆轴的位置已由箱体孔决定，要使蜗杆轴线位于蜗轮轮齿的对称中心平面内，只能通过改变调整垫片厚度的方法，调整蜗轮的轴向位置。

四、蜗杆蜗轮传动机构啮合质量的检测

1. 蜗轮的轴向位置及接触斑点的检测

接触斑点通常用涂色法检测，将红丹粉涂在蜗杆的螺旋面上，并转动蜗杆，可在蜗轮上获得接触斑点，如图 8–32 所示。图 8–32a 所示为正确接触，其接触斑点应在蜗轮轮齿中部稍偏于蜗杆啮出端（或啮入端）。图 8–32b、c 表示蜗轮轴向位置不对，应通过配磨垫片来调整蜗轮的轴向位置。蜗杆副接触斑点的具体要求见表 8–7。

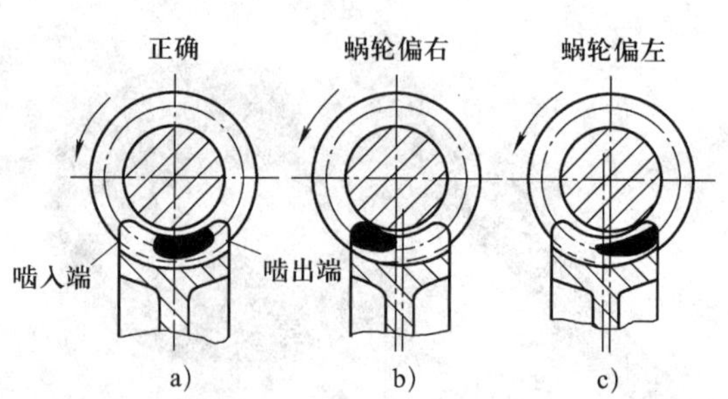

图 8–32　用涂色法检测蜗轮齿面接触斑点

a）正确　b）蜗轮偏右　c）蜗轮偏左

表 8–7　蜗杆副接触斑点的要求（摘自 GB/T 10089—2018）

精度等级	接触面积的百分比 /%		接触形状	接触位置
	沿齿高不小于	沿齿长不小于		
1 和 2	75	70	接触斑点在齿高方向无断缺，不允许成带状条纹	接触斑点痕迹的分布位置趋近齿面中部，允许略偏于啮入端。在齿顶和啮入、啮出端的棱边处不允许接触
3 和 4	70	65		
5 和 6	65	60		
7 和 8	55	50	不做要求	接触斑点痕迹应偏于啮出端，但不允许在齿顶和啮入、啮出端的棱边接触
9 和 10	45	40		
11 和 12	30	30		

2. 齿侧间隙的检测

一般用百分表测量，如图 8–33a 所示。在蜗杆轴上固定一带量角器的刻度盘 2，百分表触头抵在蜗轮齿面上，用手转动蜗杆，在百分表指针不动的条件下，用刻度盘相对固定指针 1 的最大转角来判断齿侧间隙大小。如用百分表直接与蜗轮齿面接触有困难时，可在蜗轮轴上装一测量杆 3，如图 8–33b 所示。

齿侧间隙与转角有如下近似关系：

$$c_h = z_1 \pi m \frac{\alpha}{360}$$

式中　c_h——齿侧间隙，mm；

z_1——蜗杆头数；

m——模数；

α——空程转角，(°)。

对于不重要的蜗杆蜗轮传动机构，也可以用手转动蜗轮，根据空程量的大小判断齿侧间隙的大小。

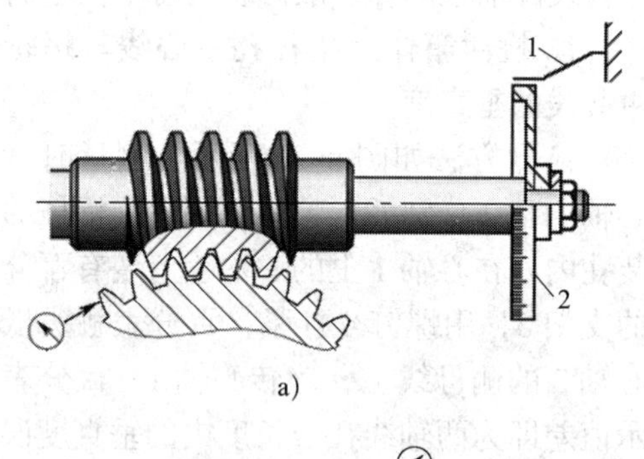

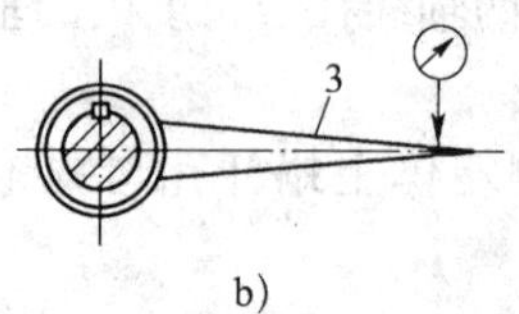

图 8–33　蜗杆蜗轮传动机构齿侧间隙的检测

a）直接测量法　b）加装测量杆测量法

1—刻度盘相对固定指针

2—刻度盘　3—测量杆

装配后的蜗杆蜗轮传动机构，还要检查它的转动灵活性。蜗轮在任何位置上，用手

旋转蜗杆所需的扭矩均应相同，转动灵活，没有咬住现象。

五、蜗杆蜗轮传动机构的修理

（1）一般传动的蜗杆、蜗轮磨损或划伤严重时，应更换新的。

（2）大型蜗轮磨损或划伤后，为了节约材料，一般采用更换轮缘法修复。

（3）分度用的蜗杆蜗轮机构（又称分度蜗轮副），其传动精度要求较高，修理工作也复杂和精细，一般采用精滚齿后剃齿或珩磨修复法。

§8-5 螺旋传动机构的装配与修理

螺旋传动机构可将旋转运动变换为直线运动，其特点是：传动精度高、工作平稳、无噪声、易于自锁、能传递较大的推力。螺旋传动机构在机床中应用广泛，如车床的纵向和横向进给丝杠螺旋副等。

一、螺旋传动机构的装配技术要求

为了保证丝杠的传动精度和定位精度，螺旋传动机构装配后，一般应满足以下要求：

（1）丝杠螺母副应有较高的配合精度，有准确的配合间隙。

（2）丝杠与螺母的同轴度及丝杠轴线与基准面的平行度应符合规定要求。

（3）丝杠和螺母相互转动应灵活。

（4）丝杠的回转精度应在规定范围内。

二、螺旋传动机构的装配要点

1. 丝杠螺母配合间隙的测量和调整

丝杠螺母的配合间隙是保证其传动精度的主要因素，可分为径向间隙和轴向间隙两种。

（1）径向间隙的测量　径向间隙直接反映丝杠螺母的配合精度，一般由加工来保证，装配前应进行检测。测量方法如图 8-34 所示，将百分表触头抵在螺母 1 的上母线上，用稍大于螺母重量的力 F 压下或抬起螺母，百分表指针的摆动量即为径向间隙值。

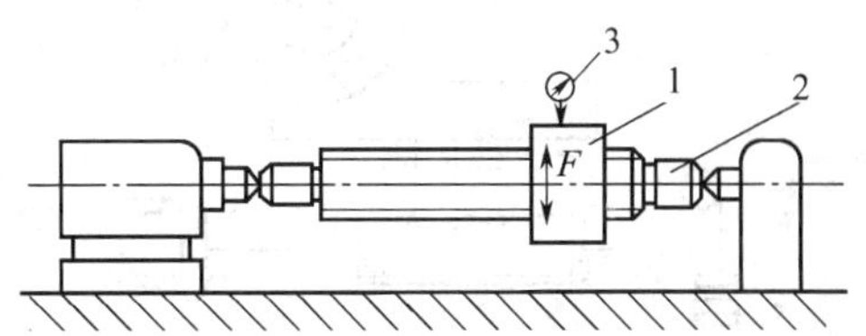

图 8-34　丝杠螺母径向间隙的测量

1—螺母　2—丝杠　3—百分表

（2）轴向间隙的消除与调整　丝杠螺母的轴向间隙直接影响其传动的准确性。进给丝杠应有轴向间隙消除机构，简称消隙机构。

1）单螺母消隙机构　丝杠螺母传动机构只有一个螺母时，常采用如图 8-35 所示的消隙机构，使螺母和丝杠始终保持单向接触，消隙机构消隙力的方向应和切削力 F_x 方向一致，以防止进给时产生爬行，影响进给精度。

2）双螺母消隙机构　双向运动的丝杠螺母应用两个螺母来消除双向轴向间隙，其结构如图 8-36 所示。

图 8-36a 所示为楔块消隙机构，调整时，松开紧固螺钉 1，再拧动调节螺钉 2，使楔块 4 向上移动，以推动带斜面的螺母 5 右移，从而消除轴向间隙。

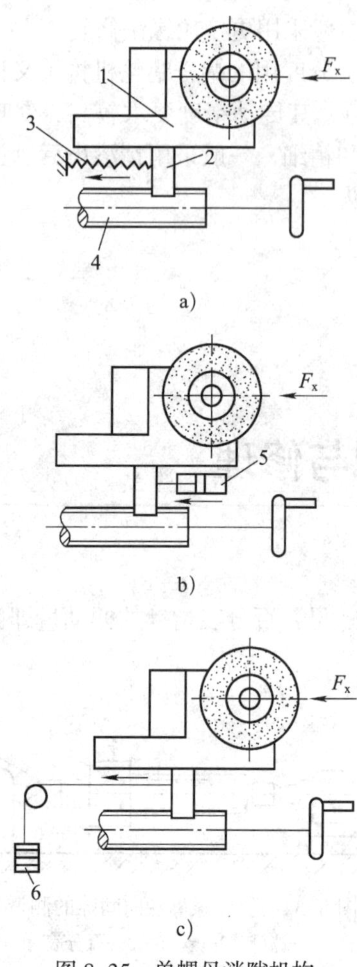

图 8-35　单螺母消隙机构

a）弹簧拉力消隙　b）油缸压力消隙

c）重锤消隙

1—砂轮架　2—螺母　3—弹簧

4—丝杠　5—油缸　6—重锤

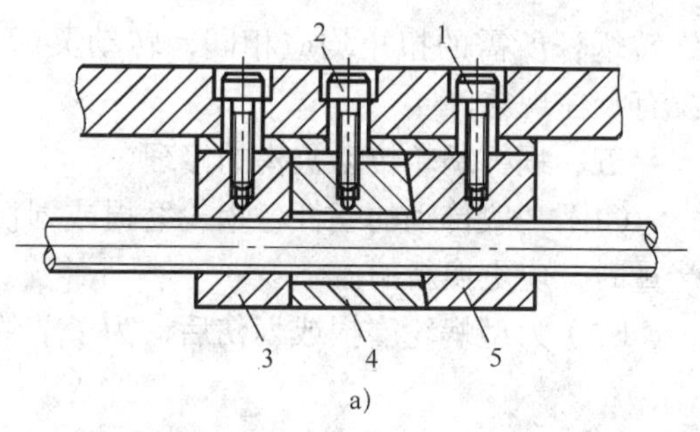

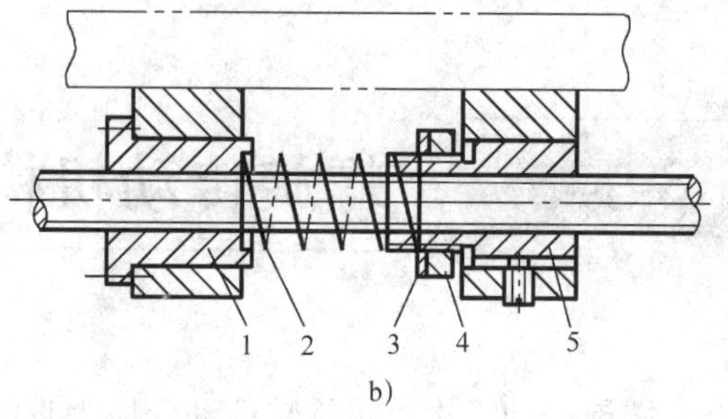

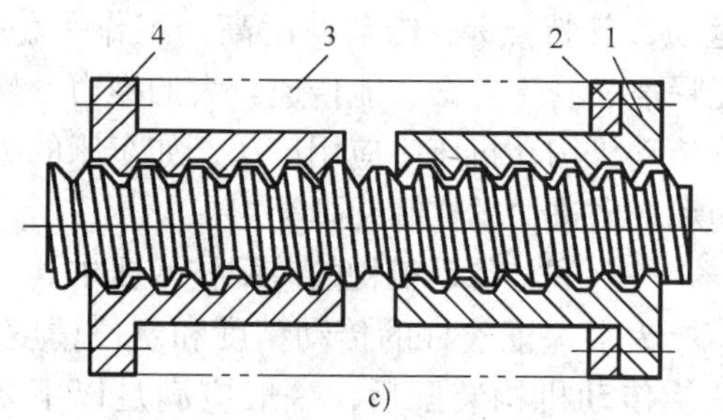

图 8-36　双螺母消隙机构

a）楔块消隙

1—紧固螺钉　2—调节螺钉

3，5—螺母　4—楔块

b）弹簧消隙

1，5—螺母　2—压缩弹簧　3—垫圈　4—调整螺母

c）垫片消隙

1，4—螺母　2—垫片　3—工作台

图 8-36b 所示为弹簧消隙机构，转动调整螺母 4，可调节弹簧压力。利用其压力使螺母 5 轴向移动，从而消除轴向间隙。

图 8-36c 所示为垫片消隙机构，通过改变垫片厚度来消除轴向间隙。丝杠螺母磨损后，通过修磨垫片 2 来消除轴向间隙。

2. 校正丝杠螺母的同轴度及丝杠轴心线与基面的平行度

为了能准确而顺利地将旋转运动转换为直线运动，丝杠与螺母必须同轴，丝杠轴线必须与基面平行。安装丝杠螺母时应按以下步骤进行：

（1）先正确安装丝杠两轴承支座，用专用检验心轴和百分表校正，使两轴承安装孔的中心线在同一直线上，且与螺母移动时的基准导轨平行，如图 8-37a 所示。校正时，可以根据误差情况修刮轴承座结合面，并调整前、后轴承的水平位置，使其达到要求。

（2）再以两轴承安装孔的公共中心线为基准，校正螺母孔的同轴度，如图 8-37b 所示。校正时，将检验棒 4 装在螺母座孔中，移动工作台 2，如检验棒 4 能顺利插入前、后轴承座孔中，即符合要求，否则应修磨垫片 3 的厚度及调整螺母座的位置。

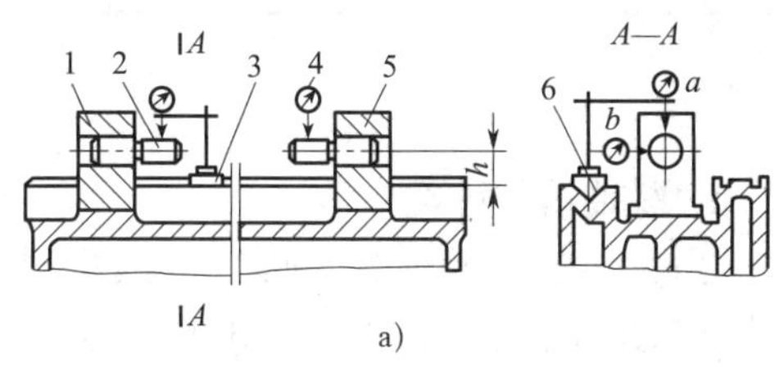

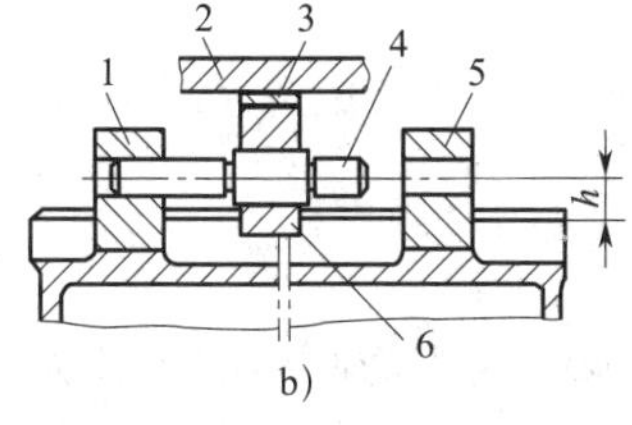

图 8–37　校正螺母孔与前、后轴承孔同轴度

a）安装丝杠两轴承座

1、5—前后轴承座　2—心轴　3—磁力表座滑板

4—百分表　6—螺母移动基准导轨

b）校正螺母与丝杠轴承孔的同轴度

1、5—前后轴承座　2—工作台　3—垫片

4—检验棒　6—螺母座

也可以用丝杠直接校正两轴承孔与螺母的同轴度，如图 8–38 所示。校正时，修刮螺母座 4 的底面，同时调整其在水平面上的位置，使丝杠上母线 a、侧母线 b 均与导轨面平行。再修磨垫片 2、7，在水平方向调整前、后轴承座 1、6，使丝杠两端轴颈能顺利地插入轴承孔，丝杠转动要灵活。

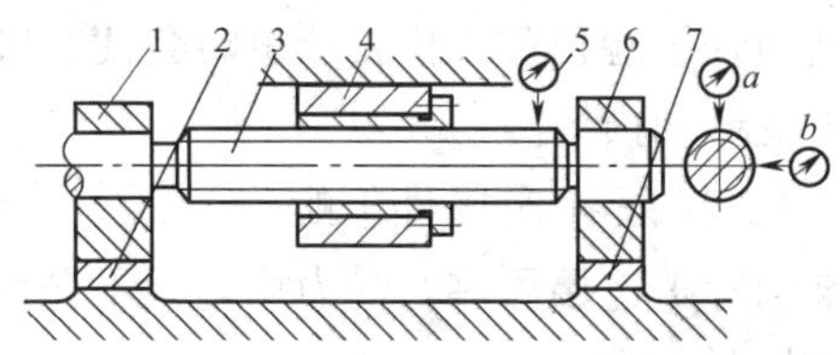

图 8–38　用丝杠直接校正两轴承孔与螺母孔同轴度

1，6—前后轴承座　2，7—垫片

3—丝杠　4—螺母座　5—百分表

3. 调整丝杠的回转精度

丝杠的回转精度是指丝杠的径向跳动和轴向窜动量的大小，主要通过正确安装丝杠两端的轴承支座来保证。

三、螺旋传动机构的修理

螺旋传动机构经过长期使用，丝杠和螺母都会出现磨损。常见的失效形式有丝杠螺纹磨损、轴颈磨损、螺母磨损及丝杠弯曲等。其修理方法如下：

1. 丝杠螺纹磨损的修理

梯形螺纹丝杠的磨损不超过齿厚的 10% 时，通常用车深螺纹的方法来修复，螺纹车深后，外径也需相应车小。再根据修复后的丝杠配车新螺母。

对于局部磨损较严重的丝杠，可采用调头的方法进行修复。如卧式车床丝杠前段的磨损。调头时，由于丝杠两端的轴颈不同，因此，需要进行相应的机械加工，如图 8–39 所示。

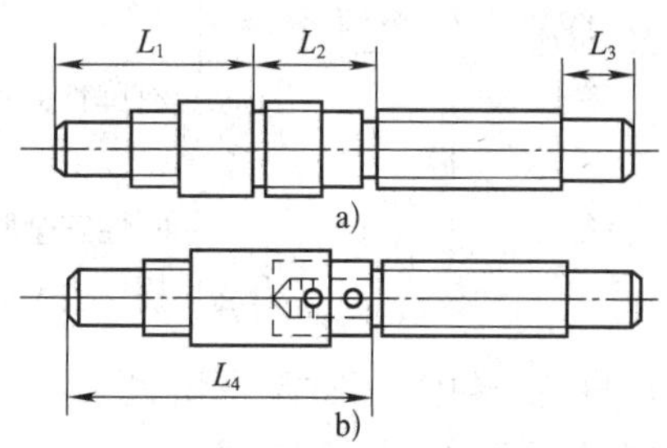

图 8–39　丝杠的调头修复

a）修理前的丝杠　b）修理后的丝杠

对磨损过大的精密丝杠，常采用更换的方法。矩形螺纹丝杠磨损后，一般不能修理，只能更换新的。

2. 丝杠轴颈磨损的修理

丝杠轴颈磨损后，可根据磨损情况，采用镀铬、涂镀、堆焊等方法加大轴颈，在车削轴颈时，应与车削螺纹同时进行，以便保持这两部分轴线的同轴度。磨损的衬套应更换，如果没有衬套，应该将支承孔镗大，压装上一个衬套。这样，在下次修理时，只换衬套即可修复。

3. 螺母磨损的修理

螺母磨损通常比丝杠迅速，因此常需要更换。

4. 丝杠弯曲的修理

弯曲的丝杠常用矫正法修复。

§ 8–6 联轴器和离合器的装配与修理

一、联轴器

联轴器是连接两轴或轴回转件，传递转矩和运动的一种装置。

1. 联轴器的种类

联轴器的种类繁多，国家标准《联轴器分类》（GB/T 12458—2017）将其分为：

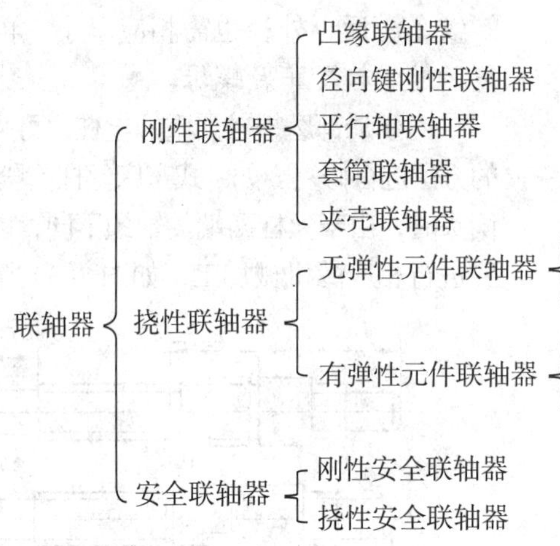

在联轴器中，不能补偿两轴相对位移的联轴器称为刚性联轴器；能补偿两轴相对位移的联轴器称为挠性联轴器；具有过载安全保护功能的联轴器称为安全联轴器。常用的有凸缘联轴器和十字滑块联轴器。

2. 凸缘联轴器的装配

利用凸缘和螺栓连接两个半联轴器的联轴器称为凸缘联轴器，如图 8–40 所示。凸缘联轴器结构简单，制造方便，成本较低，工作可靠，装拆、维护简便，传递转矩较大，能保证两轴具有较高的对中精度，一般常用于载荷平稳，高速或传动精度要求较高的轴系传动。凸缘联轴器不具备径向、轴向和角向补偿。

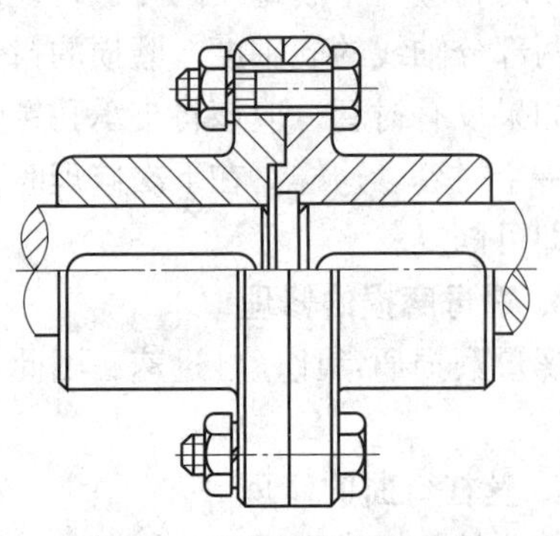

图 8–40　凸缘联轴器的结构

（1）装配技术要求

1）装配中应严格保证两轴的同轴度，否则两轴不能正常工作，严重时会使联轴器或轴变形和损坏。

2）保证各连接件（螺母、螺栓、键、圆锥销等）连接可靠，受力均匀，不允许有自动松脱现象。

（2）装配方法

1）如图 8–41 所示，将两个半联轴器 3 和 4 分别用平键装在电动机轴 1 和齿轮箱轴 2 上，并固定齿轮箱。

2）移动电动机，使半联轴器 3 的凸台少许插进半联轴器 4 的凹孔内。

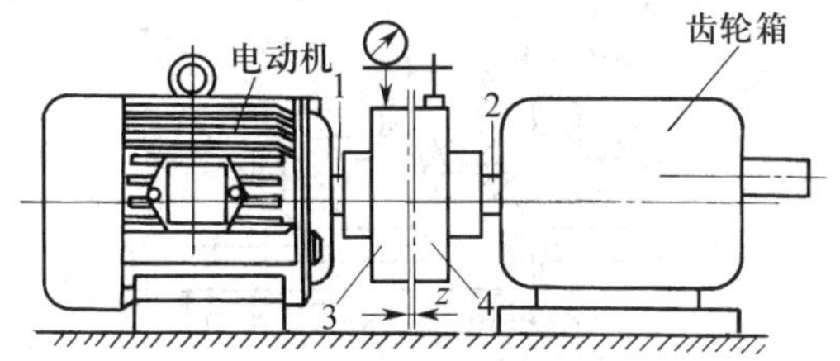

图 8–41　凸缘联轴器的装配

1—电动机轴　2—齿轮箱轴

3，4—半联轴器

3）将百分表固定在半联轴器 4 上，使百分表触头抵在半联轴器 3 的外圆上，找正半联轴器 3 与半联轴器 4 的同轴度。

4）转动齿轮箱轴 2，测量两半联轴器端面的间隙 z。如果间隙均匀，则固定电动机，移动两半联轴器，使端面靠近，最后用螺栓紧固两半联轴器。

3. 十字滑块联轴器的装配

利用中间十字滑块，在其两半联轴器端面的相应径向槽内滑动，以实现两半联轴器连接的联轴器称为十字滑块联轴器，如图 8–42 所示。由于十字滑块的凸块能在半联轴器端面槽内滑动，故可补偿安装及运转时两轴间的相对位移。十字滑块联轴器适用于转速较低（n<250 r/min），传递转矩较大的传动。

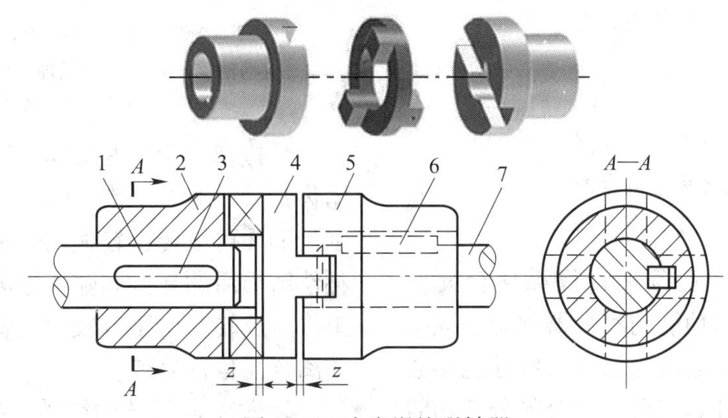

图 8–42　十字滑块联轴器

1，7—轴　2，5—半联轴器　3，6—键　4—十字滑块

（1）装配技术要求

1）装配时，允许两轴线有少量的径向偏移和倾斜，一般情况下两轴线相对径向偏移量不大于（0.01 d+0.25）mm（d 为轴直径）；两轴线相对倾角不大于 25′。

2）装配后，十字滑块应能在两半联轴器之间自由滑动，并留有一定的端面间隙（z），当联轴器外径不大于 190 mm 时，其端面间隙应为 0.5 ～ 0.8 mm；当联轴器外径大于 190 mm 时，其端面间隙应为 1 ～ 1.5 mm。

（2）装配方法

1）如图 8–42 所示，分别在轴 1 和轴 7 上装配键 3 和键 6，安装两半联轴器 2、5，并用刀口尺和塞尺检测调整两半联轴器 2、5 的上母线和侧母线是否均匀接触。

2）找正后，安装十字滑块 4，移动两半联轴器，保证其端面间隙，并固定两半联轴器。

二、离合器

主、从动部分在同轴线上传递转矩或运动时，具有接合或分离功能的装置，称为离合器。

1. 离合器的种类

离合器的种类繁多，参考国家标准《离合器分类》（GB/T 10043—2017），根据其结构和用途不同可分为：

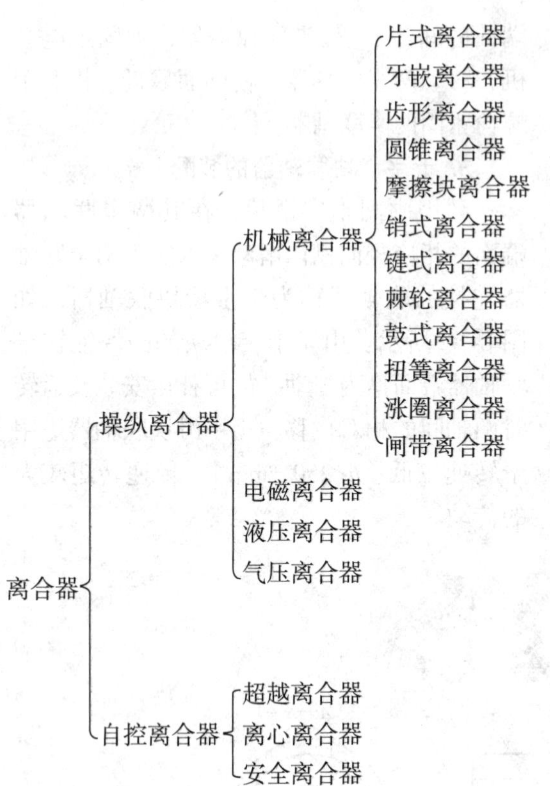

在离合器中，必须通过操纵接合元件才具有接合或分离功能的离合器称为操纵离合器；在主动部分或从动部分某些性能参数变化时，接合元件具有自行接合或分离功能的离合器称为自控离合器；在机械机构直接作用下具有离合功能的离合器称为机械离合器。常用的有牙嵌离合器、圆锥摩擦离合器和多片式摩擦离合器等。不论哪种离合器，工作时都要求接合或分离的动作要灵敏，能传递足够动力和扭矩，且工作平稳可靠。

2. 牙嵌离合器的装配

牙嵌离合器是指用爪牙状零件组成嵌合副的离合器。如图 8–43 所示，它由两个端面带牙的接合子组成，其中的一个接合子紧配在主动轴上，而另一个接合子可以沿导向平键在从动轴上移动。利用操纵杆移动滑环可使两个接合子接合或分离，在主动轴的接合子中装有导向环，从动轴端可在导向环中自由转动。

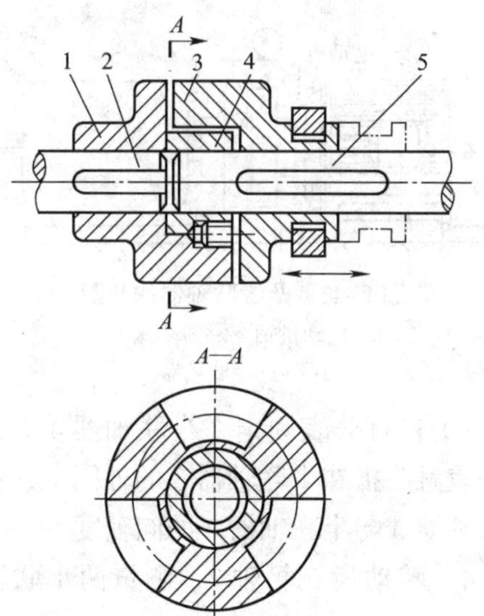

图 8–43　牙嵌离合器

1—主动轴接合子　2—主动轴　3—从动轴接合子　4—导向环　5—从动轴

牙嵌离合器牙的形状有三角形、梯形、锯齿形。三角形牙传递中、小转矩。梯形、锯齿形牙可以传递较大的转矩。梯形牙可以补偿磨损后的牙侧间隙，锯齿形牙只能单向工作，反转时由于有较大的轴向分力，会迫使离合器自行分离。

牙嵌离合器结构简单，外轮廓尺寸小，能传递较大的转矩，故应用较多，但牙嵌离合器只宜在两轴不回转和转速差很小时进行接合，否则离合器牙可能会因受撞击而折断。

（1）装配技术要求

1）接合或分离时，动作要灵敏，能传递设计的扭矩，工作平稳可靠。

2）接合子齿形啮合间隙要尽量小些，以防旋转时产生冲击。

（2）装配方法

1）将接合子 1、3 分别装在轴上，接合子 3 与从动轴和键之间能沿轴向自由滑动，接合子 1 要固定在主动轴上。

2）将导向环 4 安装在接合子 1 的孔内，用骑缝螺钉紧固。

3）把从动轴装入导向环 4 的孔内，再

装拨叉。

3. 圆锥摩擦离合器的装配

圆锥摩擦离合器是指用圆锥面组成摩擦副的离合器，具有结构简单、接合平稳、安全可靠等特点。其结构如图 8–44 所示，它利用内、外圆锥面的紧密接合，把主动齿轮的旋转运动传给从动齿轮。当手柄 1 处于图示位置时，手柄 1 通过套筒将带有内锥的齿轮 3 与带有外锥的齿轮 4 压紧，接通运动；当向下扳动手柄 1 时，内、外圆锥面在弹簧作用下脱开，切断运动。这种离合器为常开式离合器。

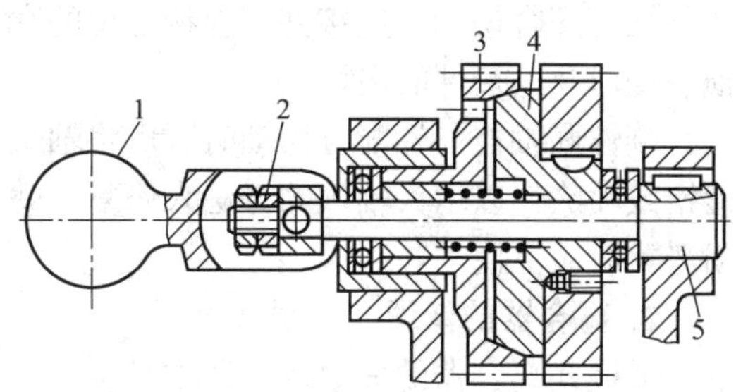

图 8–44　圆锥摩擦离合器

1—手柄　2—调节螺母

3，4—内、外圆锥接合体　5—拉杆轴

圆锥摩擦离合器装配方法如下：

（1）两圆锥接触面积必须符合要求，用涂色法检验时，其斑点应均匀分布在整个圆锥面上，如图 8–45 所示。若接触斑点靠近锥底或靠近锥顶，都表示锥体的角度不正确，可通过刮削或磨削方法来修整。

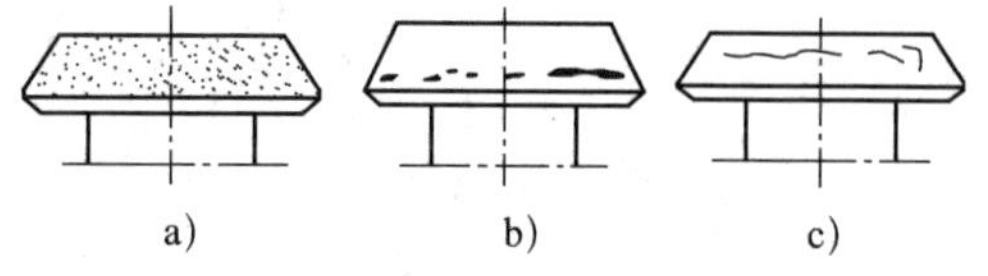

图 8–45　锥体涂色检查

a）正确　b）、c）不正确

（2）接合时要有足够的压力把两锥体压紧，断开时应完全脱开。其压紧行程可通过螺母 2 来调整。

4. 多片式摩擦离合器的装配

片式摩擦离合器是指用圆环片的端平面组成摩擦副的离合器。图 8–46 所示为多片摩擦离合器，它由多片内、外摩擦片间隔排叠。外摩擦片 4 的外圆上有三个键齿，插在主动轴鼓轮 2 的内孔纵向键槽中，外摩擦片的内孔空套在从动轴套筒 10 上，故外摩擦片可随主动轴 1 一起转动；内摩擦片 5 的内孔壁上也有三个键齿与从动轴套筒 10 上的键槽相配合，可随从动轴 11 一起转动。内、外摩擦片均可沿轴向移动，当滑环 8 向左移动时，通过曲臂压杆 9 和压盘 3，将内、外摩擦片压紧，此时主动轴 1 通过内、外摩擦片间的摩擦力带动从动轴 11 转动；反之松开摩擦片时，从动轴 11 停止转动。

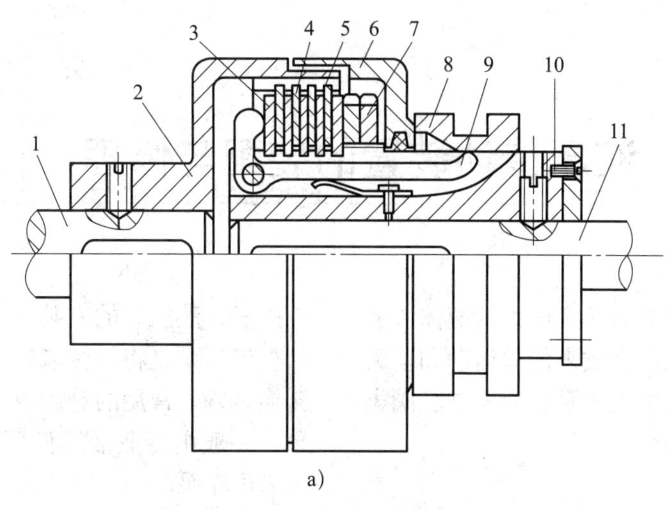

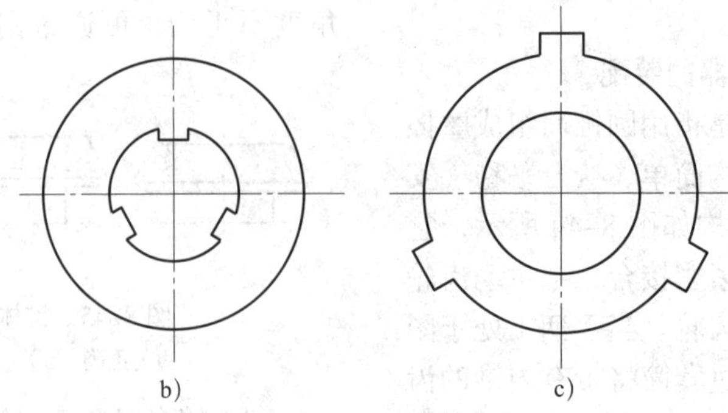

图 8–46　多片摩擦离合器

a）视图　b）内摩擦片　c）外摩擦片

1—主动轴　2—主动轴鼓轮　3—压盘　4—外摩擦片

5—内摩擦片　6—外壳　7—调节螺母　8—滑环　9—曲臂压杆　10—从动轴套筒　11—从动轴

装配时，摩擦片间隙要适当，如果间隙过大，操纵时压紧力不够，内、外摩擦片会打滑，传递转矩小，摩擦片也容易发热、磨损；如果间隙太小，停车时，摩擦片不易脱开，严重时可导致摩擦片烧坏，所以必须调整适当。

间隙调整是通过转动调节螺母 7 来实现的。调整时，可根据试车情况来判断间隙是否符合要求。调整后，必须用两把钩形扳手将两个调节螺母 7 锁紧，以防工作过程中松脱。

三、联轴器与离合器的修理

1. 联轴器的修理

联轴器的失效形式主要表现为联轴器孔与轴的配合松动，连接件或连接部位的磨损、变形及连接件的损坏。

刚性联轴器与轴配合松动时，可将轴颈镀铬或喷涂，以增大轴颈的方法来修复；磨损严重时应更换。

2. 离合器的修理

牙嵌式离合器的失效形式通常是接合牙齿磨损、变形或崩裂。轻微的磨损可通过重新铣削、磨削或焊补修复，损坏严重时则需更换。

圆锥摩擦离合器表面出现不均匀磨损时，可重新磨削或刮研。片式摩擦离合器的摩擦片出现弯曲或严重擦伤时，一般进行更换。

§8–7　液压传动装置的装配与修理

液压传动是以具有一定压力的液体（通常是油液）作为工作介质来传递运动和动力的。液压传动装置由液压泵、液压缸、阀类元件和管道等组成。

一、液压泵的安装

液压泵是将机械能转变为液压能的能量转换装置。常用的有齿轮泵、叶片泵和柱塞泵，一般由专业液压件厂生产。图 8–47 所示为齿轮泵。

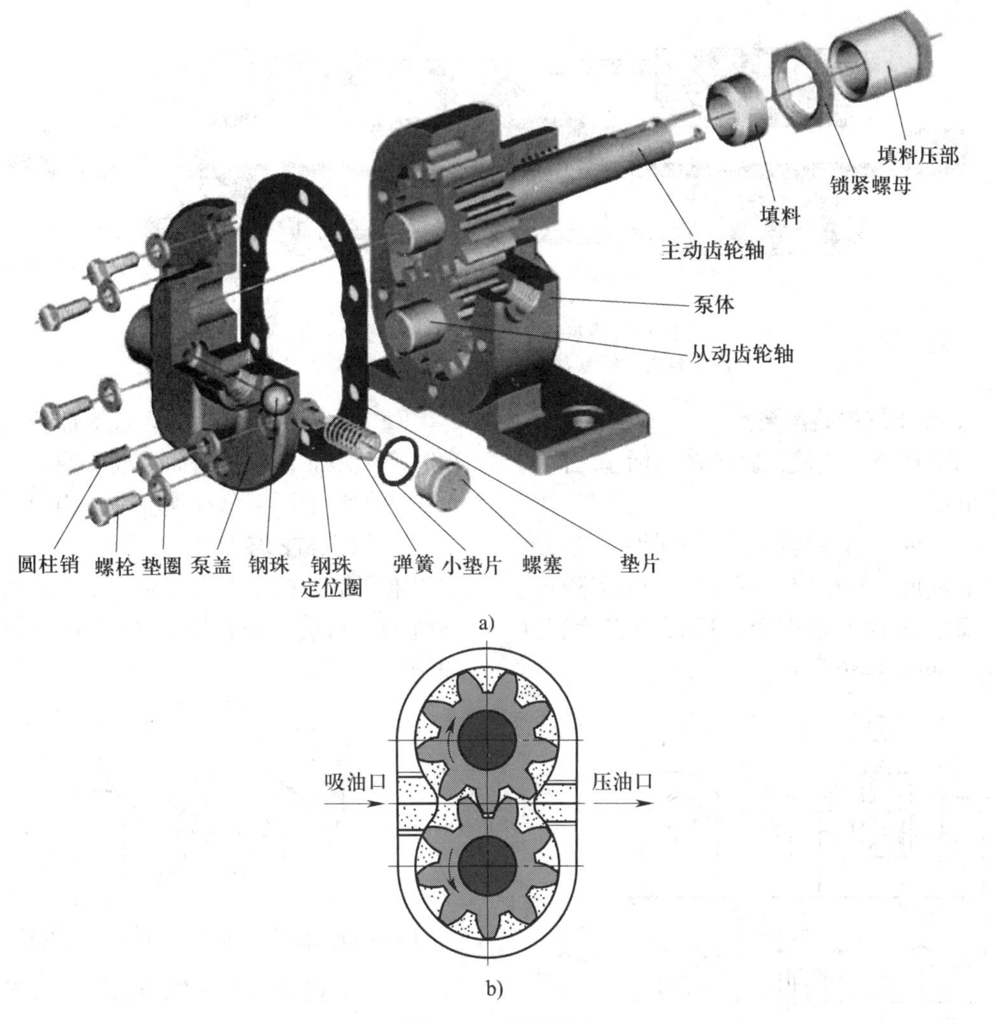

图 8–47 齿轮泵

a）结构图 b）原理图

1. 液压泵安装前的性能试验

（1）用手转动主动轴（齿轮泵）或转子轴（叶片泵），要求灵活无阻滞现象。

（2）在额定压力下工作时，能达到规定的输油量。

（3）压力从零逐渐升到额定值，各接合面不准有漏油和异常的杂声。

（4）在额定压力工作时，其压力波动值不准超过规定值。

2. 液压泵安装要点

（1）用联轴器连接液压泵传动轴与电动机驱动轴时，必须满足联轴器的装配技术要求。且不可敲打泵轴，以免损坏液压泵转子。

（2）液压泵的吸油口、压油口和旋转方向一般在铭牌中标明，应按规定连接管路和电路，不得反接。

二、液压缸的装配

液压缸是液压系统中的执行机构，也是液压系统中把液压泵输出的液体压力能转变为机械能的能量转换装置，用以实现工作台或刀架的直线往复移动。

液压缸的形式主要有活塞式液压缸、柱塞式液压缸和摆动式液压缸三大类。图 8–48 所示为双活塞杆液压缸。

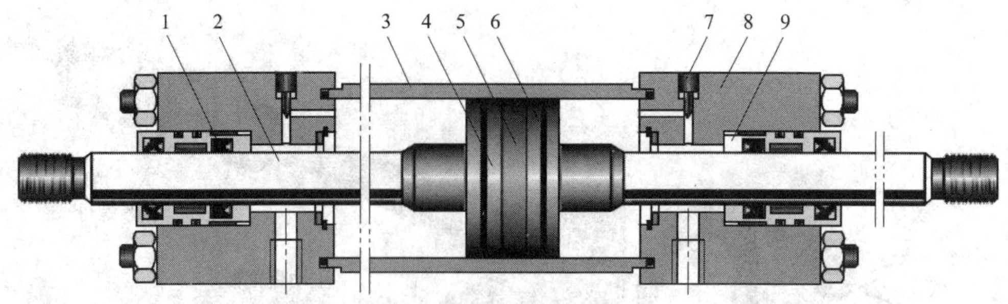

图 8–48　双活塞杆液压缸

1—油封　2—活塞杆　3—缸体　4—活塞　5—活塞环
6—密封圈　7—缓冲装置　8—缸盖　9—活塞杆导向套

1. 液压缸的装配要点

（1）严格控制液压缸缸体与活塞之间的配合间隙。

（2）保证活塞与活塞杆的同轴度及活塞杆的直线度。装配时，可将活塞和活塞杆连成一体，放在 V 形架上，用百分表检测并校正，如图 8–49 所示。

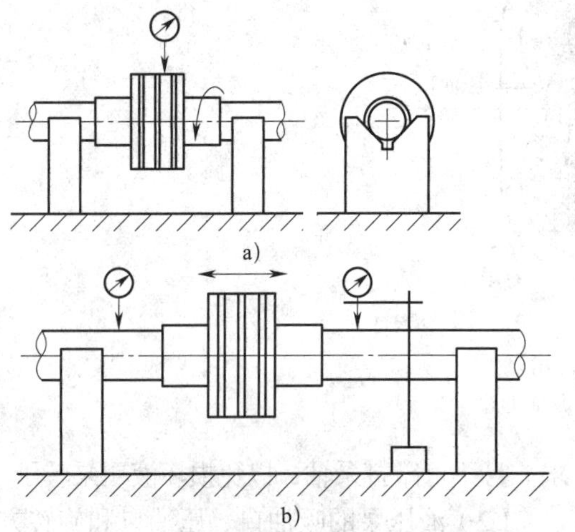

图 8–49　活塞杆检测和校正的方法

a）活塞杆与活塞同轴度检测　b）活塞杆直线度检测

（3）活塞与液压缸缸体的配合表面应保持洁净。

（4）装配后，活塞在液压缸全长内移动时应灵活无阻滞。

2. 液压缸的性能试验

（1）在规定压力下，观察活塞杆与液压缸端盖、端盖与缸体的结合处是否有渗漏。

（2）检查油封装置是否过紧而使活塞移动时产生阻滞，或过松而造成漏油。

（3）测定活塞移动速度是否均匀。

3. 液压缸的安装

液压缸在机床上安装时，要保证与机床导轨的平行度，应按图 8–50 所示进行检测和调整。

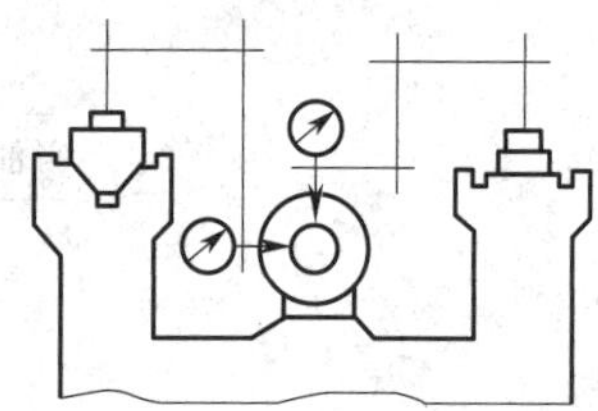
图 8–50　液压缸与机床导轨平行度的检测

（1）以机床的平导轨为基准，将平行垫铁放在平导轨上，用百分表检测活塞杆的上母线。检测时，要将活塞分别移至液压缸的两端，检测靠近缸盖处的位置。如果超差，应修刮液压缸与机床的结合面，或修刮床身上的安装面。

（2）以 V 形导轨为基准，用相同的方法检测活塞杆侧母线。如果超差，可松开液压缸与床身间的连接螺钉，校正其侧母线至符合要求，然后紧固螺钉，并用销钉定位。

三、压力阀的装配

压力阀是用来控制液压系统中压力的元件，常用的有溢流阀、减压阀等。图 8–51 所示为低压溢流阀。

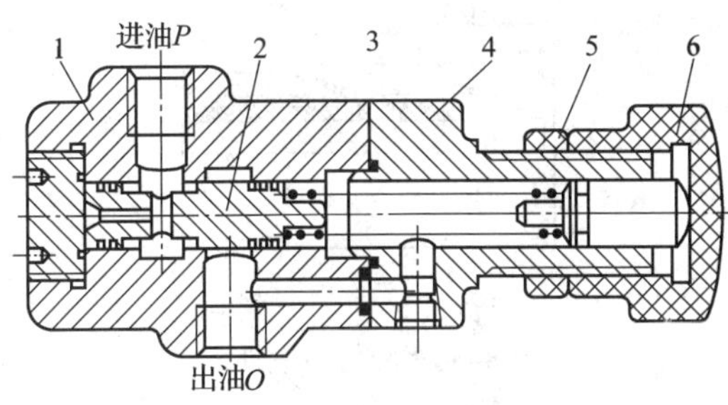

图 8-51　低压溢流阀

1—阀体　2—阀芯　3—弹簧　4—压盖
5—螺母　6—调整螺母

1. 压力阀的装配要点

（1）压力阀在装配前应仔细清洗，特别是阻尼孔道，应用压缩空气清除污物。

（2）阀芯与阀座的密封应良好，可用汽油试漏。

（3）弹簧两端面需磨平，使两端面与中心线垂直。

（4）阀体结合面应加耐油纸垫，以确保密封。

（5）阀芯与阀体的配合间隙应符合要求，在全行程上移动应灵活无阻滞。

2. 压力阀的性能试验

（1）将压力调节螺钉尽可能全部松开，然后从最低数值逐渐升高到系统所需压力，要求压力平稳改变，工作正常，压力波动不超过规定值。

（2）当压力阀在机床中作循环试验时，观察其运动部件换向时工作的平稳性，应无明显的冲击和噪声。

（3）在最大压力下工作时，不允许结合处漏油。

（4）溢流阀在卸荷状态时，其压力不超过规定值。

四、管道连接的装配

管道是用来输送液体的辅助装置。它由管子、管接头、连接盘（法兰盘）和衬垫等组成。管道连接常用的管子有钢管、有色金属管、橡胶软管和尼龙管等。如果管道连接不当，不仅会使液压系统失灵，而且造成液压元件损坏，甚至发生事故。

1. 管道连接的技术要求

对管道连接的基本要求是连接简单，工作可靠，密封良好，无泄漏，对流体的阻力小，结构简单且制造方便。

在机床液压系统的装配中，管道连接是非常重要的工作，必须满足以下技术要求：

（1）油管必须根据压力和使用场所进行选择，应有足够的强度而且内壁光滑、清洁、无砂眼、锈蚀、氧化皮等缺陷。

（2）配管作业时，对有腐蚀的管子要进行酸洗、中和、清洗、干燥、涂油、试压等工作，直到合格才能使用。

（3）切断管子时，断面应与轴线垂直；弯曲管子时不要弯扁。

（4）较长的管道各段要有支撑，管道要用管夹固定，以防振动。

（5）在安装管道时，应保证最小的压力损失，使整个管道最短，转弯次数最少，并保证管道受温度影响时，有伸缩变形的余地。

（6）系统中任何一段管道或元件，应能单独拆装而不影响其他元件，以便于修理。

（7）在管道的最高处，应安装排气装置。

（8）所有管道都应进行二次拆装，以清除配管作业时对管道的污染。

2. 管接头的装配要点

（1）扩口薄壁管接头连接的装配　如图 8-52 所示，装配时，将薄壁管口扩出相应的锥度，拧紧连接螺母 2，通过管套 3 将薄壁管锥度压紧在接头体配合表面上，实现管路连接。图 8-53 所示为常用管口涨孔器，可涨出所需要的管口形状。

（2）球形管接头连接的装配　如图 8-54 所示，装配时应保证球形表面的接触良好，拧紧连接螺母，使两球形接头体表面紧密压合以保证足够的紧密性。

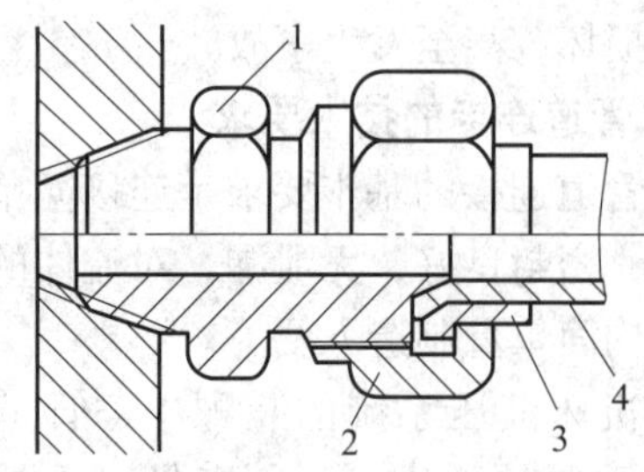

图 8-52　扩口薄壁管接头

1—接头体　2—螺母

3—管套　4—管子

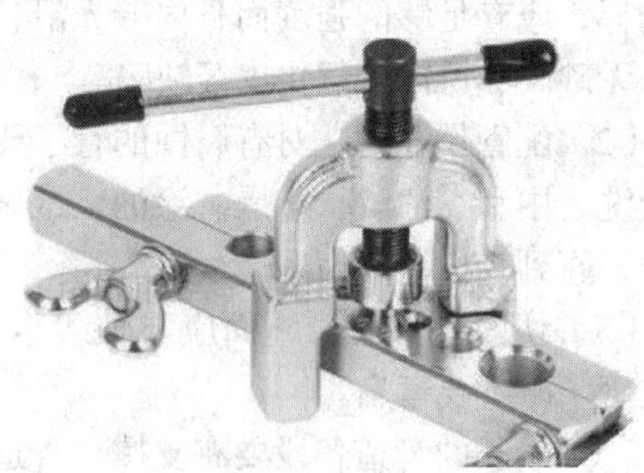

图 8-53　管口涨孔器

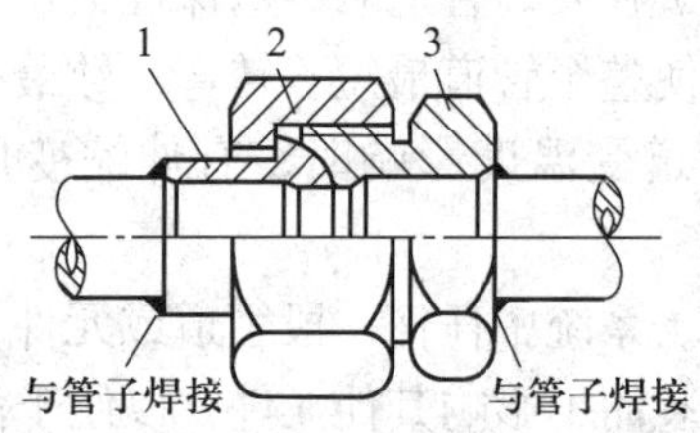

图 8-54　球形管接头连接

1—球形接头体　2—连接螺母　3—接头体

（3）高压胶管接头装配　如图 8-55 和图 8-56 所示，装配时，将胶管剥去一定长度的外胶层，然后装入外套内，再把接头芯拧入接头外套及胶管中，于是，胶管便被挤入接头外套和接头芯螺纹中，使胶管与接头芯及外套紧密连接起来。

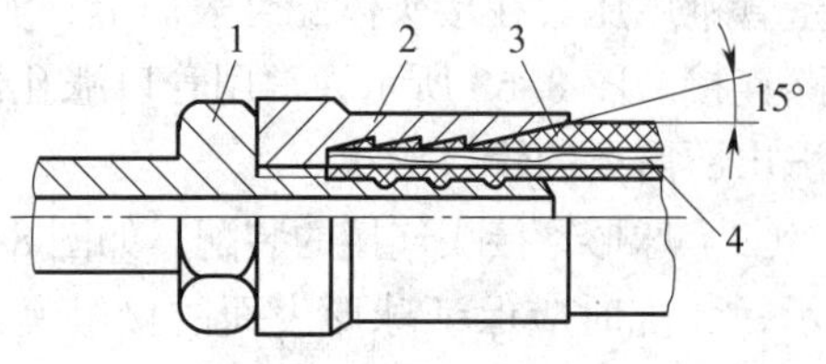

图 8-55　高压胶管接头

1—接头芯　2—外套　3—胶管　4—钢丝层

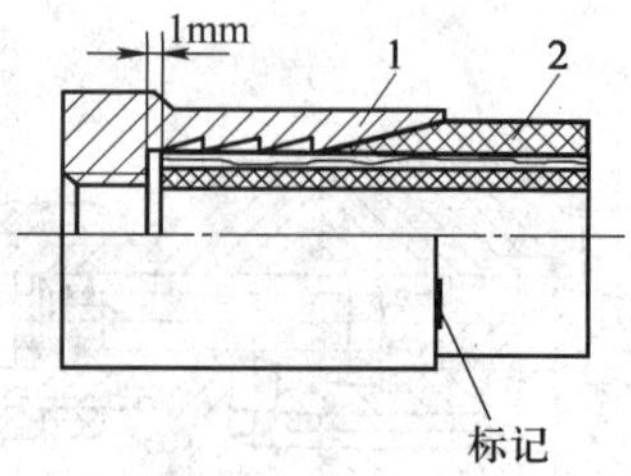

图 8-56　胶管装进外套

1—外套　2—胶管

五、液压系统的调试

液压系统装配、修理工作完成以后要进行调试。调试前，应全面了解被调试机床的结构、性能、操作方法和使用要求及液压系统的工作原理、性能要求、各元件的性能和调试部位等。然后确定调试项目、顺序和调试方法。一般调试步骤如下：

1. 调试前检查内容

（1）选用油液是否符合要求，油箱中油是否达到规定标高。

（2）各液压元件的安装是否正确、可靠，泄漏是否符合规定指标。

（3）各液压部件的防护是否完好。

（4）各控制手柄是否在关闭和卸荷位置。

2. 空运转试验

试验要求和程序如下：

（1）启动液压泵电动机，检查其运转方向是否正确，情况是否正常，有无异常噪声。液压泵是否漏气（油面上有无气泡），其卸荷压力是否在允许范围内。

（2）在运动部件处于停位或低速运动时，调整压力控制阀，逐渐升压至规定值；调整辅助系统压力（如减压阀等）和润滑系统的压力、流量。压力调整好后，关掉压力表，以防损坏。

（3）打开排气阀，使活塞全行程空运转往复数次，使空气从排气阀排出，排净空气后关闭排气阀。

（4）检查液压系统各处的密封和泄漏情况。

（5）系统处于正常工作状态后，要再次检查油面高度，并使其保持规定标高。

（6）使系统在空运转中按工作循环和预定程序工作，检查各动作的协调和顺序是否正确；启动、换向和速度转换时运动是否平稳，调整和消除爬行和冲击。

（7）空运转 2 h 后，检查油温及液压系统的动作精度，如换向、定位、停留等。

3. 负荷试验

先在低于最大负荷情况下进行，一切正常后方可进行最大负荷试验。负荷检验的目的是检验在最大负荷情况下，液压系统能否实现预定的工作要求；噪声、振动和各处的内、外泄漏是否在允许的范围内；工作部件运动、换向和速度换接时有无爬行和冲击；功率损耗及温升是否在允许范围内等。发现故障要及时分析原因并立即排除。

六、液压传动装置故障分析及排除

液压系统常见的故障有：压力不足、欠速、振动和噪声、爬行、油温过高、系统温升、冲击、泄漏等，其产生故障的原因及排除方法见表 8–8。

表 8–8　液压传动装置常见故障原因及排除方法

常见故障	产生原因	排除方法
系统工作压力失常，压力不足	液压泵进、出口装反或电动机反转	纠正液压泵进、出口方位；调换电动机接线
	电动机转速过低，功率不足，或液压泵磨损，泄漏大	更换功率相匹配的电动机；修换磨损严重的液压泵
	压力阀阀芯卡死或阻尼孔堵塞，或阀芯与阀体之间严重内泄	查明原因，修复或更换阀
	泵的吸油管较细，吸油管密封性差，油液黏度太高，滤油器堵塞产生吸空现象等	适当加粗泵吸油管尺寸，加强吸油管路接头处的密封，使用黏度适当的油液，清洗滤油器等
欠速	油泵损坏或严重磨损，轴向、径向间隙太大，造成输油量和压力过小	检查或更换油泵
	油箱中油液少，滤油器堵塞，油液黏度太大而使吸油不畅	添加液压油，清理滤油器，使用黏度适当的油液
	系统元件中配合间隙大，内外泄漏太多	查明泄漏处进行修复
	压力控制阀、流量控制阀出现故障或被堵塞	找出原因，加以排除
	油缸的装配精度和安装精度差，造成运动阻滞	提高油缸的装配精度和安装精度
振动和噪声	液压泵吸空、液压泵磨损或损坏	检查吸油管浸油高度和油标高，修复或更换液压泵
	控制阀阻尼孔堵塞，调压弹簧变形或损坏，阀座损坏、密封不良或配合间隙过大	疏通阻尼孔，清理液压油，更换弹簧，修理或更换新阀
	机械系统引起管道碰撞，泵与电动机间的联轴器安装不同轴，电动机和其他零件平衡不良，齿轮精度低等	加固管道，保证泵与电动机安装的同轴度，检查和平衡不平衡零件，更换精度高的齿轮等
	液压系统中油液的压力脉冲等	采用消振器
爬行	空气混入液压系统，在压力油中形成气泡	对各种产生进气的原因逐一采取措施排除，防止空气再进入系统
	油液中有杂质，将小孔堵塞，滑阀卡死	清洗油路、油箱，更换液压油，并注意保持清洁，定期更换油液
	导轨精度低，润滑不良，压板、镶条调得过紧	修刮导轨，加强润滑，调整压板或镶条间隙

续表

常见故障	产生原因	排除方法
爬行	液压元件故障造成爬行，如节流阀小流量时不稳定，液压缸内表面拉毛等	更换节流阀，检修液压缸排除故障
	采用静压润滑导轨时，润滑油控制装置失灵，润滑油供应不稳定或中断	通过调整或修理控制装置，排除爬行现象
油温过高	压力损耗大，压力能转换为热能，使油温升高；管路太长、弯曲过多、截面变化；管子中污物多而增加压力损失；油液黏度太大等	更换管道，清理或更换液压油，选择合适黏度的油液
系统温升	连接、配合处泄漏，容积损耗大，使油温升高	查明泄漏处进行修复
	机械损失引起油温升高。如液压元件加工精度和装配质量差，安装精度差、润滑不良、密封过紧而使运动阻滞，摩擦损耗大；油箱太小，散热条件差，冷却装置发生故障等	提高液压元件的加工精度和安装精度，加强润滑，增大散热面积等
冲击	由于液流方向的迅速改变，使液流速度急速改变，出现瞬时高压造成冲击	可在液压缸的入口及出口设置小型安全阀；在液压缸的行程终点采用减速阀；在液压缸端部设置缓冲装置等
	液压缸缸体配合间隙过大，或密封破损，而工作压力调得过大	可重配活塞或更换活塞密封，并适当降低工作压力
泄漏	由于各液压元件的密封件损坏、油管破裂、配合件间隙增大、油压过高等原因，引起油液泄漏	找出原因，加以排除

复习思考题

1. 带传动机构有哪些装配技术要求？
2. 为什么要调整带传动的初拉力？怎样检测传动带的初拉力？怎样调整初拉力？
3. 带传动机构常见的失效形式有哪几种？如何进行修理？
4. 链传动机构有哪些装配技术要求？
5. 链传动机构常见的失效形式有哪几种？如何进行修理？
6. 齿轮传动机构有哪些装配技术要求？
7. 齿轮装在轴上后，为什么要检测跳动量？如何检测？
8. 齿轮轴部件装入箱体前，一般对箱体做哪些检测？
9. 齿轮传动的啮合质量包括哪几个方面的要求？如何进行检测？
10. 齿轮啮合后接触斑点产生同向偏接触和异向偏接触的原因是什么？应如何调整？
11. 齿轮传动常见的失效形式有哪几种？如何进行修理和调整？
12. 蜗杆蜗轮传动机构的装配有哪些技术要求？
13. 简述蜗杆蜗轮传动机构的装配过程。
14. 分度蜗轮有哪几种修复方法？
15. 螺旋传动机构有哪些装配技术要求？

16. 为什么要消除丝杠螺母的轴向间隙？说明单、双螺母的螺旋传动机构消除间隙的方法。

17. 如何对螺旋传动机构进行修理？

18. 装配联轴器、离合器时有哪些工艺要求？

19. 简述液压泵的装配要点。

20. 液压缸装配有哪些要点？要做哪些性能试验？

21. 压力阀装配有哪些要点？性能试验有哪些要求？

22. 液压系统经修理、装配后，如何进行调试？

23. 液压系统产生振动和噪声的原因有哪些？如何排除？

24. 简述液压系统产生爬行的原因和排除方法。

25. 简述液压系统发生泄漏和冲击的原因和排除方法。

26. 简述液压系统中油温过高的原因。

27. 简述液压系统压力不足的原因及排除方法。

28. 简述液压系统中运动部件欠速的原因和排除方法。

第九章

轴承和轴组的装配与修理

轴承在机械中是用来支承轴和轴上旋转件的重要部件。它的种类很多，根据轴承与轴工作表面间摩擦性质的不同，轴承可分为滚动轴承和滑动轴承两大类。

§9–1 滚动轴承分类及代号

滚动轴承是依靠滚动体的转动来支承转动的轴及轴上的零件，并保持轴的正常工作位置和旋转精度，且通用性很强、标准化、系列化程度很高的机械基础件。它具有摩擦力小、轴向尺寸小、工作可靠、启动性能好、更换方便、维护容易、在中等速度下承载能力较强等优点，被广泛应用于各种机器和机构中。

一、滚动轴承的类型

滚动轴承的类型多种多样，通常可根据其结构和用途进行分类，具体见表 9–1。其中深沟球轴承、圆锥滚子轴承和推力球轴承在装配中最为典型，其结构、特点及应用见表 9–2。

表 9–1　　滚动轴承的分类（摘自 GB/T 271—2017）

分类方法	类型		结构特点
按所能承受的载荷方向或公称接触角	向心轴承	径向接触轴承	公称接触角 α 为 0°
		角接触向心轴承	公称接触角 α 大于 0° 小于或等于 45°
	推力轴承	轴向接触轴承	公称接触角 α 为 90°
		角接触推力轴承	公称接触角 α 大于 45° 小于 90°
按滚动体的种类	球轴承		滚动体为球
	滚子轴承	圆柱滚子轴承	滚动体为圆柱滚子
		滚针轴承	滚动体为滚针
		圆锥滚子轴承	滚动体为圆锥滚子

续表

分类方法	类型		结构特点
按滚动体的种类	滚子轴承	调心滚子轴承	滚动体为球面滚子
		长弧面滚子轴承	滚动体为长弧面滚子
按能否调心	调心轴承		滚道为球面形，能适应两滚道轴心线间较大的角偏差及角运动
	非调心轴承		能阻抗滚道间轴心线角偏移
按滚动体的列数	单列轴承		具有一列滚动体
	双列轴承		具有两列滚动体
	多列轴承		具有多于两列的滚动体并承受同一方向载荷
按部件能否分离	可分离轴承		分部件之间可分离
	不可分离轴承		分部件之间不可分离
按是否有密封圈或防尘盖	开式轴承		无防尘盖及密封圈
	闭式轴承		带有防尘盖及密封圈
按主要用途	通用轴承		应用于通用机械或一般用途的轴承
	专用轴承		专门用于或主要用于特定主机或特殊工况的轴承

表 9–2　典型滚动轴承的结构、特点及应用

类型	结构	特点及应用
深沟球轴承	轴承内圈 轴承外圈 保持架 滚动体	它是最具代表性的滚动轴承，用途广泛。主要承受径向载荷，也可承受一定量的轴向载荷，当增大轴承径向游隙时，具有一定的角接触球轴承的性能。它的结构简单，摩擦系数小，极限转速高，制造成本低，易达到较高制造精度，使用方便
圆锥滚子轴承	轴承外圈 滚动体 保持架 轴承内圈	此轴承属可分离轴承，即轴承内圈组件可以与轴承外圈分离，安装方便。主要用于以承受径向载荷为主的径向与轴向联合载荷。由于圆锥滚子轴承只能传递单向轴向力，因此，在使用中需成对对称安装，并可在安装过程中调整游隙的大小

续表

类型	结构	特点及应用
推力球轴承	松圈 滚动体 紧圈 保持架	此轴承属可分离轴承，即轴承紧圈、松圈和滚动体组件可以分离。紧圈与轴为过盈配合，松圈与轴之间有一定的间隙。它只能够承受一个方向的轴向负荷，并能作单方向的轴向定位，但绝不能承受任何径向负荷

二、滚动轴承的代号

由于滚动轴承的种类较多，各类型轴承又有不同的结构、尺寸、公差等级及技术性能，以满足各种不同的工作要求，为了便于选用和组织生产，国家标准 GB/T 272—2017 规定了轴承代号的表示方法。

轴承的代号由基本代号、前置代号和后置代号构成。基本代号表示轴承的基本类型、结构和尺寸，是轴承代号的基础。前置、后置代号是轴承在结构形状、尺寸、公差、技术要求等有改变时，在其基本代号左右添加的补充代号。

1. 滚动轴承的基本代号（滚针轴承除外）

滚动轴承的基本代号是由轴承类型代号、尺寸系列代号［包括轴承的宽（高）度系列和直径系列代号］和内径代号组成。其中，类型代号用阿拉伯数字或大写拉丁字母表示，尺寸系列代号和内径代号用数字表示，其排列顺序见表 9–3。

（1）轴承类型代号　类型代号的含义见表 9–4。

表 9–3　　滚动轴承的基本代号排列顺序（摘自 GB/T 272—2017）

轴承类型代号	尺寸系列代号		内径代号	
	宽（高）度系列	直径系列		
右起第五位数字或字母	右起第四位数字	右起第三位数字	右起第二位数字	右起第一位数字

表 9–4　　滚动轴承类型代号的含义（摘自 GB/T272—2017）

代号	轴承类型	代号	轴承类型
0	双列角接触球轴承	6	深沟球轴承
1	调心球轴承	7	角接触球轴承
2	调心滚子轴承和推力调心滚子轴承	8	推力圆柱滚子轴承
3	圆锥滚子轴承	N	圆柱滚子轴承（双列或多列用 NN 表示）
4	双列深沟球轴承	U	外球面球轴承
5	推力球轴承	QJ	四点接触球轴承
		C	长弧面滚子轴承（圆环轴承）

（2）尺寸系列代号　它由轴承的宽（高）度系列代号和直径系列代号组合而成。向心轴承和推力轴承的尺寸系列代号见表 9–5。

（3）内径代号　最右边两位数字表示轴承的公称内径尺寸。当轴承内径在 20 ~ 480 mm 范围内（内径 22 mm、28 mm、

32 mm 除外)，内径代号乘以 5 即为轴承公称内径尺寸。内径在 10 ~ 17 mm 的代号见表 9–6。内径小于 10 mm 和大于等于 500 mm 的轴承，内径表示方法另有规定。

2. 滚动轴承的前置代号

前置代号在基本代号之前，用字母表示，常用于表示轴承分部件（轴承组件），其含义见表 9–7。

3. 滚动轴承的后置代号

滚动轴承的后置代号在基本代号之后，它包括多组补充代号，用字母（或加数字）表示，常见含义见表 9–8。

表 9–5　向心轴承和推力轴承的尺寸系列代号（摘自 GB/T 272—2017）

直径系列代号	向心轴承								推力轴承			
	宽度系列代号								高度系列代号			
	8	0	1	2	3	4	5	6	7	9	1	2
	尺寸系列代号											
7	—	—	17	—	37	—	—	—	—	—	—	—
8	—	08	18	28	38	48	58	68	—	—	—	—
9	—	09	19	29	39	49	59	69	—	—	—	—
0	—	00	10	20	30	40	50	60	70	90	10	—
1	—	01	11	21	31	41	51	61	71	91	11	—
2	82	02	12	22	32	42	52	62	72	92	12	22
3	83	03	13	23	33	—	—	—	73	93	13	23
4	—	04	—	24	—	—	—	—	74	94	14	24
5	—	—	—	—	—	—	—	—	—	95	—	—

表 9–6　滚动轴承的内径代号（摘自 GB/T 272—2017）

内径代号	00	01	02	03	04，05，06，…，96
轴承内径 /mm	10	12	15	17	20，25，30，…，480

表 9–7　滚动轴承前置代号的含义（摘自 GB/T 272—2017）

代号	含义	代号	含义
L	可分离轴承的可分离内圈或外圈	WS	推力圆柱滚子轴承轴圈
LR	带可分离内圈或外圈与滚动体的组件	GS	推力圆柱滚子轴承座圈
R	不带可分离内圈或外圈的组件	KIW	无座圈的推力轴承组件
K	滚子和保持架组件	KOW	无轴圈的推力轴承组件

表 9–8　滚动轴承常见后置代号的含义（摘自 GB/T 272—2017）

组别顺序及内容		代号	含义
1	内部结构	C	公称接触角等于 15° 的角接触球轴承
		AC	公称接触角等于 25° 的角接触球轴承
		B	公称接触角等于 40° 的角接触球轴承
		E	加强型轴承

续表

组别顺序及内容		代号	含义
2	密封、防尘与外部形状	K	圆锥孔轴承　锥度 1∶12（外球面球轴承除外）
		K30	圆锥孔轴承　锥度 1∶30
		R	轴承外圈有止动挡边
		N	轴承外圈上有止动槽
		—2RS	轴承两面带骨架式橡胶密封圈（接触式）
		—2RZ	轴承两面带骨架式橡胶密封圈（非接触式）
		—Z	轴承一面带防尘盖
		—2Z	轴承两面带防尘盖
		—RSZ	轴承一面带骨架式橡胶密封圈（接触式），一面带防尘盖
3	保持架及其材料	J	钢板冲压保持架
		Y	铜板冲压保持架
4	轴承零件材料	/HC	套圈和滚动体或仅是套圈由渗碳轴承钢制造
		/HN	套圈、滚动体由高轴承钢制造
5	公差等级	/PN	公差等级符合标准规定的普通级，代号中省略不表示
		/P6	公差等级符合标准规定的 6 级
		/P6X	公差等级符合标准规定的 6X 级
		/P5	公差等级符合标准规定的 5 级
		/P4	公差等级符合标准规定的 4 级
		/P2	公差等级符合标准规定的 2 级
		/SP	尺寸精度相当于 5 级，旋转精度相当于 4 级
		/UP	尺寸精度相当于 4 级，旋转精度高于 4 级
6	游隙	/C2	游隙符合标准规定的 2 组
		/CN	游隙符合标准规定的 N 组，代号中省略不表示
		/C3	游隙符合标准规定的 3 组
		/C4	游隙符合标准规定的 4 组
		/C5	游隙符合标准规定的 5 组
		/CA	公差等级为 SP 和 UP 的机床主轴用圆柱滚子轴承径向游隙
		/CM	电动机深沟球轴承游隙
7	配置	/DB	成对背对背安装
		/DF	成对面对面安装
		/DT	成对串联安装

续表

组别顺序及内容		代号	含义
8	振动与噪声	/Z	轴承的振动加速度级极值组别
		/V	轴承的振动速度级极值组别
9	其他特性	/S0	工作温度可达 150°
		/S4	工作温度可达 350°
		/HT	轴承内充特殊高温润滑脂
		/LT	轴承内充特殊低温润滑脂

三、滚动轴承的代号示例

N 2312/P6 表示内径为 60 mm，23（中宽）系列的圆柱滚子轴承，公差等级为 6 级。

7208 AC 表示内径为 40 mm，02（代号中已将 0 省略）系列的角接触球轴承，接触角等于 25°，公差等级为普通级。

§9-2 滚动轴承的装配与修理

一、滚动轴承的装配技术要求

（1）装配前，应根据轴承的类型、结构、特性等要求对轴承进行清洗。

（2）装配时，应将标记代号的端面装在可见方向，以便更换时查对。

（3）轴承与轴颈或壳体孔的配合应符合相关标准，并紧贴在轴肩或孔肩上，不允许有间隙或歪斜现象。

（4）同轴的两个轴承中，必须有一个轴承在轴受热膨胀时有轴向移动的余地。

（5）装配后的轴承应运转灵活，噪声小，温升不得超过允许值。

二、滚动轴承的配合

滚动轴承是标准组件。为便于互换和专业生产，国家标准规定轴承的内孔与轴的配合采用基孔制，而外圈与轴承座孔的配合为基轴制。各种公差等级轴承的内径和外径公差带，均采用上极限偏差为零、公差带在零线的下方，如图 9–1 所示。而普通圆柱面基孔制的公差带是在零线以上。因此，轴承内孔与轴的配合，在同样的配合符号下将有较紧的配合。

三、滚动轴承的装配

滚动轴承的装配应根据轴承的结构、尺寸大小和轴承部件的配合性质而定。滚动轴承常用的装配方法有锤击法、压入法、热装法及液压套合法等。

1. 装配前的准备工作

（1）按所要装配的轴承准备好需要的工具和量具。按图样要求检查与轴承相配零件是否有缺陷、锈蚀和毛刺等。

（2）用汽油或煤油清洗与轴承配合的零件，用干净的布擦净或用压缩空气吹干，然后涂上一层薄油。

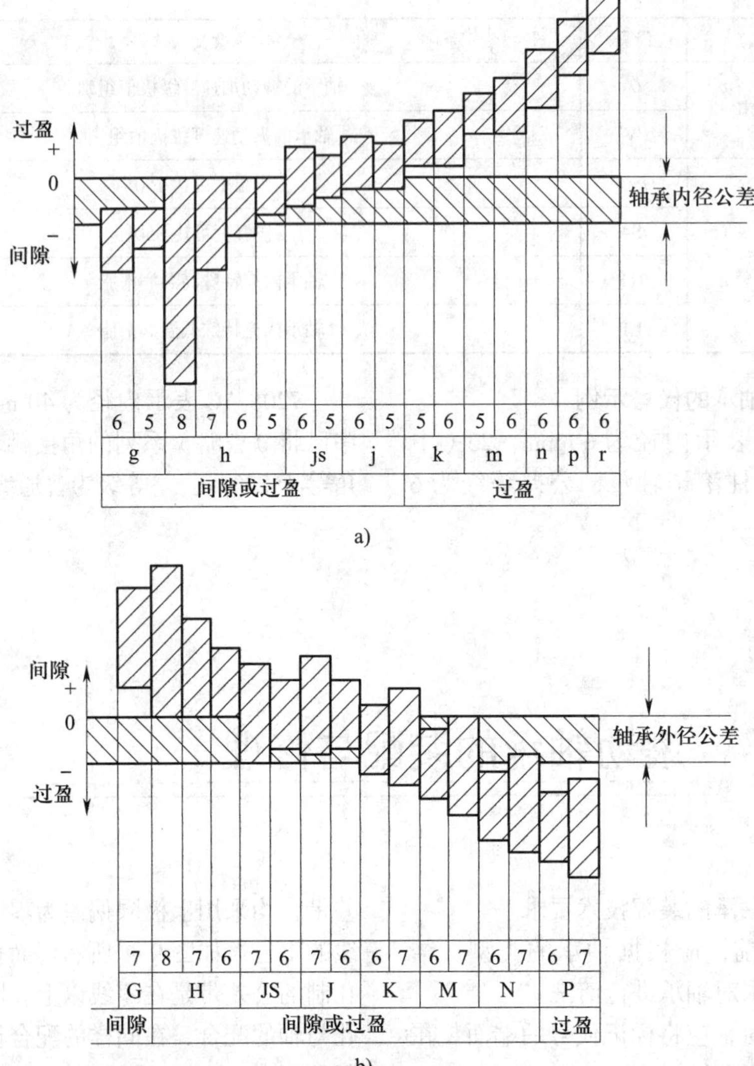

图 9–1　滚动轴承配合公差带示意图

a）轴承内孔与轴配合　b）轴承外圈与轴承座孔配合

（3）检查轴承有无损伤、锈蚀，转动是否灵活、有无异响；核对轴承的型号、精度等级、轴颈及轴承座孔的配合尺寸，符合要求后方可进行装配。

（4）装配前应按技术要求对轴承进行清洗。对于两面带防尘盖、密封圈或自带润滑脂的轴承则不需要进行清洗。

2. 圆柱孔轴承的装配

（1）不可分离型轴承（如深沟球轴承等） 应按座圈配合的松紧程度决定其装配顺序。当内圈与轴颈配合较紧、外圈与壳体孔配合较松时，先将轴承装在轴上，然后，连同轴一起装入壳体中；当轴承外圈与壳体孔配合较紧，内圈与轴颈配合较松时，应将轴承先压入壳体中；当内圈与轴颈、外圈与壳体孔都配合较紧时，应把轴承同时压在轴上和壳体孔中。

（2）分离型轴承（如圆锥滚子轴承等）由于内、外圈可以自由脱开，装配时内圈和滚动体一起装在轴上，外圈装在壳体内，然后再调整它们之间的游隙。

滚动轴承是一种较为精密的元件，当采用锤击法和压力法装配轴承时，对轴承所施加的压力应垂直均匀分布在配合套圈的端面上，绝不允许通过滚动体来传递压力。图 9-2 所示为利用专用工具进行装配；若配合过盈量较小，可用铜棒对称地在轴承内圈（或外圈）端面均匀敲入，如图 9-3 所示；图 9-4 是用压入法将轴承内、外圈分别压入轴颈和轴承座孔中的方法；对于高精度轴承装配时，一般采用热装法，其常用加热方法如图 9-5 所示，即将轴承放在温度为 80 ~ 100 ℃的油中加热，然后和常温状态的轴配合。为使轴承加热均匀，应搁在油槽内的网格上或挂在吊钩上。内部充满润滑油脂、带防尘盖或密封圈的轴承，不能采用热装法装配。在装配生产线上，常采用如图 9-5b 所示的电磁感应加热法，此法加热迅速、效率高。

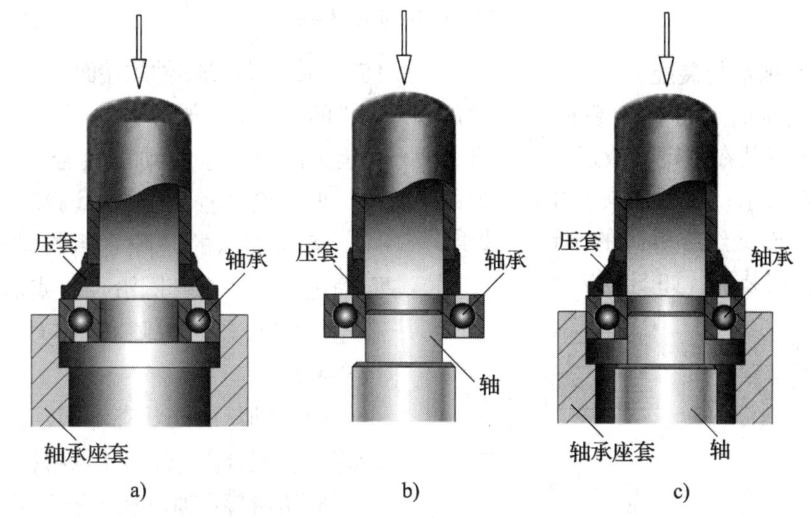

图 9-2　用专业工具装配轴承

a）座套与轴承装配　b）轴与轴承装配　c）轴和座套与轴承同时装配

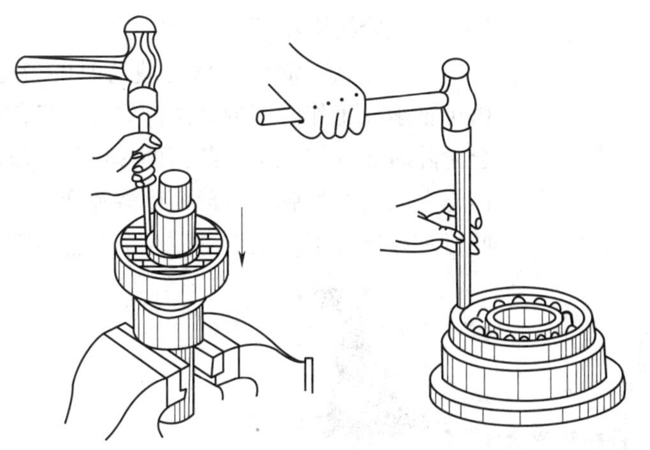
图 9-3　用铜棒装配轴承

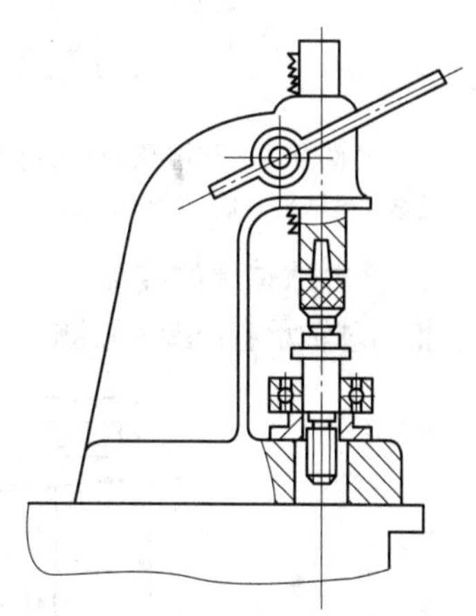
图 9-4　用压力机装配轴承

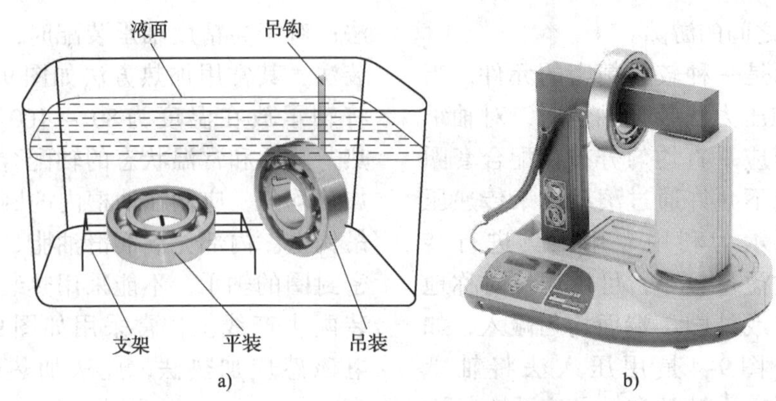

图 9–5　轴承常用加热方法
a）油液加热　b）电磁感应加热

3. 圆锥孔轴承的装配

过盈量较小时，可直接装在有锥度的轴颈上，也可以装在紧定套或退卸套的锥面上，如图 9–6 所示；对于轴颈尺寸较大或配合过盈量较大而又经常拆卸的圆锥孔轴承，常用液压套合法装配，如图 9–7 所示。

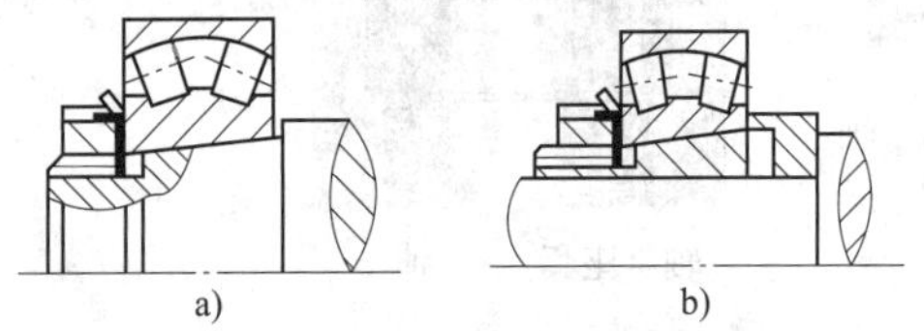

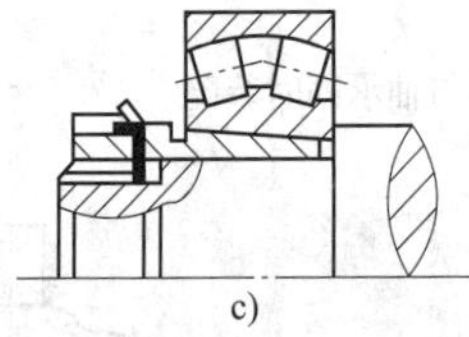

图 9–6　圆锥孔轴承的装配
a）直接装在锥轴颈上 b）装在紧定套上 c）装在退卸套上

4. 推力球轴承的装配

推力球轴承有松圈和紧圈之分，装配时应使紧圈靠在转动零件的端面上，松圈靠在静止零件的端面上，如图 9–8 所示。否则会使滚动体丧失作用，同时会加速配合零件间的磨损。

四、滚动轴承游隙的调整

滚动轴承的游隙是指将轴承的一个套圈固定，另一个套圈沿径向或轴向的最大位移量。它分径向游隙和轴向游隙两种，如图 9–9 所示。

根据轴承所处状态不同，游隙又分为原始游隙、配合游隙和工作游隙。

原始游隙：轴承在未安装前自由状态下的游隙。

配合游隙：轴承装在轴上和箱体孔内的游隙。配合游隙小于原始游隙。

工作游隙：轴承在承受载荷时的游隙。由于轴承在工作时因内外圈的温度升高使配合游隙减小，但在工作载荷的作用下，滚动体与套圈会产生弹性变形而使游隙变大，因此，一般情况下，工作游隙大于配合游隙。

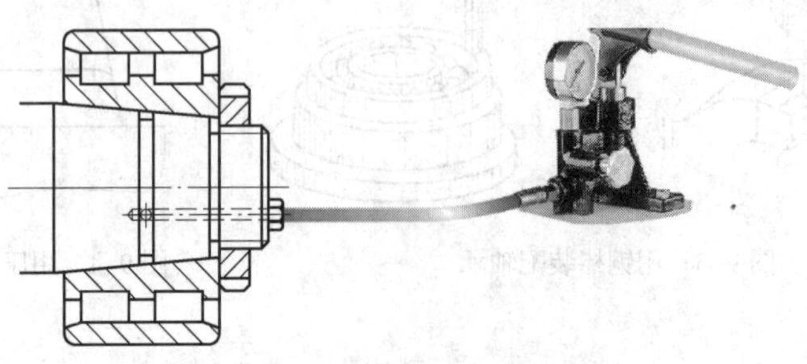
图 9–7　液压套合法装配轴承

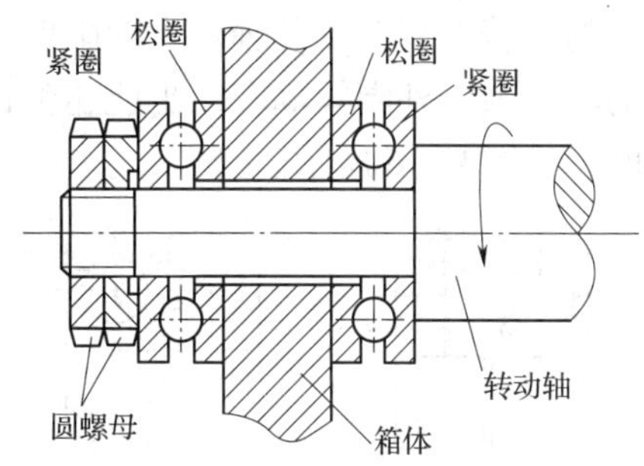

图 9–8　推力球轴承的装配

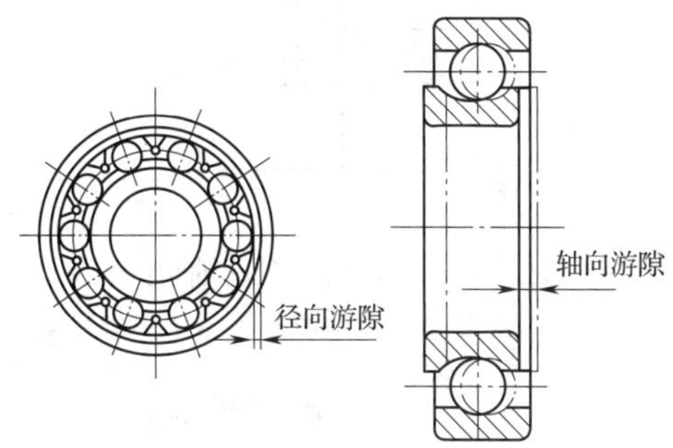

图 9–9　轴承的游隙

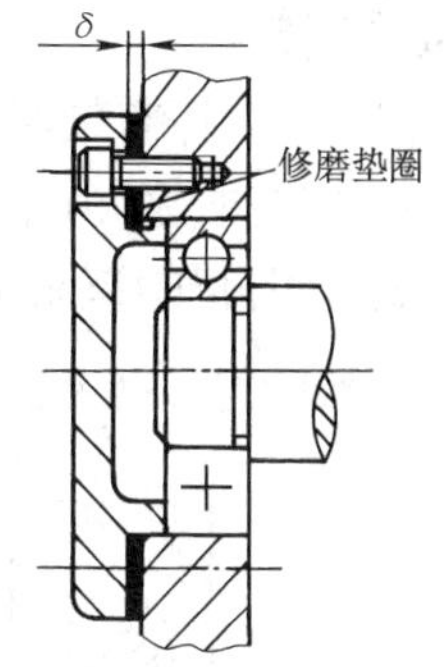

图 9–10　用垫片调整轴承游隙

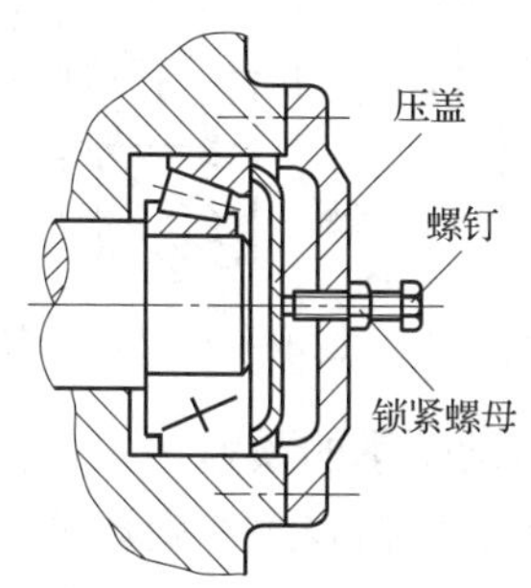

图 9–11　用螺钉调整轴承游隙

滚动轴承的游隙不能太大，也不能太小。游隙太大，会造成同时承受载荷的滚动体的数量减少，使单个滚动体的载荷增大，从而降低轴承的寿命和旋转精度，引起振动和噪声。游隙过小，轴承发热，硬度降低，磨损加快，同样会使轴承的使用寿命降低。因此，许多轴承在装配时都要严格控制和调整游隙。通常采用的方法是使轴承的内、外圈作适当的轴向相对位移来保证游隙。

1. 垫片调整法

如图 9–10 所示，通过调整轴承端盖与壳体端面间的垫片厚度 δ，来调整轴承的轴向游隙。

2. 螺钉调整法

如图 9–11 所示的结构中，调整的顺序是: 先松开锁紧螺母，再调整螺钉，待游隙调整好后再拧紧锁紧螺母。

五、滚动轴承的固定

轴在正常工作时，既不允许有径向跳动，也不允许有较大的轴向移动存在，还要保证不致因受热膨胀而卡死，因此要求轴承要有合理的固定方式。通常轴承的径向固定是靠外圈与外壳孔的配合来解决；轴承的轴向固定有两端单向固定和一端双向固定两种基本形式。

1. 两端单向固定

如图 9–12 所示，左右轴承都以轴肩和轴承盖作单向固定，这样两个轴承就能共同限制了轴的轴向移动。为避免轴受热伸长而使轴承卡住，在右端轴承外圈与轴承盖间留有一定的间隙，以便游动。间隙的大小可通过调整垫片的厚度来实现。

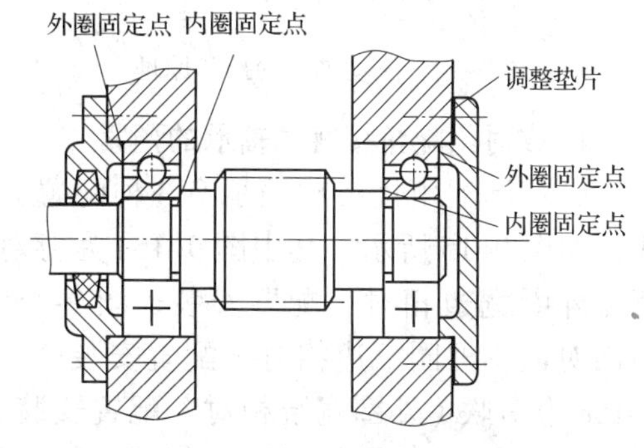

图 9–12　轴承两端单向固定

2. 一端双向固定

如图 9–13 所示，将右端轴承内、外圈分别双向固定在轴和外壳孔中，左端轴承外圈两侧均不固定，可随轴作轴向游动。

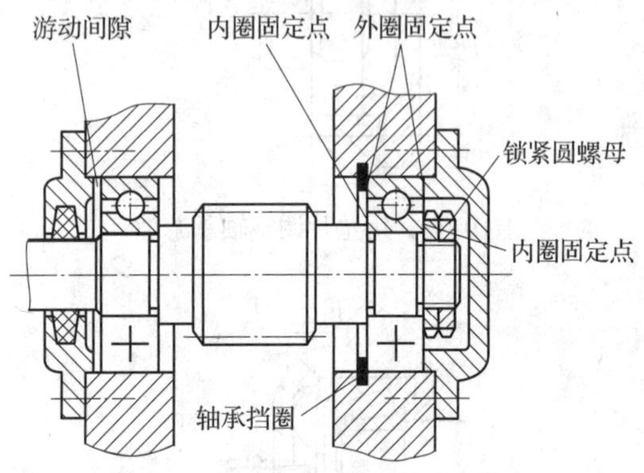

图 9–13　轴承一端双向固定

六、滚动轴承的预紧

对于承受载荷较大，旋转精度要求较高的轴承，大多是在无游隙甚至有少量过盈的状态下工作的，这些都需要轴承在装配时进行预紧。预紧就是轴承在装配时，给轴承的内圈或外圈施加一个轴向力，以消除轴承游隙，并使滚动体与内、外圈接触处产生初变形。预紧能提高轴承在工作状态下的刚度和旋转精度。滚动轴承预紧的原理如图 9–14 所示。常用预紧方法有：

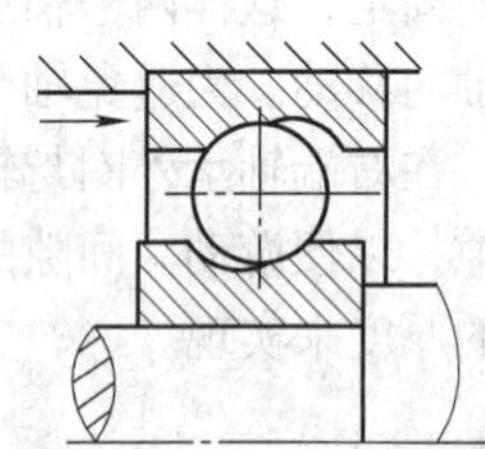

图 9–14　滚动轴承的预紧原理

1. 成对组配角接触球轴承的预紧

成对组配角接触球轴承有 3 种配置方式，如图 9–15 所示。其中图 9–15a 为背对背（外圈宽边相对）配置安装；图 9–15b 为面对面（外圈窄边相对）配置安装；图 9–15c 为串联（外圈宽窄相对）配置安装。若按图示箭头方向施加预紧力，即可达到预紧的目的。若在成对安装轴承之间配置长度不同的轴承内、外圈间隔套，也能达到预紧的目的，如图 9–16 所示。

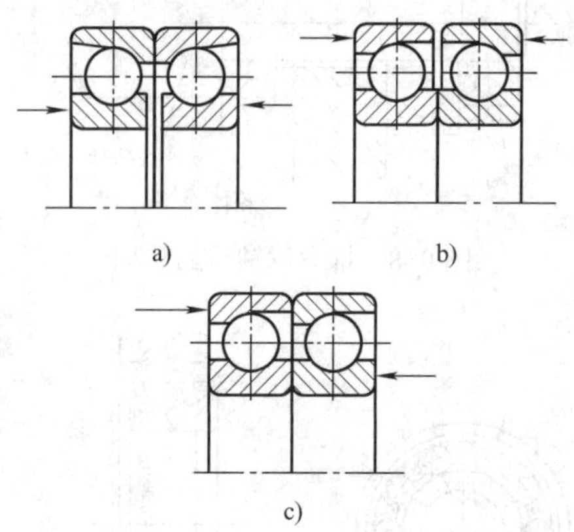

图 9–15　成对配置角接触球轴承的预紧
a）背靠背配置　b）面对面配置　c）串联配置

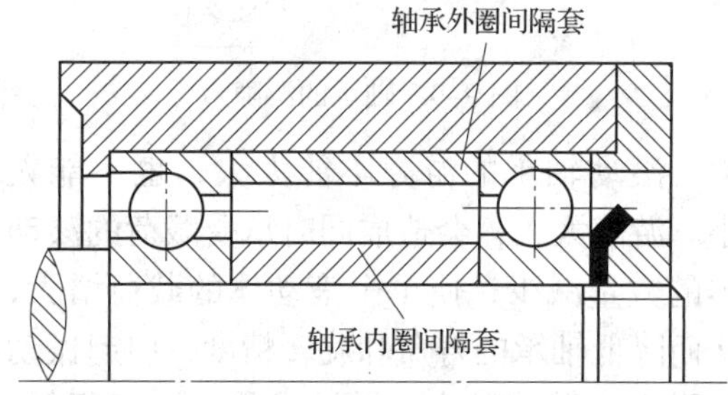

图 9–16　用两隔套长度差预紧

2. 单个角接触球轴承的预紧

如图 9–17 所示，轴承内圈固定不动，通过调整螺母来改变圆柱弹簧的轴向压力达到轴承预紧的目的。

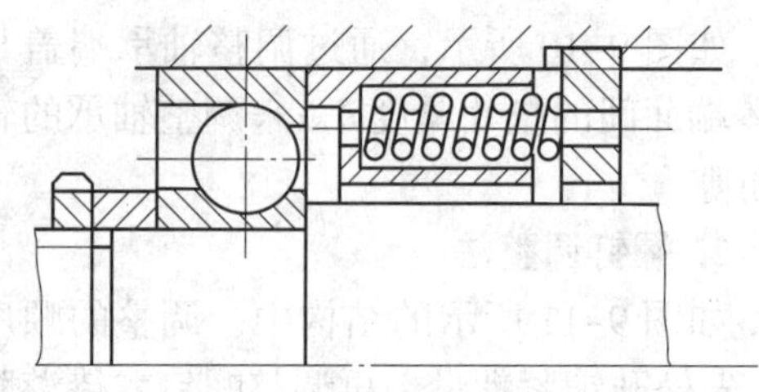

图 9–17　单个角接触球轴承的预紧

3. 内圈为圆锥孔轴承的预紧

如图 9–18 所示，拧紧螺母 1 可以使锥形孔内圈往轴颈大端移动，使内圈直径增大形成预负荷来实现轴承预紧。

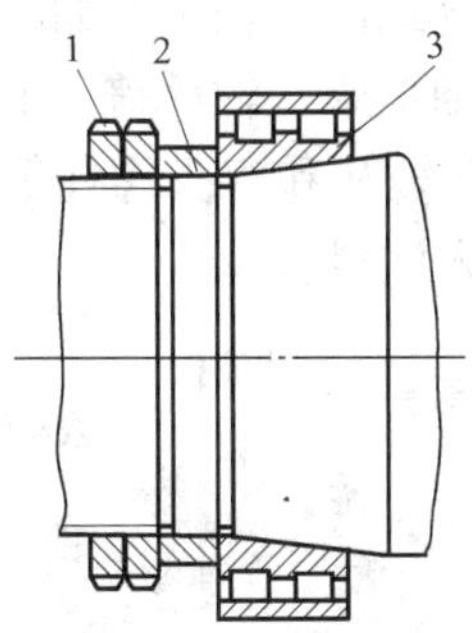

图 9-18　内圈为圆锥孔轴承的预紧

1—锁紧螺母　2—隔套　3—轴承内圈

七、滚动轴承的修理

滚动轴承在长期使用中会出现磨损或损伤，发现故障后应及时调整或修理，否则将会加速轴承失效。滚动轴承的失效形式有疲劳、磨损、腐蚀、电蚀、塑性变形、断裂和裂纹等。

对于轻度磨损的轴承可通过清洗轴承、轴承壳体，重新更换润滑油和精确调整间隙的方法来恢复轴承的工作精度和工作效率。

对于磨损严重的轴承，一般采取更换处理。

§9-3　滑动轴承的装配与修理

滑动轴承是指仅发生滑动摩擦的轴承。它具有结构简单、径向尺寸小、工作平稳、无噪声、润滑油膜吸振能力强、能承受较大的冲击载荷等特点。因此，滑动轴承适合于精密、高速及重载的转动场合，如磨床主轴等。

一、滑动轴承的分类

1. 按滑动轴承的润滑类型分

（1）液体动压润滑轴承　利用油的黏性和轴颈的高速旋转，把润滑油带进轴承的楔形空间建立起压力油膜，使轴颈与轴承之间被油膜隔开，这种轴承称为液体动压润滑轴承。其原理如图 9-19 所示，当轴静止时，由于本身质量而处于最低位置，在轴颈与轴承的侧面之间形成楔形油隙；当轴颈沿箭头方向旋转时，因金属表面的附着力和油本身的黏性，轴就带着油层一起旋转，当油层经过楔形缝隙时，由于油的分子受到挤压和本身的动能，对轴产生一定的压力，在油楔压力作用下轴在轴承中便逐渐浮起；当轴达到一定速度时，轴与轴承表面完全被油膜隔开，形成液体动压润滑。

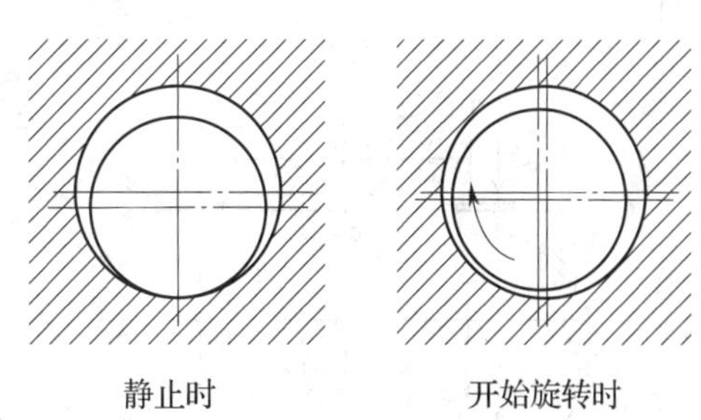

图 9-19　液体动压润滑轴承原理图

（2）液体静压润滑轴承　如图 9-20 所示，将外界压力油强制送入轴承的配合面，利用液体静压力支承载荷，使轴颈与轴承处于完全液体摩擦状态，油膜的形成和压力的大小与轴的转速无关，这种轴承称为液体静压润滑轴承。

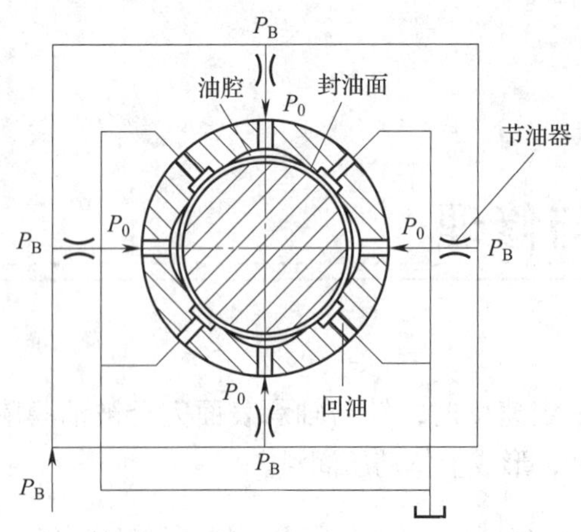

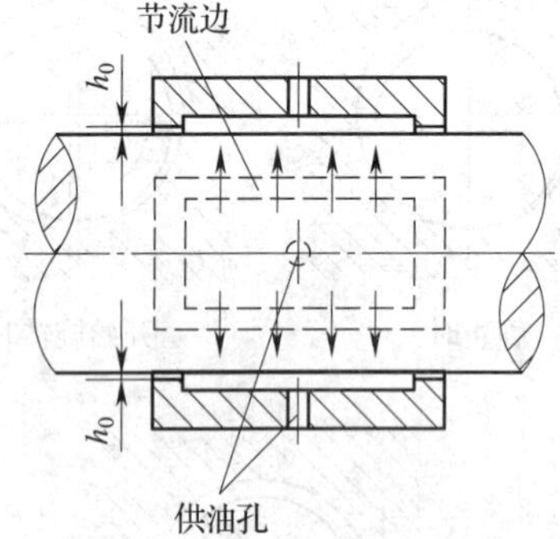

图 9-20　液体静压润滑轴承

2. 按滑动轴承的结构分

（1）整体式滑动轴承　如图 9-21 所示，其结构是在轴承座内压入耐磨轴套，套内开有油孔、油槽，以便润滑轴承配合面。该轴承结构简单、制造容易，但磨损后无法调整轴颈与轴承之间的间隙，通常用于低速、轻载的场合。

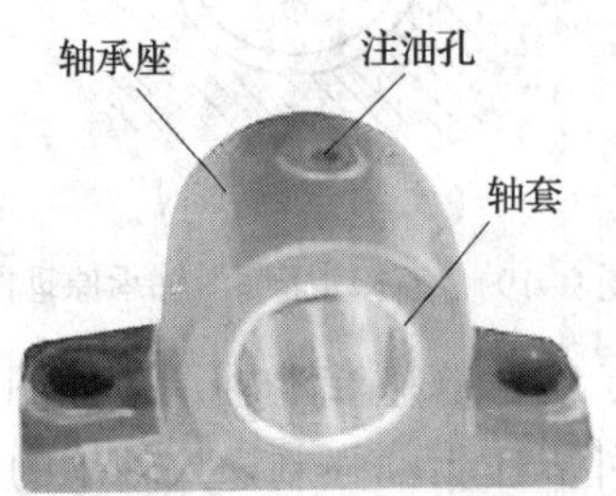

图 9-21　整体式滑动轴承

（2）剖分式滑动轴承　如图 9-22 所示，其结构是由轴承座、轴承盖、上轴瓦（轴瓦有油孔）、下轴瓦和双头螺柱等组成，润滑油从油孔进入润滑轴承。

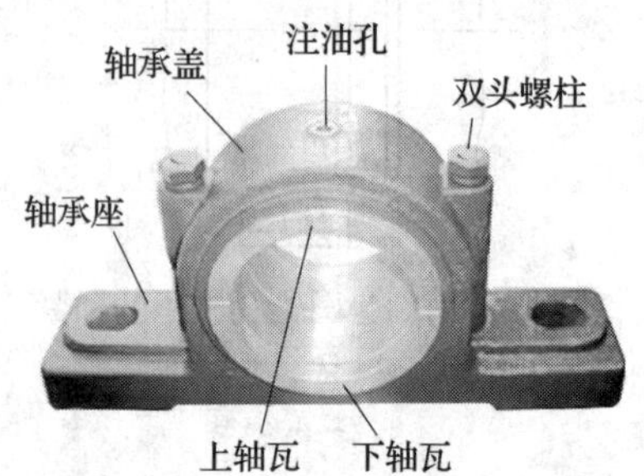

图 9-22　剖分式滑动轴承

（3）锥形表面滑动轴承　如图 9-23 所示，有内锥外柱式和内柱外锥式两种。

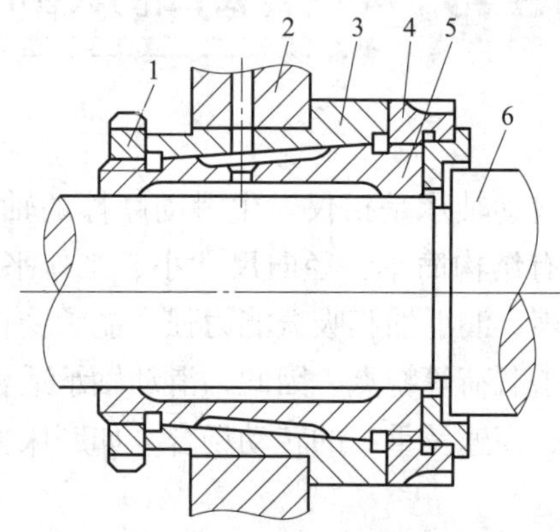

图 9-23　内柱外锥式滑动轴承

1—后螺母　2—箱体　3—轴承外套

4—前螺母　5—轴承　6—轴

（4）多瓦式自动调位轴承　如图 9-24 所示，其结构有三瓦式、五瓦式两种，而轴瓦又分长轴瓦和短轴瓦两种。

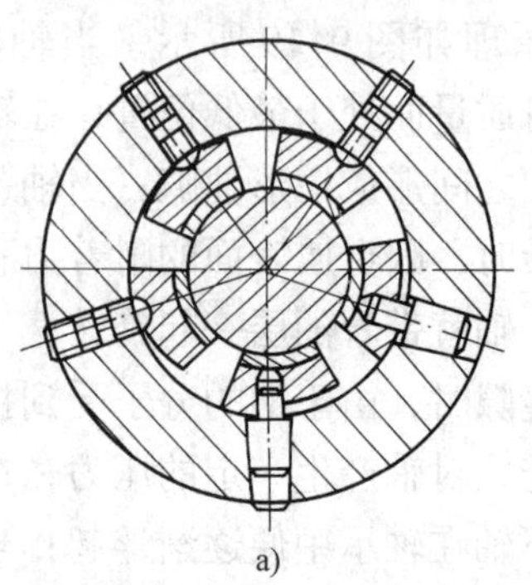

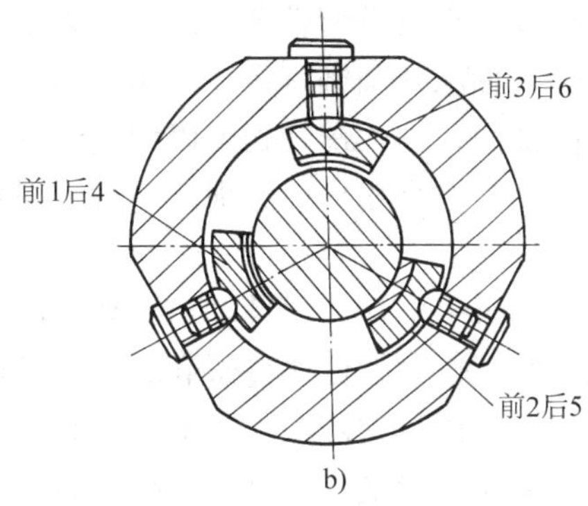

图 9–24　多瓦式自动调位轴承

a）五瓦式　b）三瓦式

二、滑动轴承的装配

滑动轴承装配的主要技术要求是在轴颈与轴承之间获得合理的间隙，保证轴颈与轴承的良好接触和充分的润滑，使轴颈在轴承中旋转平稳可靠。

1. 整体式滑动轴承的装配

（1）装配前，将轴套和轴承座孔去毛刺，清理干净后在轴承座孔内涂润滑油。

（2）根据轴套尺寸和配合时过盈量的大小，采取敲入法或压入法将轴套装入轴承座孔内，并进行固定。

（3）轴套压入轴承座孔后，易发生尺寸和形状变化，应采用铰削或刮削的方法对内孔进行修整、检测，以保证轴颈与轴套之间有良好的间隙配合。

2. 剖分式滑动轴承的装配

剖分式滑动轴承的装配工艺如图 9–25 所示。先将下轴瓦 4 装入轴承座 3 内，再装垫片 5，然后装上轴瓦 6，最后装轴承盖 7 并用螺母 1 固定。

剖分式滑动轴承装配要点:

（1）上、下轴瓦与轴承座、盖应接触良好，同时轴瓦的台肩应紧靠轴承座两端面。

（2）为实现紧密配合，保证有合适的过盈量，薄壁轴瓦的剖分面应比轴承座的剖分面高一些。

（3）为提高配合精度，轴瓦孔应与轴进行研点配刮。

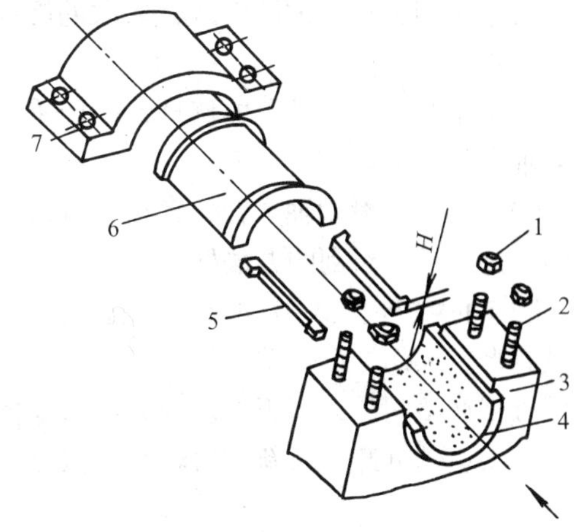

图 9–25　剖分式滑动轴承装配工艺

1—螺母　2—双头螺柱　3—轴承座　4—下轴瓦　5—垫片　6—上轴瓦　7—轴承盖

3. 内柱外锥式滑动轴承的装配（见图 9–23）

（1）将轴承外套 3 压入箱体 2 的孔中，并保证有 H7/r6 的配合要求。

（2）用心棒研点，修刮轴承外套 3 的内锥孔，并保证前、后轴承孔的同轴度。

（3）在轴承 5 上钻油孔，要求与箱体、轴承外套油孔相对应，并与自身油槽相接。

（4）以轴承外套 3 的内孔为基准研点，配刮轴承 5 的外圆锥面，使接触精度符合要求。

（5）把轴承 5 装入轴承外套 3 的孔中，两端拧上螺母 1、4，并调整好轴承 5 的轴向位置。

（6）以主轴为基准，配刮轴承 5 的内孔，使接触精度合格，并保证前、后轴承孔的同轴度符合要求。

（7）清洗轴颈及轴承孔，重新装入主轴，并调整好间隙。

三、滑动轴承的修理

滑动轴承的失效形式有工作表面的磨损、烧熔、剥落及裂纹等。造成这些失效的主要原因是油膜因某种原因被破坏，而导致轴颈与轴承表面产生干摩擦。

对于不同轴承形式的失效，采取的修理方法也不同。

（1）整体式滑动轴承的修理，一般采用更换轴套的方法。

（2）剖分式滑动轴承轻微磨损，可通过调整垫片、重新修刮的办法处理。

（3）内柱外锥式滑动轴承，如工作表面没有严重擦伤，仅作精度修整时，可以通过螺母来调整间隙；当工作表面有严重擦伤时，应将主轴拆卸，重新刮研轴承，恢复其配合精度。当没有调整余量时，可采用喷涂法等加大轴承外圆锥直径，或车去轴承小端部分圆锥面，加长螺纹长度以增加调整范围等方法。当轴承变形、磨损严重时，则必须更换。

（4）对于多瓦式滑动轴承，当工作表面出现轻微擦伤时，可通过研磨的方法对轴承的内表面进行研抛修理。当工作表面因抱轴烧伤或磨损较严重时，可采用刮研的方法对轴承的内表面进行修理。

知识拓展

1. 滑动轴承的材料

轴颈直接接触的是轴瓦，轴瓦材料的性能直接影响滑动轴承的寿命，为提高轴瓦性能，对其材料的基本要求是：摩擦系数小，耐磨性高，有足够的抗压、抗冲击性能及疲劳强度，同时还应具有抗胶合性、顺应性、嵌藏性、磨合性、润滑性、耐腐蚀性、导热性、工艺性、经济性以及膨胀系数小等性能。滑动轴承常用的材料有：

（1）铸铁

（2）铜基轴承合金

（3）含油轴承

（4）轴承塑料

（5）巴氏合金

2. 滑动轴承用润滑油的选择

选择润滑油的主要指标是油的黏度和油性。在选择黏度时，考虑的主要原则是：

（1）重载低速，选高黏度油，有利于形成油膜。

（2）高速轻载，选低黏度油，以免摩擦损失过大和发热。

（3）工作温度高，应选温度变化对黏度影响较小的油。

（4）工作表面粗糙或未经跑合的表面，希望油膜厚，应选高黏度油。

（5）循环润滑、芯捻润滑、油垫润滑方法，应选择黏度较低的油，飞溅润滑应选用品质高，并能防止氧化变质或因激烈搅动而乳化的油。

（6）低温条件下工作时，应选择凝固点低的油和黏度较低的油。

（7）轴承间隙小用黏度低的油，间隙大用黏度高的油。

选择润滑油时，还应注意润滑油的油性，因为混合摩擦轴承和液体摩擦轴承在启动和停车时边界摩擦均占很大比例。所以，油性对轴承的工作也起到重要作用。

§9-4 轴组的装配与修理

轴是机械中重要的零件，它与轴上零件如齿轮、带轮及两端轴承支座等的组合称为轴组。轴组的装配不仅要求轴上零件有确定的工作位置，以传递所需的运动和扭矩，而且要求轴和其他零件装配后运转平稳，能达到所要求的回转精度，如各类金属切削机床的主轴等。

一、滚动轴承的定向装配

对精度要求较高的主轴部件，为了提高主轴的回转精度，轴承内圈与主轴装配及轴承外圈与箱体孔装配时，常采用定向装配的方法。定向装配就是人为地控制各装配件径向跳动的方向，合理组合，采用误差相互抵消来提高装配精度的一种方法。装配前需对主轴轴端锥孔中心线偏差及轴承的内、外圈径向圆跳动进行检测，确定误差方向并做好标记。

1. 轴承外圈径向圆跳动检测

如图 9–26 所示，检测时，内圈固定不动，沿百分表方向压迫外圈并转动外圈 1 周以上，便可测出轴承外圈最大径向圆跳动量及方向，并做好标记。

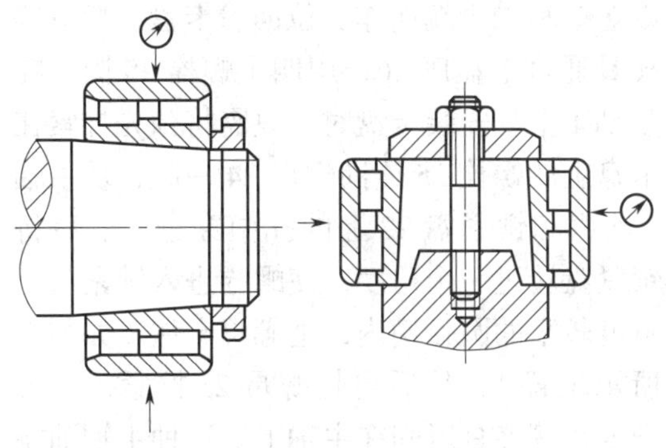

图 9–26　轴承外圈径向圆跳动检测

2. 轴承内圈径向圆跳动检测

如图 9–27 所示，检测时，外圈固定不动，在内圈端面上均匀地施加测量载荷 F（F 的数值根据轴承类型及直径而定），然后旋转内圈 1 周以上，便可测出轴承内圈最大径向圆跳动量及方向，并做好标记。

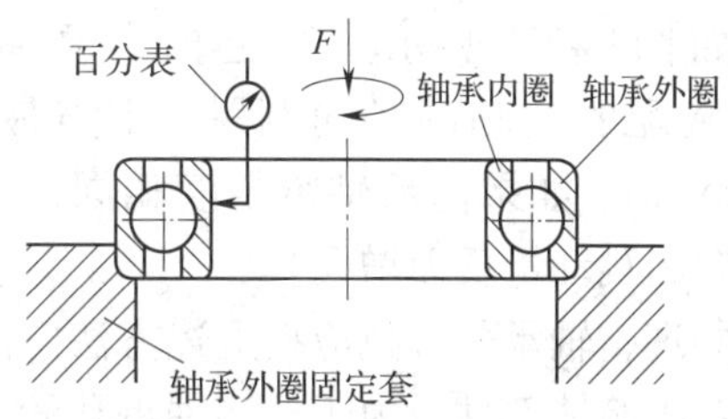

图 9–27　轴承内圈径向圆跳动检测

3. 主轴锥孔中心线检测

如图 9–28 所示，检测时，在主轴锥孔中插入检验棒，将主轴轴颈（轴承安装轴颈）置于 V 形架上，轴向用钢球支撑在角铁上，然后旋转主轴 1 周以上，便可测出主轴锥孔中心线最大的偏差位置和方向，并做好标记。

4. 滚动轴承定向装配要点

（1）主轴前轴承的精度比后轴承的精度高一级。

（2）前后两个轴承内圈径向圆跳动量最大的方向置于同一轴向截面内，并位于旋转中心线的同一侧。

（3）前后两个轴承内圈径向圆跳动量最大的方向与主轴锥孔中心线的偏差方向相反。

按不同方法进行装配后的主轴精度的比较如图 9–29 所示。

图 9–29 中 δ_1、δ_2 分别为主轴前、后轴承内圈的径向圆跳动量；δ_3 为主轴锥孔中心线对主轴回转中心线的径向圆跳动量；δ 为主轴的径向圆跳动量。

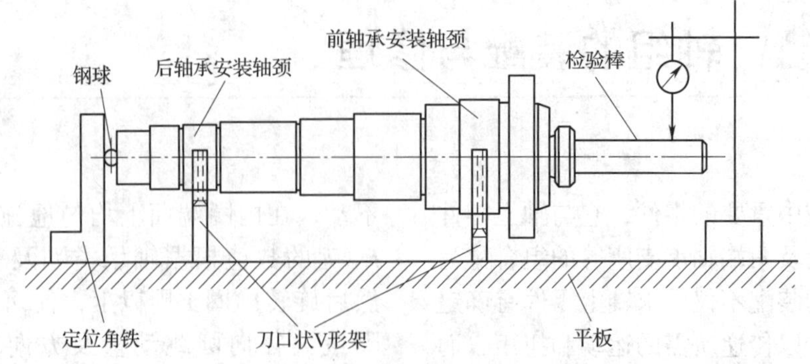

图 9–28　测量主轴锥孔中心线偏差

如图 9–29a 所示，按定向装配要求进行装配的主轴的径向圆跳动量 δ 最小，$\delta<\delta_3<\delta_1<\delta_2$。如果前后轴承精度相同，主轴的径向圆跳动量反而增大。

同理，轴承外圈也应按上述方法定向装配。对于箱体部件，由于检测轴承孔偏差较费时间，可在箱体孔内将前后轴承外圈的最大径向跳动点装在一条直线上。

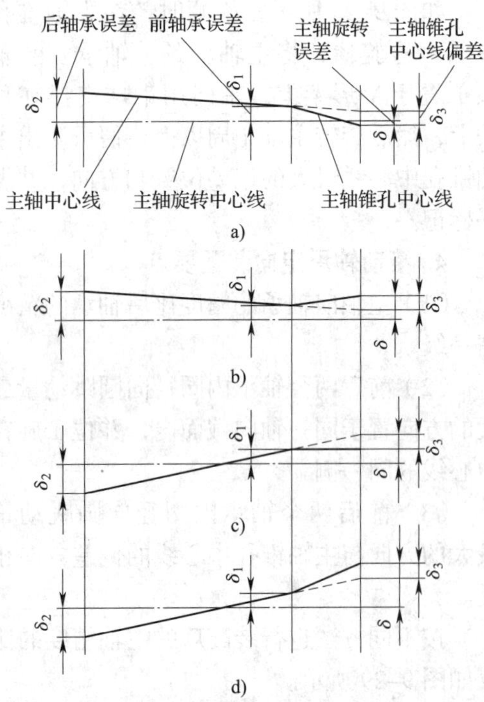

图 9–29　滚动轴承定向装配示意图

a）δ_1、δ_2 与 δ_3 方向相反

b）δ_1、δ_2 与 δ_3 方向相同

c）δ_1 与 δ_2 方向相反，δ_3 在主轴中心线内侧

d）δ_1 与 δ_2 方向相反，δ_3 在主轴中心线外侧

二、CA6140 型卧式车床主轴轴组的装配与调整

CA6140 型卧式车床主轴的结构形式主要有两种，即如图 9–30 所示的三支承结构和如图 9–31 所示的双支承结构。现在生产的 CA6140 型卧式车床大多采用后者。下面以双支承结构为例介绍典型轴组的装配及调整方法。

1. 主轴部件的结构

图 9–31a 所示为 CA6140 型卧式车床主轴轴组。主轴是一个空心的阶梯轴，其内孔直径为 48 mm，可通过 ϕ47 mm 以下的长棒料或拆卸顶尖时用来穿入金属棒，也可用于安装气动、电动或液压夹紧机构。主轴前端的锥孔为莫氏 6 号锥度，用来安装顶尖或检验心棒；也可借助锥面配合的摩擦力直接带动心轴或工件转动。

主轴前端采用短锥法兰式结构，它的作用是安装卡盘或拨盘，如图 9–31b 所示。它以短锥和轴肩端面作定位面。卡盘、拨盘等夹具通过卡盘座 26，用四个螺栓 25 固定在主轴 1 上。安装卡盘时，只需将预先拧紧在卡盘上的螺栓 25 连同螺母 24 一起，从主轴 1 轴肩和锁紧盘 22 上的孔中穿过，然后将锁紧盘转过一个角度，使螺栓进入锁紧盘上宽度较窄的圆弧槽内，把螺母卡住（如图中所示位置），然后再把螺母 23 拧紧，就可把卡盘等夹具紧固在主轴上。这种主轴轴端结构的定心精度高，连接刚性好，卡盘悬伸长度短，装卸卡盘也比较方便，因此，在新型车床上应用较普遍。

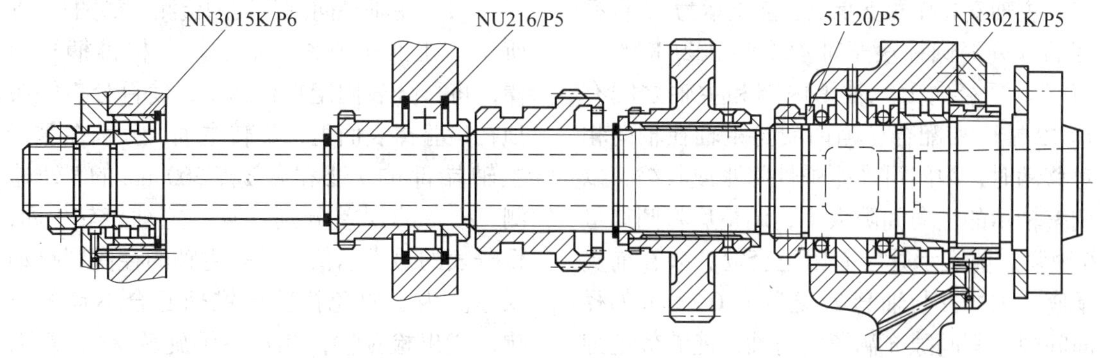

图 9-30　CA6140 型卧式车床主轴部件（三支承结构）

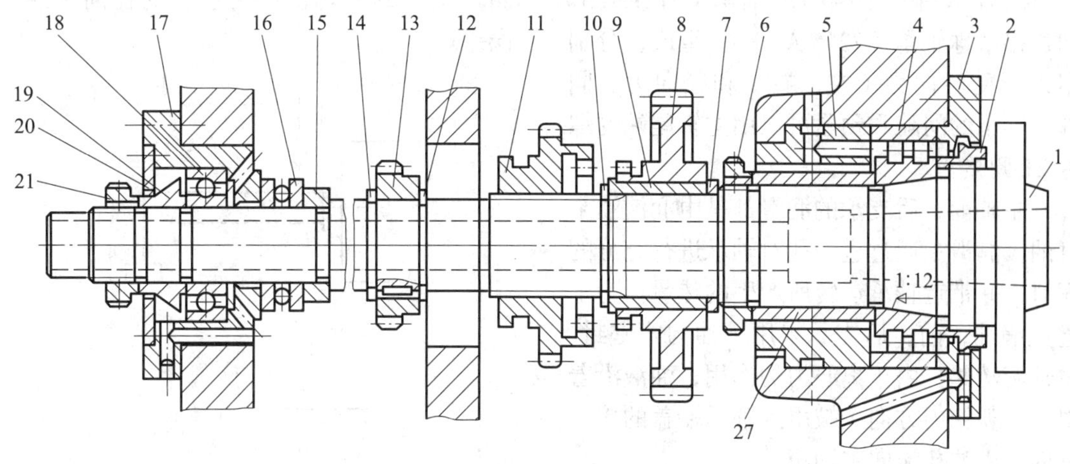

a)

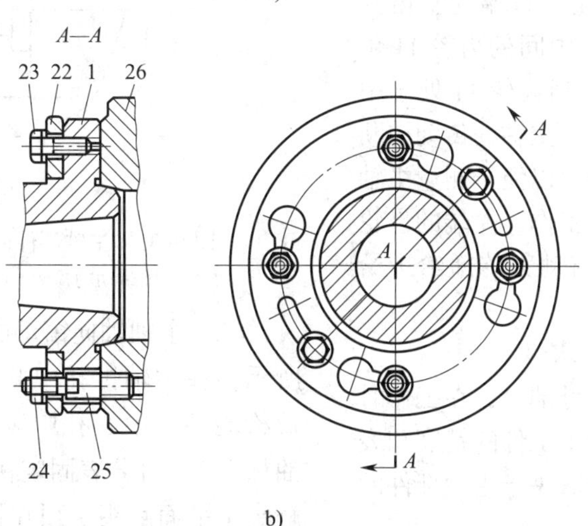

b)

图 9-31　CA6140 型卧式车床主轴部件（双支承结构）

1—主轴　2—前调整螺母　3—前轴承端盖　4—双列短圆柱滚子轴承　5—阻尼套筒
6，21—螺母　7，15—垫圈　8，11，13—齿轮　9—衬套　10，12，14—挡圈
16—推力球轴承　17—后轴承壳体　18—角接触球轴承　19—锥形密封套　20—盖板
22—锁紧盘　23—螺钉　24—螺母　25—螺栓　26—卡盘座　27—轴套

主轴安装在两支承上，前支承为P5级精度的双列短圆柱滚子轴承（NN 3021 K/P5），用于承受径向力。轴承内圈和主轴之间有1∶12锥度相配合。当内圈与主轴在轴向相对移动时，内圈可产生弹性膨胀或收缩，以调整轴承的径向间隙大小，调整后将圆螺母6锁紧。前支承处装有阻尼套筒，装在前支承座孔内，并与轴套27之间有0.2 mm的径向间隙，其间隙充满了润滑油，能有效地抑制振动，提高主轴的动态性能。

后轴承由一个推力球轴承（51215/P5）和角接触球轴承（7215 AC/P6）组成，分别用以承受轴向力（左、右）和径向力。同理，轴承的间隙和预紧可以用主轴尾端的螺母21调整。

主轴前、后支承的润滑都是由润滑油泵供油。润滑油通过进油孔对轴承进行充分的润滑，并带走轴承运转所产生的热量。为了避免漏油，前、后支承采用了油沟式密封。主轴旋转时，由于离心力的作用，油液沿着斜面（朝箱内方向）被甩到轴承端盖的接油槽内，由油孔流向主轴箱。

主轴上装有三个齿轮，右端的斜齿圆柱齿轮8空套在主轴上；中间的齿轮11可以在主轴的花键上滑移。当齿轮11处于中间不啮合（空挡）位置时，主轴的传动被断开，这时可用手转动主轴，以便于测量主轴回转精度及装夹时找正等工作。左端的齿轮13固定在主轴上，用于将动力传递给进给箱。

2. 主轴部件的精度要求

主轴部件是车床的关键部分，在工作时承受很大的切削抗力。加工工件的精度和表面粗糙度，在很大程度上取决于主轴部件的刚度和回转精度。

主轴部件的精度是指它在装配调整之后的回转精度，包括主轴的径向圆跳动、轴向窜动以及主轴旋转的均匀性和平稳性。

（1）主轴径向圆跳动的检测　如图9–32a所示，在锥孔中紧密地插入一根锥柄检验棒，将百分表固定在机床上，使百分表触头顶在检验棒表面上，旋转主轴，分别在靠近主轴端部的a处和距a点300 mm的b处检测。a、b的误差分别计算，主轴旋转1周，百分表的最大示值，就是主轴的径向圆跳动误差。为了避免检验棒锥柄配合不良的影响，拔出检验棒，相对主轴旋转90°，重新插入主轴锥孔内，依次重复检验4次，四次测量结果的平均值即为主轴的径向圆跳动误差。

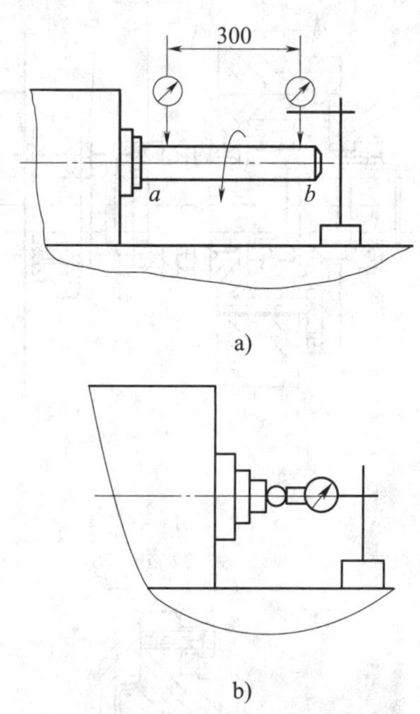

图9–32　主轴部件回转精度的检测

a）径向圆跳动的检测　b）轴向窜动的检测

（2）主轴轴向窜动的检测　如图9–32b所示，在主轴锥孔中紧密地插入一根锥柄短检验棒，中心孔中装入钢球（钢球用黄油粘上），百分表固定在床身上，使百分表触头（平面触头）顶在钢球上。旋转主轴，百分表的最大示值，就是主轴轴向窜动误差。

3. 主轴轴组的装配

CA6140型卧式车床主轴轴组的装配顺

序如下：

（1）将阻尼套筒 5 和双列短圆柱滚子轴承 4 的外圈及前轴承端盖 3 装入主轴箱体前轴承孔中，并用螺钉将前轴承端盖固定在箱体上。

（2）把主轴分组件（由主轴 1、前调整螺母 2、双列短圆柱滚子轴承 4 的内圈和轴套 27 组装而成）从主轴箱前轴承孔中穿入。在此过程中，从箱体上面依次将螺母 6、垫圈 7、齿轮 8、衬套 9、挡圈 10、齿轮 11、挡圈 12、键、齿轮 13、挡圈 14、垫圈 15 及推力球轴承 16 装在主轴上，并将主轴安装至要求的位置，如图 9–31a 所示。适当预紧螺母 6，防止轴承内圈因转动改变方向。

（3）从箱体后端，将后轴承壳体分组件装入箱体，并拧紧螺钉。

（4）将角接触球轴承 18 按定向装配法装在主轴上，敲击时用力不要过大，以免主轴移动。

（5）依次装入锥形密封套 19、盖板 20、螺母 21 并拧紧所有螺钉。

（6）对装配情况进行全面检查，以防止遗漏和错装。

装配双列短圆柱滚子轴承 4 内圈时，应先检查其内锥面与主轴锥面的接触面积，一般应大于 50%。如果锥面接触不良，收紧轴承时，会使轴承内滚道发生变形，破坏轴承精度，降低轴承使用寿命。

4. 主轴轴组的调整

（1）主轴轴组的预装调整　预装调整的目的是为了检查组成主轴轴组的各零件是否能达到规定的装配要求，同时，空箱便于翻转，修刮箱体底面比较方便，易于保证底面与床身结合面的良好接触以及主轴轴线对床身导轨的平行度。主轴轴承的调整顺序，一般是先调整固定支承，再调整游动支承。因 CA6140 型卧式车床主轴后支承对轴有双向轴向固定作用，未调整之前，主轴可以任意翘动，不能定心，影响前轴承调整的准确性。因此，主轴前、后轴承的调整顺序是：先初步调整后轴承，再调整前轴承。

1）后轴承的调整　先将螺母 6 松开，旋转螺母 21，逐渐收紧角接触球轴承 18 和推力球轴承 16。用百分表触及主轴前端面，用适当的力前后推动主轴。同时用手转动大齿轮 8，若感觉不太灵活，可能是角接触球轴承内、外圈没有装正，可用木锤（或铜棒）在主轴前后端敲击，直到手感觉主轴旋转灵活自如后，再将螺母 21 锁紧。

2）前轴承的调整　松开前调整螺母 2，逐渐拧紧螺母 6，通过轴套 27 的移动，使双列短圆柱滚子轴承 4 的内圈做轴向移动，迫使内圈胀大。如图 9–33 所示，用百分表触及主轴前端轴颈处，撬动杠杆使主轴受 200 ~ 300 N 的径向力，保证轴承径向间隙在 0.005 mm 之内，且大齿轮转动灵活，最后将螺母 6 和前调整螺母 2 锁紧。

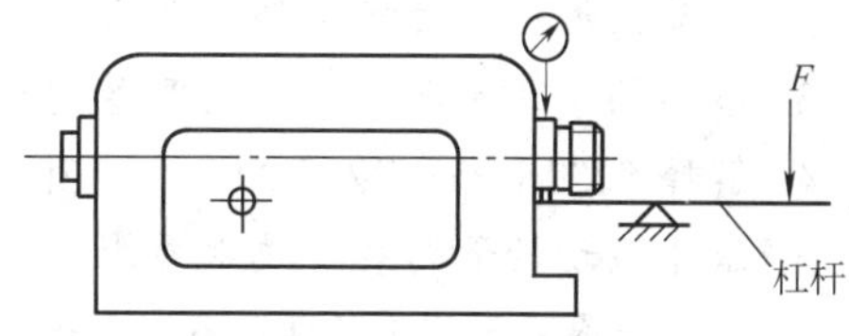

图 9–33　主轴径向间隙的检测

（2）主轴轴组的试车调整　机床正常运转时，随着主轴箱内温度的升高，主轴轴承间隙也会发生变化。因此，主轴的间隙，一般应在机床温升稳定后再进行调整。试车调整方法如下：

按要求给主轴箱加入润滑油，适当拧松螺母 6 和螺母 21（原始位置做好标记），用木锤（或铜棒）在主轴前、后端适当振击，使轴承回松，保持间隙在 0 ~ 0.02 mm 之内。主轴从低速到高速空运转时间不超过 2 h，在最高速的运转时间不少于 30 min，一般温升不超过 40℃即可。停车后锁紧螺母 6 和螺母 21，结束调整工作。

小提示

如图 9–30 所示，为保证主轴有较好的刚度，采用前、中、后三支承结构。前端是 NN 3021 K/P5 圆柱滚子轴承，用于承受径向力；另外采用两个 51120/P5 推力球轴承，用于承受前、后两个方向的轴向力。后端采用一个 NN3015K/P6 的圆柱滚子轴承支承。中间的辅助支承是 NU 216/P5（内圈无挡边）圆柱滚子轴承。

调整时，一般情况下只需调整前轴承。只有当调整前轴承后主轴的回转精度仍达不到要求时，才需调整后轴承。中间轴承不需要调整。

三、CA6140 型卧式车床主轴轴组的修理

车床主轴常见的故障主要表现在回转精度下降，径向圆跳动和轴向窜动超差。其原因及修理方法是：

（1）调整螺母松动，轴承间隙变大　按上述方法调整轴承间隙，紧固螺母防松装置。

（2）润滑不良，轴承快速磨损　疏通润滑系统，调整或更换轴承。

（3）主轴轴颈磨损　用镀铬或喷涂法修复。

（4）主轴锥孔严重划伤　用磨削或刮削方法修复。

复习思考题

1. 滚动轴承有何特点？
2. 滚动轴承代号由哪几部分组成？
3. 滚动轴承的基本代号包括哪些内容？
4. 解释 51215/P5、7215 AC、NN 3021 K/P5 的含义。
5. 叙述滚动轴承的装配技术要求。
6. 滚动轴承装配前应怎样准备？叙述深沟球轴承、角接触球轴承、推力球轴承的装配要点。
7. 为什么要调整滚动轴承的游隙？其调整方法有哪些？
8. 滚动轴承预紧的目的是什么？常用的预紧方法有哪些？
9. 滚动轴承常见故障有哪些？如何修理？
10. 滚动轴承的固定形式有哪几种？
11. 滑动轴承如何分类？有何特点？
12. 叙述整体式滑动轴承、剖分式滑动轴承、内柱外锥式滑动轴承的装配要点。
13. 滑动轴承的失效形式有哪些？如何修理？
14. 对滑动轴承材料有哪些基本要求？
15. 常用的滑动轴承材料有哪些？
16. 什么叫滚动轴承的定向装配？什么情况下主轴的径向跳动量最小？
17. 主轴部件的精度有哪些？如何检测主轴径向圆跳动和轴向窜动？
18. 简述 CA6140 型卧式车床主轴部件的装配工艺。
19. 简述 CA6140 型卧式车床主轴间隙调整方法。
20. 简述 CA6140 型卧式车床主轴轴组的故障原因及修复方法。

第十章

机床导轨的修理与调整

§10-1 概述

在机械设备中，用来支承和引导运动构件沿着一定轨迹运动的零、部件称为导轨副，俗称机床导轨。导轨是机床各运动部件相对运动的导向面，是保证刀具和工件相对运动精度的关键，在机床中占有十分重要的地位。

一、机床导轨的技术要求

为保证机床部件在移动时的准确性，机床导轨应满足以下基本要求。

1. 良好的导向精度

它包括导轨的形状误差（如直线运动导轨的平面度、直线度，环形导轨的圆度等）、方向误差（如导轨面间的平行度、垂直度等）和位置误差。

2. 足够的刚度

导轨刚度是指在外力作用下，导轨抵抗变形的能力。增大导轨截面积，可以提高导轨刚度，减小外力作用下导轨的变形，确保导轨精度的稳定。

3. 良好的耐磨性

导轨磨损将影响机床的加工精度和使用寿命，因此要求导轨的耐磨性好，表面磨损均匀，磨损后能调整或自动补偿。

二、导轨的种类及其特点

根据运动的性质，可分为直线运动导轨和旋转运动导轨；根据运动的要求，又分为滑动导轨、液体静压导轨和滚动导轨等。

1. 滑动导轨

滑动导轨是指接触面为滑动摩擦副的导轨。

（1）普通滑动导轨　此导轨的滑动面之间处于半干摩擦状态，摩擦阻力大，易产生爬行，磨损快，寿命短。但由于结构简单，制造容易，易于保证加工精度，所以目前应用较为广泛。

（2）卸荷导轨　卸荷导轨是指利用气压、液压或机械减小接触面压强的导轨。通过卸荷措施，可以降低运动部件的摩擦阻力，提高运动灵敏度。常用的有机械式和液压式两种，如图 10-1 所示。

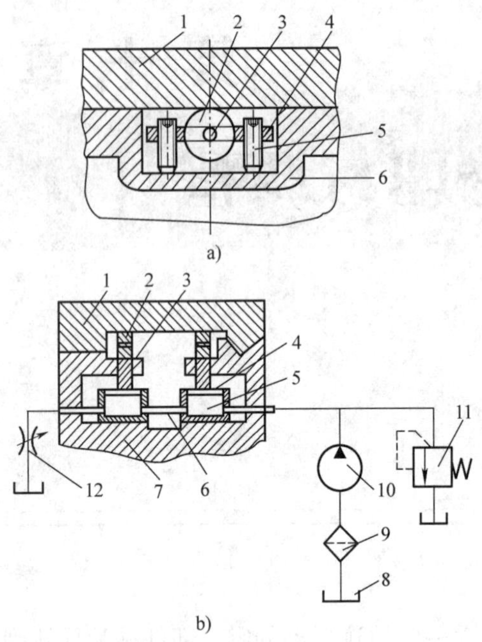

图 10–1　卸荷导轨

a）机械卸荷导轨

1—工作台（上导轨）　2—滚轮　3—轮轴　4—弹性板　5—弹力调节螺钉　6—床身（下导轨）

b）液压卸荷导轨

1—工作台（上导轨）　2—滚轮　3—顶杆　4—薄膜　5—油腔　6—油管　7—床身（下导轨）　8—油池　9—滤油器　10—液压泵　11—溢流阀　12—可调节流量阀

2. 液体静压导轨

液体静压导轨是指将具有一定压力的油液输入到导轨副间，形成承载油膜的导轨，如图 10–2 所示。其优点是：导轨磨损小、寿命长，而且工作精度高、抗振性好，低速时不爬行。其缺点是：结构复杂，对润滑油的洁净度要求高。静压导轨一般用于重型机床及高精度机床。

静压导轨的工作原理：在液压泵 3 的作用下，液压油从油池 1 和滤油器 2 进入液压泵，经溢流阀 4 调压后从精滤油器 5、可调节流量阀 6、软管 8 压入工作台导轨油腔 10，若是无外载荷则间隙 h_0 增大，油从工作台导轨与床身导轨结合面的封油边间隙中流回油池，油压下降。当工作台受外载荷作用，间隙 h_0 减小，回油受阻，油腔 10 内压力增大，使工作台浮起，形成纯液体润滑。

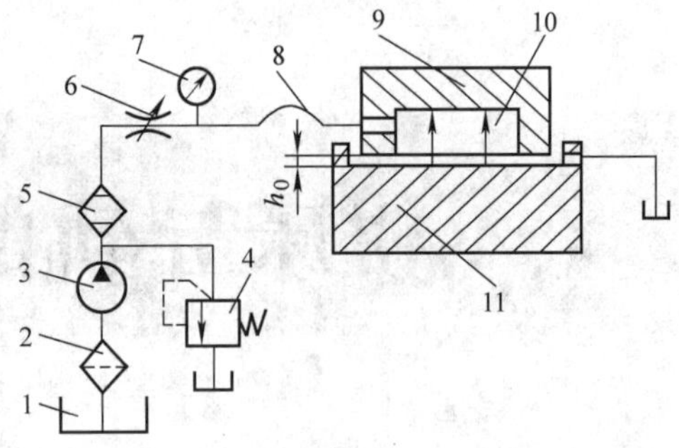

图 10–2　静压矩形导轨供油系统

1—油池　2—过滤器　3—液压泵　4—溢流阀　5—精过滤器　6—可调节流量阀　7—压力表　8—软管　9—工作台导轨　10—油腔　11—机床床身导轨

3. 环形导轨

如图 10–3 所示，环形导轨是各类机床回转工作台的运动基础，多用于立式车床、端面磨床等。其截面形状有平面（矩形）和 V 形（角度）两种。由于导轨接触面较宽，导轨副的刚度、精度和稳定性都较好。

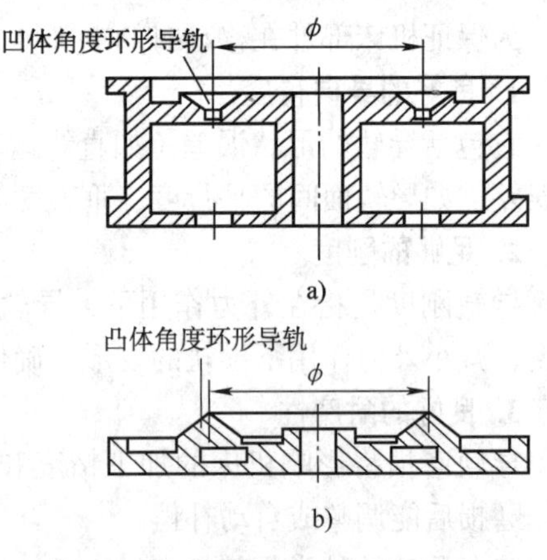

图 10–3　环形导轨

a）底座（下导轨）　b）工作台（上导轨）

4. 滚动导轨

即导轨副之间采用的是滚动摩擦形式。按滚动体的形状，可分为滚珠导轨、滚柱导轨、滚针导轨和直线滚动导轨块（副）组件等形式。

（1）滚珠导轨　如图 10–4 所示，滚珠导轨结构简单，制造方便。但因接触面积小，故刚度低，一般适用于承载能力较小的场合，如工具磨床的工作台等。若采取如图 10–4b 所示的可调预紧力结构，用预紧螺钉 7 调节导轨间隙和预紧，可增加导轨刚度、运动精度和承受较大的倾侧力矩。

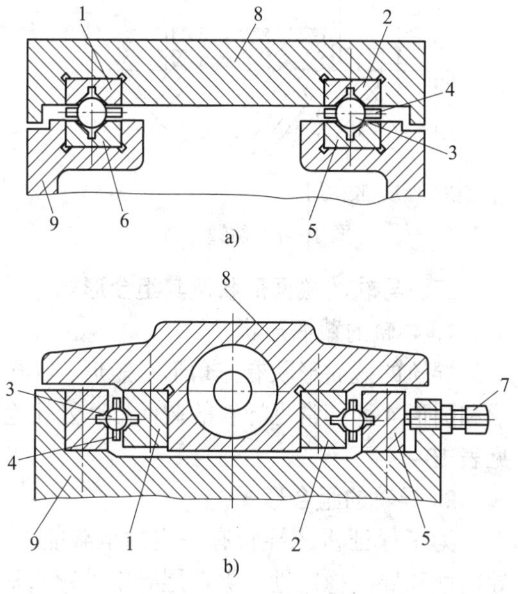

图 10–4　滚珠导轨

a）普通滚珠导轨　b）可调预紧力滚珠导轨

1，2—工作台导轨　3—球形滚动体

4—保持架　5，6—床身导轨　7—预紧螺钉

8—工作台　9—机床床身

（2）滚柱导轨　如图 10–5 所示，滚柱导轨承载能力和刚度都比滚珠导轨大，适用于承载能力较大的机床。但它对导轨的平行度要求较高，否则将明显降低运动精度并使磨损加剧。因此，滚柱最好做成腰鼓形，中间直径比两端大 0.02 mm 左右。

（3）滚针导轨　滚针比滚柱的直径小，在相同的长度上可排列更多的滚针，因而承载能力大，结构紧凑，但摩擦力也要大一些。适用于尺寸受限制的场合。

（4）直线导轨副　近年来数控机床越来越多地采用了由专业厂生产的直线滚动导轨块或导轨副组件。这种导轨组件本身制造精度很高，对机床的安装基面要求不高，安装、调整都非常方便，现已有多种形式、规格可供使用。

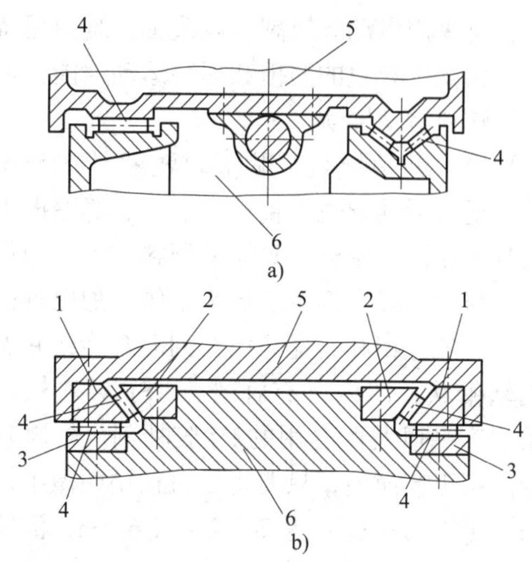

图 10–5　滚柱导轨

a）三角形—矩形滚柱导轨　b）燕尾形滚柱导轨

1—工作台导轨　2—床身角度导轨　3—床身平导轨

4—柱形滚动体　5—工作台　6—床身

图 10–6 所示为一种滚动导轨副，它由导轨、滑块、滚珠、返向器、密封端盖及油杯等组成。当导轨与滑块做相对运动时，滚珠就沿着导轨上的经过淬硬和精密磨削加工而成的 4 条滚道滚动，在滑块端部滚珠又通过返向装置（返向器）进入返向孔后再进入滚道，滚珠就这样周而复始地进行滚动。返向器两端装有防尘密封端盖，可有效地防止灰尘、屑末进入滑块内部。

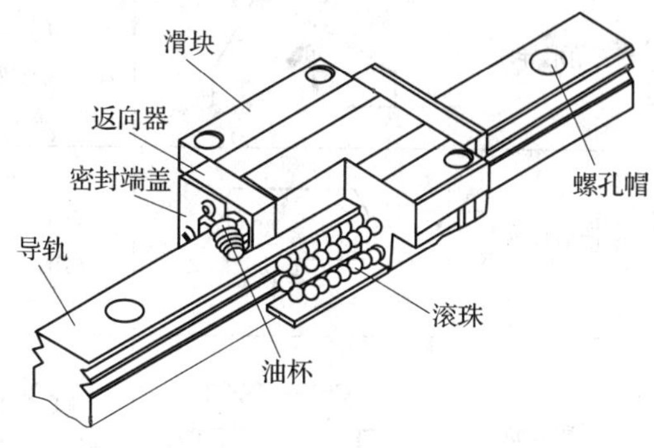

图 10–6　直线滚动导轨块（副）

5. 塑料导轨

如果数控机床加工经常受到变化的切削力的作用，或当传动装置存在间隙或刚度不足时，过小的摩擦力反而容易产生振动。此

时，可采用滑动导轨副，以改善系统阻尼特性。为减少导轨的磨损和提高运动性能，常采用塑料滑动导轨。

（1）贴塑导轨　贴塑导轨就是在与床身相配的滑动导轨上粘贴一层动、静摩擦因数基本相同，耐磨、吸振的塑料软带。塑料软带材料是以聚四氟乙烯为基体，加以青铜粉、二硫化钼和石墨等填充剂混合烧结并做成软带状，国内已有牌号为 TSF 导轨软带系列产品以及配套用的 DJ 胶粘剂。导轨软带使用工艺简便，只要将导轨粘贴面做半精加工至表面粗糙度达 $Ra3.2 \sim 1.6\ \mu m$，清洗粘贴面后，用胶粘剂黏合，加压固化，再经精加工即可，如图 10–7 所示。

（2）注塑导轨　环氧涂层导轨就是在导轨副中的较短导轨上，将环氧涂层材料的各组分按产品规定比例混合均匀后，涂敷在导轨基体上（涂层厚度一般不超过 3 mm）。为提高涂层与导轨金属基面的粘贴强度，其金属基面一般加工成锯齿状。环氧涂层导轨制作工艺简单，可直接浇铸成型，也可先浇铸成毛坯，然后机械加工成型。毛坯浇铸后应在室温下放置 24 h 以上，再放入烘箱中 70℃恒温 6 h 后，自然冷却至室温即可。

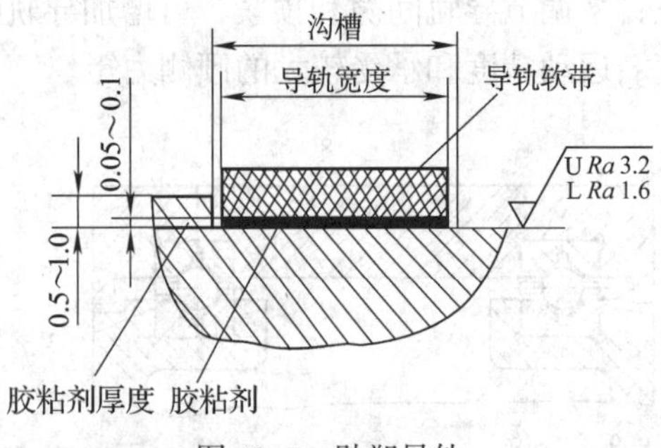

图 10–7　贴塑导轨

三、导轨的截面形状及其组合形式

1. 导轨的截面形状

导轨的截面形状有三角形、矩形、燕尾形和圆形 4 种。常见导轨的截面形状及用途见表 10–1。

2. 导轨的组合形式

为了保证机床导轨有一定的承载能力、导向性和导向稳定性，除燕尾导轨外，通常均由两个以上的单条导轨组合而成，其截面形状可以相同或不同。常见导轨的组合形式见表 10–2。

表 10–1　常见导轨的截面形状及用途

导轨截面类型	图示	特点及用途
三角形导轨	30° 90°	三角形导轨磨损后可自动补偿间隙，所以导向性好，改变角度及其大小即可改变压力分布或提高某方向的承载能力，应用广泛
矩形导轨	90°	矩形导轨的制造、检测均较容易，承载能力大，但磨损后不易补偿，移动精度不高，它适用于载荷较大而导向性要求稍低的机床
燕尾导轨	55° 55°	燕尾导轨调整方便，但制造、检测复杂，刚度低于矩形导轨，不能承受较大的颠覆力矩，摩擦损失大，常用于尺寸小、移动速度低的场合
圆形导轨		圆形导轨制造方便，不易积聚铁屑，但因磨损后难以补偿间隙，故应用较少

表 10-2　常见导轨的组合形式

组合形式	图示	特点及用途
双三角形导轨		导向性和精度持久性较好，故适用于精度较高的机床，如丝杠车床和齿轮加工机床等
双矩形导轨		承载能力较大，适用于普通精度的机床和重型机床，如龙门铣床等
三角形—矩形组合导轨		兼有导向性好和制造方便、刚度好的优点，故应用广泛，如车床、磨床、滚齿机和龙门刨床等
双燕尾导轨		比以上几种导轨的接触面积都小，调整间隙很方便，常用于牛头刨床和插床的滑枕导轨、铣床床身和车床刀架等
燕尾形—矩形单面组合导轨		兼有调整方便和承载能力高的优点，常用于横梁和立柱上

§10-2 常用装配维修测量器具

一、平尺

测量面为平面，用于测量工件平面形状误差的实物量具，称为平尺。按材质分为铸铁平尺、镁铝平尺和花岗石平尺等。常用铸铁平尺的结构、特点及应用见表 10-3。其规格用测量面长度表示，准确度等级及要求见表 10-4。

表 10-3　常用铸铁平尺的结构、特点及应用

名称	图示	特点及应用
桥形平尺		侧面形状为弓形，且由两个支承座支承，具有一个上测量面。其主要用来检验机床导轨的平面度和直线度误差
工字形平尺		截面形状为工字形，具有上、下两个平行测量面。其主要用来检验机床导轨的平面度、直线度和平行度误差

续表

名称	图示	特点及应用
矩形平尺		截面形状为矩形，具有上、下两个平行测量面。其主要用来检验机床导轨的平面度、直线度和平行度误差
角形平尺		俗称燕尾平尺，截面形状为三角形，具有两个互成一定角度的测量面。其主要用来检验机床燕尾导轨的平面度、直线度和角度误差

表 10-4　　铸铁平尺的准确度等级及要求（摘自 GB/T 24760—2009）

准确度等级	工作面的直线度 /μm（任意 200 mm）	接触点面积比率（25 mm × 25 mm 内）	接触点数（25 mm × 25 mm 内）
00 级	1.1	20%	25
0 级	1.8	20%	25
1 级	4	16%	25
2 级	7	10%	20

二、三角形直角尺和方尺

1. 三角形直角尺

如图 10-8a 所示，侧面形状为三角形，用于安装或调修设备时，检验零件或部件有关表面的垂直度。

2. 方尺

如图 10-8b 所示，具有相邻互为垂直面的四个测量面，主要用于检验零件或部件的垂直度和平行度。

a)

b)

图 10-8　三角形直角尺和方尺

三、垫铁

一种检验导轨精度的辅助工具，主要用来安放水平仪或百分表等精密测量器具。材料多为铸铁，根据使用目的和导轨形状不同，制成多种形状，如图 10-9 所示。

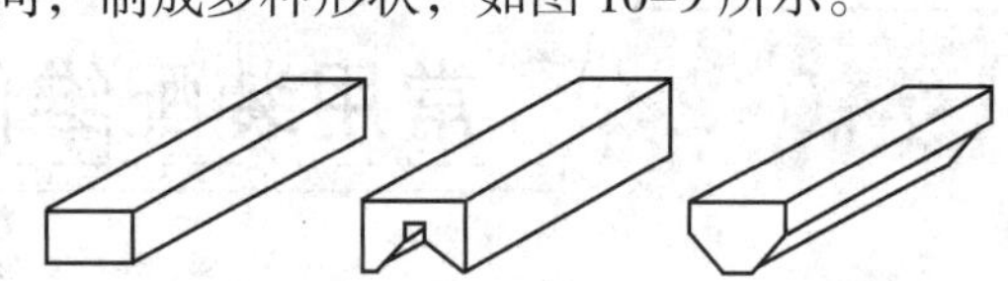

a)　b)　c)

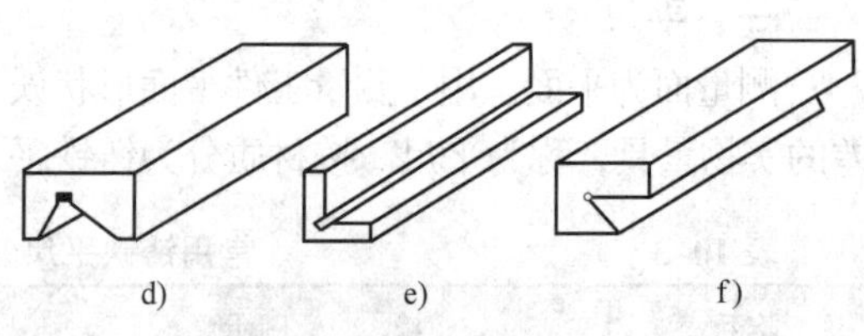

d)　e)　f)

图 10-9　垫铁

a）平面垫铁　b）凹 V 形等边垫铁　c）凸 V 形等边垫铁　d）凹 V 形不等边垫铁　e）直角垫铁　f）55° 角形垫铁

四、检验棒

检验棒主要用来检查机床主轴和套筒类零、部件的径向跳动、轴向窜动、同轴度、平行度等，是机床修理、装配的常用测量器具。

检验棒通常用非合金工具钢、合金工具钢或轴承钢制成，工作面的硬度不低于 58HRC。常用的有莫氏锥柄检验棒、7 : 24

锥柄检验棒和圆柱检验棒等。检验棒的精度分为普通级（P 级）和精密级（M 级）两个等级。莫氏锥柄检验棒和圆柱检验棒的结构、规格见表 10–5。

表 10–5　莫氏锥柄检验棒和圆柱检验棒的结构及规格（摘自 GB/T 25377—2010）

名称	图示	锥度号	D/mm	L/mm
莫氏锥柄长检验棒	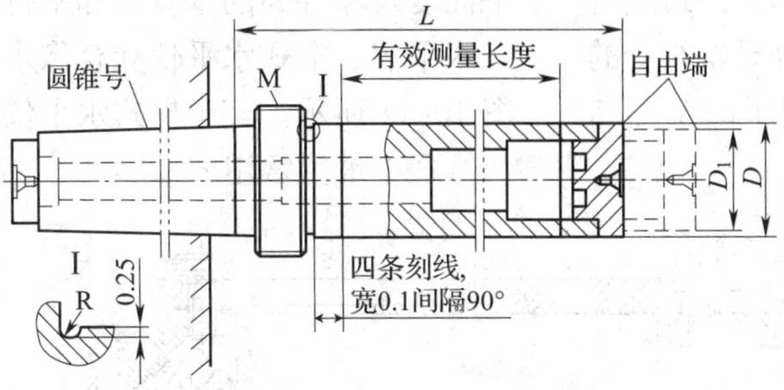 莫氏 0 号 ~ 2 号为实心结构	0	12	75
		1		
		2	24	150
		3	32	200
		4	40	300
		5		
		6	63	500
莫氏锥柄短检验棒	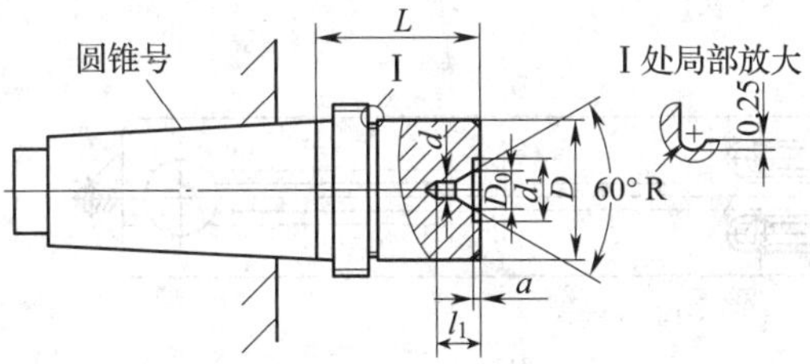	0	12	22
		1		
		2	24	34
		3	32	50
		4	40	57
		5		
		6	63	80
实心圆柱检验棒	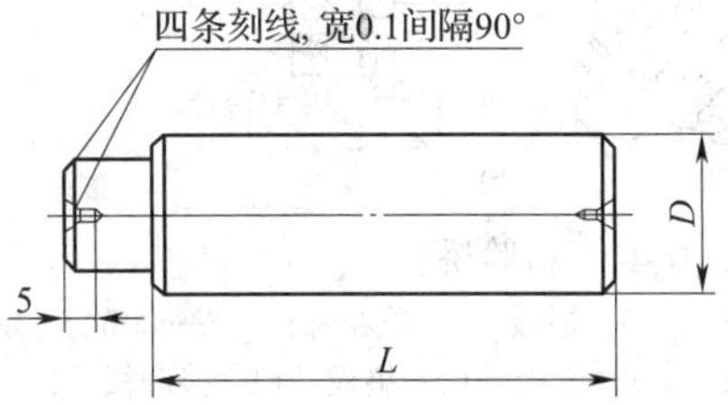		16	100、125、160、200、250
			25	
			40	160、200、250
空心圆柱检验棒	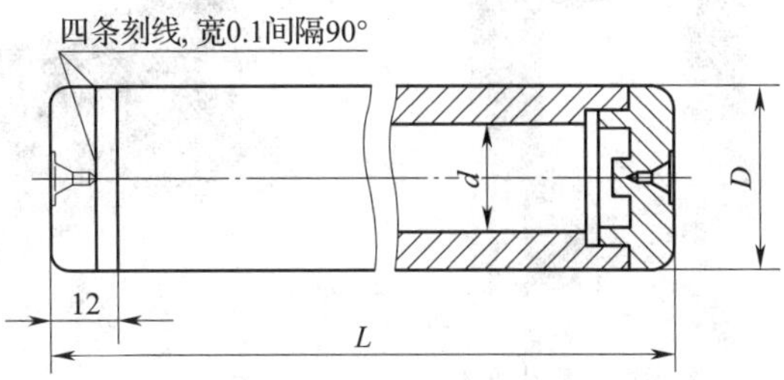		63	315、400、500
			80	630、800、1 000

五、检验桥板

检验桥板是检验机床导轨面间相互位置精度的一种工具，一般与水平仪结合使用。根据不同形状的导轨，可制作不同结构的检验桥板，如图 10–10a 所示为常用的一种。该检验桥板与导轨接触部分及本身的跨度可以更换和调整，以适应多种床身导轨组合的测量。如图 10–10b 所示，可用于凹 V 形与平面组合导轨。

六、水准器式水平仪

水准器式水平仪是利用水准器气泡偏移来测量被测平面相对水平面微小倾角的角度测量仪器，俗称气泡式水平仪。其主要用来测量导轨在垂直平面内的直线度、工作台的平面度及零件间的垂直度和平行度等。有条式水平仪、框式水平仪和合像水平仪等，如图 10–11 所示。其中框式水平仪在机床安装与修理中最为常用。

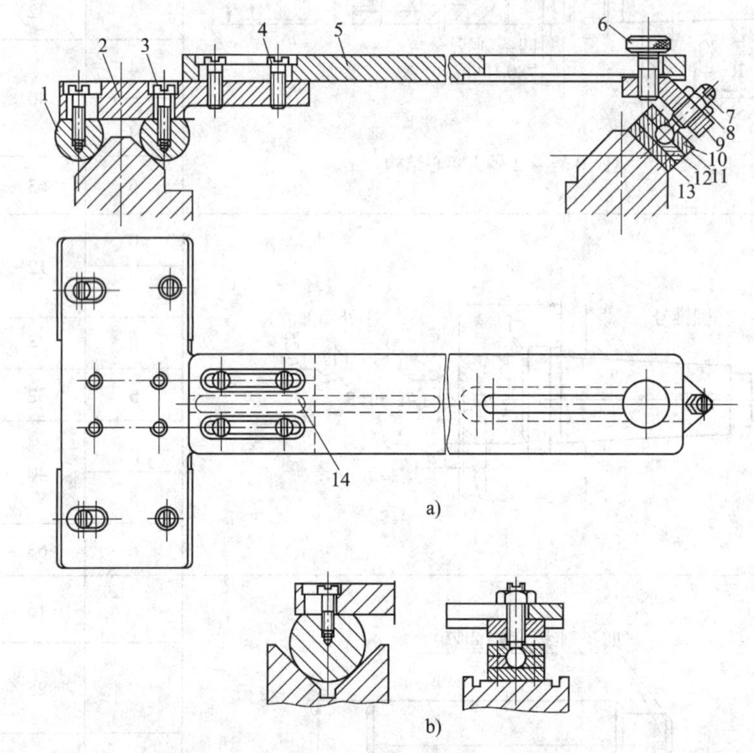

图 10–10　检验桥板

1—半圆棒　2—T 形板　3，4—紧固螺钉　5—桥板　6—滚花螺钉　7—调整杆　8—六角螺母　9—滑动支承板　10—圆柱头铆钉　11—盖板　12—垫板　13—接触板　14—平键

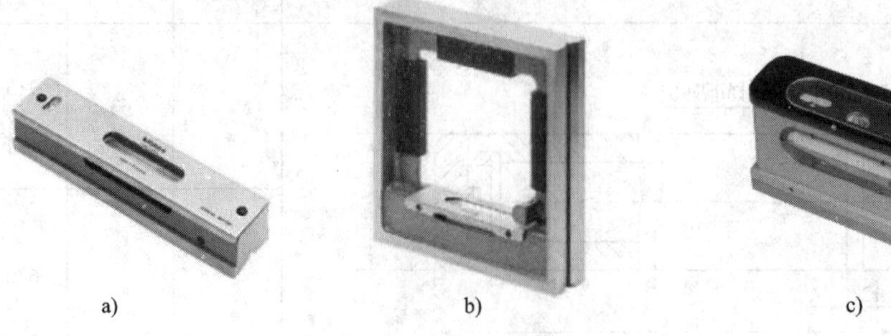

图 10–11　水平仪

a）条式水平仪　b）框式水平仪　c）合像水平仪

1. 框式水平仪的结构

如图 10–12 所示，具有一个基座测量面及两个垂直测量面，且水准泡固定或可相对基座测量面调整的框形水准器式水平仪，其规格及基本参数见表 10–6。

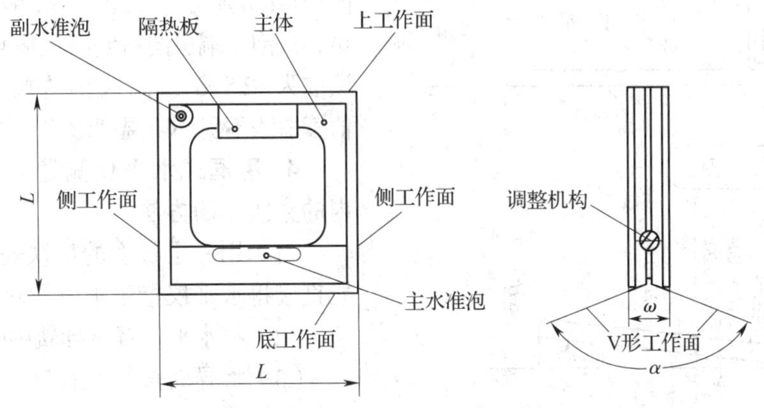

图 10–12　框式水平仪的结构

表 10–6　　框式水平仪的规格及基本参数（摘自 GB/T 16455—2008）

规格 /mm	分度值 /（mm・m^{-1}）	工作面长度 L/mm	工作面宽度 ω /mm	V 形工作面夹角 α /（°）
100	0.02；0.05；0.10	100	≥ 30	120 ~ 140
150		150	≥ 35	
200		200	≥ 40	
250		250		
300		300		

2. 框式水平仪的标记原理

框式水平仪的精度用分度值表示（0.02 mm/1 000 mm 最为常用），即气泡移动一个分度所代表的量值，指气泡移动一个分度，工作面所需要倾斜的角度。其原理如图 10–13 所示，假设平板处于自然水平，在平板上放一根 1 m 长的平行平尺，此时水平仪的标记为“零”，即水平状态。如将平尺一端抬起 0.02 mm，相当于使平尺与平板平面形成 4″的角度。如果此时水平仪的气泡向右移动一格，则该水平仪分度值规定为每格 0.02/1 000，读作千分之零点零二。

水平仪是一种测角量仪，它的测量单位用斜率作标记，如 0.02 mm/1 000 mm，其含义是测量面与水平面倾斜角为 4″，斜率是 0.02/1 000，而此时平尺两端的高度差，则因测量长度不同而不同。在图 10–13 中，按相似三角形比例关系可得：

在离左端 200 mm 处，ΔH_1=0.02 × 200/1 000=0.004 mm

在离左端 250 mm 处，ΔH_2=0.02 × 250/1 000=0.005 mm

在离左端 500 mm 处，ΔH_1=0.02 × 500/1 000=0.01 mm

因此，在用水平仪测量导轨直线度时，与测量用垫铁跨度有关。

3. 水平仪示值读取方法

常用的读取方法有两种：

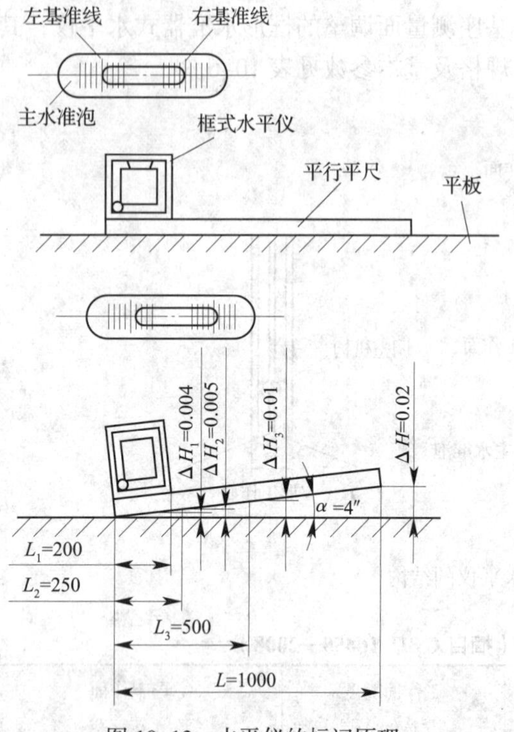

图 10–13　水平仪的标记原理

（1）绝对读取法　始终以左基准线（或右基准线）为“0”基准，气泡向任意一端偏离该基准的格数，即为实际偏差示值。偏离起端为“+”，偏向起端为“–”。一般习惯由左向右测量，也可以把气泡向右移读取为“+”，向左移读取为“–”。如图 10–14a 所示为 +2 格。

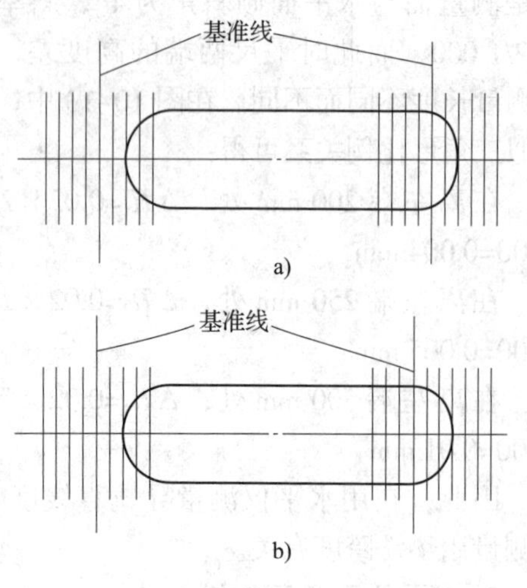

图 10–14　水平仪示值读取方法

a）绝对读取法　b）平均值读取法

（2）平均值读取法　分别以左基准线和右基准线为“0”基准，把读取的两数值相加除以 2，即为此处的实际偏差示值。如图 10–14b 所示，气泡右端偏离右基准线 3 格，气泡左端也向右偏离左基准线 2 格，实际读取为 +2.5 格，即右端比左端高 2.5 格。平均值读取法不受环境温度影响，读取精度较高。

4. 用框式水平仪测量导轨在垂直平面内的直线度的方法

（1）用一定长度的垫铁安放水平仪，不能直接将水平仪置于被测导轨表面上。

（2）将水平仪置于导轨中间，调平导轨。

（3）将导轨按垫铁长度分若干段，依次首尾相接逐段测量，并提取各段示值，如图 10–15 所示。

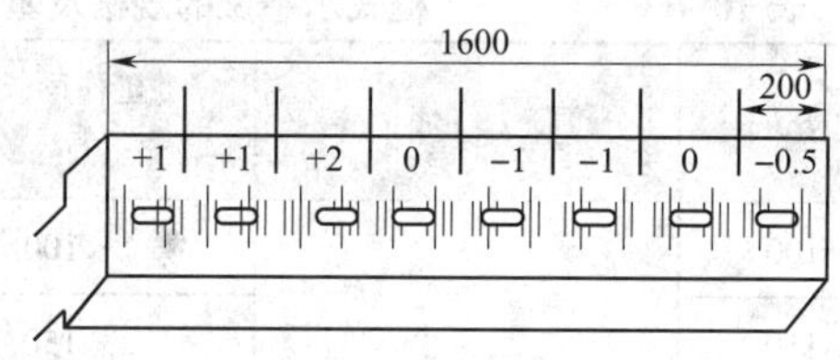

图 10–15　框式水平仪测量导轨

（4）把各段示值逐段积累，画出导轨直线度曲线图。

（5）用两端点连线法或最小区域法确定最大误差格数和误差曲线形状。

1）两端点连线法　如图 10–16 所示，若导轨直线度误差曲线呈单凸或单凹时，作首尾两端点连线 $I—I$，并过曲线最高点（或最低点），作 $I—I$ 的平行直线 $II—II$。两平行线之间沿 Y 轴方向的最大坐标值即为最大误差。

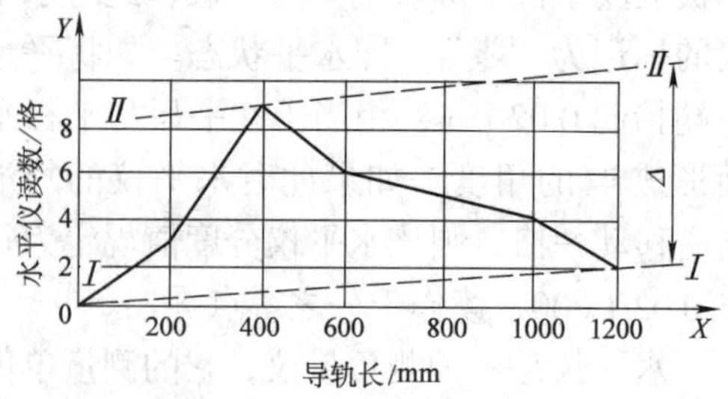

图 10–16　两端点连线法

2）最小区域法　如图 10-17 所示，当直线误差曲线有凸有凹呈波折状时，过曲线上两个最低点（或两个最高点）作一条包容线 *I*—*I*；过曲线上最高点（或最低点）作平行于 *I*—*I* 的另一条包容线 *II*—*II*，将误差曲线全部包容在两平行线之间，两线之间沿 Y 轴方向的最大坐标值即为最大误差。

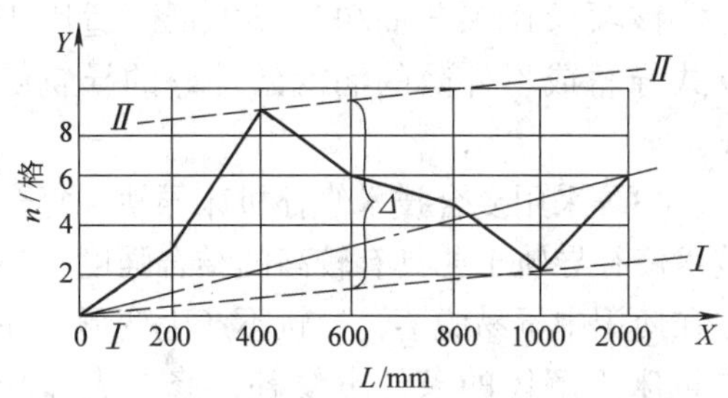

图 10-17　最小区域法

（6）按误差格数换算导轨直线度误差值，一般按下式计算：

$$\Delta = nil$$

式中　Δ——导轨直线度误差数值，mm；

n——曲线图中最大误差格数；

i——水平仪分度值；

l——每段测量长度，mm。

例　用分度值为 0.02 mm/1 000 mm 的框式水平仪测量长 1 600 mm 导轨在垂直平面内直线度误差。水平仪垫铁长度为 200 mm，分 8 段测量。用绝对读数法，每段读数依次为：+1、+1、+2、0、−1、−1、0、−0.5，计算导轨在垂直平面内直线度误差值。

解：

①画出导轨直线度误差曲线图，如图 10-18 所示。

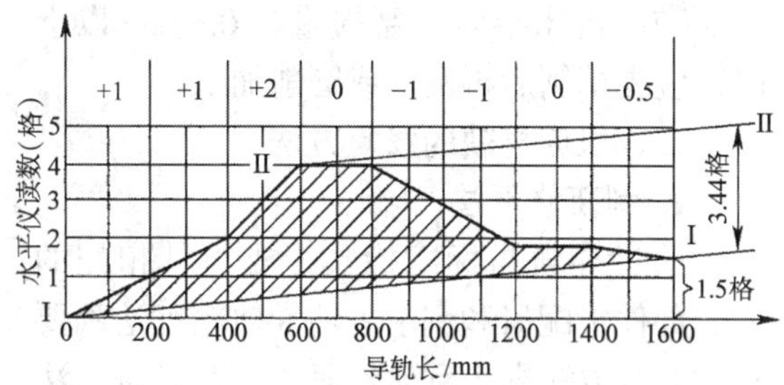

图 10-18　导轨直线度误差曲线图

②按相似三角形解法

$n=4-(600\times1.5)/1\,600$

$=4-0.56\approx3.44$（格）

$\Delta=nil=3.44\times0.02/1\,000\times200$

$=0.014$（mm）

§10-3　机床导轨的修理与调整

在机床导轨修理中，机床导轨面修理的工作量大，精度要求高，要求机修钳工具有较高的刮研、测量、调整技术以及一定的误差分析能力。

一、机床导轨修理的一般原则

（1）导轨面修理基准的选择，一般应以本身不可调整的装配孔（如主轴孔、丝杠孔等）或磨损较轻的平面为基准。当床身导轨不受基准孔或不受结合面限制时，应以整个刮研量最小的面或工艺复杂的面为基准。

（2）导轨面相互拖研时，应以刚度好的零件为基准来拖研刚度差的零件，否则刚度差的零件由于自重变形，形成与对研零件的自然贴合，无法判断显示点的真实性。

（3）导轨面拖研时一般应以长面为基准拖研短面，这样易于保证拖研精度。

（4）对于装有重型部件的床身导轨（如龙门刨床、大型立式车床修理等），应将该处配重后再进行刮研，以防止装上部件后导轨产生变形。

（5）导轨修理前，应先测量出误差情况，以供修理调整时参考分析。

（6）机床导轨修理时，应在自然状态下，并放在坚实的基础上进行，以防止修理过程中变形而影响测量精度。

（7）机床导轨面磨损量在 0.3 mm 以上时，应先精刨后再刮削或磨削加工。

二、机床导轨的修复方法

1. 刮研修复法

通过导轨与标准检具（或与其相配的零、部件）配研和刮削，使导轨精度达到要求的修复方法即为刮研修复法。刮研修复法具有精度高、表面美观、存油状况良好和耐磨性好等优点，但劳动强度大、生产率低，一般适用于高精度机床或者条件较差的工厂和车间的设备修理。

机床导轨一般都是成组导轨，刮研时，首先按导轨修理原则确定出作为基准的导轨面，并利用标准检具研点进行刮削，使其平面度达到技术要求。然后再以它为基准，刮削其他导轨面，完成整个机床导轨的刮削并达到技术要求。

2. 机加工和刮研相结合修复法

对机床床身导轨采用精刨或精磨，而其配合件（工作台、床鞍等）的导轨与床身导轨配刮，这是目前广泛采用的方法。

3. 配磨修复法

机床床身导轨和配合件（工作台、床鞍等）的导轨，都采用磨削加工来达到要求。因此不用手工刮研，大大地提高了劳动生产率。但在工艺装备中要提供一套合格的导轨副研具。

4. 导轨面的其他修复法

机床导轨面一般划伤或磨损在 0.3 mm 以上时应先精刨后再刮削或磨削，在 0.3 mm 以下时可采用补焊、粘补、喷涂等方法修复。

（1）导轨的焊补修复　机床导轨面产生划痕后，可用锡铋合金焊补技术进行修复。它适用于防护润滑较好的机床导轨。

（2）用 AR—5 耐磨胶修复机床导轨研伤　该项操作工艺简单、成本低，适用于立式导轨或不外露的润滑条件好的导轨修复。

（3）采用复合技术修补机床导轨　复合技术修补导轨工艺具有较高的结合强度，补层在使用中不易脱落，导轨不产生变形，并在机床不解体的条件下修补，修补表面易加工，且具有一定的耐磨性，目前应用较广。

三、导轨间隙的调整

滑动导轨在长期使用后，其配合间隙因磨损而增大，引起振动和运动精度降低，必须调整间隙。调整间隙的方法有以下几种：

1. 磨削或刮削压板结合面调整导轨间隙

如图 10–19 所示，调整间隙时，先用塞尺测量出导轨间隙的大小，然后卸下压板并磨削或刮削其结合面，直到配合间隙符合要求为止。

2. 用垫片调整导轨间隙

如图 10–20 所示，用塞尺测量出导轨间隙大小后，通过改变垫片的层数或厚度来调整间隙，直到配合间隙符合要求为止。

3. 用平镶条调整导轨间隙

如图 10–21 所示，调整导轨间隙时，拧松锁紧螺母和紧固螺钉，转动调整螺钉将平镶条推向导轨面，即可调整间隙。这种方法操作简单，调整方便，但平镶条仅几点受力，容易变形，刚度差，只适用于受力较小的导轨。

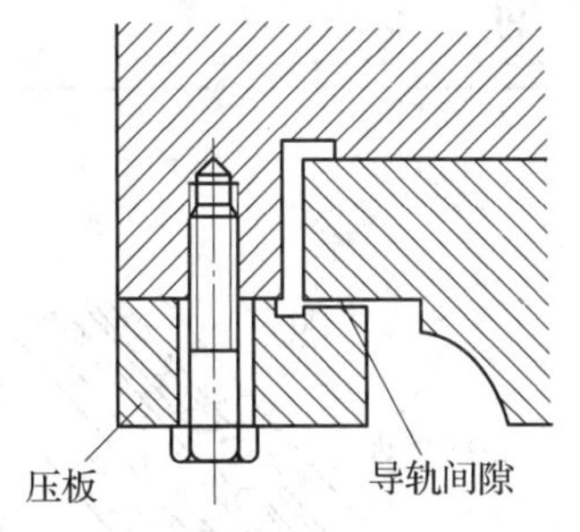

图 10–19 磨削或刮削压板结合面调整导轨间隙

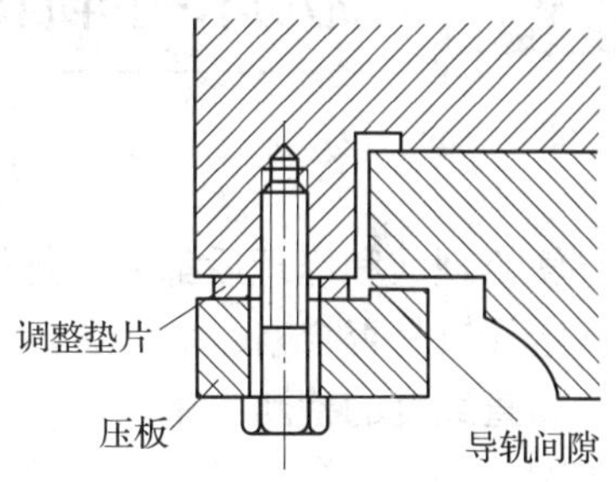

图 10–20 用垫片调整导轨间隙

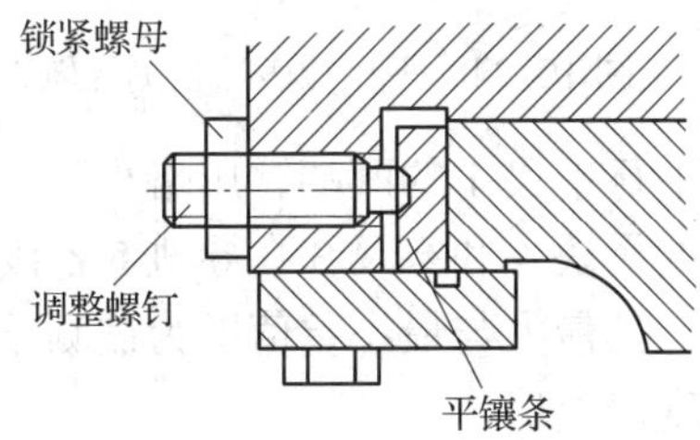

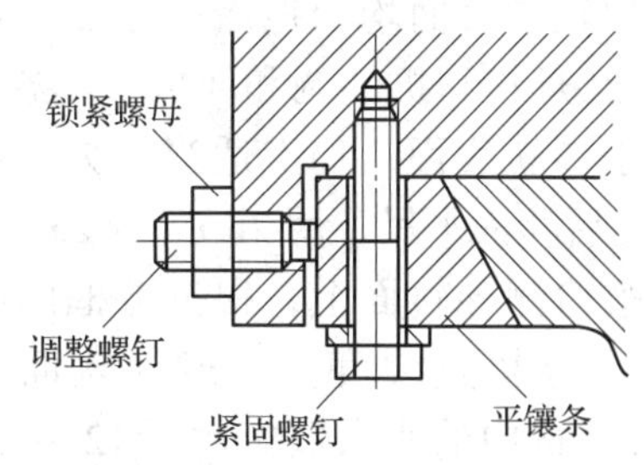

图 10–21 用镶条调整导轨间隙

4. 用楔形镶条调整导轨间隙

如图 10–22 所示，镶条的斜度一般为 1∶40 ~ 1∶100，放在导轨副中接触面较短的一个机件上，以减少楔形镶条长度。其原理是通过螺母带动镶条的移动来达到调整间隙的目的。

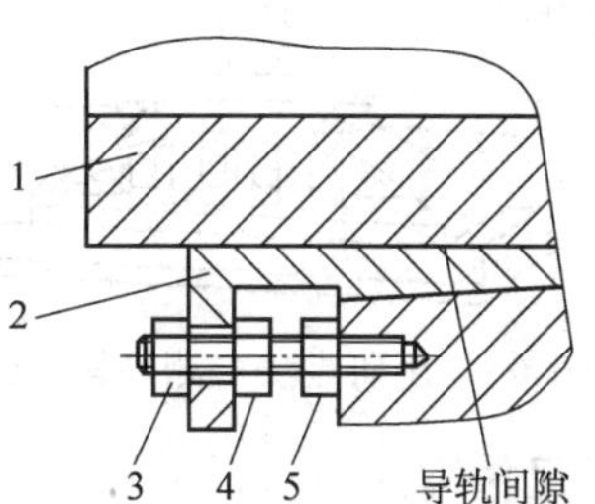

图 10–22 用楔形镶条调整导轨间隙

1—导轨 2—楔形镶条

3，4—调整螺母 5—定位螺母

四、提高导轨使用寿命的方法

保持机床导轨精度，对机床加工质量、产品的产量和降低成本有着直接的影响。因此，为了提高导轨的使用寿命，应注意以下两点：

（1）加强导轨的润滑和防护，使导轨的滑动表面形成油膜，减小摩擦，延长导轨的使用寿命。对于滚动导轨，除进行合理润滑外，还应严格防止灰尘和杂物进入导轨结合面，以防研坏导轨面。

（2）若出现导轨面被研伤、拉伤和碰伤，应及时修复，否则将加速导轨的磨损，缩短导轨的使用寿命。

提高导轨使用寿命的方法包括：导轨表面淬火，导轨表面喷涂一层铬、钨或高分子耐磨涂层，导轨表面镶装摩擦因数小的塑料板或淬硬钢板。

§10-4 机床导轨的精度检测

机床导轨修理前和修理后都要进行精度检测，以确定导轨是否合格。

一、导轨直线度的检测

1. 研点法

研点法检测导轨直线度适用于长度为1 500 mm以下的导轨。如图10-23所示，在被检测导轨的表面均匀地涂一层显示剂（显示剂由红丹粉和机油调和而成），将校准平尺置于导轨表面，加上适当压力，往复拖研，然后移去平尺，用25 mm×25 mm方框罩在被检测导轨面上，根据方框内的研点数确定导轨直线度。一般导轨面每25 mm×25 mm内的研点数应达到12 ~ 16点；精密导轨面应达到16 ~ 20点。

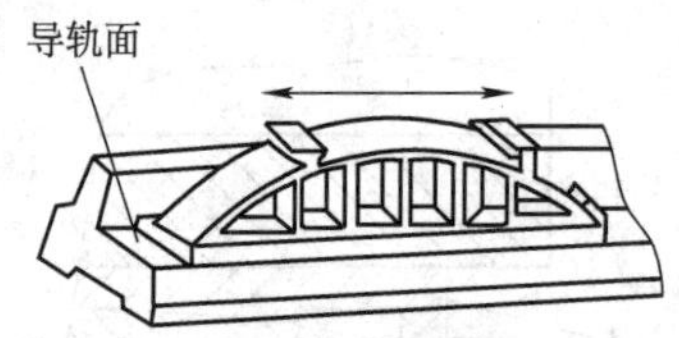

图10-23 用研点法检测导轨直线度

2. 平尺拉表法

平尺拉表法检测导轨直线度适用于长度为1 500 mm以下的短导轨。如图10-24所示，将与导轨长度相等的标准平尺置于被测导轨旁，百分表架固定于与导轨配刮好的垫铁上，并调整平尺，使百分表触头在平尺两端示值相等，然后移动垫铁，每隔一定距离读取百分表示值一次，并记录下来，百分表在各处示值的最大差值即为导轨在全长内的直线度误差。

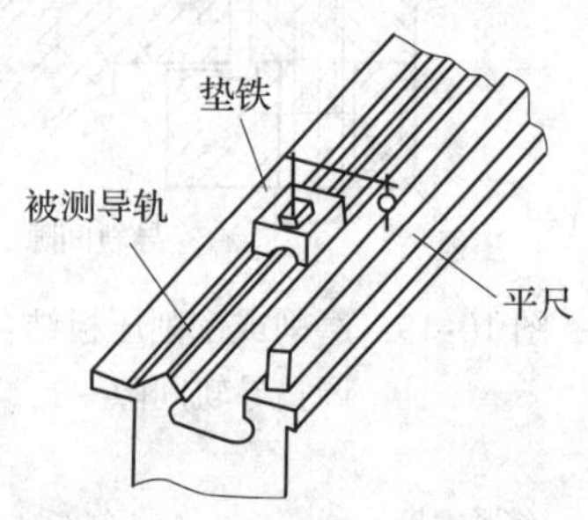

图10-24 平尺拉表法检测导轨直线度

3. 垫塞法

垫塞法检测导轨的直线度适用于长度1 000 mm以下的短导轨。如图10-25所示，在被测导轨5的平面上，用等高块2支承标准平行平尺1的两端，用略小于等高垫块厚度的量块4和塞尺3在导轨5各段处进行塞测，其最大与最小差值即为被测导轨5的直线度误差值。

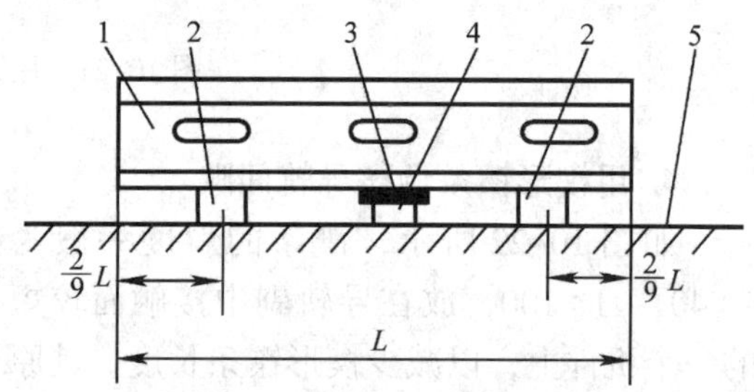

图10-25 用垫塞法检测导轨直线度

1—标准平行平尺 2—等高块

3—塞尺 4—量块 5—被测导轨

4. 水平仪检测法

用水平仪检测导轨直线度适用于一般精度的长、短导轨，应用普遍。如图10-26所示，将被检测导轨放置于可调的支承垫铁上，将水平仪分别放置于导轨两端和中间位置，初步找平导轨，然后分段对导轨作等距离有限点测量（用水平仪借助专用垫铁2，使支承点首尾相接沿测量方向移动），分别测出各段位置上水平仪气泡移动的格数，做好记录，最后根据记录下来的数据作直线度误差曲线图，并计算出其线性值。

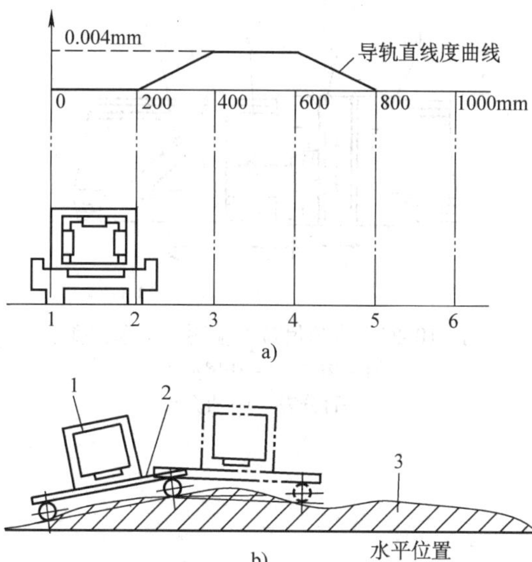

图 10–26　用水平仪检测导轨直线度

1—水平仪　2—专用垫铁　3—导轨

二、导轨平行度的检测

1. 拉表检测法

如图 10–27 所示，用专用垫铁和百分表来检测两导轨间的平行度误差，检测时将专用垫铁放在基准导轨 3 上，百分表架置于专用垫铁上，使百分表触头抵在被测导轨 4 的表面，然后沿基准导轨移动垫铁，在导轨全长上百分表的最大示值差，就是被测导轨间的平行度误差值。

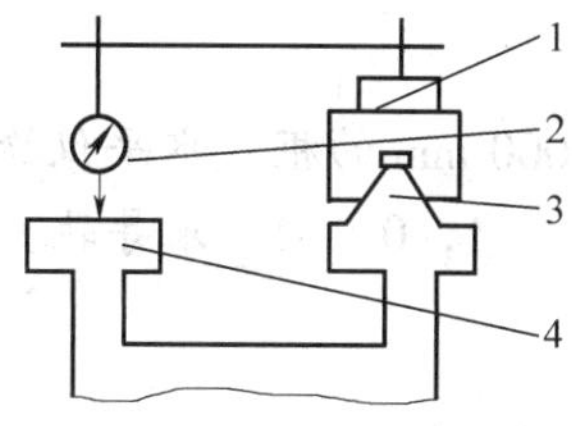

图 10–27　用拉表法检测导轨平行度

1—百分表架　2—百分表　3—基准导轨　4—被测导轨

2. 水平仪配合检验桥板检测法

如图 10–28 所示，将检验桥板 1 放在被测导轨 3 和基准导轨 4 之间，水平仪 2 放在检验桥板上，在导轨全长上移动桥板，每隔一定距离依次测量，水平仪在全部行程上示值的最大差值，就是该导轨的平行度误差。

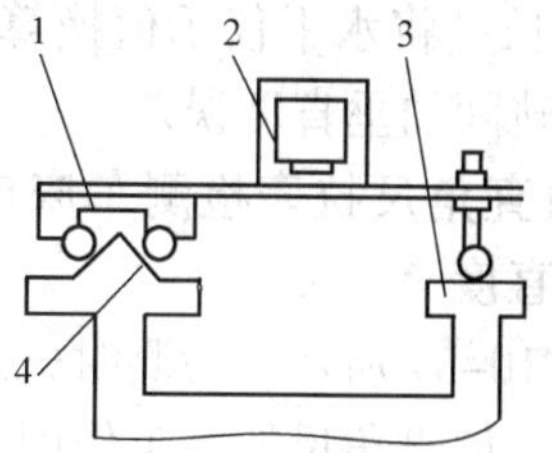

图 10–28　桥板、水平仪检测导轨平行度

1—检验桥板　2—水平仪　3—被测导轨　4—基准导轨

3. 千分尺检测法

图 10–29a 所示为用千分尺直接测量矩形导轨的平行度误差；图 10–29b 所示为用千分尺配合检验棒间接测量燕尾导轨的平行度误差。测量时，每隔一定距离依次测量，其最大值与最小值之差即为该两导轨的平行度误差。

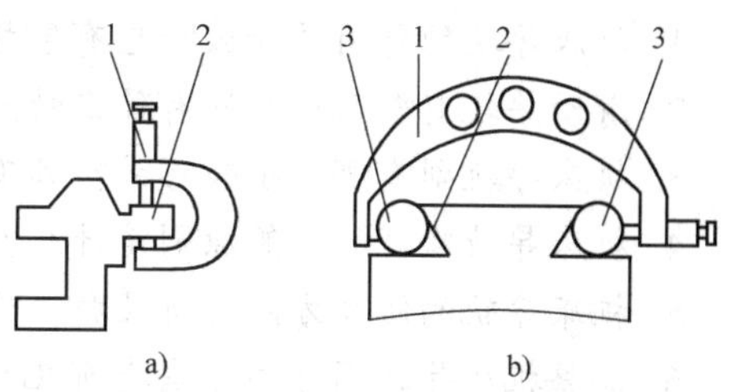

图 10–29　用千分尺检测导轨平行度

1—千分尺　2—被测导轨　3—检验棒

三、导轨间垂直度的检测

1. 框式水平仪检测法

如图 10–30 所示，利用框式水平仪相互垂直的工作面检测两导轨间的垂直度。首先将水平仪放在 b 位置，调整床身使该导轨垂直于水平面后，再检测出 a 位置的示值，最后

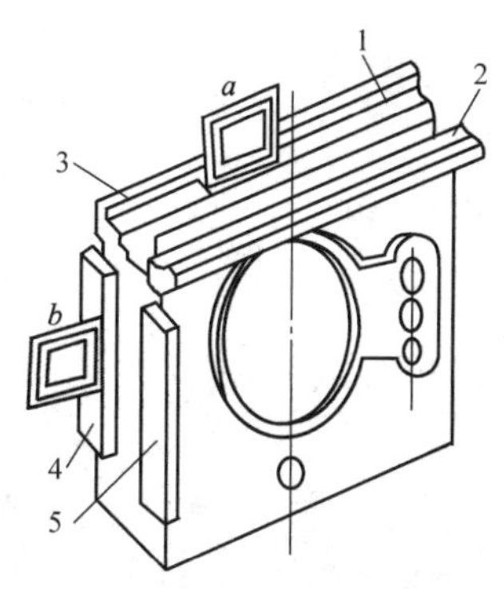

图 10–30　用框式水平仪检测导轨垂直度

1，2，3—水平导轨　4，5—垂直导轨

根据导轨长度将水平仪示值换算成线性值，即为两导轨间的垂直度误差。

2. 用直角尺拉表检测车床床鞍上、下导轨的垂直度

如图 10–31 所示，检测时先用百分表调整直角尺，使直角尺的一工作面与床鞍下导轨平行，然后移动与床鞍上燕尾导轨紧贴的滑块，使百分表的触头抵在直角尺的另一工作面，其百分表的最大示值差即为车床床鞍上、下导轨的垂直度误差值。

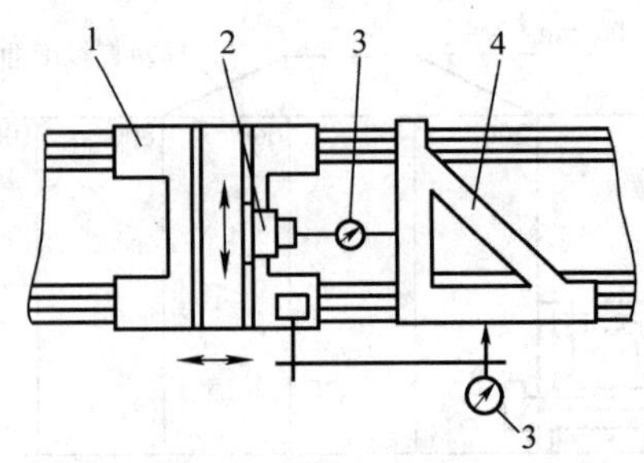

图 10–31　直角尺拉表检测导轨垂直度

1—床鞍　2—燕尾滑块

3—百分表　4—直角尺

复习思考题

1. 机床导轨的作用是什么？它有何技术要求？
2. 滑动导轨有哪几种？各有什么特点？
3. 机床导轨副有哪些组合形式？各有何特点？
4. 机床导轨修理的一般原则是什么？
5. 机床导轨的修复方法有哪几种？哪种修复效果最好？
6. 调整机床导轨间隙的方法有哪几种？
7. 提高导轨使用寿命的方法有哪几种？
8. 机床导轨直线度的精度检验方法有哪些？
9. 如何使用水平仪检测导轨间的垂直度？
10. 常用铸铁平尺有哪几种？有何用途？
11. 简述框式水平仪的标记原理。
12. 框式水平仪示值读取方法有哪两种？如何读取？
13. 某车床导轨长 2 000 mm，用分度值为 0.02 mm/1 000 mm 的框式水平仪检测，垫铁长为 250 mm，依次测得示值为：+1，+1，+1，+0.5，+0.5，–1，0，–1。求导轨直线度误差值。

第十一章

卧式车床的装配与修理

§11-1 金属切削机床型号

金属切削机床是指用切削、特种加工等方法加工金属工件，使之获得所要求的几何形状、尺寸精度和表面质量的机器（便携式除外）。它是机械制造业中的主要加工设备，其种类繁多。为了便于管理，通常用代号来表示金属切削机床的类别、结构、特征及主要技术参数等。

一、金属切削机床的通用型号

1. 型号的组成

我国目前执行的金属切削机床型号是按《金属切削机床　型号编制方法》（GB/T 15375—2008）编制的。此标准适用于新设计的各类通用及专用金属切削机床和自动线（不包括组合机床、特种加工机床）。其通用型号构成如图 11-1 所示。

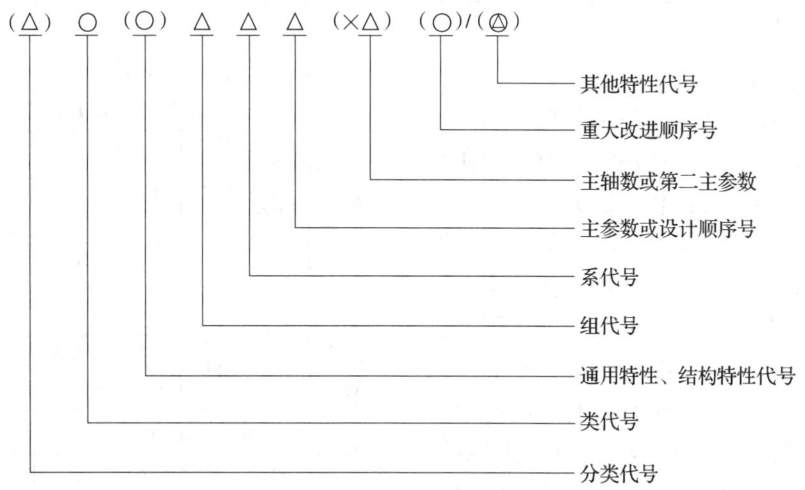

图 11-1　金属切削机床通用型号构成示意图

金属切削机床的通用型号由基本部分和辅助部分组成，中间用“/”隔开，读作“之”。基本部分需统一管理，辅助部分纳入型号与否由企业决定。其中，有“( )”的代号或数字，当无内容时，则不表示，若有内容则不带括号；有“○”符号的，为大写的汉语拼音字母；有“△”符号的，为阿拉伯数字；有“◎”符号的，可为大写的汉语拼音字母，或阿拉伯数字，或两者兼有。

2. 金属切削机床的分类及其代号

金属切削机床按其工作原理划分为车床、钻床、镗床、磨床、齿轮加工机床、螺纹加工机床、铣床、刨插床、拉床、锯床和其他机床共11类。

类代号用大写的汉语拼音字母表示。必要时，每类可分为若干分类。分类代号在类代号之前，作为型号的首位，并用阿拉伯数字表示。第一分类代号前的“1”省略，第“2”“3”分类代号则应表示。金属切削机床的分类及代号见表11–1。

表11–1　金属切削机床的分类和代号

（摘自GB/T 15375—2008）

类别	车床	钻床	镗床	磨床			齿轮加工机床
代号	C	Z	T	M	2M	3M	Y
读音	车	钻	镗	磨	二磨	三磨	牙
类别	螺纹加工机床		铣床	刨插床	拉床	锯床	其他机床
代号	S		X	B	L	G	Q
读音	丝		铣	刨	拉	割	其

小提示

对于具有两类特性的机床编制时，主要特性应放在后面，次要特性应放在前面，例如铣镗床是以镗为主，铣为辅。

3. 特性代号

（1）通用特性代号　当某类型机床，除有普通型外，还有某种通用特性时，则在类别代号之后加通用特性代号区分。通用特性代号有统一的规定含义，它在各类机床的型号中表示的意义相同。通用特性代号用大写的汉语拼音字母表示，按其相应的汉字字意读音，其代号见表11–2。如果某类型机床仅有通用特性，而无普通型式时，则通用特性不表示。当在一个型号中需要同时使用2 ~ 3个通用特性代号时，一般按重要程度排列先后顺序。例如，“BM”表示半自动精密机床。

表11–2　机床的通用特性代号

（摘自GB/T 15375—2008）

通用特性	高精度	精密	自动	半自动	数控	加工中心（自动换刀）
代号	G	M	Z	B	K	H
读音	高	密	自	半	控	换
通用特性	仿形	轻型	加重型	柔性加工单元	数显	高速
代号	F	Q	C	R	X	S
读音	仿	轻	重	柔	显	速

（2）结构特性代号　对主参数值相同而结构、性能不同的机床，在型号中加结构特

性代号予以区别。根据各类机床的具体情况，对某些结构特性代号，可以赋予一定含义，但结构特性代号与通用特性代号不同，它在型号中没有统一的含义，只在同类机床中起区分机床结构、性能的作用。当型号中有通用特性代号时，结构特性代号应排在通用特性代号之后。结构特性代号用大写的汉语拼音字母（通用特性代号已用的字母和“I”“O”两个字母不能用）A、B、C、D、E、L、N、P、T、Y表示。例如，CA6140型卧式车床型号中的“A”为结构特性代号，表示这种型号的车床在结构上有别于C6140型车床。当单个字母不够用时，可将两个字母组合起来使用，如AD、AE，或DA、EA等。

4. 组、系代号

国家标准将每类机床划分为十个组，每个组又划分为十个系（系列）。其组、系划分的原则是：在同一类机床中，主要布局或使用范围基本相同的机床，即为同一组。在同一组机床中，主参数相同，主要结构及布局形式相同的机床，即为同一系。机床的组代号用一位阿拉伯数字表示，位于类别代号或通用特性代号、结构特性代号之后；机床的系代号用一位阿拉伯数字表示，位于组代号之后。例如，CA6140型卧式车床型号中的“61”，表示它属于车床类第6组第1系列。具体车床、钻床、铣床、磨床的组、系划分见附表1。

5. 主参数

机床主参数表示机床规格大小并反映机床最大工作能力。在机床型号中，主参数用折算值表示，位于系代号之后。当折算值大于1时，则取整数，前面不加“0”，当折算值小于1时，则取小数点后第一位数，并在前面加“0”。各类机床的主参数及折算系数见附表1。

6. 通用机床的设计顺序号

某些通用机床，当无法用一个主参数表示时，则在型号中用设计顺序号表示。设计顺序号由1起始，当设计顺序号小于10时，由01开始编号。

7. 主轴数和第二主参数

对于多轴车床、多轴钻床、排式钻床等机床，其主轴数应以实际数值列入型号，置于主参数之后，用“×”分开，读作“乘”。单轴可省略，不予表示。

第二主参数（多轴机床的主轴数除外）一般不予表示，如有特殊情况，需在型号中表示。在型号中表示的第二主参数，一般以折算成两位数为宜，最多不超过三位数。以长度、深度值等表示的，其折算系数为1/100；以直径、宽度值表示的，其折算值为1/10；以厚度、最大模数值等表示的，其折算系数为1。当折算值大于1时，取整数；当折算值小于1时，取小数点后第一位数，并在前面加“0”。

8. 重大改进顺序号

当机床的结构、性能有更高的要求，并需按新产品重新设计、试制和鉴定时，为区别原机床型号，要在型号基本部分的尾部按改进的先后顺序选用A、B、C等汉语拼音字母（但“I”“O”两个字母不能用）表示。

小提示

重大改进设计不同于完全的新设计，它是在原有机床的基础上进行改进设计，因此重大改进后的产品与原型号的产品是一种取代关系。

凡属局部的小改进，或增减某些附件、测量装置及改变装夹工件的方法等，因对原机床的结构、性能没有作重大的改变，故不属重大改进，其型号不变。

9. 其他特性代号

其他特性代号置于辅助部分之首。其中同一型号机床的变形代号，一般应放在其他特性代号的首位。其他特性代号主要用以反映各类机床的特性。例如：对于数控机床，可用来反映不同的控制系统等；对于加工中心，可用以反映控制系统、联动轴数、自动交换主轴头、自动交换工作台等；对于柔性加工单元，可用以反映自动交换主轴箱；对于一机多能机床，可用以补充表示某些功能；对于一般机床，可以反映同一型号机床的变型等。

其他特性代号可用汉语拼音字母（“I”“O”两个字母除外）表示，其中L表示联动轴数，F表示复合。当单个字母不够用时，可将两个字母组合使用，如AB、AC、AD或BA、CA、DA等。也可用阿拉伯数字表示，还可以用阿拉伯数字和汉语拼音字母组合表示。

二、型号示例

1. CA6140 型卧式车床

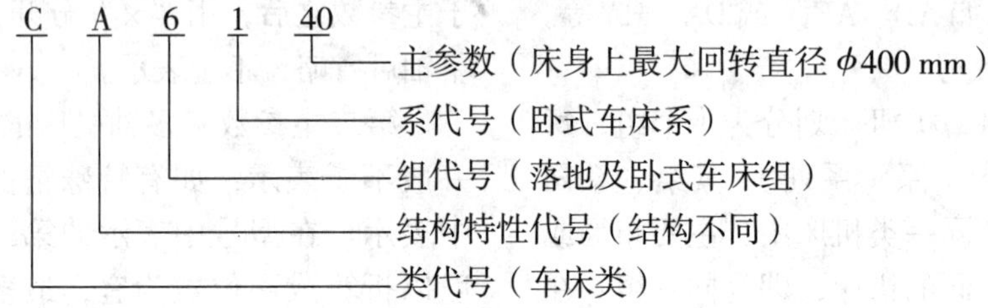

2. CK6140 型数控车床

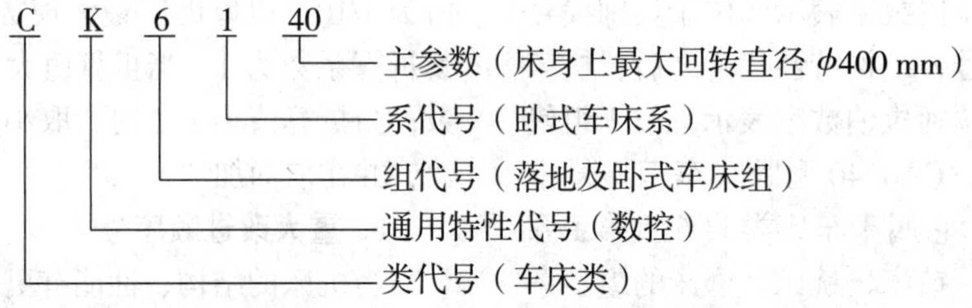

3. Z5625×4A 型四轴立式排钻床

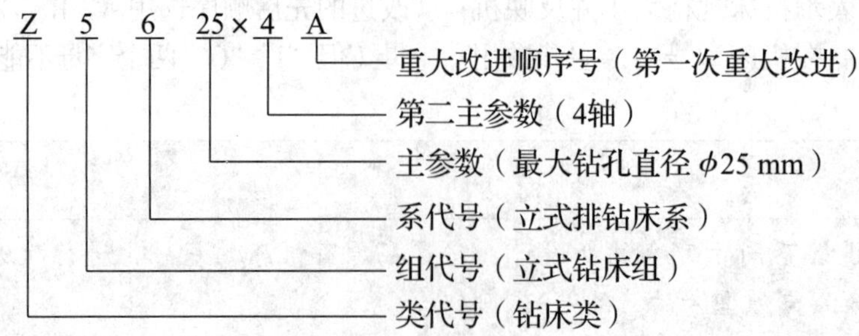

4. Z3050×16 型摇臂钻床

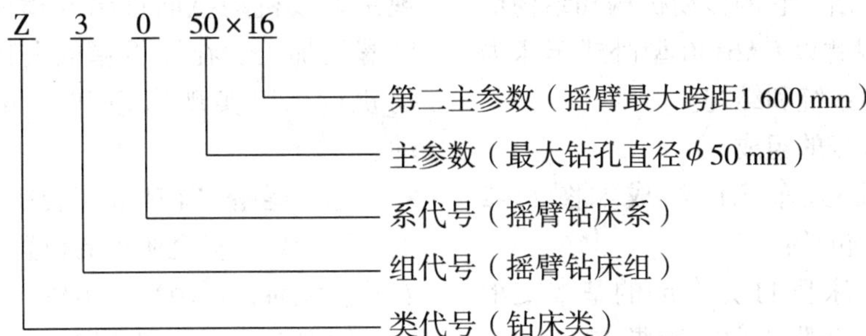

5. MBE1432 型半自动万能外圆磨床

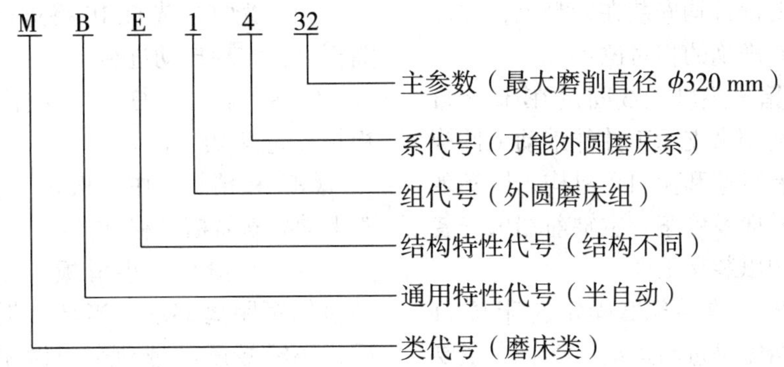

6. XK714/C 型数控床身铣床

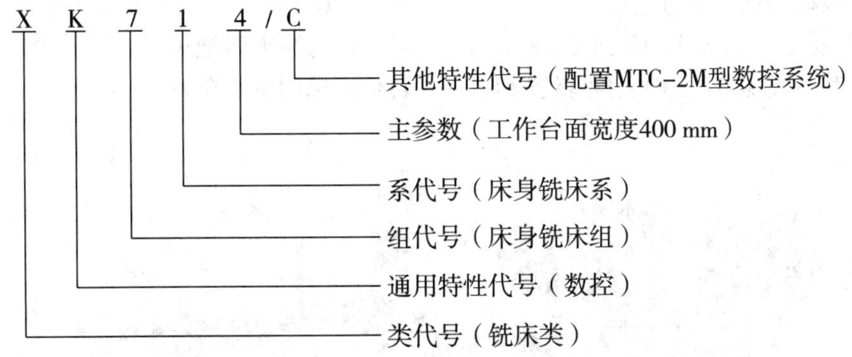

§11-2 CA6140 型卧式车床传动系统

车床是指主要用车刀在工件上加工旋转表面的机床（工件的旋转为主运动，车刀的移动为进给运动），在金属切削机床中占总数的 20% ~ 30%。其中 CA6140 型卧式车床是我国自行设计、技术较为成熟的一种，应用极为广泛。由于它的传动机构和结构形式比较典型，因此以CA6140型卧式车床为例来分析其传动系统和结构。

一、卧式车床的组成

CA6140型卧式车床的组成如图11–2所示，主要部件包括：

（1）床身　床身11是车床的基本支承件。它固定在左床脚1和右床脚12上，其上部有两组导轨（床鞍导轨和尾座导轨）。车床的各个主要部件均安装在床身上，并保持各部件间具有准确的相对位置。

（2）主轴箱　主轴箱3固定在床身11的左上面，主要用来支承工件并带动工件旋转。其内部装有变速和换向等机构，以实现所需的转速、转向及停车。主轴前端可安装卡盘等夹具，用以装夹工件。

（3）进给箱　进给箱2固定在床身11的左前侧。进给箱是进给运动传动链中主要的传动比变换装置，它的功用是改变被加工螺纹的导程或机动进给的进给量。

（4）溜板箱　溜板箱13固定在床鞍4的底部，其内部装有互锁安全装置和开合螺母等机构。通过外部各操纵手柄可实现手动或机动纵向进给和横向进给以及车削螺纹加工。在溜板箱的右侧装有快速移动机构，以实现床鞍和中滑板的快速移动。

（5）尾座　尾座8安装在床身尾座导轨上，可沿导轨移至所需的位置。尾座套筒内安装顶尖时，可用来支承较长工件；安装钻头、铰刀或攻螺纹和套螺纹工具时，可在工件上完成孔和螺纹加工。

（6）光杠　光杠10将进给运动传递给溜板箱，实现自动进给。

（7）丝杠　丝杠9将进给运动传递给溜板箱，完成螺纹车削。

（8）中滑板　中滑板6可带动车刀沿床鞍上的导轨做横向移动。

（9）小滑板　小滑板7可沿转盘上的导轨作短距离移动。当转盘扳转一定角度后，小滑板还可带动车刀做相应的斜向运动。

（10）刀架　刀架5用来装夹车刀，最多可同时装夹四把车刀。松开锁紧手柄即可转位，选用所需车刀。

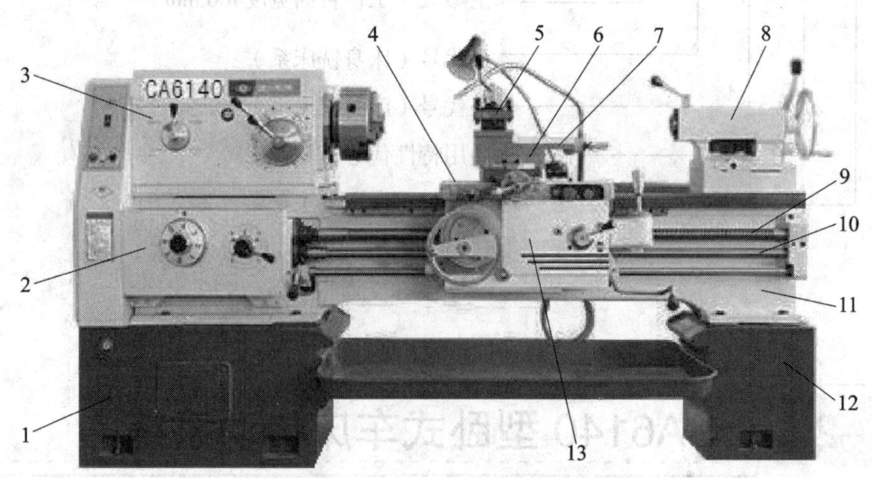

图11–2　CA6140型卧式车床的组成

1，12—床脚　2—进给箱　3—主轴箱　4—床鞍　5—刀架　6—中滑板　7—小滑板
8—尾座　9—丝杠　10—光杠　11—床身　13—溜板箱

二、CA6140 型卧式车床的主要技术性能及参数

床身上最大回转直径	ϕ400 mm
最大工件长度	750 mm、1 000 mm、1 500 mm、2 000 mm
最大车削长度	650 mm、900 mm、1 400 mm、1 900 mm
刀架上最大工件回转直径	ϕ210 mm
主轴中心至床身平面导轨距离（中心高）	205 mm
主轴内孔直径	ϕ48 mm
主轴孔前端锥度	莫氏 6 号
主轴转速	正转分 24 级：10 ~ 1 400 r/min
	反转分 12 级：14 ~ 1 580 r/min
进给量	纵向分 64 级：0.028 ~ 6.33 mm/r
	反向分 64 级：0.014 ~ 3.16 mm/r
床鞍及刀架纵向快速移动速度	4 m/min
车削螺纹范围	公制螺纹 44 种：P=1 ~ 192 mm
	英制螺纹 20 种：α =24 ~ 2 扣 /in
	模数螺纹 39 种：m=0.25 ~ 48 mm
	径节螺纹 37 种：DP=96 ~ 1 牙 /in
主电动机功率	7.5 kW 1 450 r/min
床鞍快速移动电动机	250 W 1 360 r/min
机床外形尺寸（长 × 宽 × 高）	2 668 mm × 1 000 mm × 1 267 mm
机床质量（最大工件长度为 1 000 mm 的机床）	2 010 kg

三、CA6140 型卧式车床的传动系统

车床的传动系统由主运动传动系统（由电动机到主轴的运动）和进给运动传动系统（由主轴到刀架的运动）构成，其传动关系如图 11–3 所示。图 11–4 所示为 CA6140 型卧式车床传动系统图。

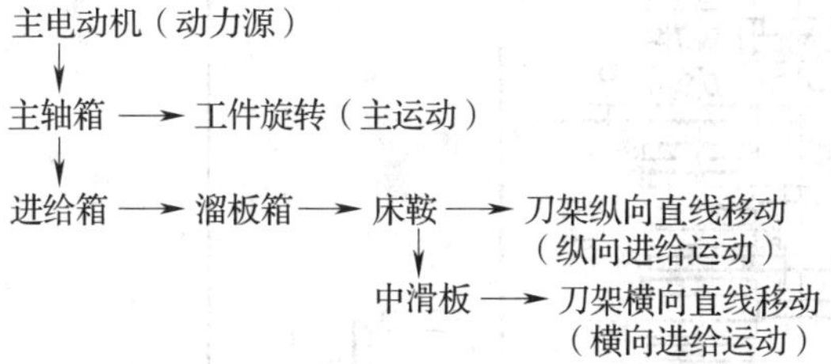

主电动机（动力源）
↓
主轴箱 ⟶ 工件旋转（主运动）
↓
进给箱 ⟶ 溜板箱 ⟶ 床鞍 ⟶ 刀架纵向直线移动（纵向进给运动）
↓
中滑板 ⟶ 刀架横向直线移动（横向进给运动）

图 11–3　CA6140 型卧式车床传动关系示意图

1. 主运动传动链

主运动传动链是将主电动机动力传给主轴（即首端为主电动机，末端为主轴），同时完成主轴启动、停止、换向和变速。

如图 11–4 所示，主运动由主电动机经 V 带传到轴Ⅰ。轴Ⅰ装有双向多片式摩擦离合器 M1，M1 两边齿轮用滚动轴承套装在轴Ⅰ上，当压紧 M1 左边摩擦片时（主轴正转），轴Ⅰ运动经左边齿轮 $\frac{56}{38}$ 或 $\frac{51}{43}$ 传给轴Ⅱ，可使主轴正转。当压紧 M1 右边摩擦片时（主轴反转），轴Ⅰ运动经右齿轮 $\frac{50}{34}$ 和 $\frac{34}{30}$ 传给轴Ⅱ，由于在此处增加了惰轮 34，从而实现主轴反转。当 M1 处于中间位置时，主轴停止转动。

轴Ⅱ运动经安装在轴Ⅲ上的三联滑移齿轮 $\frac{22}{58}$、$\frac{30}{50}$ 或 $\frac{39}{41}$ 传给轴Ⅲ。

轴Ⅲ到主轴的传动，有两条传动路线。当齿形离合器 M2 移到左端时，轴Ⅲ运动经齿轮 $\frac{63}{50}$ 直接传给主轴，此传动路线为高速线。当齿形离合器 M2 移至右端时，轴Ⅲ运动经齿轮 $\frac{20}{80}$ 或 $\frac{50}{50}$ 传给Ⅳ轴，再经齿轮 $\frac{20}{80}$ 或

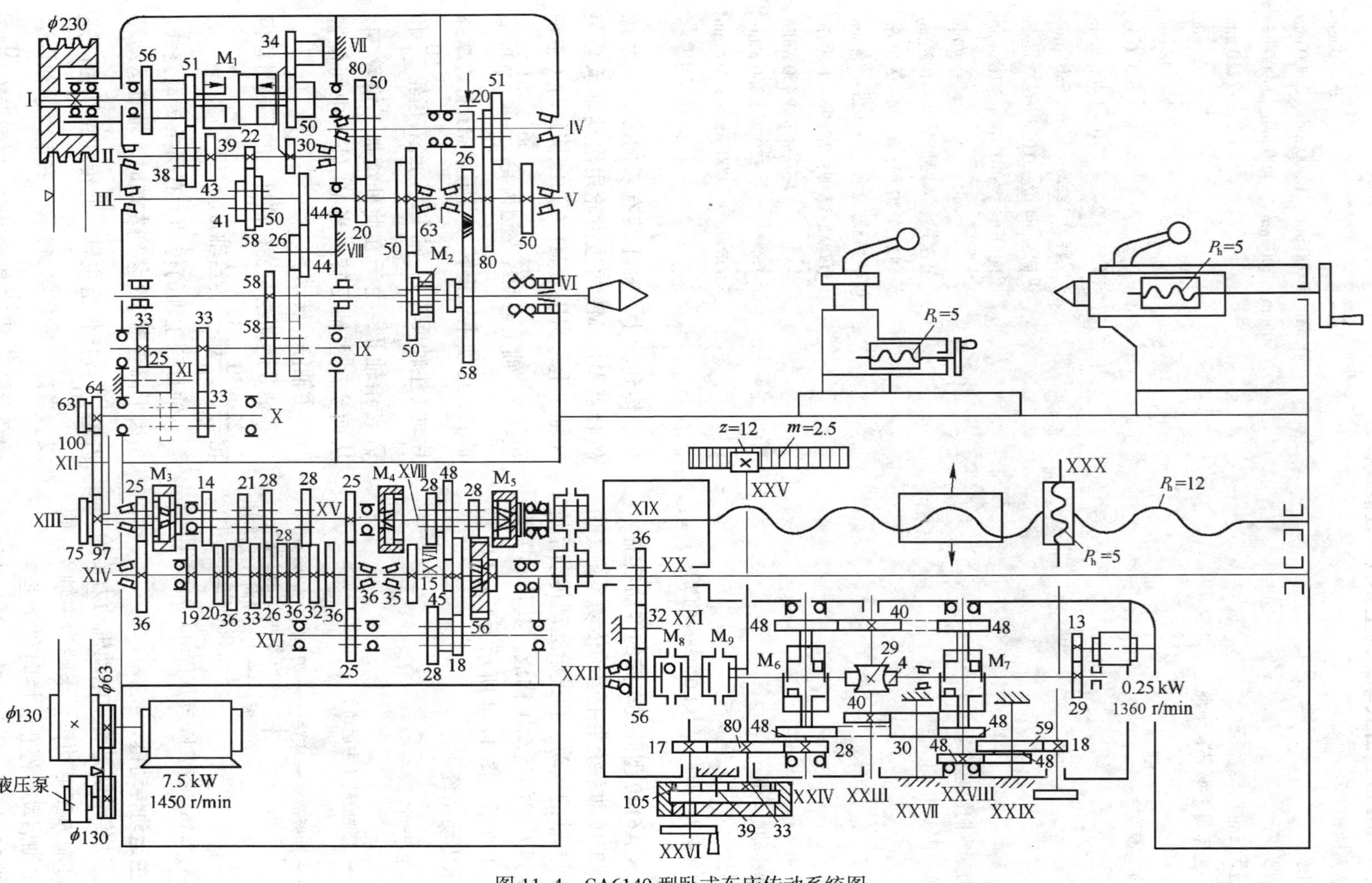

图 11-4　CA6140 型卧式车床传动系统图

$\frac{51}{50}$传给Ⅴ轴，最后经齿轮$\frac{26}{58}$传给主轴，此传动路线为低速线。

CA6140型卧式车床主运动传动结构式如下：

$$电动机-\frac{130}{230}-\text{I}-\left\{\begin{matrix}\overleftarrow{M1}\left\{\begin{matrix}\frac{51}{43}\\ \frac{56}{38}\end{matrix}\right\}\\ \overrightarrow{M1}\ \frac{50}{34}\times\frac{34}{30}\end{matrix}\right\}-\text{II}-\left\{\begin{matrix}\frac{39}{41}\\ \frac{22}{58}\\ \frac{30}{50}\end{matrix}\right\}-$$

$$\text{III}-\left\{\begin{matrix}\frac{63}{50}-\overleftarrow{M2}\\ \left\{\begin{matrix}\frac{20}{80}\\ \frac{50}{50}\end{matrix}\right\}-\text{IV}-\left\{\begin{matrix}\frac{20}{80}\\ \frac{51}{50}\end{matrix}\right\}-\text{V}-\frac{26}{58}-\overrightarrow{M2}\end{matrix}\right\}-主轴\text{VI}$$

根据主运动传动结构式，可列出主运动平衡方程式如下：

$$n_{主轴}=n_{主电动机}\cdot i_{带}\cdot i_{齿轮}\cdot\varepsilon$$

式中 $n_{主轴}$——车床主轴的转速，r/min；

$n_{主电动机}$——主电动机转速，r/min；

$i_{带}$——带传动比；

$i_{齿轮}$——齿轮总传动比；

ε——带传动的滑动系数，一般 ε = 0.98。

按以上平衡方程式，CA6140型卧式车床主轴最高速为：

$$n_{最高}=1\ 450\times\frac{130}{230}\times\frac{56}{38}\times\frac{39}{41}\times\frac{63}{50}\times0.98\approx1\ 400\ (\text{r/min})$$

最低速为：

$$n_{最低}=1\ 450\times\frac{130}{230}\times\frac{51}{43}\times\frac{22}{58}\times\frac{20}{80}\times\frac{20}{80}\times\frac{26}{58}\times0.98\approx10\ (\text{r/min})$$

由传动系统图和传动结构式可知：

主轴正转高速线转速级数=1（轴Ⅰ）×2（轴Ⅱ）×3（轴Ⅲ）×1（轴Ⅵ）=6（级）

主轴正转低速线转速级数=1（轴Ⅰ）×2（轴Ⅱ）×3（轴Ⅲ）×2（轴Ⅳ）×2（轴Ⅴ）×1（轴Ⅵ）=24（级）

因此，主轴正转级数为6+24=30级。但在轴Ⅲ到轴Ⅴ的传动比中，有两种传动比基本相同$\left(\frac{20}{80}\times\frac{51}{50}\approx\frac{1}{4};\frac{50}{50}\times\frac{20}{80}=\frac{1}{4}\right)$，所以，主轴实际正转级数为6+［1×2×3×（2×2−1）×1］=6+18=24级。

主轴反转时，由于从轴Ⅰ到轴Ⅱ只有一种传动比，所以，主轴实际反转级数为正转级数的一半，即12级。

2. 进给运动传动链

进给运动传动链是使刀架实现纵向、横向运动或车削螺纹运动的传动链，首端为主轴，末端为刀架的纵向或横向移动。CA6140型卧式车床的进给传动系统如图11–4所示，其传动结构式如图11–5所示。

（1）车削螺纹 CA6140型卧式车床能车削公制、英制、模数和径节制4种标准螺纹，还可以车削加大螺距和非标准螺距螺纹。不论车削哪一种螺纹，主轴与刀具之间必须保持严格的运动关系，即主轴每转一转，刀具应均匀地移动一个导程 P_h 的距离，即

$$P_h=1_{主轴}iP_{丝杠}$$

式中 i——从主轴到丝杠之间全部传动副的总传动比；

$P_{丝杠}$——车床丝杠螺距（$P_{丝杠}$=12 mm）。

1）车削公制螺纹 车削公制螺纹的传动路线如下：由图11–4、图11–5可知，车削公制螺纹时，进给箱中的齿形离合器M3和M4脱开，M5结合。此时，运动由主轴Ⅵ经齿轮$\frac{58}{58}$、换向机构$\frac{33}{33}$（车削左旋螺纹时经$\frac{33}{25}$、$\frac{25}{33}$）、交换齿轮（俗称挂轮）$\frac{63}{100}$和$\frac{100}{75}$传入进给箱内轴ⅩⅢ。再由齿轮$\frac{25}{36}$传至轴

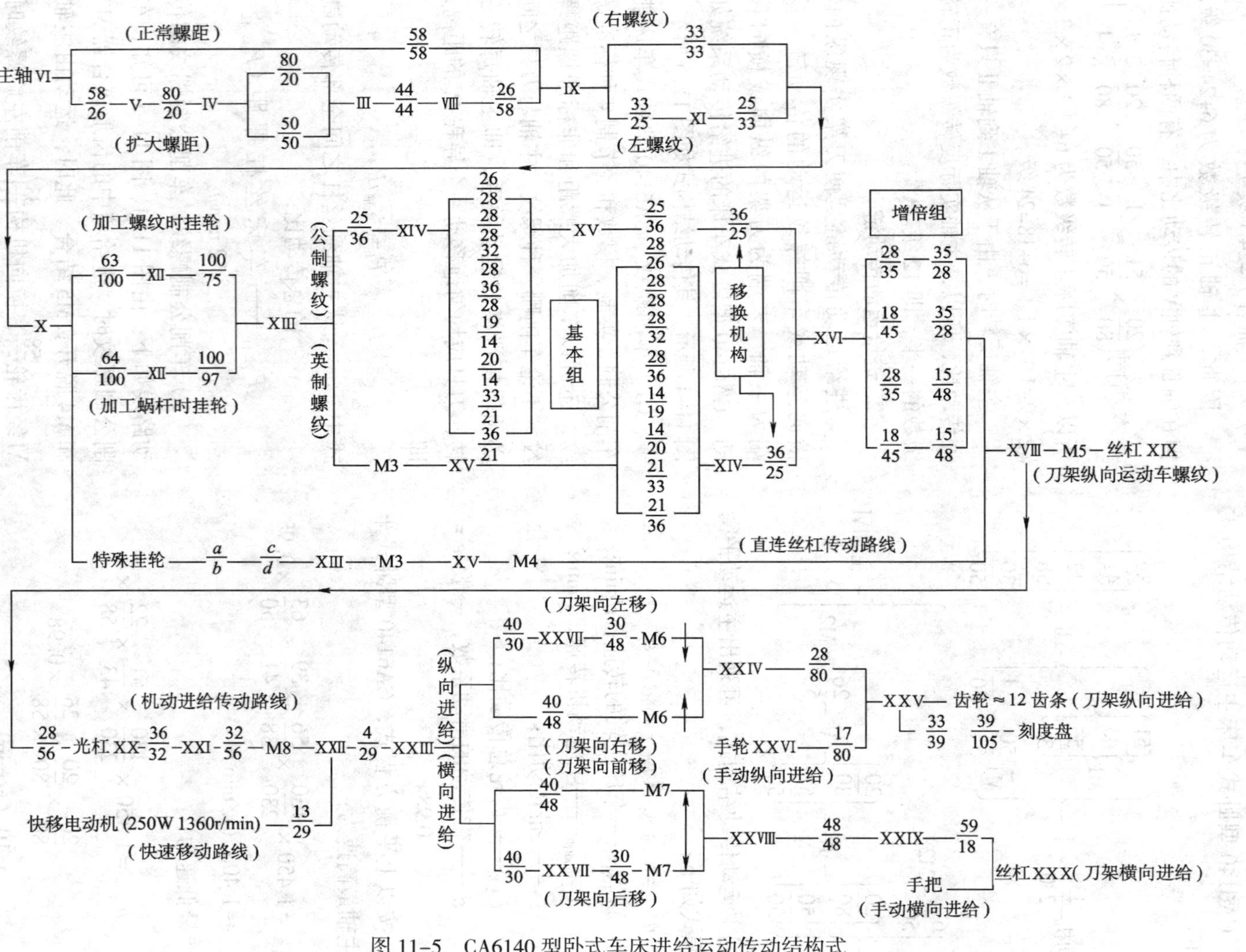

图 11-5　CA6140 型卧式车床进给运动传动结构式

XⅣ。在轴XⅣ上有8个固定齿轮，可分别与轴XⅤ上的4个滑移齿轮啮合，并获得8种传动比，分别是：

$$u_1 = \frac{26}{28} = \frac{6.5}{7}$$

$$u_2 = \frac{28}{28} = \frac{7}{7}$$

$$u_3 = \frac{32}{28} = \frac{8}{7}$$

$$u_4 = \frac{36}{28} = \frac{9}{7}$$

$$u_5 = \frac{19}{14} = \frac{9.5}{7}$$

$$u_6 = \frac{20}{14} = \frac{10}{7}$$

$$u_7 = \frac{33}{21} = \frac{11}{7}$$

$$u_8 = \frac{36}{21} = \frac{12}{7}$$

这些传动比的值成近似于等差数列排列，是变换被加工工件螺距的基础，称之为基本组，用传动比$i_{基}$表示。

轴XⅤ的运动经齿轮$\frac{25}{36}$和$\frac{36}{25}$传至轴XⅥ。从轴XⅥ到轴XⅧ，有两组双联滑移齿轮，可获得4种不同的传动比，分别是：

$$u_1 = \frac{18}{45} \times \frac{15}{48} = \frac{1}{8}$$

$$u_2 = \frac{28}{35} \times \frac{15}{48} = \frac{1}{4}$$

$$u_3 = \frac{18}{45} \times \frac{35}{28} = \frac{1}{2}$$

$$u_4 = \frac{28}{35} \times \frac{35}{28} = 1$$

上述4种传动比成倍数排列，一般称这个传动组为增倍组，其传动比用$i_{倍}$表示。

轴XⅧ的运动通过齿形离合器M5传至丝杠XⅨ，当溜板箱中的开合螺母闭合时，可带动刀具完成公制螺纹切削。其运动平衡式为：

$$P_h = 1 \times \frac{58}{58} \times \frac{33}{33} \times \frac{63}{100} \times \frac{100}{75} \times \frac{25}{36} \times i_{基} \times \frac{25}{36} \times \frac{36}{25} \times i_{倍} \times 12$$

上式可简化为：

$$P_h = 7 i_{基} i_{倍}$$

式中　P_h——被加工螺纹导程，mm；

$i_{基}$——基本组传动比；

$i_{倍}$——增倍组传动比。

2）车削其他螺纹　车削模数螺纹时，传动路线与车削公制螺纹基本相同，只是将挂轮更换为$\frac{64}{100} \times \frac{100}{97}$即可。

车削英制螺纹时，选择挂轮为$\frac{63}{100} \times \frac{100}{75}$，进给箱中M3及M5处于啮合状态，M4脱开。运动由轴XⅢ经M3传到轴XⅤ，再经基本组齿轮变速机构传至XⅣ，经$\frac{36}{25}$传至轴XⅥ，以后的传动路线与车削公制螺纹时相同。

车削径节螺纹（英制蜗杆）时，传动路线与车削英制螺纹基本相同，只是挂轮更换为$\frac{64}{100} \times \frac{100}{97}$便可。

车削非标准螺距螺纹时，将进给箱中M3、M4、M5全部啮合，传动比靠挂轮来实现。

（2）机动进给　CA6140型卧式车床能实现纵向机动进给和横向机动进给。由图11–4、图11–5可知，机动进给由光杠经溜板箱中齿轮$\frac{36}{32}$、$\frac{32}{56}$、安全及超越离合器M8、M9传至轴XⅫ，经蜗杆副$\frac{4}{29}$传至轴XⅩⅢ。当运动经双向离合器M6传至z=12的小齿轮，经齿轮齿条传动实现刀架纵向机动进给。当运动经双向离合器M7传给横向进给丝杠后，使刀架实现横向机动进给。

进给方向的变换是由双向离合器M6和M7来完成的。摇动轴XXX上的手轮可实现横向手动进给，摇动轴XXⅥ上的手轮可实现纵向手动进给。

机床有 4 种类型的传动路线，共能获得纵向和横向机动进给量各 64 种，其中 32 种正常进给量是经正常螺距、公制螺纹传动路线获得的。

（3）刀架的快速移动　为了减轻工人的劳动强度，缩短辅助时间，机床的溜板箱内右端装有快速电动机，可使刀架快速移动，如图 11–4 所示。

§11–3　CA6140 型卧式车床主要部件及典型机构

一、主轴箱

主轴箱是用于安装主轴，实现主轴旋转及变速的部件。图 11–6 所示为 CA6140 型卧式车床主轴箱的内部结构，图 11–7 所示为其展开图，其主要机构及调整方法如下。

1. 双向多片式摩擦离合器

（1）结构　图 11–8 所示为车床主轴箱内的双向多片式摩擦离合器，它的作用是实现主轴启动、停止、换向及过载保护。该离合器具有左、右两组摩擦片，每组由若干个内、外摩擦片相间排叠组成。利用摩擦片在相互压紧时接触面之间所产生的摩擦力来传递运动和转矩。带花键孔的内摩擦片 3 与花键轴 4 相连接；外摩擦片 2 的内孔是光滑圆柱孔，空套在花键轴 4 上，摩擦片 2 的外圆上有四个凸齿，卡在正、反车传动齿轮 1 和 8 的缺口内。内、外摩擦片在未被压紧时，它们互不联系。当操纵装置将滑环 11 向右移动时，压下杠杆 11（俗称元宝拨叉）的右端，其下端就拨动拉杆 9（在花键轴 4 孔

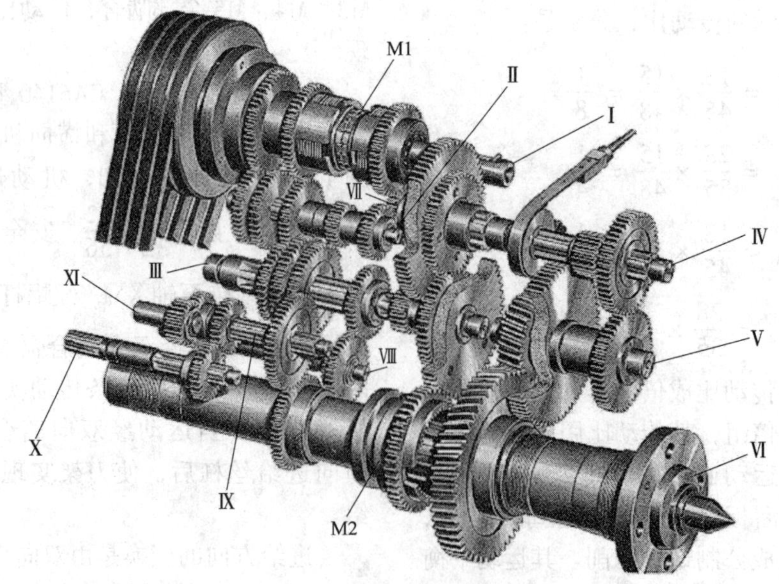

图 11–6　CA6140 型卧式车床主轴箱的内部结构

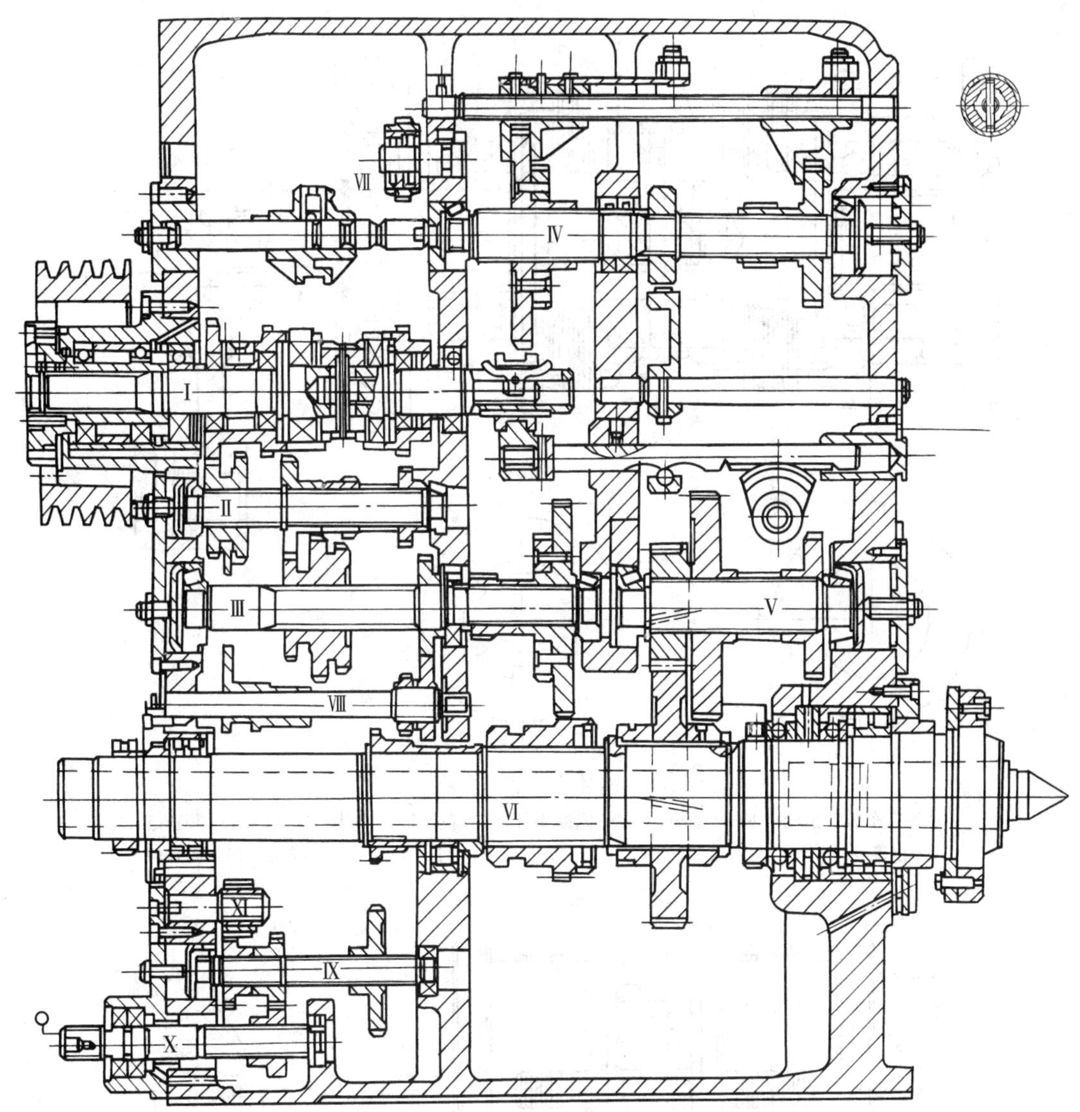

图 11–7　CA6140 型卧式车床主轴箱展开图

内）向左移动。拉杆 9 左端经固定销轴，带动花键套 6 和调整螺母 5 向左压紧左边一组摩擦片，通过摩擦片间的摩擦力，将转矩由花键轴 4 传递给正车传动齿轮 1。同理，当操纵装置将滑环 11 向左移动时，压紧右边的一组摩擦片，将转矩由花键轴 4 传递给反车传动齿轮 8，这样可使主轴反转。当滑环 11 处在杠杆 10 的中间位置时，左右两组摩擦片都处于松开状态，由于正、反车传动齿轮 1 和 8 内装有滚动轴承，故花键轴 4 处于空转状态，此时主轴停止转动。

（2）调整方法　由于拉杆 9 的移动量有限，因此离合器内、外摩擦片松开状态时的间隙要适当。若间隙过大，其压紧力不够，内、外摩擦片易产生打滑，不能传递足够的扭矩，甚至出现“闷车”现象，并易使摩擦片磨损；若间隙过小，易损坏操纵装置中的零件，停车时内、外摩擦片不能完全脱开，加剧磨损、发热。其调整方法如图 11–9 所示，先将图 11–8 中的滑环 11 通过操纵装置移动到正车或反车位置，然后将弹簧销 14 从调整螺母 5 的缺口中按下，同时拨动调节

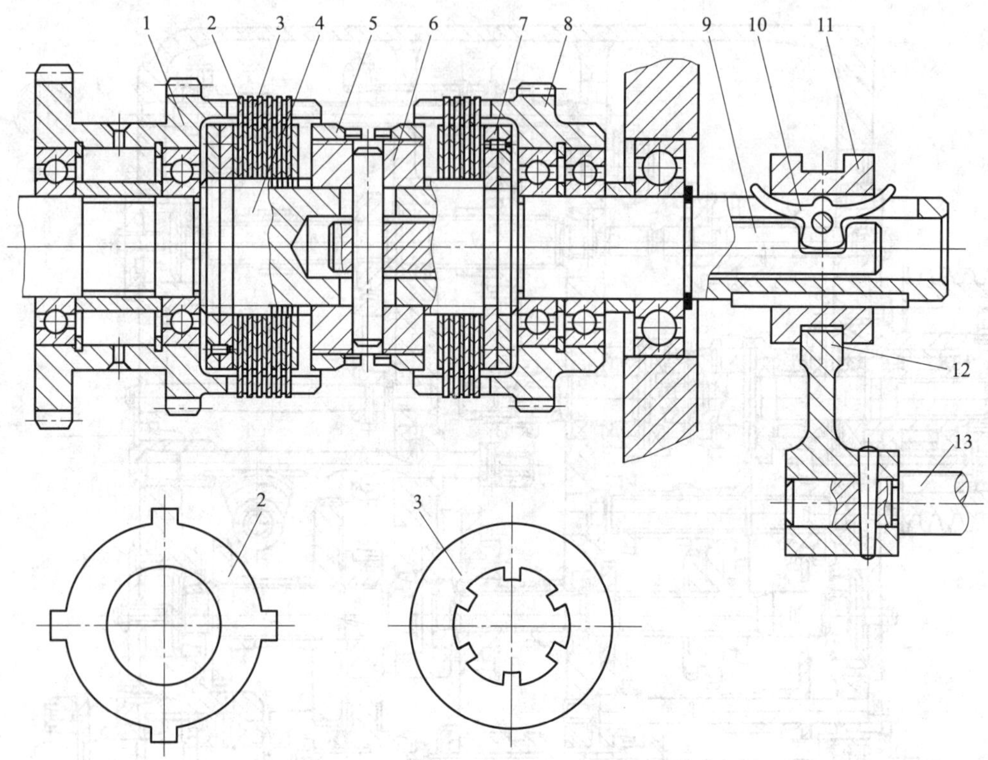

图 11-8　多片式摩擦离合器的结构

1—正车传动齿轮　2—外摩擦片　3—内摩擦片　4—花键轴　5—调整螺母　6—花键套　7—止推环　8—反车传动齿轮　9—拉杆　10—杠杆　11—滑环　12—拨叉　13—齿条轴

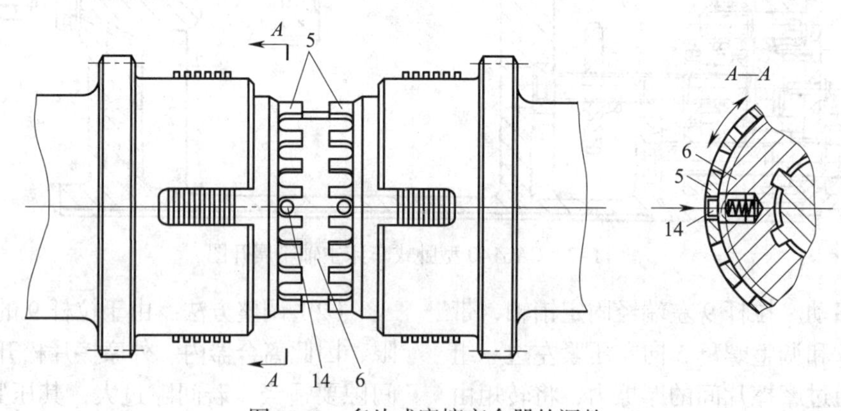

图 11-9　多片式摩擦离合器的调整

5—调整螺母　6—花键套　14—弹簧销

螺母 5 直至压紧摩擦片为止，再将滑环 11 通过操纵装置移动到停车位置，并将调整螺母 5 向压紧方向再拨动 4 ~ 7 个缺口。调整完成后必须使弹簧销 14 重新弹到调整螺母 5 的缺口中，以防调整螺母 5 在旋转中松脱。

（3）操纵　图 11-10 所示为多片式摩擦离合器的操纵装置，当向上提起手柄 6 时，通过杠杆 5、连杆 4、杠杆 3 使轴 2 和扇形齿轮 1 顺时针转动，带动齿条轴 13 右移，安装在齿条轴 13 左端的拨叉 8 便可拨动滑环 9 右移，即可压紧左边的一组摩擦片，使主轴正转。当向下扳动手柄 6 时，右边的一组摩擦片被压紧，主轴反转。当手柄 6 在中间位置时，左、右两组摩擦片都松开，主轴停止转动。

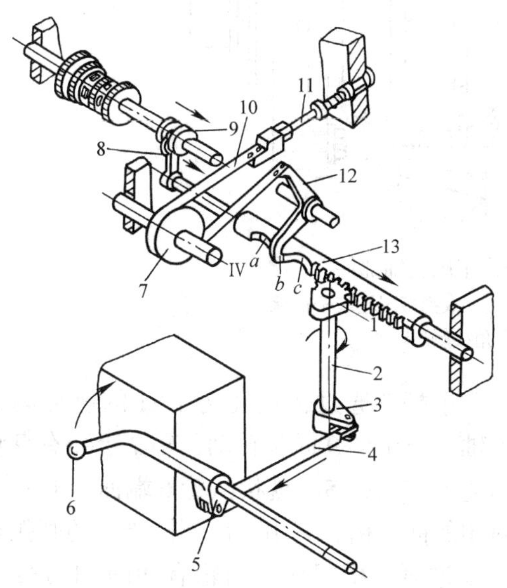

图 11–10　摩擦离合器、闸带式制动器的操纵装置
1—扇形齿轮　2—轴　3，5，12—杠杆　4—连杆
6—手柄　7—制动轮　8—拨叉　9—滑环
10—制动带　11—螺杆　13—齿条轴

2. 闸带式制动器

（1）结构　为了减少辅助时间，使主轴在停车过程中能迅速停止转动，轴Ⅳ上装有闸带式制动器。如图 11–10 所示，它由制动轮 7、制动带 10、杠杆 12、调节螺杆 11 及弹簧组成。制动轮是一钢制圆盘，与轴Ⅳ用花键连接。制动带为一钢带，其内侧固定着一层铜丝石棉，以增加摩擦面的摩擦因数。制动带的一端通过调节螺杆 11 与主轴箱体连接，另一端固定在杠杆 12 的上端。

（2）操纵　如图 11–10 所示，在齿条轴 13 上有两处相邻圆弧凹槽，当提起或压下操纵手柄 6 时，主轴处于正转或反转状态，此时杠杆 12 的下端正好处在齿条轴 13 圆弧凹槽的低点 a 处或 c 处，这时在弹簧力的作用下制动带 10 与制动轮 7 处于松脱状态。当扳动操纵手柄 6 处于停车位置时，在松开摩擦片的同时，杠杆 12 的下端正好处在两相邻圆弧凹槽的高点 b 处，此时制动带 10 抱紧制动轮 7，迫使主轴迅速停止转动。

（3）调整方法　将操纵手柄 6 置于停车位置，调整调节螺杆 11，使制动带 10 抱紧制动轮 7 即可。

3. 主轴部件

主轴部件是车床的关键部分，在工作时承受很大的切削抗力。工件的精度和表面粗糙度很大程度上取决于主轴部件的刚度和回转精度。图 11–11 所示为 CA6140 型卧式车床主轴部件的结构图。主轴前后支承处各装有一个双列短圆柱滚子轴承 7 和 3，中间支承处还装有一个圆柱滚子轴承（见图 11–7），以提高主轴刚度。双列短圆柱滚子轴承的刚度和承载能力大、旋转精度高且内圈较薄，内孔是 1∶12 的锥孔，可通过相对主轴轴颈的轴向移动来调整轴承的径向间隙，因而可保证主轴有较高的回转精度和刚度。在前支承处还装有一个机床主轴用双向推力角接触球轴承（有些厂家采用两个推力球轴承），用于承受左右两个方向的轴向力。主轴是一个空心的台阶轴，其内孔用于通过 ϕ47 mm 以下的棒料或安装气动、电动、液压夹具，主轴前端的莫氏 6 号锥孔用于安装前顶尖或心轴，后端的 1∶20 锥孔是加工主轴工艺基准面，主轴前端采用短圆锥连接盘式结构，用于安装卡盘或拨盘。

主轴轴承应在无间隙（或少量过盈）条件下运转，因此，主轴轴承的间隙应定期进行调整。调整时，先拧松螺母 8，松开螺钉 5，再拧紧螺母 4，使轴承 7 的内圈相对主轴锥形轴颈向右移动，由于锥面的作用，轴承内圈产生径向弹性膨胀，将滚子与内、外圈之间的间隙减小，调整合适后，应将锁紧螺钉 5 和螺母 8 拧紧。后轴承 3 的间隙可用螺母 1 调整。一般情况下，只需调整前轴承即可，只有当调整前轴承后仍不能达到要求的回转精度时才需调整后轴承，中间轴承不调整。

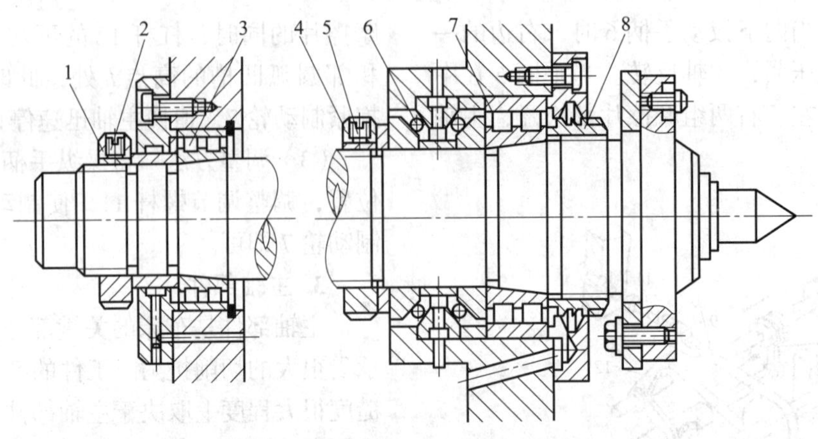

图 11-11　CA6140 型卧式车床主轴部件

1，4，8—螺母　2，5—螺钉　3，7—双列短圆柱滚子轴承

6—机床主轴用双向推力角接触球轴承

4. 主轴变速操纵机构

主轴箱中共有 7 个滑移齿轮，其中有 5 个用于改变主轴的转速，这些滑移齿轮的移动是由操纵机构来完成的。下面重点介绍轴Ⅱ和轴Ⅲ上两个滑移齿轮的操纵机构。图 11-12 所示为该机构的示意图，主要用来控制轴Ⅱ上双联滑移齿轮的左、右两个啮合位置，以及轴Ⅲ上三联滑移齿轮的左、中、右 3 个啮合位置。

手柄 9 通过传动比为 1∶1 的链传动带动轴 7 与手柄 9 同步转动，轴 7 上装有盘状凸轮 6 和曲柄 5。盘状凸轮 6 端面上有一条封闭的曲线槽，它由两段不同半径的圆弧和两条过渡直槽组成。凸轮有如图 11-13a 所示的 $a \sim f$ 六个变速位置，通过杠杆 11、拨叉 12 操纵双联滑移齿轮 1。当杠杆圆柱销处于凸轮曲线 a、b、c 大半径处时，双联滑移齿轮 1 在左端位置；当处于 d、e、f 小半

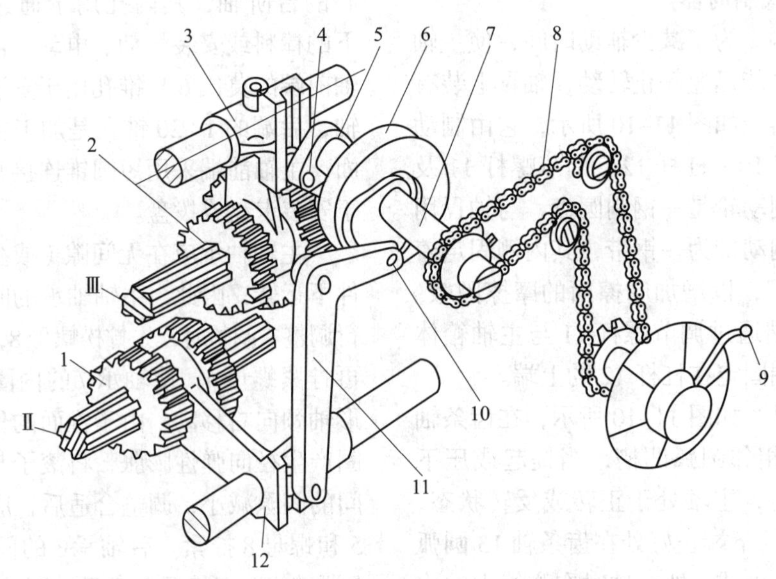

图 11-12　Ⅱ、Ⅲ轴上滑移齿轮操纵机构

1，2—滑移齿轮　3，12—拨叉　4—曲柄圆柱销　5—曲柄　6—凸轮　7—轴

8—链条　9—变速手柄　10—杠杆圆柱销　11—杠杆

径处时，双联滑移齿轮1则移动到右端位置。曲柄圆柱销4安装在拨叉3的长槽中。当曲柄5随着轴7转动时，可通过拨叉3使三联滑移齿轮2处于左、中、右3个不同位置，如图11–13b所示。

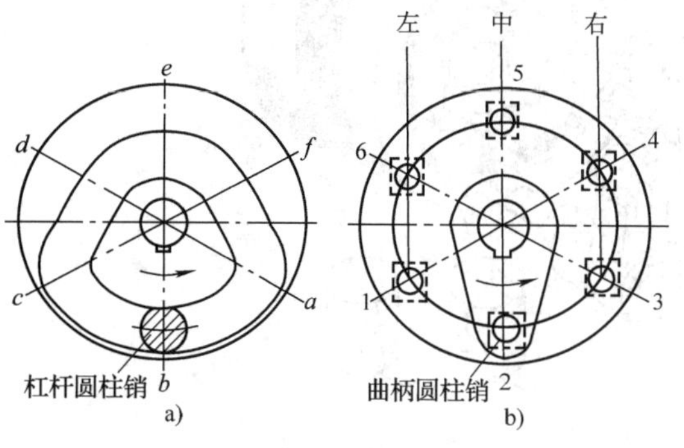

图11–13　变速操纵原理图

a）端面凸轮　b）曲柄

由于凸轮6和曲柄5同轴，两者同步转动。通过手柄9的转动和曲柄5及杠杆11的协同动作，可使双联滑移齿轮1和三联滑移齿轮2在轴向位置上实现6种不同的组合，得到6种不同的转速（该机构又称单手柄6速操纵机构）。其组合形式见表11–3。

表11–3　双联滑移齿轮和三联滑移齿轮组合形式

杠杆圆柱销的位置	*a*	*b*	*c*	*d*	*e*	*f*
曲柄圆柱销的位置	1	2	3	4	5	6
双联滑移齿轮1的位置	左	左	左	右	右	右
三联滑移齿轮2的位置	左	中	右	右	中	左

二、进给箱

图11–14所示为CA6140型卧式车床进给箱展开图。进给箱的功用是将主轴箱经挂轮传来的运动进行各种速比的变换，使丝杠、光杠得到不同的转速，以取得不同的进给量和加工不同螺距的螺纹。其主要由基本组、增倍组及各种操纵机构组成。

下面重点介绍基本组的操纵机构。进给箱中的基本组由轴XV上的4个滑移齿轮和轴XIV上的8个固定齿轮组成。每个滑移齿轮依次与轴XIV相邻的两个固定齿轮中的一个啮合，而且要保证在同一时刻内，基本组中只能有一对齿轮啮合。而这4个滑移齿轮是由一个手轮集中操纵的，图11–15所示为该操纵机构的结构和工作原理图。

基本组的4个滑移齿轮分别由4个拨块2来拨动，每个拨块的位置由各自的销子4通过杠杆3来控制。4个销子均匀地分布在操纵手轮6背面的环形槽中，如图11–15a所示。安装时压块7的斜面向外斜，以便与销子4接触时能向外抬起销子4；压块7′的斜面向里斜，与销子4接触时向里压销子4。这样利用环形槽和压块7和7′，操纵销子4及杠杆3，使每个拨块及其滑移齿轮依次有左、中、右3种位置。手轮6在圆周方向应有8个均布位置。它处在图11–15b所示位置时，只有左上角的销子4′在压块7′的作用下靠在孔*b*的内侧壁上。此

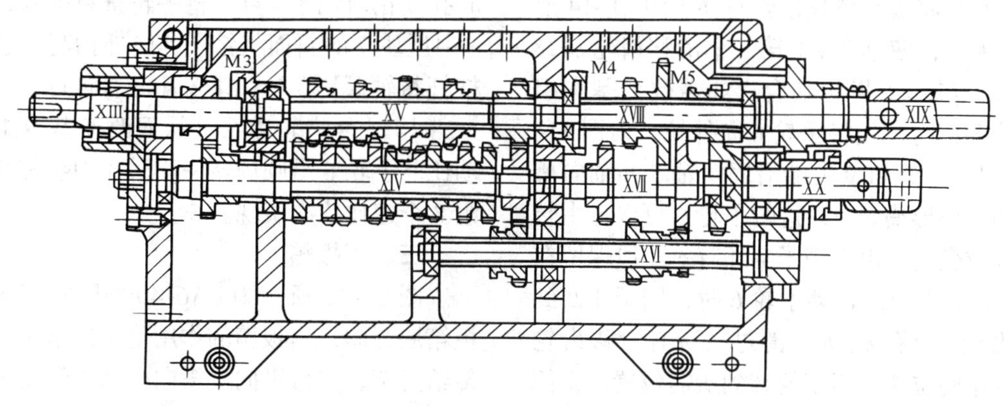

图11–14　CA6140型卧式车床进给箱展开图

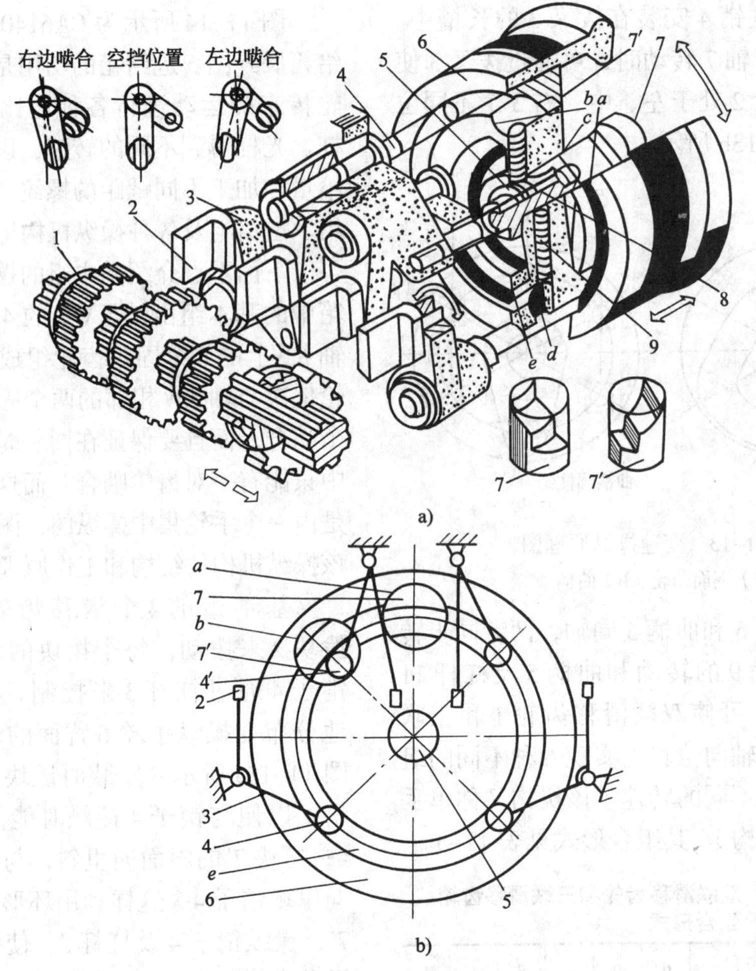

图 11-15 基本组操纵机构的结构和工作原理

a）基本组操纵机构 b）基本组操纵机构工作原理

1—滑移齿轮 2—拨块 3—杠杆 4，4′—销子 5—固定轴

6—操纵手轮 7，7′—压块 8—钢球 9—螺钉

时，杠杆将拨动滑移齿轮右移（图 11-14 上为左移），使轴ⅩⅤ上第 3 个滑移齿轮 z=28 左移，与 z=26 齿轮啮合。如需改变基本组的传动比时，先将手轮 6 向外拉，由图 11-15a 可知，螺钉 9 尖端沿固定轴 5 的轴向槽移动到环形槽 c 中，这时手轮 6 可以自由转动选位变速。由于销子 4 还有一小段保留在槽 e 及孔 b 中，转动手轮 6 时，销子 4 回到并沿槽 e 及孔 a、b 中滑过，所有滑移齿轮都在中间位置。当手轮转到所需位置后，例如从图 11-15b 所示位置逆时针转动 45°（这时孔 a 正对销子 4′），将手轮重新推入，孔 a 中压块 7 的斜面将销子 4 向外抬起，通过杠杆将轴ⅩⅤ第 3 个滑移齿轮推向右端，使 z=28 与 z=28 齿轮啮合，从而改变基本组传动比。手轮 6 沿圆周转一周时，则会使基本组 8 个速比依次实现。

三、溜板箱

图 11-16 所示为 CA6140 型卧式车床溜板箱展开图，溜板箱的作用是将进给箱运动传给刀架，并做纵向、横向机动进给及车削螺纹运动的选择，同时有过载保护作用。

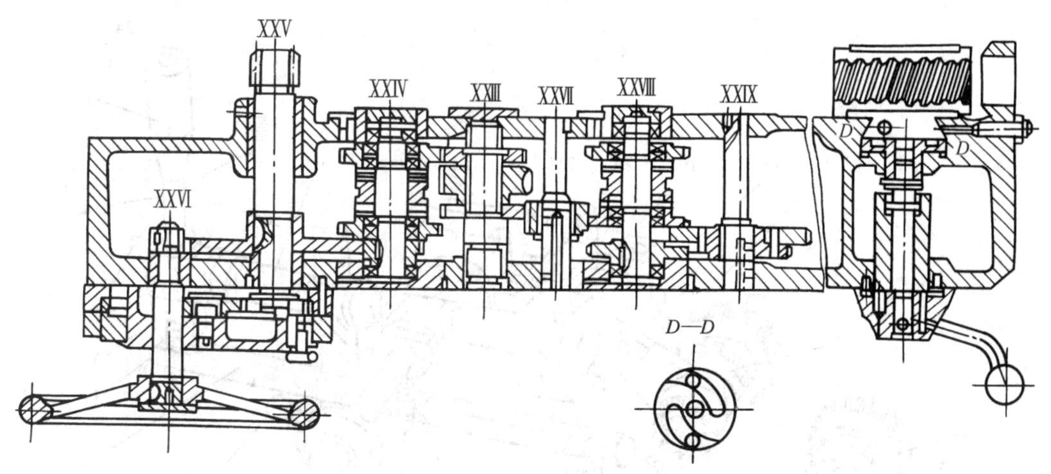

图 11–16　溜板箱展开图

1. 开合螺母操纵机构

开合螺母操纵机构如图 11–17 所示（因螺母做成可开合的上下两部分而得名），用来接通或断开车削螺纹运动，顺时针转动手柄，通过轴带动曲线槽盘转动。利用该曲线槽，通过圆柱销带动上半螺母和下半螺母沿溜板箱体后面的燕尾导轨相互靠拢，使开合螺母与丝杠啮合。若逆时针方向转动手柄，则两半螺母相互分离，开合螺母与丝杠脱开。

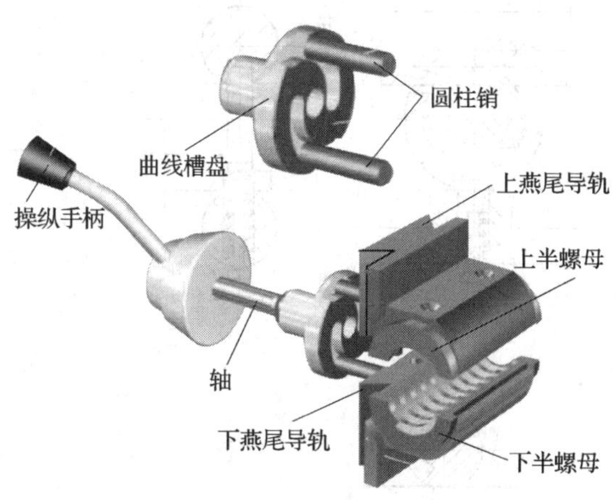

图 11–17　开合螺母操纵机构

2. 纵向、横向机动进给及快速移动操纵机构

CA6140 型卧式车床纵向、横向机动进给及快速移动由手柄 1 集中操纵。如图 11–18 所示，当需要纵向移动刀架时，将手柄 1 向相应的方向（向左或向右）扳动，因轴 23 利用其轴肩及卡环轴向固定在箱体上，故手柄 1 只能绕销轴 2 摆动，经球头销 4 推动轴 5 轴向移动，再经杠杆 11、连杆 12 使凸轮 13 转动。凸轮曲线槽迫使拨叉轴 15 上的拨叉 16 移动，带动轴 XXIV 上的牙嵌式离合器 M6 向相应方向移动而啮合，刀架实现纵向进给。此时，按下手柄 1 上端的快速移动按钮 24，刀架实现快速纵向移动，直到松开快速移动按钮时为止。若向前或向后扳动手柄 1，经轴 23 使凸轮 22 上的曲线槽迫使杠杆 20 摆动，杠杆 20 另一端的圆销 18 拨动拨叉轴 10 以及固定在其上的拨叉 17 向前或向后轴向移动，使轴 XXVIII 上的 M7 向相应的方向移动而啮合，刀架实现横向机动进给。此时，按下快速移动按钮 24，刀架实现快速横向移动。手柄 1 处于中间位置时时，离合器 M6 和 M7 都脱开，此时，已断开机动进给及快速移动。

3. 互锁机构

互锁机构的作用是当接通机动进给或快速移动时，开合螺母不能合上；合上开合螺母时，则不允许接通机动进给或快速移动。

图 11–19 所示为开合螺母操纵手柄与机动进给操纵手柄之间的互锁机构原理图。图 11–19a 所示为停车位置状态，即开合螺

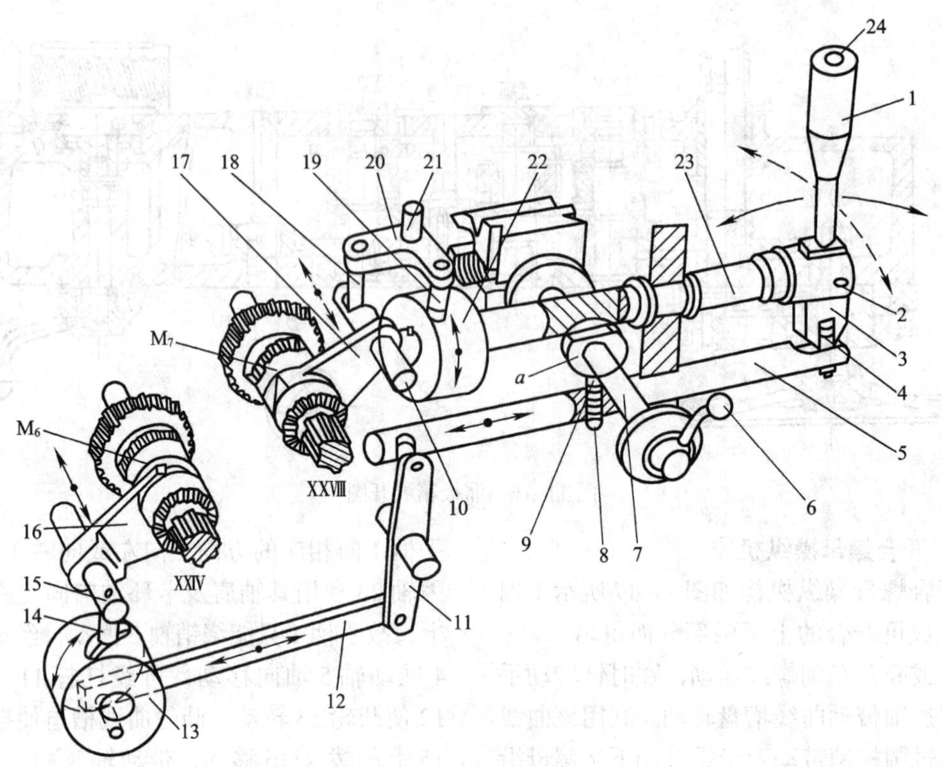

图 11-18　纵向、横向机动进给及快速移动操纵机构

1，6—手柄　2，21—销轴　3—手柄座　4，9—球头销　5，7，23—轴　8—弹簧销　10，15—拨叉轴　11，20—杠杆　12—连杆　13，22—凸轮　14，18，19—圆销　16，17—拨叉　24—快速移动按钮

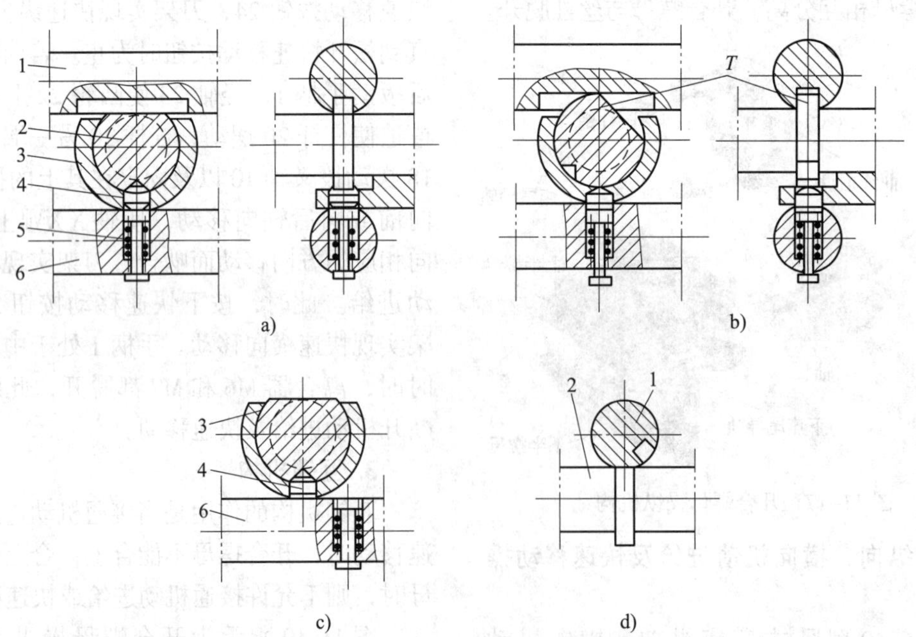

图 11-19　互锁机构原理图

a）停止状态　b）开合螺母闭合—机动进给锁定　c）纵向机动进给接通—开合螺母锁定　d）横向机动进给接通—开合螺母锁定

1—横向机动进给操纵轴　2—开合螺母操纵轴　3—固定轴套　4—弹簧销　5—弹簧　6—纵向机动进给操纵轴

母脱开，机动进给也未接通，此时可任意扳动开合螺母操纵手柄或机动进给操纵手柄。图 11–19b 所示为合上开合螺母时的状态，由于开合螺母操纵轴 2 转过一定角度，它的凸肩进入横向机动进给操纵轴 1 的槽中，将轴 1 卡住而不能转动。同时，凸肩又将弹簧销 4 压入纵向机动进给操纵轴 6 的孔中，使轴 6 不能轴向移动。由此可知，如合上开合螺母，机动进给操纵手柄被锁住，因而机动进给和快速移动就不能接通。图 11–19c 所示为接通纵向机动进给时的情况，此时，因纵向机动进给操纵轴 6 产生了轴向移动，弹簧销 4 被轴 6 顶住，卡在开合螺母操纵轴 2 凸肩的凹坑中，轴 2 被锁住，开合螺母操纵手柄不能扳动，开合螺母不能合上。图 11–19d 所示为接通横向机动进给时的情况，因横向机动进给操纵轴 1 产生了转动，其轴 1 上的长槽也随之转动，于是开合螺母操纵轴 2 凸肩平面被轴 1 顶住，轴 2 不能转动，所以开合螺母也不能闭合。

4. 安全与超越离合器

（1）单向超越离合器　在 CA6140 型卧式车床的进给传动链中，当接通机动进给时，光杠 XX 的运动经齿轮副传动蜗杆轴 XXII 作慢速转动。当接通快速移动时，快速电动机经一对齿轮副传动蜗杆轴 XXII 作快速运动。这两种不同转速的运动同时传到一根轴上，而使轴不受损坏的机构称为超越离合器。

图 11–20 所示为安全与超越离合器的结构图。图 11–20 中单向超越离合器由齿轮 6、星状体 9、滚柱 8、弹簧 14 和顶销 13 等组成。滚柱 8 在弹簧 14 和顶销 13 的作用下，楔紧在齿轮 6 和星状体 9 的楔缝里，如图 11–21 所示。机动进给时，齿轮 6 逆时针转动，使滚柱 8 在齿轮 6 及星状体 9 的楔缝中越挤越紧，从而带动星状体旋转，使蜗杆轴慢速转动。假若同时接通快速移动，星状体直接随蜗杆轴一起做逆时针快速转动。此时由于星状体 9 比齿轮 6 转得快，迫使滚柱 8 压缩弹簧 14 到楔缝宽端。则齿轮 6 的慢速转动不能传给星状体，即切断了机动进给。当快速电动机停止时，蜗杆轴又恢复慢速转动，刀架重新获得机动进给。

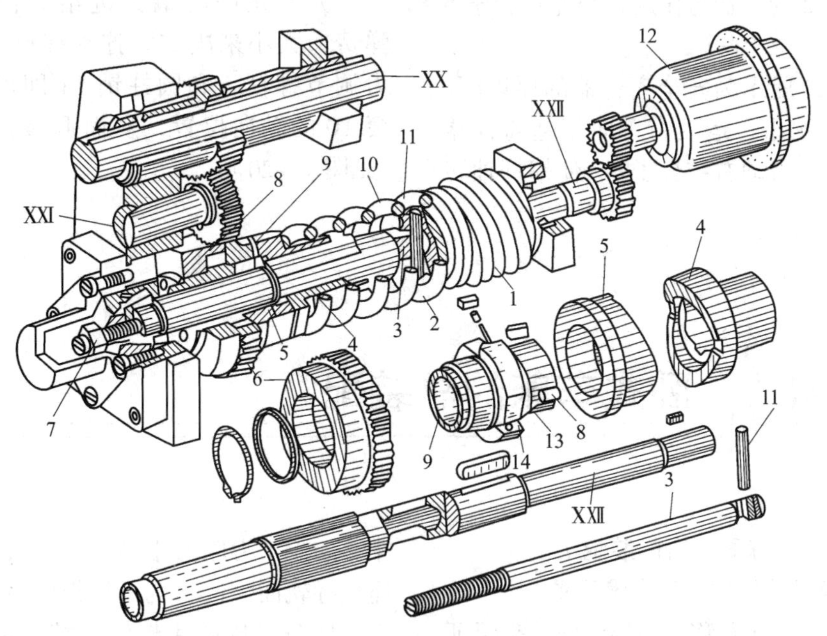

图 11–20　安全与超越离合器的结构

1—蜗杆　2，14—弹簧　3—压力调节螺杆　4—右结合子　5—左结合子　6—齿轮
7—螺母　8—滚柱　9—星状体　10—止推套　11—圆柱销　12—快速电动机　13—顶销

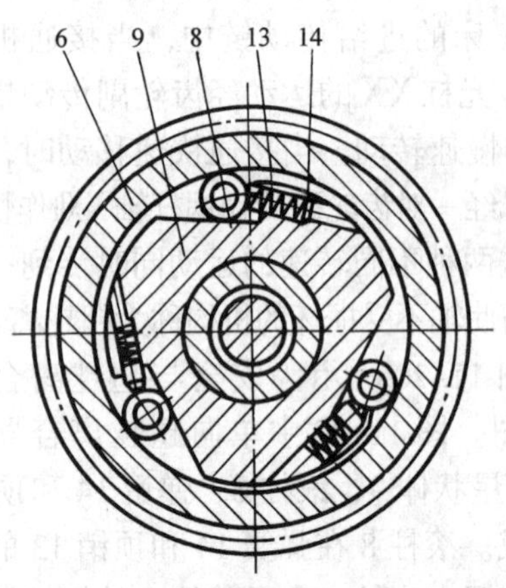

图 11-21　单向超越离合器工作原理

（2）安全离合器　安全离合器也称过载保护机构。它的作用是在机动进给过程中，当进给力过大或进给运动受到阻碍时，可以自动切断进给运动，保护传动零件在过载时不发生损坏。

安全离合器由两个端面结合子 4 和 5 组成，左结合子 5 和单向超越离合器的星状体 9 连在一起，且空套在蜗杆轴 XXII 上；右结合子 4 和蜗杆轴用花键连接，可在该轴上滑移，靠弹簧 2 的弹簧力作用，与左结合子 5 紧紧地啮合。

图 10-22 所示为安全离合器的原理图。正常进给情况下，运动由单向超越离合器及左结合子 5 带动右结合子 4，使蜗杆轴转动，如图 11-22a 所示。当出现过载或阻碍时，蜗杆轴扭矩增大并超过了允许值，两结合端面处产生的轴向力超过弹簧 2 的压力，则推开右结合子 4，如图 11-22b 所示。此时，左结合子 5 继续转动，而右结合子 4 却不能被带动，于是两结合子之间产生打滑现象，如图 11-22c 所示。这样，切断进给运动，可保护机构不受损坏。当过载现象消除后，安全离合器又恢复到原来的正常工作状态。

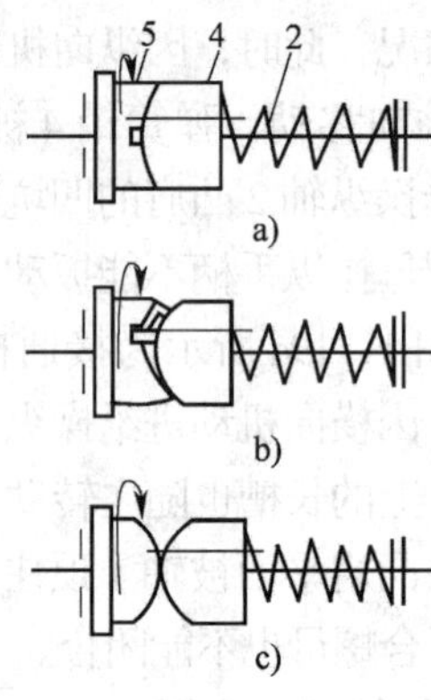

图 11-22　安全离合器的原理图

机床允许的最大进给力由弹簧 2 的弹簧力大小来决定。拧动螺母 7，通过压力调节螺杆 3 和圆柱销 11 即可调整止推套 10 的轴向位置，从而调整弹簧的弹力（见图 11-20）。

§11-4　卧式车床的总装配

一、床身与床脚结合的装配

1. 床身导轨的作用和技术要求

床身导轨是床鞍移动的导向面，是保证刀具移动直线性的关键。图 11-23 所示为 CA6140 型卧式车床床身导轨的截面图。其中 2、6、7 为床鞍用导轨面，3、4、5 为尾座用导轨面，1、8 为下压板用导轨面。

床身与床脚用螺钉连接，是车床的基础，也是车床总装配的基准部件。要求如下：

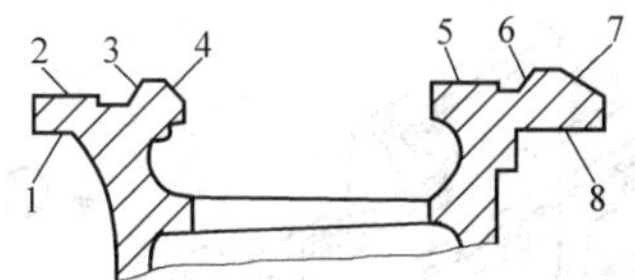

图 11–23　卧式车床床身导轨的截面图

（1）床身导轨的几何精度　各导轨在垂直平面与水平面内的直线度符合技术要求，且在垂直平面内只许中凸，各导轨和床身齿条安装面应平行于床鞍导轨。

（2）接触精度　刮削导轨每 25 mm×25 mm 范围内接触点不少于 10 点。磨削导轨则以接触面积大小来评定接触精度的高低。

（3）表面粗糙度　刮削导轨表面粗糙度值一般在 Ra1.6 μm 以下；磨削导轨表面粗糙度值在 Ra0.8 μm 以下。

（4）硬度　一般导轨表面硬度应在 170 HB 以上，并且全长范围硬度一致。与之相配合件的硬度应比床身导轨稍低。

（5）导轨稳定性　导轨在使用中应不变形。除采用刚度大的结构外，还应进行良好的时效处理，以消除内应力，减少变形。

2. 床身与床脚的装配

（1）床身装到床脚上　先将结合面的毛刺清除并倒角。结合面间加入 1 ~ 2 mm 厚纸垫，在床身、床脚连接螺钉下垫厚平垫圈，以保证结合面平整贴合，防止床身紧固时发生变形，同时可防止漏油。

（2）床身导轨精加工方法　对导轨的精加工有精磨法、精刨法和刮研法 3 种，目前应用最广的是精磨法，它是将床身导轨在导轨磨床（或龙门刨床加磨具）上一次装夹磨削完成的，从而保证床鞍导轨和尾座导轨的直线度和平行度。采用适当的压紧方法还能使磨削的导轨达到中凸的理想要求，同时具有较好的表面粗糙度和较高的生产率。

刮研法是单件、小批量生产或机修中常用的方法，刮削前将可调垫铁置于床脚地脚螺钉附近，用水平仪调整床身处于自然水平位置，各垫铁受力均匀，床身放置稳定后即可开始刮削。

刮研法按下列步骤进行：

1）选择刮削量最大，导轨中最重要和精度要求最高的床鞍用导轨面 6、7 作为刮削基准（见图 11–23）。用角形平尺研点，刮削基准导轨面 6、7；用水平仪和垫铁测量导轨直线度并绘导轨曲线图。待刮削至导轨直线度、接触研点数和表面粗糙度均符合要求为止。

2）以 6、7 面为基准，用平尺研点，刮削平导轨面 2，要保证其直线度及与基准导轨面 6、7 的平行度要求。

3）以床鞍导轨面为基准刮削尾座导轨面 3、4、5，使其达到自身精度以及与床鞍导轨面的平行度要求。

4）刮削压板导轨面 1、8，要求达到与床鞍导轨面的平行度要求，并达到自身精度要求。

二、床鞍配刮与床身装配

床鞍部件是保证刀架运动精度的关键。床鞍上、下导轨面分别与床身导轨和中滑板配刮完成。其刮削步骤如下：

1. 刮削中滑板

如图 11–24 所示，用校准平板研点表面 1 和 2，并保证面 1 与面 2 的平行度要求。一般要求平面 1、2 中间位置的研点可软些。

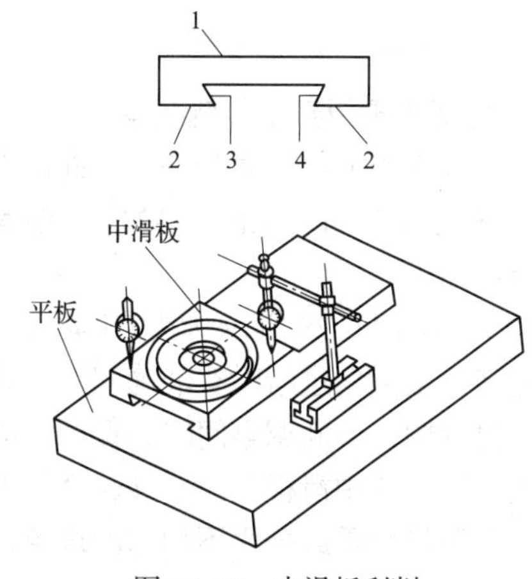

图 11–24　中滑板刮削

2. 配刮床鞍横向燕尾导轨

（1）将床鞍放在床身导轨上，可减少刮削时床鞍变形。以中滑板下表面 2（见图 11–24）为基准，配刮床鞍横向燕尾导轨表面 5，如图 11–25 所示。推研时，手握工艺心棒，以保证安全。

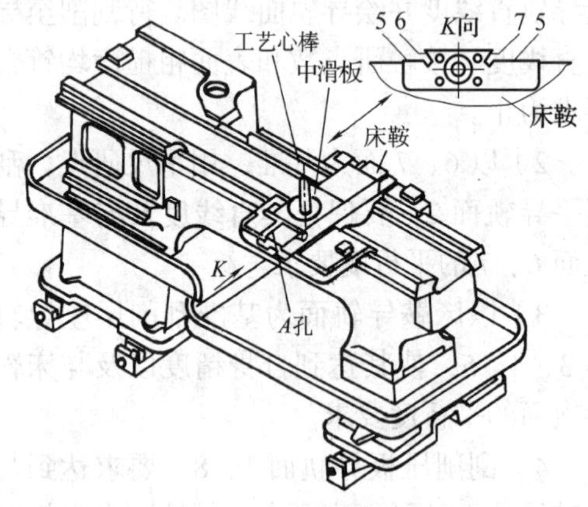

图 11–25 刮削床鞍上导轨面

（2）以床鞍横向燕尾导轨表面 5 为基准，用角形平尺研点刮削燕尾面 6、7，保证两平面平行，其检测方法如图 11–26 所示。同时刮后应满足对横向丝杠 A 孔的平行度要求，检测方法如图 11–27 所示。

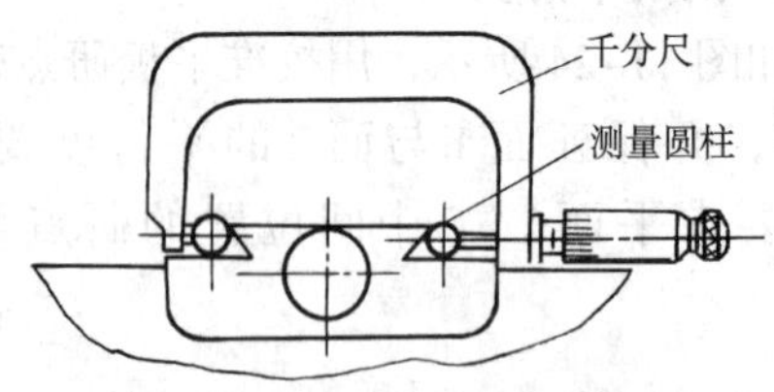

图 11–26 检测燕尾导轨平行度

3. 配刮中滑板燕尾导轨及镶条

（1）以床鞍燕尾导轨为基准，配刮中滑板燕尾导轨面 3、4（见图 11–24），使其达到研点数要求。

（2）如图 11–28 所示为配刮镶条。其目的是使刀架横向进给时有准确间隙，并能在使用过程中，不断调整间隙，保证足够寿命。配刮后应使中滑板在燕尾导轨全长上移动时，无明显轻重或松紧不均匀的现象，并保证镶条大端有 10 ~ 15 mm 的调整余量。

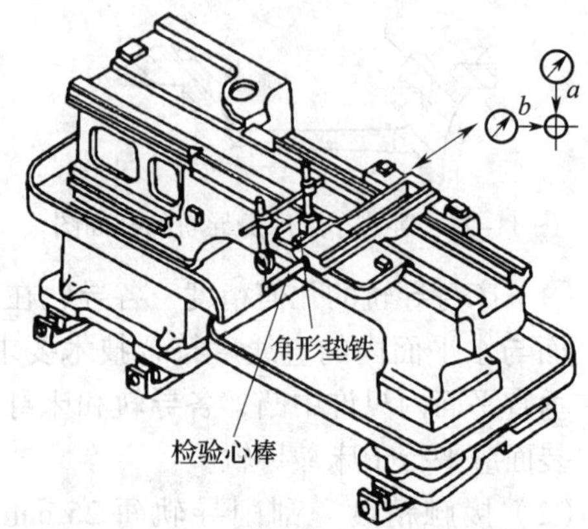

图 11–27 检测燕尾导轨与横向丝杠安装孔的平行度

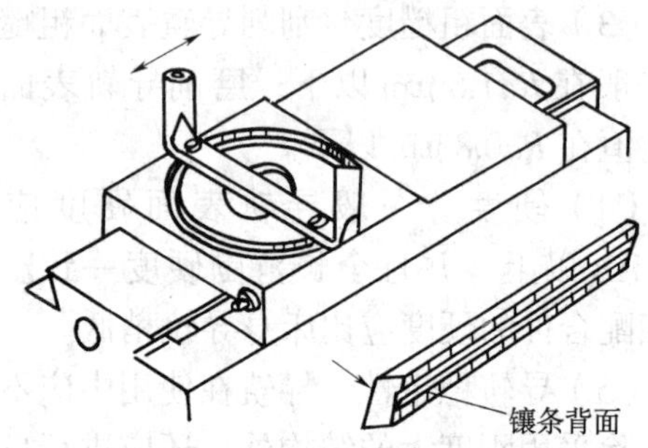

图 11–28 中滑板燕尾导轨及镶条配刮

导轨配合面之间用 0.03 mm 塞尺检测，插入深度不大于 20 mm。

4. 配刮床鞍下导轨面

以床身导轨为基准，配刮床鞍下导轨面至要求。检测床鞍下导轨与上燕尾导轨的垂直度时，应先纵向移动床鞍，调整床身上放置的直角尺，使直角尺的一个边与床鞍移动方向平行，如图 11–29 所示。然后将百

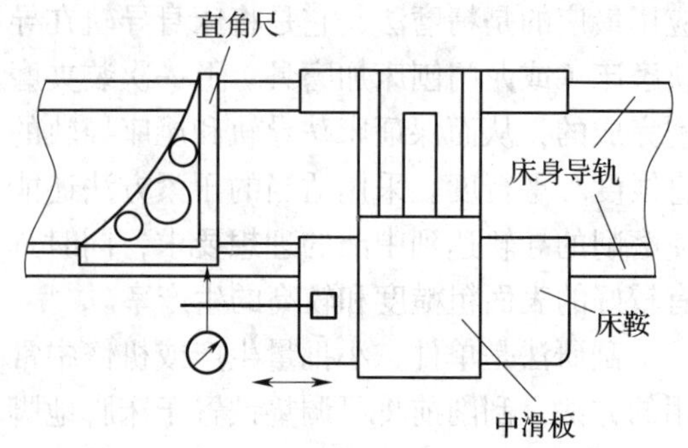

图 11–29 调整直角尺与床鞍移动方向平行示意图

分表触头与直角尺的另一直角边接触，沿燕尾导轨全长上移动中滑板，百分表的最大示值差就是床鞍上、下导轨的垂直度误差，如图 11–30 所示。若超差，应继续刮削床鞍下导轨面，直至合格，且本项精度只许偏向床头。

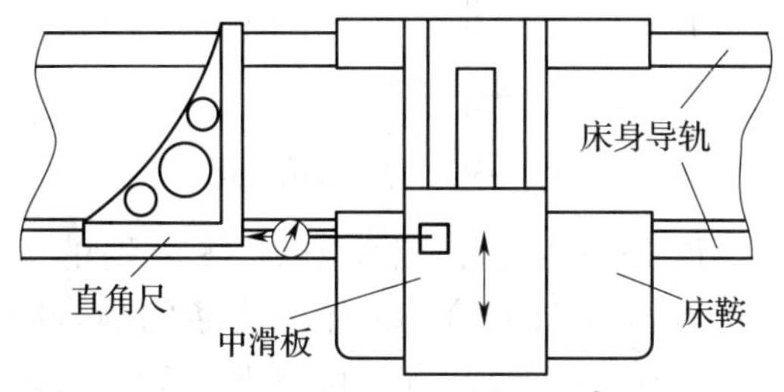

图 11–30　床鞍上、下导轨垂直度检测示意图

5. 刮削床鞍上溜板箱安装面

（1）要求横向应与进给箱、托架安装面垂直。检测方法如图 11–31 所示，在床身进给箱安装面上用夹板夹持一直角尺，在直角尺处于水平的表面上移动百分表检测与溜板箱安装面的位置精度，其允差为每 100 mm 长度上 0.03 mm。也可用框式水平仪分别贴紧与进给箱和溜板箱安装面进行检测。

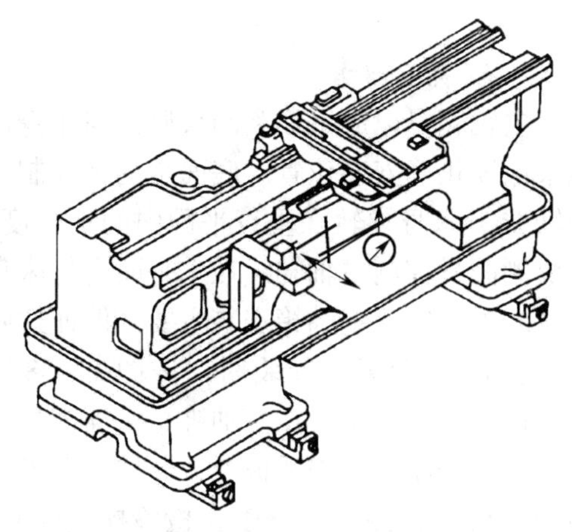

图 11–31　检测溜板箱安装面与进给箱安装面垂直度

（2）要求纵向与床身导轨平行。检测方法如图 11–32 所示，将百分表固定在床身上，纵向移动床鞍，在床鞍结合面（即溜板箱安装面）全长上百分表最大示值差不得超过 0.06 mm。

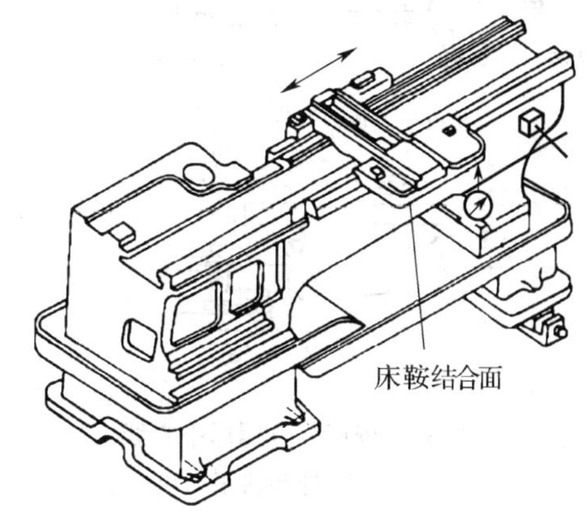

图 11–32　检测床鞍上溜板箱安装面与床身导轨平行度

完成上述刮削工作后，按图 11–33 所示，装上两侧压板并调整好适当的配合间隙，以保证全部螺钉调整紧固后，推动床鞍在导轨全长上移动应无阻滞现象。

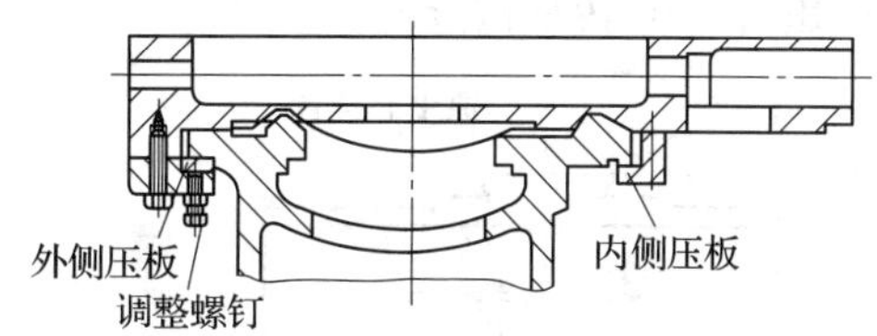

图 11–33　床鞍两侧压板安装与调整

三、溜板箱、进给箱及主轴箱的安装

1. 安装溜板箱

溜板箱的安装位置直接影响丝杠、螺母能否正确啮合，进给能否顺利进行，是确定进给箱和丝杠后托架安装位置的基准。确定溜板箱位置应按下列步骤进行：

（1）校正开合螺母中心线与床身导轨平行度　如图 11–34 所示，在溜板箱的开合螺母体内卡紧一检验心轴，在床身检验桥板上紧固丝杠中心专用测量工具（见图 11–34b）。分别在左、右两端校正检验心轴上母线和侧母线与床身导轨的平行度，其误差应在 0.15 mm 以下。

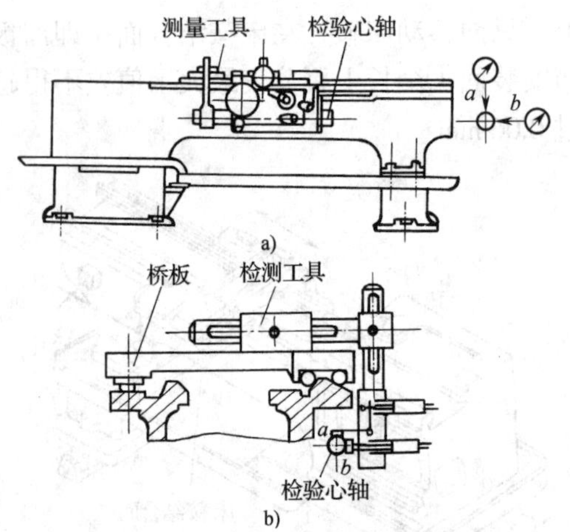

图 11–34　校正开合螺母中心线与床身导轨平行度

（2）确定溜板箱左右位置　左右移动溜板箱，使床鞍横向进给传动齿轮副有合适的齿侧间隙。如图 11–35 所示，将一张厚 0.08 mm 的纸放在齿轮啮合处，转动齿轮使印痕呈现将断与不断的状态为正常侧隙。此外，侧隙也可通过控制横向进给手轮空转量不超过 1/30 转来检查。

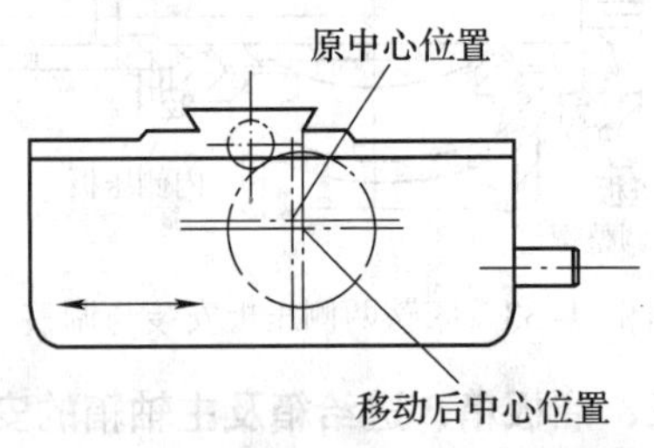

图 11–35　溜板箱左右位置的确定

（3）溜板箱最后定位　溜板箱预装精度校正后，应等到进给箱和丝杠后托架的位置校正后才能钻、铰溜板箱定位销孔，配作锥销，实现最后定位。

2. 安装齿条

溜板箱位置校正后，即可安装齿条，主要是保证纵向进给小齿轮与齿条的啮合间隙。

齿条拼装时，应用标准齿条进行跨接校正，如图 11–36 所示。校正后，两根相接齿条的接合端面之间，须留有 0.5 mm 左右的间隙。

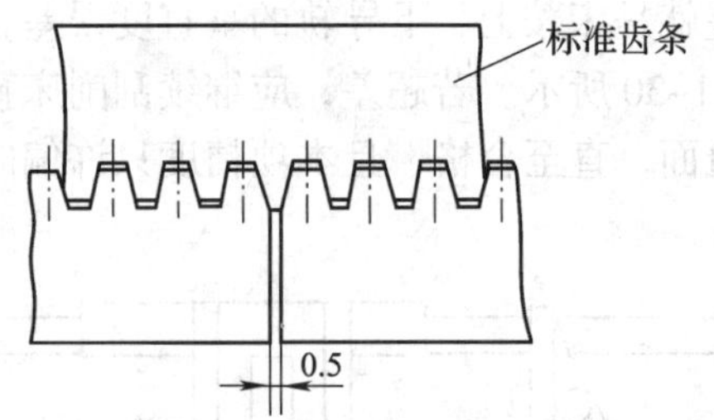

图 11–36　齿条跨接校正

齿条安装后，必须在床鞍行程的全长上检测纵向进给小齿轮与齿条的啮合间隙，间隙要一致，齿条位置调好后，每根齿条都配两个定位销钉，以确定其安装位置。

3. 安装进给箱和丝杠后托架

安装进给箱和后托架主要是保证进给箱、溜板箱、后托架上安装丝杠三孔的同轴度，并保证丝杠与床身导轨的平行度。

如图 11–37 所示，先调整进给箱和后托架安装孔中心线与床身导轨平行度，再调整进给箱、溜板箱和后托架三者丝杠安装孔的同轴度。调整合格后，进给箱、溜板箱和后托架即配作定位销钉，以确保精度不变。

4. 安装主轴箱

主轴箱是以底平面和凸块侧面与床身接触来保证正确安装位置。底面是用来控制主轴轴线与床身导轨在垂直平面内的平行度；凸块侧面是控制主轴轴线在水平面内与床身导轨的平行度。主轴箱安装主要是保证这两个方向的平行度。安装时，按图 11–38 所示进行检测和调整。在主轴锥孔中插入检验棒，百分表座吸在中滑板上，分别在上母线和侧母线上检测，百分表在检验棒 300 mm 长度范围内的示值差，就是主轴轴线与床身导轨平行度误差值，具体允差值可参见附表 13 中的第 G7 项。

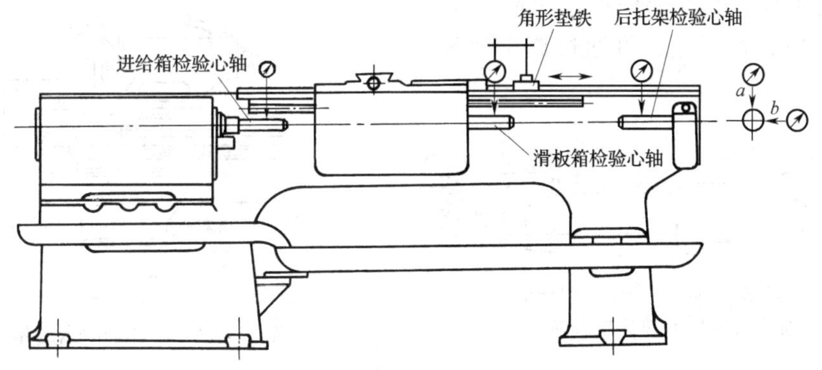

图 11–37　安装进给箱和丝杠后托架

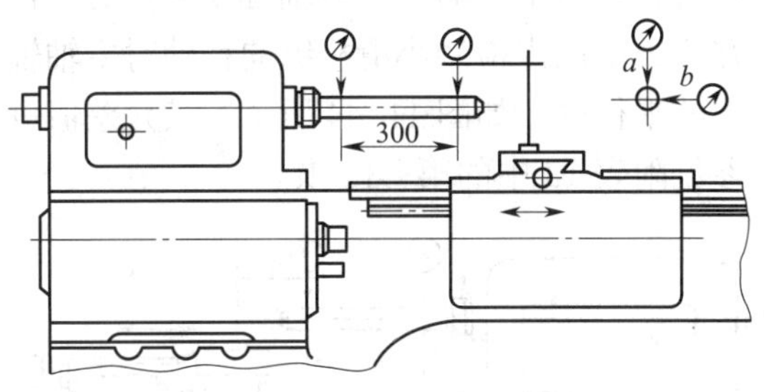

图 11–38　主轴轴线对床鞍纵向移动的平行度检测

安装要求是：在垂直平面内，只允许检验棒外端向上抬起（俗称“抬头”），若超差，则刮削结合面；在水平平面内，只允许检验棒外端偏向操作者方向（俗称“里勾”），若超差，可通过刮削凸块侧面来满足要求。

为消除检验棒本身误差对检测的影响，检测时旋转主轴 180° 做两次检测，两次检测结果的平均值就是平行度误差。

四、尾座的安装

1. 调整尾座的安装位置

以床身上尾座导轨为基准，配刮尾座底板，使其达到以下两项精度要求。

（1）如图 11–39 所示，将尾座套筒摇出 100 mm 长，移动床鞍，检测尾座套筒轴线对床鞍移动在水平平面和垂直平面内的平行度，其允差值可参见附表 13 中的第 G9 项。

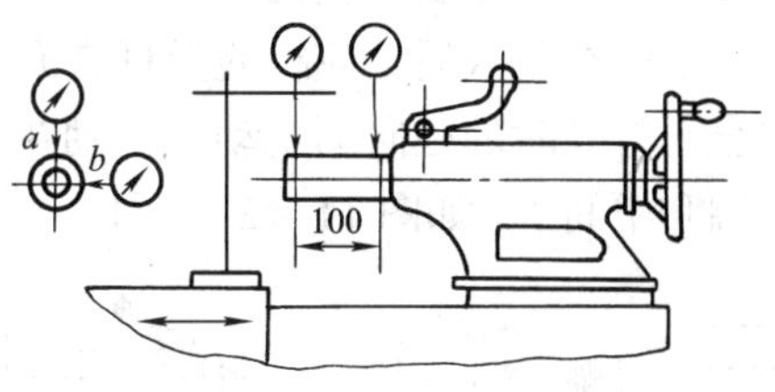

图 11–39　尾座套筒轴线对床鞍移动的平行度检测

（2）如图 11–40 所示，在尾座套筒锥孔中插入检验棒，移动床鞍，检测尾座套筒锥孔轴线对床鞍移动在水平平面和垂直平面内的平行度，其允差值可参见附表 13 中的第 G10 项。

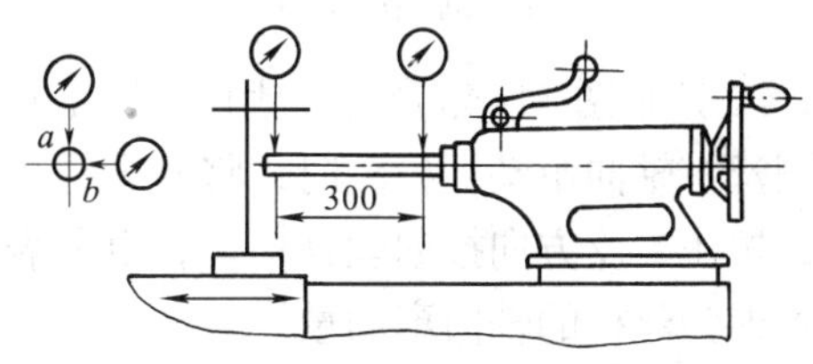

图 11–40　尾座套筒锥孔轴线对床鞍移动的平行度检测

2. 调整主轴锥孔轴线与尾座套筒锥孔轴线对床身导轨的等高度

如图 11–41 所示，在主轴锥孔和尾座套筒锥孔中分别装入顶尖，在两顶尖之间装一圆柱检验棒，移动床鞍，检测检验棒两端对床身导轨的等高度。为抵消尾座磨损，延长使用寿命，要求只允许尾座套筒锥孔轴线高于主轴锥孔轴线，其允差值可参见附表13中的第G11项。若超差，可通过修刮尾座底板来达到要求。

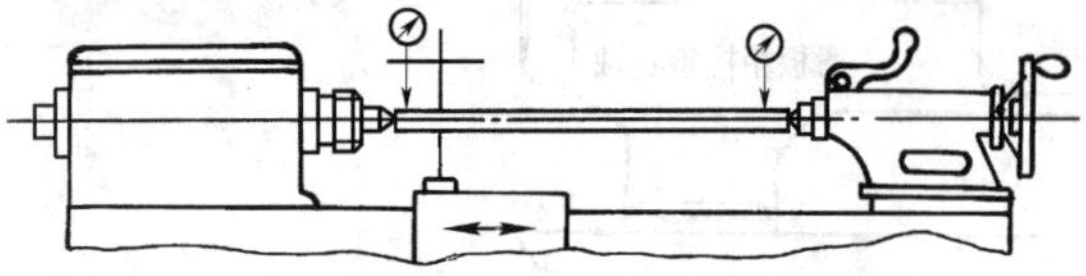

图 11-41　主轴锥孔轴线与尾座套锥孔轴线对床身导轨的等高度检测

五、丝杠、光杠的安装

溜板箱、进给箱、后托架的三支承孔同轴度校正后，就能装入丝杠、光杠。

（1）丝杠装入后，应检验丝杠在开合螺母闭合与打开时的径向圆跳动（分别在丝杠的两端和中间），如图11-42所示。

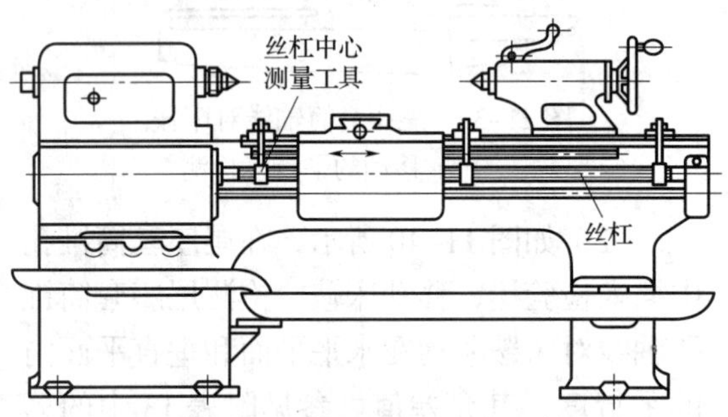

图 11-42　开合螺母闭合与打开时丝杠径向圆跳动检测

（2）如图11-43所示，用平头百分表检测丝杠轴向窜动。检测时，将开合螺母闭合，按正、反方向接通丝杠传动，百分表示值差即为丝杠的轴向窜动量。

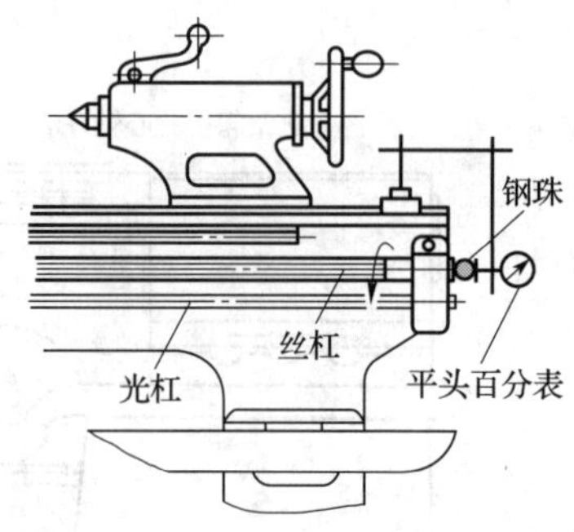

图 11-43　丝杠轴向窜动量检测

六、刀架的安装

将小刀架部件安装在中滑板上，先调整小滑板在水平平面内与主轴轴线平行后，再在垂直平面内检测小滑板纵向移动对主轴轴线的平行度，如图11-44所示，其允差值可参见附表13中的第G12项。

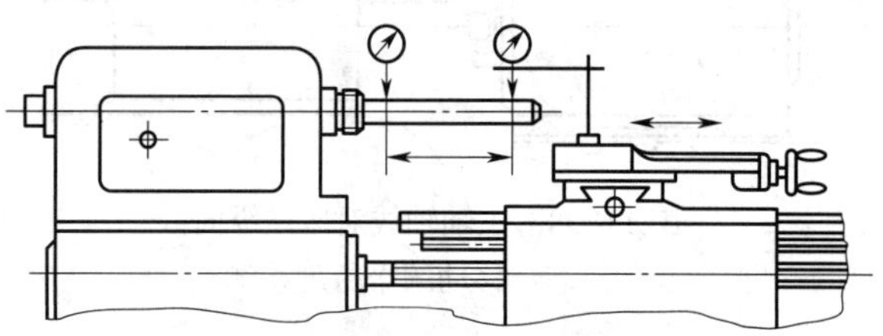

图 11-44　小滑板纵向移动对主轴轴线平行度检测

七、其他部件的安装

（1）安装电动机，调整好两带轮中心平面的位置精度及V带的初拉力。

（2）安装交换齿轮架及其安全防护装置。

（3）完成操纵杆与主轴箱的传动连接系统。

§11-5　卧式车床的试车和验收

车床经大修、总装配后，必须进行试车和验收。试车和验收包括4个方面。

一、静态检查

这是车床进行空运转和切削试验之前的

检查，主要是检查车床各部位是否安全、可靠。以保证试车时不出事故。主要从以下几个方面检查：

（1）用手转动各传动件，应运转灵活。

（2）变速手柄和换向手柄应操纵灵活，定位准确、安全可靠。手轮或手柄转动时，其转动力用拉力器测量，不应超过 80 N。

（3）移动机构的反向空行程量应尽量小，直接传动的丝杠，不得超过回转圆周的 1/30 转；间接传动的丝杠，空行程不得超过 1/20 转。

（4）床鞍、滑板等滑动导轨在行程范围内移动时，应轻重均匀、平稳。

（5）尾座套筒在尾座孔中做全长伸缩，应滑动灵活而无阻滞，手轮转动轻快，锁紧机构灵敏无卡死现象。

（6）开合螺母机构开合准确可靠，无阻滞或过松的感觉。

（7）安全离合器应灵活可靠，在超负荷时，能及时切断运动。

（8）挂轮架交换齿轮间的侧隙适当，固定装置可靠。

（9）各部分的润滑加油孔有明显的标记，清洁畅通。油线清洁，插入深度与松紧适当。

（10）电器装置启动、停止应安全可靠。

二、空运转试验

空运转试验是在无负荷状态下启动车床，检查主轴转速。从最低转速依次提高到最高转速，各级转速的运转时间不少于 5 min，最高转速的运转时间不少于 30 min。同时，对机床的进给机构也要进行低、中、高进给量及纵横快速移动的空运转，并检查润滑油泵输油情况。

车床空运转时应满足以下要求：

（1）在所有转速下，车床的各部位工作机构应运转正常，不应有明显的振动。各操纵机构应平稳、可靠，无异常噪声和异味。

（2）润滑系统正常、畅通、可靠、无泄漏现象。

（3）安全防护装置和保险装置安全可靠。

（4）在主轴轴承达到稳定温度时（即热平衡状态），轴承的温度和温升均不得超过如下规定，即滑动轴承温度 60℃，温升 30℃；滚动轴承温度 70℃，温升 40℃。

三、切削试验

车床空运转试验合格后，将其调至中速（最高转速的 1/2 或高于 1/2 的相邻一级转速）继续运转达到热平衡状态时，则可进行切削试验。

1. 全负荷强度试验

全负荷强度试验的目的，是检验车床主传动系统能否输出设计所允许的最大扭转力矩和功率。试验方法是将尺寸为 ϕ 100 mm × 250 mm 的中碳钢试件，一端用卡盘夹紧，一端用顶尖顶住。用硬质合金 YT5 的 45°标准右车刀进行车削，切削用量为 n=63 r/min、a_p=12 mm、f=0.6 mm/r，强力切削外圆。

试验要求在全负荷下，车床所有机构均应工作正常，动作平稳，不能有振动和噪声。主轴转速不得比空运转时降低 5% 以上。各手柄不得有颤抖和自动换位现象。试验时，允许将摩擦离合器调紧 2 ~ 3 孔，待切削完毕再松开至正常位置。安全防护装置和保险装置必须安全可靠，在超负荷时，能及时切断运动。

2. 精车外圆试验

目的是检验车床在正常工作温度下，主轴轴线与床鞍移动方向是否平行，主轴的旋转精度是否合格。

试验方法是用车床卡盘夹持尺寸为 ϕ 80 mm × 250 mm 的中碳钢试件，不用尾座顶尖，采用高速钢车刀，切削用量取 n=400 r/min，a_p=0.15 mm，f=0.1 mm/r，精车外圆表面。

精车后试件允差：圆度误差不大于

0.01 mm，圆柱度误差不大于 0.01 mm/100 mm，表面粗糙度值不大于 $Ra3.2$ μm。

3. 精车端面试验

精车端面试验应在精车外圆合格后进行，目的是检验车床在正常工作温度下，刀架横向移动对主轴轴线的垂直度和横向导轨的直线度。试件为 ϕ250 mm 的铸铁圆盘，用卡盘夹持；用 YG8 硬质合金 45°右车刀精车端面；切削用量取 n=250 r/min，a_p=0.2 mm，f=0.15 mm/r。

精车端面后试件平面度误差不大于 0.02 mm（只许中凹）。

4. 车槽试验

车槽试验的目的是检验车床主轴系统及刀架系统的抗振性能，检验主轴部件的装配精度、主轴旋转精度、床鞍刀架系统各配合间隙的调整是否合格。

车槽试验的试件为 ϕ80 mm × 150 mm 的中碳钢棒料；用前角 γ_o=8° ~ 10°，后角 α_o=5° ~ 6°的 YT15 硬质合金车槽刀；切削用量为 v_c=40 ~ 70 m/min，f=0.1 ~ 0.2 mm/r，车槽刀宽度为 5 mm。在距卡盘端（1.5 ~ 2）d（d 为工件直径）处车槽，不应有明显振动和振痕。

5. 精车螺纹试验

精车螺纹试验的目的是检验车床上加工螺纹传动系统的准确性。

试验方法是用 ϕ40 mm × 500 mm 的中碳钢试件；高速钢 60° 标准螺纹车刀；切削用量为 n=20 r/min，a_p=0.02 mm，f=6 mm/r；两端用顶尖装夹进行车削。

精车螺纹试验精度要求螺距累计误差应小于 0.025 mm/100 mm、表面粗糙度值不大于 $Ra3.2$ μm，无振动波纹。

四、精度检验

目前，我国卧式车床精度检验标准执行的是 GB/T 4020—1997，它包括几何精度检验和工作精度检验两部分。其中 G1 ~ G15 项为几何精度检验，P1 ~ P3 项为工作精度检验，具体检验方法及允差值参见附表 13。

§11–6 卧式车床的修理

一、卧式车床大修

卧式车床大修的基本内容是将车床全部解体，修理基准件，更换或修理磨损件，精磨、刮削或用其他加工方法修复全部导轨面，全面恢复车床精度要求。车床大修可分为 3 个阶段：

（1）修理前的准备阶段　包括详细了解需要大修车床的精度丧失情况、主要零件的磨损情况、传动系统的精度情况和外观情况等。还要查阅有关技术资料、机床说明书和历次修理记录，充分了解该车床的结构特点，传动系统和设计精度要求，提出预检项目。经预检，确定更换零件和主要零、部件的修复方法，准备修理和修后精度检验的专用工具、检具和量具。

（2）修理装配阶段　首先按照与装配相反的顺序和方法进行设备解体，即以先上后下，先外后里的顺序拆卸零、部件。拆卸后立即对零、部件进行二次预检，以进一步确定更换件并根据更换件和修复件的供、修情况，制定零、部件的修复工艺，并根据图样要求完成其修复工作及部件装配工作。然后按本章第四节讲述的顺序完成卧式车床总装配。

（3）修后验收阶段　修后应对装配调整好的车床按相关精度检验标准进行试车验收，以全面衡量修后精度和工作性能的恢复情况。还应将大修情况的记录和小结与原始资料归档，以备下次修理时参考。

二、主要零、部件的修理工艺

1. 主轴箱主要零、部件的修理

（1）主轴定心轴颈的精度检测与修理　如图 11–45 所示，在主轴后端孔中镶入一个闷头，闷头中心孔内粘一钢球，将主轴的定心轴颈置于 V 形架上，钢球顶在挡铁上以控制主轴轴向移动。用百分表分别检测各轴颈及轴肩的误差情况，若发现某部位精度超差或磨损，可采用镀铬或刷镀的方法修复至要求。

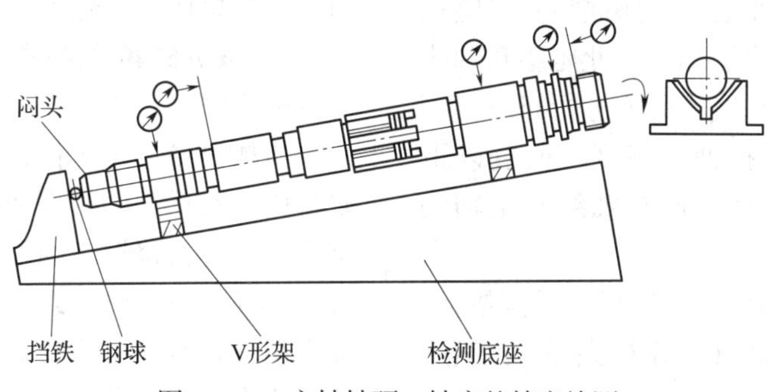

图 11–45　主轴轴颈、轴肩的精度检测

（2）主轴锥孔的精度检测与修理　如图 11–46a 所示，在主轴锥孔中装入一检验棒，用百分表分别在检验棒的两端检测其圆跳动量。若锥孔精度在允差范围内，但锥孔表面有轻微磨损，可用图 11–46b 所示的方法进行研磨修复。若锥孔精度超差较大或锥孔表面磨损严重，应在磨床上精磨锥孔至要求。

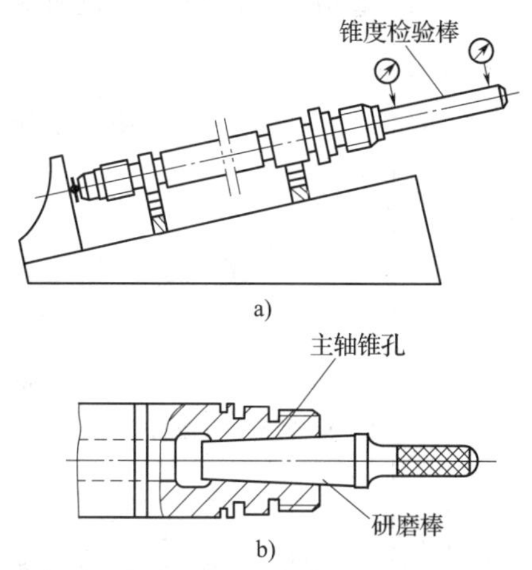

图 11–46　主轴锥孔精度检测及修复
a）锥孔精度检测　b）锥孔修复

（3）片式摩擦离合器的修理与调整　摩擦片属易损件，磨损后，一般需换新件。但摩擦片变形或划伤时，可矫平后磨削修复，修磨后厚度减小，可适当增加片数以保证调节余量。

（4）主轴箱操纵部分修理　操纵部分的拨叉、摆杆等零件断裂或磨损时，一般需更换新件。但装配后应保证动作灵敏，定位准确。

（5）制动装置的修理　由于车床启动、停车频繁，所以制动带容易磨损、断裂，应更换新件，并进行调整，使主轴能迅速停车。

2. 溜板箱的修理

（1）开合螺母副的修理　若开合螺母磨损严重，一般应进行更换。若丝杠局部磨损，可采用掉头修复工艺。

（2）单向超越离合器和安全离合器的修理

1）单向超越离合器的修理　主要是齿

轮孔壁和星状体表面被滚柱挤磨成沟，通常是更换磨损件，装配前应进行清洗，装配后应保证机动进给和快速移动变换时准确可靠。

2）安全离合器的修理　主要是对左、右结合子接触面磨损进行加工修理，修理装配后应调整弹簧压力，使发生过载时起到切断进给运动的保护作用。

3. 尾座的修理

尾座经长期使用后，尾座底板、尾座孔和尾座套筒都会产生磨损，因此尾座孔轴线一般都会低于主轴轴线，必须进行修理。

（1）修复尾座孔轴线高度　通过以下几种方法修复，可使尾座孔轴线与主轴轴线等高。

1）将尾座底板刨去一定尺寸后镶垫板，提高尾座孔轴线高度（留刮研余量），然后经刮削达到精度要求。

2）更换新尾座底板，经刮削后达到精度要求。

3）修刮主轴箱底面，降低主轴轴线高度以达到与尾座孔轴线等高。

（2）尾座孔的修复　对于磨损量小于 0.03 mm 的尾座孔，可用研磨棒研磨修复；磨损量大于 0.05 mm 时，用可调式研磨棒修复；当磨损量为 0.1 mm 左右时，可通过珩磨方法修复。修复后，应按尾座孔的实际尺寸配制尾座套筒，以保证配合间隙要求。

（3）若尾座孔轴线低于主轴轴线，且尾座孔磨损严重，可在本机床主轴卡盘上装刀，镗修尾座孔，然后配制尾座套筒。

三、CA6140 型卧式车床常见故障原因与排除方法

机械设备修理工作，不但要进行定期大修，而且对局部的修理和调整（小修理和中修理）更是机修钳工的重要工作内容。正确分析诊断设备故障产生原因，采取合理的排除方法，是有效排除故障的基础，以恢复和达到规定的精度和工艺要求，尽量减少停机时间。

CA6140 型卧式车床常见故障原因及排除方法见表 11–4。

表 11–4　CA6140 型卧式车床常见故障分析与排除

序号	故障现象	产生故障原因	排除故障方法
1	主轴箱冒烟；主轴轴承温升过高	缺少润滑油；摩擦片过紧发热；润滑位置不当；油量过少；主轴轴承过紧发热	排除润滑系统故障；添加润滑油；适当调松摩擦片和主轴轴承间隙
2	主轴闷车；大吃刀自行停车	摩擦片过松；传动带过松；齿轮未挂上挡	调整摩擦片间隙；张紧或更换带；重新挂上齿轮
3	主轴停车太慢	制动带磨损；调节过松	调紧制动带或更换制动带
4	主轴箱变速位置不准	手柄定位销松退或拨叉磨损、断裂；齿轮错位；拨叉支杆轴向窜动	调紧定位销；更换拨叉；齿轮重新定位；紧定拨叉支杆
5	主轴箱漏油，噪声增大	箱盖不平整；轴承盖密封垫损坏或未压紧；回油孔堵塞；轴承磨损；齿轮啮合精度差	修整箱盖；更换密封垫并压紧；疏通回油孔；更换轴承；修研齿轮

续表

序号	故障现象	产生故障原因	排除故障方法
6	工件加工表面粗糙	主轴径向圆跳动、轴向窜动过大；床鞍及中、小滑板配合间隙过大；进给量过大	调整前轴承间隙；更换轴承，必要时调整后轴承；调整床鞍及中、小滑板配合间隙；减小进给量、刃磨刀具
7	车外圆产生椭圆	主轴径向圆跳动误差大；主轴轴承损坏	减小主轴径向间隙或更换轴承
8	切削工件振动、崩刃	主轴径向圆跳动、轴向窜动大；床鞍及中、小滑板配合间隙大；主轴前轴承外圈松动	调整主轴径向、轴向间隙或配换前轴承；调整床鞍及中、小滑板间隙
9	车外圆产生锥度及圆柱度超差	主轴轴线对床鞍移动的平行度超差；床身导轨局部重度磨损	调整修刮使主轴轴线对床鞍移动的平行度误差符合要求，修磨床身导轨
10	车端面产生中凸；中滑板前后紧、中间松	中滑板横向移动对主轴轴线的垂直度超差；中间使用频繁，磨损大	刮研床鞍导轨校正垂直度；修刮中滑板两端导轨至松紧一致
11	强力切削产生振动	主轴松动；滑板配合间隙大	调整主轴轴承间隙或调整配刮滑板镶条、下压板间隙
12	小滑板进刀不准	丝杠螺母配合间隙大；丝杠弯曲；刻线盘松动	修整丝杠；配换螺母；紧固松动部位
13	中滑板进刀不准	丝杠螺母配合间隙大；丝杠弯曲；刻线盘松动	调整丝杠螺母间隙；校正丝杠；修理刻度盘
14	方刀架定位不准	定位套磨损或定位销卡死	修复或更换定位套、定位销；清洁刀架接触面
15	走刀停顿或无走刀	安全离合器过松；纵横向离合器及轴承损坏；操作不当	适当调紧安全离合器；更换离合器或轴承；手柄调整到位
16	尾座中心过低	尾座底板磨损；尾座套筒磨损	更换底板；降低主轴中心高；底板加垫抬高；修换套筒；配镗尾座套筒孔
17	车螺纹螺距不准	丝杠螺母磨损或配合间隙大；丝杠弯曲；丝杠轴向窜动过大	修复校直丝杠；调整或配换开合螺母；减小丝杠轴向窜动
18	床鞍及滑板移动过紧	缺少润滑油；导轨配合面长期磨损，接触面过大；下压板过紧	加注润滑油；修刮导轨面；调整下压板间隙
说明	1. 序号 15 项目请注意在反向螺纹状态下无走刀 2. 以上故障原因及排除方法均未包括刀具夹持和工件安装中存在的问题		

§11-7 机床的安装

机床安装是按照设备工艺平面布置图及有关安装技术要求，将已到货并经开箱检查合格的外购设备或大修、改造、自制设备，安装在规定的基础上，进行校平、固定，达到安装规范的要求，并通过调试、运转、验收，使之满足生产工艺的要求。

一、机床安装基础

1. 机床安装基础的种类

（1）普通结构的基础　如图 11–47 所示，图 11–47a 所示为专用基础，专门用于某一种型号的机床。如果把凹槽取消，使地脚螺栓外露，则可用于一般中、小型金属切削机床的安装。图 11–47b 所示为通用基础，主要用于机床试验、检验中作临时性安装。

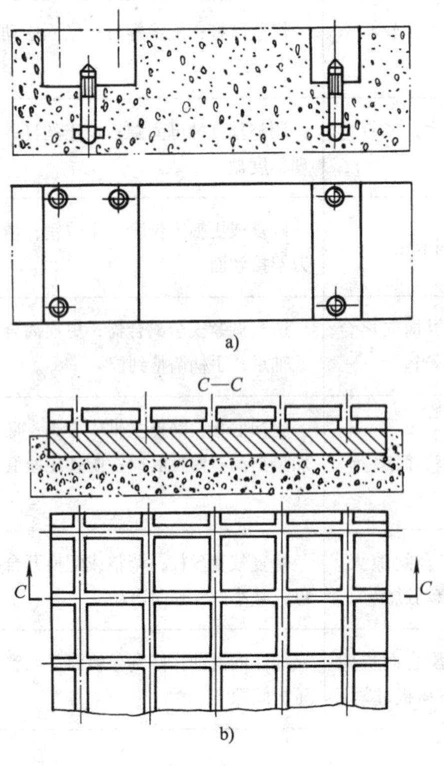

图 11–47　普通结构的基础

（2）防振基础　如图 11–48 所示，在基础周围设有防振层，将外振源隔断。其主要用于精密机床的安装，如高精度数控机床、螺纹磨床、齿轮磨床和坐标镗床等。

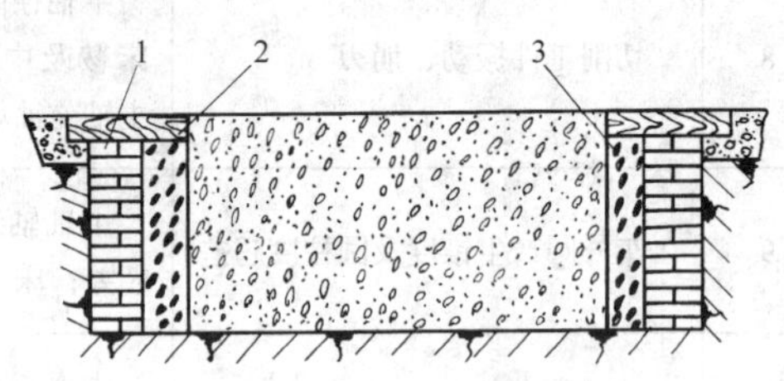

图 11–48　防振基础

1—隔墙　2—木板　3—炉渣等防振材料

2. 对机床安装基础的要求

根据不同情况，机床可安装在混凝土地面上或单独的基础上，但要求符合下列规定：

（1）中、小型机床安装在混凝土地面上的界限及地面的厚度，应按工业建筑设计规范的国家标准规定执行。

（2）大型机床应安装在单独基础或局部加厚的混凝土地面上。

（3）重型机床、精密机床应安装在单独基础上。

（4）机床安装在单独基础上时，基础平面尺寸应不小于机床支承面积的外廓尺寸，应考虑安装、调整和维修时所需要的尺寸。基础厚度按机床说明书要求或根据地基设计规范，按机床质量、土地允许承力、基础自重等进行计算，但一般可参考表 11–5 的参数确定。

二、机床安装的步骤及工作内容

1. 设备的开箱检查

新购设备开箱检查由采购、管理部门组织，安装部门和使用部门参加。进口设备的开箱检查还须有海关代表参加。开箱检查的主要内容如下：

表 11–5　金属切削机床基础的混凝土厚度

m

机床名称	基础厚度
卧式车床	0.3+0.07L
立式车床	0.5+0.15h
铣床	0.2+0.15L
龙门铣床	0.3+0.07L
插床	0.3+0.15h
内圆磨床、外圆磨床、无心磨床、平面磨床	0.3+0.08L
导轨磨床	0.4+0.08L
螺纹磨床、精密外圆磨床、齿轮磨床	0.4+0.10L
摇臂钻床	0.2+0.13h
深孔钻床	0.3+0.05L
卧式镗床、落地镗床	0.3+0.12L
卧式拉床	0.3+0.05L
齿轮加工机床	0.3+0.15L
立式钻床	0.3+0.6
牛头刨床	0.6+1.0

注 1：表中基础厚度指机床底座下（如有垫铁时，指垫铁下）承重部分的厚度，当坑、槽深于基础底面时，仅需局部加深。

注 2：表中 L 为机床外形长度（m），h 为机床外形高度（m）。

（1）检查外观包装情况。

（2）按照装箱单清点零件、部件、工具、附件、备品、说明书和其他技术文件是否齐全，有无缺损。

（3）检查设备有无锈蚀，如有锈蚀应及时处理。

（4）凡未经清洗过的滑动面严禁移动，以防研损；清除防锈油时要用非金属刮具，以防损伤设备。

（5）不需要安装的备品、附件、工具等应妥善保管。

（6）核对设备基础图和电气线路图与设备实际情况是否相符；检查地脚螺栓、垫铁是否符合要求；电源接线口位置及有关参数是否与说明书相符。

（7）检查后做出详细检查记录，对严重锈蚀、破损等情况，最好照相和图示说明以备查询，并作为向有关单位进行交涉、索赔的依据。同时，也列为该设备的原始资料予以归档。

2. 划线定位

按地基图在基础上划出机床中心线，检查各地脚孔中心位置和各平面的标高是否符合图纸要求，以便安装时能正确定位。

3. 吊装机床

吊装前将机床外表面擦净，并在地基上的适当位置安放临时垫铁。按说明书规定的吊装方式将机床吊起，挂上地脚螺栓，其螺纹应露出螺母 5 ~ 6 牙，然后将机床安放到基础上。地脚螺栓与地基上预留孔壁的距离应大于 50 mm，且能自由晃动。然后用临时垫铁粗调机床安装水平。

4. 灌注地脚孔混凝土

所用混凝土要比基础用混凝土高一个标号，石子尺寸要小于 20 mm，灌注时要仔细认真捣实，并检查地脚螺栓，如有歪斜要及时扶正。

5. 安装垫铁

在地脚孔混凝土经养护达到要求强度后，把机床地脚螺母取下后吊离基础。取出临时垫铁，按地基图规定安装垫铁。再把机床吊装到地基上，并初步拧紧地脚螺母。

6. 调整安装水平

调整安装水平的目的是保持机床的稳固性，减少振动，防止变形和避免不合理的磨损，以确保加工精度。设备安装水平和选定找平基准面的位置，应按机床说明书和设备安装验收规范的规定进行。

新机床经调整安装水平后，应进行空运

转试验、负荷试验和精度检验。对试验和检验结果应进行记录和总结，对于无法调整及消除的问题，分析原因后按性质归纳为：设备设计问题、设备制造问题、设备安装质量问题和调整中的技术问题等。总结中，对试运转和精度检验要作出评定结论。然后，办理移交生产部门的手续并注明参加试运转、精度检验的人员和日期。

复习思考题

1. 解释下述金属切削机床型号的含义：
   CM6132，Z3040×16，Z4012，Z5125，M1432A，M7130，X5030B
2. 金属切削机床型号中的通用特性代号与结构特性代号有何区别？
3. 简述CA6140型卧式车床主要组成部分及各部分的功用。
4. 按CA6140型卧式车床传动系统图写出其主运动传动结构式，并计算主轴最高转速和最低转速。
5. 简述CA6140型卧式车床主轴轴承的间隙调整方法。
6. 简述CA6140型卧式车床双向多片式摩擦离合器和钢带式制动器的作用和调整方法。
7. 互锁机构、开合螺母机构、安全离合器的作用是什么？
8. 卧式车床总装配工作的主要内容是什么？
9. 床身与床脚结合后应满足哪些要求？目的是什么？
10. 卧式车床床身的床鞍导轨为什么要求中凸？
11. 床鞍的上导轨为什么要垂直于下导轨？为什么只许上导轨的后端偏向床头（即$\geqslant 90°$）？
12. 主轴箱安装时应满足哪些要求？超差时如何修刮？
13. 尾座套筒锥孔轴线为什么要高于主轴锥孔轴线？
14. 车床静态检查有哪些内容？
15. 车床空运转的目的是什么？其方法和要求如何？
16. 车床负荷试验的目的是什么？包括哪些内容？
17. 车床精度检验包括哪些内容？
18. 设备大修可分哪三个阶段？
19. CA6140型卧式车床的常见故障有哪些？如何排除？
20. 简述机床安装的步骤及工作内容。

第十二章 机械设备的润滑、密封及保养

§12-1 机械设备的润滑

在机械设备中，合理选择润滑剂及润滑装置，对机械装置实行有效润滑，可以降低摩擦副的摩擦阻力、减缓磨损，提高机械设备的使用效率并延长其寿命，同时对摩擦副还能起冷却、防锈、吸振、清洗和防止污染等作用。

一、润滑剂的种类

润滑剂的种类很多，根据润滑剂的来源分为矿物性润滑剂（如机械油）、植物性润滑剂（如蓖麻油）、动物性润滑剂（如牛脂）、合成润滑剂等；根据润滑剂的状态分为润滑油、润滑脂及固体润滑剂。根据用途，国家标准 GB/T 7631.1—2008 将润滑剂、工业用油和有关产品进行了分组，具体见表 12-1。

表 12-1　润滑剂、工业用油和有关产品的分组（摘自 GB/T 7631.1—2008）

序号	分组名称及类别	组别代号	现国家标准
1	润滑剂、工业用油和有关产品（L类）的分类（液压系统）	H	GB/T 7631.2—2003
2	润滑剂和有关产品（L类）的分类（主轴、轴承和有关离合器）	F	GB/T 7631.4—1989
3	润滑剂和有关产品（L类）的分类（金属加工）	M	GB/T 7631.5—1989
4	润滑剂和有关产品（L类）的分类（暂时保护防腐蚀）	R	GB/T 7631.6—1989
5	润滑剂和有关产品（L类）的分类（齿轮）	C	GB/T 7631.7—1995
6	润滑剂和有关产品（L类）的分类（润滑脂）	X	GB/T 7631.8—1990
7	润滑剂工业用油和有关产品（L类）的分类（压缩机）	D	GB/T 7631.9—2014
8	润滑剂工业用油和有关产品（L类）的分类（涡轮机）	T	GB/T 7631.10—2013
9	润滑剂工业用油和有关产品（L类）的分类（导轨）	G	GB/T 7631.11—2014
10	润滑剂工业用油和有关产品（L类）的分类（有机热载体）	Q	GB/T 7631.12—2014
11	润滑剂工业用油和有关产品（L类）的分类（全损耗系统）	A	GB/T 7631.13—2012

续表

序号	分组名称及类别	组别代号	现国家标准
12	润滑剂工业用油和有关产品（L类）的分类（热处理）	U	GB/T 7631.14—1998
13	润滑剂工业用油和有关产品（L类）的分类（绝缘液体）	N	GB/T 7631.15—1998
14	润滑剂工业用油和有关产品（L类）的分类（气动工具）	P	GB/T 7631.16—1999
15	润滑剂、工业用油和有关产品（L类）的分类（内燃机油）	E	GB/T 7631.17—2014
16	润滑剂、工业用油和有关产品（L类）的分类（其他应用）	Y	GB/T 7631.18—2017

二、润滑剂的选用

选用润滑剂时，一般须考虑摩擦副的运动情况、材料、表面粗糙度、工作环境和工作条件，以及润滑剂的性能等多方面因素。润滑剂的主要性能包括：

（1）黏度　润滑剂的黏度可定性地定义为流动阻力，它是润滑油最重要的性能之一。国家标准 GB/T 3141—1994 将工业液体润滑剂在 40℃时的黏度划分为 20 个等级，其参数见表 12-2。

表 12-2　工业液体润滑剂 ISO 的黏度分类（摘自 GB/T 3141—1994）

ISO 黏度等级	中间点运动黏度（40℃）/($mm^2 \cdot s^{-1}$)	运动黏度范围（40℃）/($mm^2 \cdot s^{-1}$)		ISO 黏度等级	中间点运动黏度（40℃）/($mm^2 \cdot s^{-1}$)	运动黏度范围（40℃）/($mm^2 \cdot s^{-1}$)	
		最小	最大			最小	最大
2	2.2	1.98	2.42	100	100	90.0	110
3	3.2	2.88	3.52	150	150	135	165
5	4.6	4.14	5.06	220	220	198	242
7	6.8	6.12	7.48	320	320	288	352
10	10	9.00	11.0	460	460	414	506
15	15	13.5	16.5	680	680	612	748
22	22	19.8	24.2	1 000	1 000	900	1 100
32	32	28.8	35.2	1 500	1 500	1 350	1 650
46	46	41.4	50.6	2 200	2 200	1 980	2 420
68	68	61.2	74.8	3 200	3 200	2 880	3 520

（2）油性　油性是指润滑油中极性分子与金属表面吸附形成一层边界油膜，以减小摩擦和磨损的性能，油性越好，油膜与金属表面的吸附能力就越强。

（3）极压性　极压性能是润滑油中加入硫、氯、磷的有机极性化合物后，油中极性分子在金属表面生成抗磨、耐高压的化学反应边界膜的性能。

（4）闪点　当油在标准仪器中加热所蒸发出的油气，一遇到火焰即能发出闪光时的最低温度，称为油的闪点。

（5）凝点　润滑油在规定的条件下，不能再自由流动时所达到的最高温度。

（6）氧化稳定性　氧化稳定性主要是指

润滑剂在长期储存或长期高温下使用时，抵抗热和空中氧的氧化作用的能力。

三、机械设备常用的润滑方式及装置

在机械设备中，因结构和润滑的要求不同，其润滑的方式也有所不同。按操作方法分为手工润滑和自动润滑；按输入方法分为集中润滑和分散润滑；按压力分为压力润滑和无压润滑；按输入状态分为连续润滑和间歇润滑等。生产中应根据实际情况灵活选用。常用的润滑装置有：

（1）手工给油装置　如图 12–1 所示，由操作工使用油壶或油枪向润滑点的油孔、油嘴及油杯加油称为手工给油润滑，主要用于低速、轻载和间歇工作的滑动面、开式齿轮、链条以及其他单个摩擦副。加油量依靠工人感觉与经验加以控制。

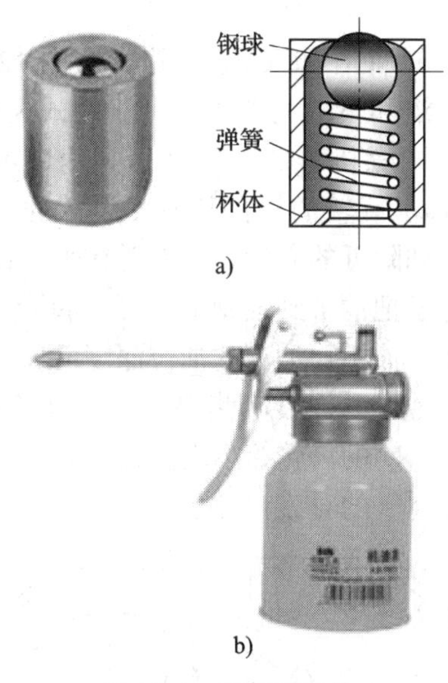

图 12–1　油杯和油枪

a）油杯　b）油枪

（2）滴油润滑装置　滴油润滑主要使用油杯向润滑点供油。常用的油杯有：针阀式注油杯、压力作用滴油油杯等。油杯多用铝或铝合金等轻金属制成骨架，杯壁的检查孔多用透明的塑料或玻璃制造，以便观察其内部油位。

1）针阀式注油杯　如图 12–2 所示，这种注油杯的滴油量受针阀的控制，油杯中油位的高低可直接影响通过针阀环形间隙的滴油量。

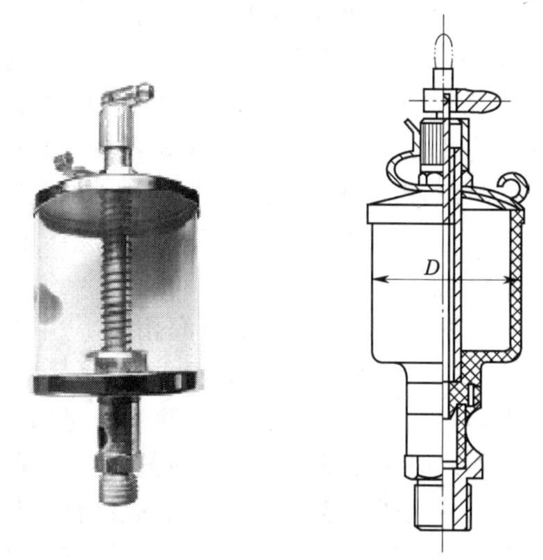

图 12–2　针阀式注油杯

2）压力作用滴油油杯　这种油杯的底面有一个针阀，其阀杆通过油杯上的操作缸伸出外部连接调节螺母。阀的起闭由压缩机的排气通过弹簧压着的活塞加以控制，并可用阀杆上的螺母来调节油杯的滴油量。

3）跳针式润滑油杯　这种润滑油杯一般直接装在摩擦副上，通过摩擦副轻微的垂直振动产生泵送的作用，使油沿着跳针下降而润滑摩擦副。

4）热膨胀油杯　这种油杯由摩擦副的温度变化来控制。摩擦副中的温度变化通过油杯的金属管传到油杯的上腔使其中的空气膨胀或收缩。当空气膨胀时，油杯上面空腔内的气压增大，强迫少量润滑油流出油杯送入摩擦副；而在空气收缩时，油流即停止，如是连续不断地动作。这种油杯不能应用在某些要求先加油，然后启动摩擦副的场合。

5）连续压注油杯　这种连续压注油杯由于其下面储油器能保持着不变的油压，所以能保证自动均匀地供油。

6）均匀滴油油杯　润滑油从上面储油器经过连在浮飘上的阀，补充到下面的储油器，送往摩擦副的油量靠针阀来调节。

7）活塞式滴油油杯　它的滴油量可通过杯上的杠杆机构来调节。

（3）油绳和油垫润滑　油绳和油垫润滑方法是将油绳、毡垫等浸在润滑油中，利用虹吸管和毛细管作用吸油。所使用油的黏度应低些。油绳和油垫等具有一定过滤作用，可保持油的清洁。

如图 12–3 所示，油绳润滑可应用弹簧盖油杯，油绳的吸油端浸在油中，另一端则通过送油管向下悬垂而滴油，对润滑点供油，但油绳不能和所润滑的表面接触。也可以在机件上铸出边缘，形成油池，把发送管及油绳接到润滑点上。油杯或油池的油位应保持在机件全高的 3/4 以上，以保证吸油量。滴油端应低于杯底 50 mm 以上。

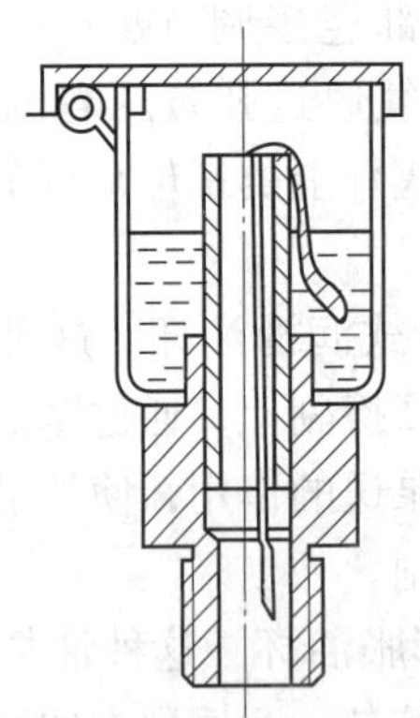

图 12–3　油绳弹簧盖油杯

油垫润滑一般应用于加油有困难或不易接近的轴承，但所润滑的表面的速度不宜过高。油垫从专用的储油槽中吸进润滑油供给与它相接触的轴颈。油垫主要用粗毛毡制造，使用时应定期清洗并加以烘干，然后重新装配使用。

（4）油环或油链润滑　油环或油链润滑只能用于水平安装的轴，如图 12–4 所示，在轴上挂一油环，环的下部浸在油池内，利用轴转动时的摩擦力，带动油环旋转，将润滑油带到轴颈上，再从轴颈的表面流散到各润滑点。需要注意转轴应无冲击振动，转速不宜过高。

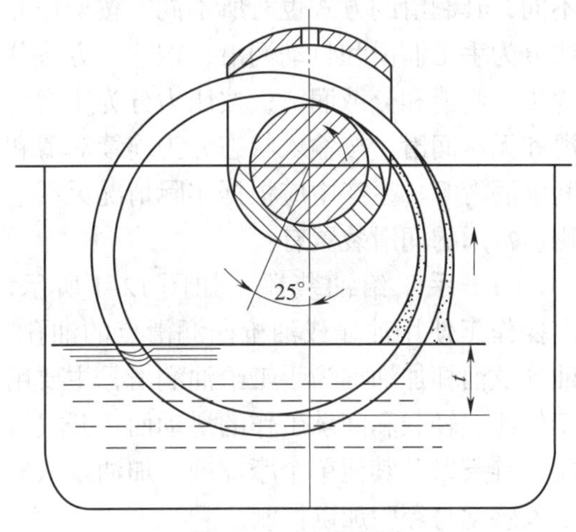

图 12–4　油环润滑

（5）油浴和飞溅润滑　如图 12–5 所示，油浴和飞溅润滑主要用于闭式齿轮箱、链条和内燃机等。一般利用高速（不高于 12.5 m/s）旋转的机件从专门设计的油池中将油带到附近的润滑点。有时在轴上设置带油的轮子把油带到轴颈上。飞溅润滑所用油池应装设油标，油池的油位深度应保持最低齿轮被淹没 2 ~ 3 个齿高。为了便于散热，最好在密闭的齿轮箱上设置通风孔以加强箱内、外空气的对流。

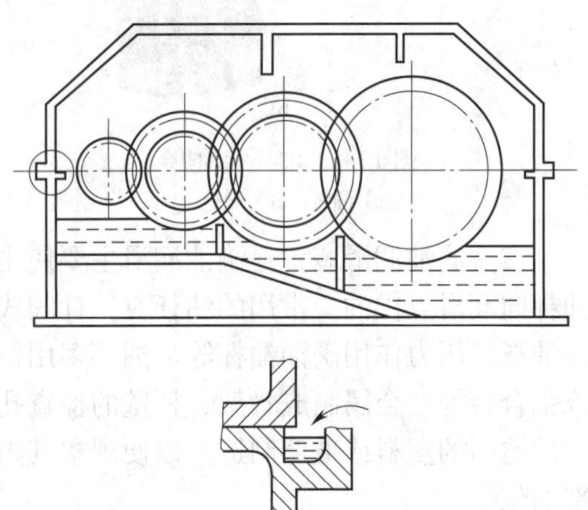

图 12–5　飞溅润滑

（6）压力强制润滑　如图 12–6 所示，压力强制润滑是在设备内部设置小型润滑泵通过传动机件或电动机带动，从油池中将润滑油供送到润滑点。供油是间歇的，它既可用作单独润滑，也可将几个泵组合在一起润滑。强制润滑时，润滑油随设备的开、停而自动送、停。油的流量由柱塞行程来调整，由每秒几滴至几分钟 1 滴。油压范围为 0.1 ~ 4 MPa。为保持润滑油的清洁，油池应有一定深度，以防止吸入油池中的沉淀物。

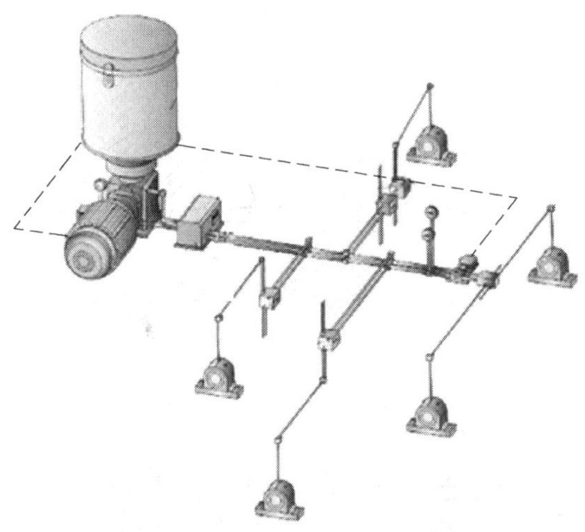

图 12–6　压力强制集中润滑原理示意图

（7）喷油润滑　喷油润滑是指将润滑油与一定压力的压缩空气在喷射阀混合后喷射向润滑点的润滑方式。对齿轮的润滑要求为在直接压力下把润滑油从轮齿的啮入方向送到啮合的齿隙中以进行润滑。对双向转动的齿轮，则需在齿轮的两面均安装喷油孔管。在蜗轮传动中，喷油应从蜗杆的螺旋开始与蜗轮啮合的一面喷射。

（8）润滑脂润滑装置

1）图 12–7 所示为旋盖润滑脂杯，用于压力不高而分散间歇供脂的地方。这种脂杯的结构不能均匀可靠地供脂，仅在旋转杯盖时，才能间歇地送脂。当机械正常运转时，每隔 4 小时将脂杯盖回转 1/4 转即可。这种脂杯应用在滚动轴承上时，其速度不应超过 4 m/s。

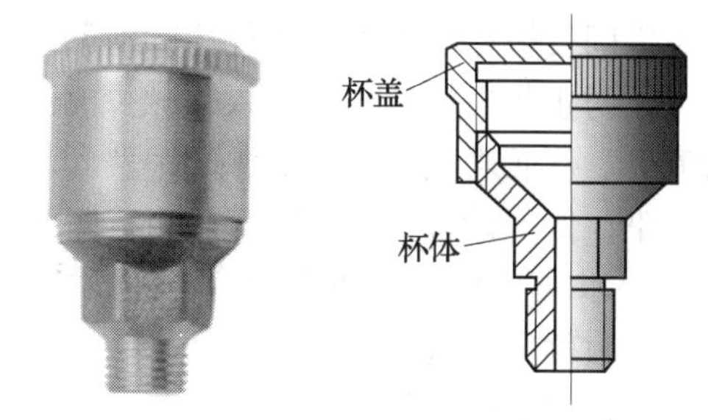

图 12–7　旋盖润滑脂杯

2）图 12–8 所示为连续压注脂杯，利用弹簧压在装有油封或塑料碗的活塞上挤出润滑脂供给摩擦副。如活塞已落到最下的位置，就表明脂已用完，等待补充。如果停止供脂，可利用手柄拉出活塞并略加回转，将活塞锁在顶部。当补充脂时，须从脂杯座上旋下套筒。这种脂杯的缺点是加脂麻烦。

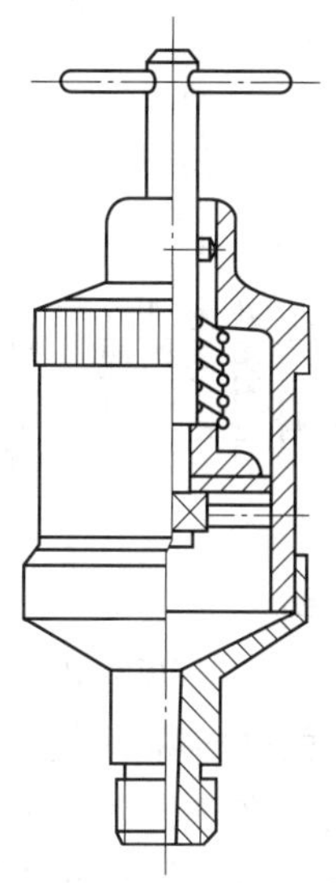

图 12–8　连续压注脂杯

§12-2 机械装置的密封

机械装置的密封是指采用适当措施以阻挡零件间接触处出现液体或气体的泄漏。密封可以防止灰尘、杂质的侵入，减少润滑剂的流失。从而避免资源、能源的浪费和环境的污染，保持设备安全、稳定运行。对于有压力要求或易燃、有毒及放射性物质的场合，密封就更加重要。

一、密封的类型

密封的类型很多，根据密封的结构、密封机理、密封件外形和材料等，密封的分类如下。

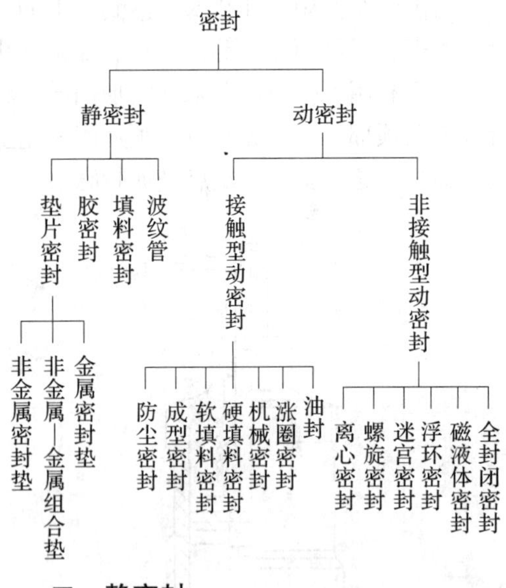

二、静密封

在工作状态下，两零件间无相对运动，其结合面之间的密封称静密封，静密封常用的有垫片密封、胶密封和填料密封三大类。根据工作压力，静密封又可分为中低压静密封和高压静密封。中低压静密封常用材质较软、较宽的垫片密封，高压静密封则用材质较硬、接触宽度很窄的金属垫片密封，如图 12–9 所示。

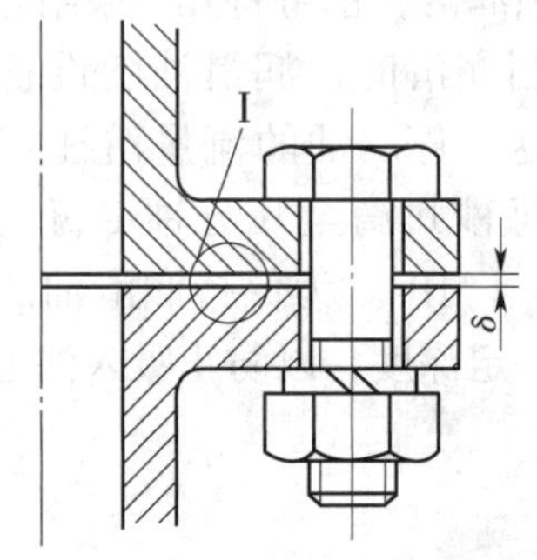

I 放大

a)　　b)

c)　　d)

图 12–9　静密封

a）金属垫片密封　b）非金属垫片密封
c）密封胶密封　d）O 形圈填料密封

静密封的主要类型、特点及应用见表 12–3。

三、动密封

在工作状态下，两零件间有相对运动的结合面之间的密封，称为动密封。动密封可以分为旋转运动密封和往复移动密封两种基本类型。按密封件与其相对运动的零部件是否接触，可以分为接触式密封和非接触式密封；按密封件的接触位置又可分为圆周（径向）密封和端面（轴向）密封。

表 12-3　静密封的类型、特点及应用

类型	特点及应用
金属垫片密封	采用纯铜、铝、铅、低碳钢、不锈钢及合金钢等制成的各种类型的垫片，垫于结合面中进行密封。常用于高温、高压的场合
非金属垫片密封	采用天然橡胶、纸板、牛皮、聚四氟乙烯及其合成品制成的各种垫片，垫于结合面中间进行密封。适用于常温及中、低压场合
密封胶密封	这类密封直接采用成品密封胶进行密封。使用时，把它们涂敷在设备的各种静结合面上。它们可以用于形状复杂或材料不同的结合面
波纹管密封	波纹管密封是一种机械轴向端面密封形式，与其他形式的密封（如压盖软填料密封）相比，具有泄漏量低、摩擦磨损小、使用寿命长、工作可靠、不需日常维护等一系列优点。因此在现代工业生产中得到了广泛的应用，特别是泵、阀设备中应用更加普遍。此外，在许多高压、高温、高速、易燃、易爆和腐蚀性介质等工况下也取得了较好的使用效果

1. 接触式密封

一般来说，接触式密封的密封性好，但受摩擦磨损限制，适用于密封面线速度较低的场合。在机械设备中常用的形式有：

（1）填料密封　如图 12-10 所示，这种密封装置结构简单，但因摩擦和磨损较大，高速时不能应用，主要应用于工作环境比较清洁的场合下密封润滑脂。密封处的线速度不应超过 4 m/s，工作温度不得超过 90℃。

（2）油封密封　如图 12-11 所示，油封通常用耐油橡胶制成，借助本身的弹性和弹簧使之压紧在轴上，可以密封润滑脂或润滑油。密封处的线速度不应超过 7 m/s，工作温度为 -40 ~ 100℃。安装时应注意密封唇的方向，也可以同时用两只密封圈以提高密封效果。

（3）机械密封　机械密封又称端面密封。如图 12-12 所示，动环与轴一起转动，静环固定在机座端盖上，动环与静环端面在弹簧的弹力作用下互相贴紧，起到很好的密封作用。这种密封多用于工作环境恶劣的场合。

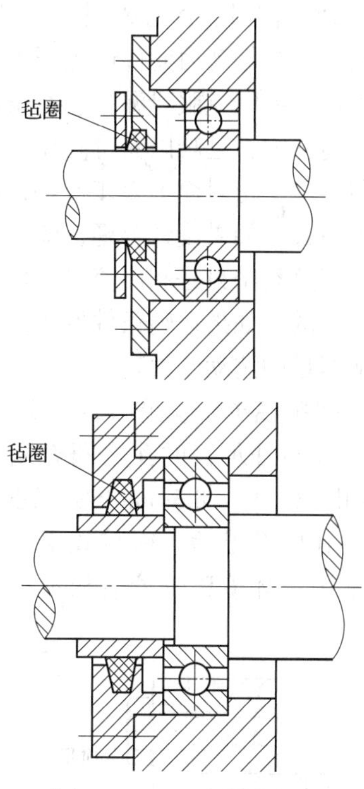

图 12-10　毛毡填料密封

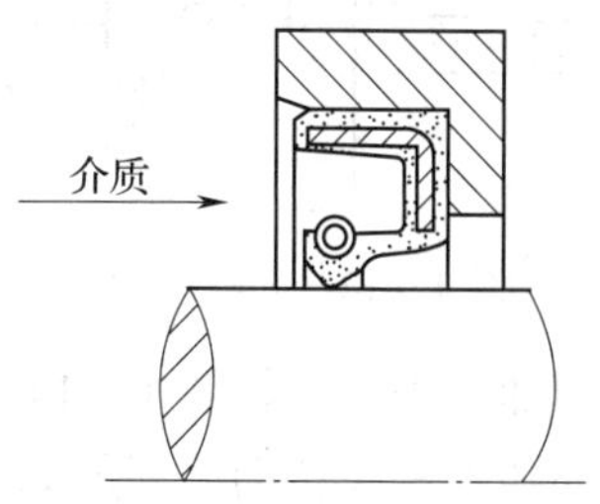

图 12-11　密封圈密封

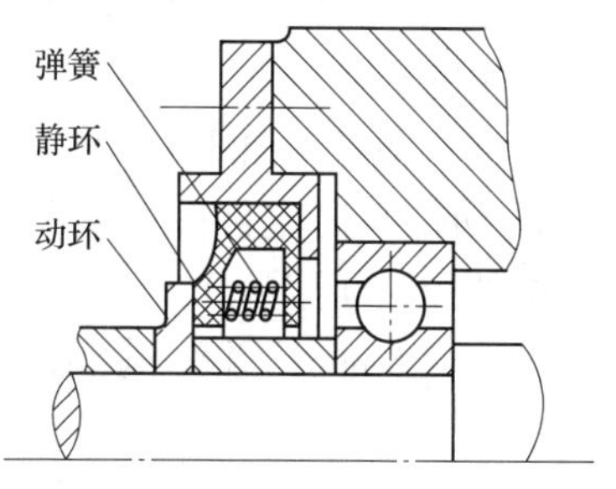

图 12-12　机械密封

2. 非接触式密封

非接触式密封有迷宫密封和动力密封等。前者是利用流体在间隙内的节流效应限漏，泄漏量较大，通常用在密封性要求不高的场合。动力密封有离心密封、浮环密封、螺旋密封等，是靠动力元件产生压力抵消密封两侧的压力差以克服泄漏，它有很高的密封性，但能耗大，且难以获得高压力。非接触式密封，由于密封面不直接接触，功率消耗小，寿命长，如果设计合理，泄漏量也不会太大。但这类密封是利用流体力学的平衡状态而工作的，如果运转条件发生变化，就会引起泄漏量的波动变大。

（1）间隙密封　如图 12–13 所示，这种密封靠轴与轴承盖的孔之间充满润滑脂的微小间隙（0.1 ~ 0.3 mm）实现密封。在轴承盖的孔中开槽后，密封效果更好。这种装置常用于环境比较清洁和不很潮湿的场合。

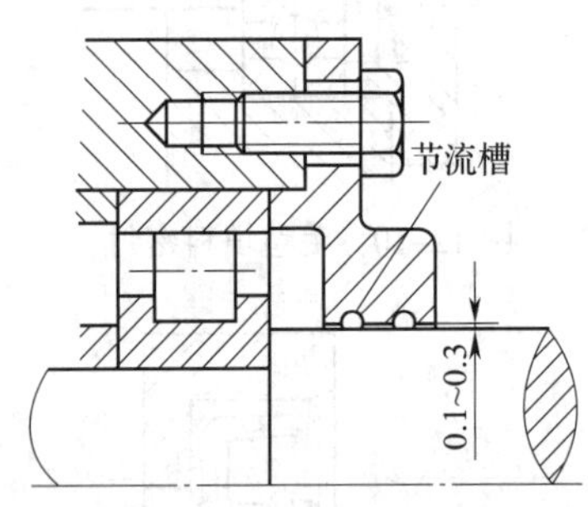

图 12–13　间隙密封

（2）挡油环密封　如图 12–14 所示，工作时挡油环随轴一起转动，利用离心力甩去落在挡油环上的油和杂质，起到密封作用。挡油环常用于减速器内的齿轮用油润滑、轴承用脂润滑时的密封。

（3）迷宫式密封　如图 12–15 所示，这种密封由转动件与固定件间曲折的窄缝形成，窄缝中的径向间隙为 0.2 ~ 0.5 mm，轴向间隙为 1 ~ 2.5 mm，并注满润滑脂。工作时轴的线速度越高，其密封效果越好。多用于多尘、潮湿和轴表面线速度小于 30 mm/s 的场合。

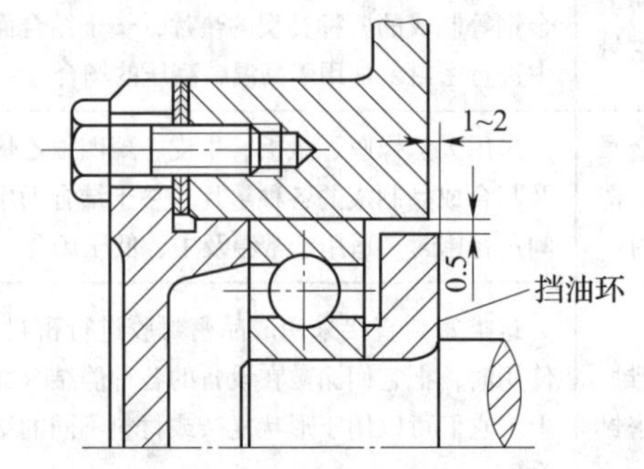

图 12–14　挡油环密封

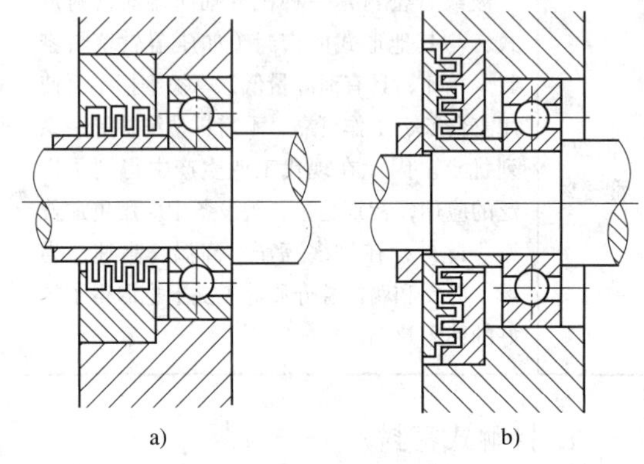

图 12–15　迷宫式密封

a）径向迷宫式密封　b）轴向迷宫式密封

3. 组合密封

在一些重要的密封部位通常可采用几种密封形式组合使用。图 12–16 所示为毡圈密封与迷宫式密封的组合方式，可提高密封效果。

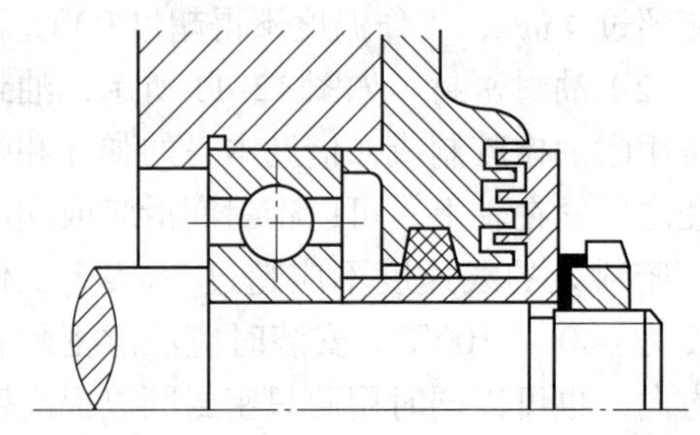

图 12–16　组合密封

知识拓展

密封材料的性能要求

密封材料的性能是保证有效密封的重要因素，选择密封材料，主要是根据密封元件的工作环境，如使用温度、工作压力、所使用的工作介质以及运动方式等。对密封材料的基本要求如下：

（1）具有一定的力学性能，如拉伸强度、伸长率等。

（2）弹性和硬度适当，压缩永久变形小。

（3）耐高温和低温，高温下不分解、软化，低温下不硬化。

（4）与工作介质相适应，不产生溶胀、分解、硬化等。

（5）耐氧性和耐老化性好，经久耐用。

（6）耐磨损，不腐蚀金属。

（7）易于成形加工，价格低廉。

§12–3 机械设备的保养

做好设备的维护保养，是延长设备使用寿命，减少设备故障，使设备长期保持良好的性能和精度，充分发挥设备效能的重要基础。因此，按设备安全操作规程用好设备，按保养规程做好设备保养，是每个操作人员、维修人员的重要职责。一般工厂设备保养采用的是“三级保养”体系，即日常（例行）保养、一级保养和二级保养。

一、日常保养

日常保养又称例行保养。其主要内容是：进行清洁、润滑、紧固易松动的零件，检查零件、部件的完整。这类保养的项目和部位较少，大多数在设备外部。日常保养由操作工人承担。

二、一级保养

一级保养的主要内容是：普遍地进行拧紧、清洁、润滑、紧固，还要部分地进行调整。一般不进行拆卸解体，以疏通油路、清洗各油孔、毡垫，去除活动面毛刺，调整间隙为主，达到脱黄袍、清内脏，漆见本色铁见光，油路通、油窗亮，操作灵活，运转安全、正常的要求。一级保养由设备使用单位按照要求编制实施计划并组织实施。一般根据设备使用情况 1 ~ 3 个月保养 1 次，以操作人员为主、维修人员为辅。

三、二级保养

1. 二级保养的基本要求

（1）除执行一级保养内容外，根据设备情况进行部分或全部零、部件拆卸，检查和保养。

（2）对已破坏的精度，应按完好标准或根据生产工艺要求进行修复。

（3）根据实际情况，更换或修复磨损零件，并给下次二级保养或大修提出备品配件并测绘易损件图纸。

（4）按油质情况，彻底清洗油箱，换油，换水。

（5）对电器箱、配电盘及操作控制部位等进行全面检修、清扫和整理，达到整洁、灵敏、安全、可靠。

二级保养计划由设备主管部门按照规范编制，一般6 ~ 12个月为一周期。二级保养由维修人员负责，生产操作人员配合。

2. 二级保养的主要内容

（1）擦洗设备外观各部位　外观无黄袍、无油垢、物见本色，外观件齐全、无破损。工作台、导轨、丝杠无黑油及锈蚀现象。

（2）调整精度　调整床身、工作台及主轴精度，调整机床水平，达到满足工艺要求。并填写记录登记、存档。

（3）检查清洗各部箱体　各箱内清洁，无积垢杂物。更换磨损件，提出下次修理备件。

（4）检查设备润滑情况　清洁润滑油箱，更换润滑油。清洗液压系统各部件，更换液压油。修复、更换破损油管及过滤网。

（5）检查电器各部是否达到要求

1）电器箱内外清洁，无灰尘、杂物，箱门无破损。

2）电器元件紧固好，线路整齐，线号清晰齐全。

3）管子无脱落、断裂、油垢，防水弯头齐全。

4）电动机清洁，无油垢、灰尘，更换轴承润滑油，风扇、外罩齐全。

5）更换修理损坏的电器元件。

6）各限位开关、连锁装置齐全、可靠。

7）指示仪表、信号灯齐全、准确。

8）电器装置绝缘良好、接地可靠。

设备二级保养的内容一般由企业根据设备的类型自行制定。常用通用设备的二级保养内容参见表12–4至表12–7。

表12–4　　普通车床二级保养的内容

序号	部位	保养内容
1	三箱	检查主轴箱、进给箱、溜板箱各齿轮轴、离合器、轴承是否有磨损，根据情况进行修复或更换
2	调整精度	检查调整精度（视情况进行刮削），机床精度应能满足工艺要求和稳定批量生产加工质量
3	润滑	检查清洗各润滑装置，视完好情况补齐缺件并疏通油路；视情况更换油；清洗冷却箱，更换切削液，处理渗漏现象
4	导轨、尾座	修研导轨、尾座套筒的毛刺、拉痕；清洗检查床鞍、中滑板、小滑板及刀架，视情况修理调整
5	电器系统	检查电器元件触点烧蚀、导线连接、老化情况，视情况修磨、紧固、更换；清除电动机内灰尘，调整带，清洗电动机轴承并加油；检测电器系统绝缘值（$\geq 4\ \text{M}\Omega$）及接地（$\leq 4\ \Omega$）
6	安全试车	配齐各项安全防护装置，调整并达到灵敏可靠，试车正常

表 12–5 普通铣床二级保养的内容

序号	部位	保养内容
1	变速箱	清洗变速箱各齿轮、轴承、轴，视情况进行修复或更换，提出备品配件
2	进给箱	拆下进给箱，清洗检查各齿轮轴是否磨损，视情况修理调整或更换损坏件，提出备品配件
3	工作台及导轨	拆卸工作台，检查并疏通油管，修研各导轨面毛刺，调整镶条间隙，检查丝杠、螺母磨损情况，修整手柄、手轮、结合子、弹簧等，提出备品配件
4	润滑冷却	清洗油泵、过滤装置，检查疏通油路，清洗箱体并换油；清洗冷却箱，更换切削液，处理渗漏现象
5	电器系统	检查电器元件触点烧蚀、导线连接、老化情况，视情况修磨、紧固、更换；清除电动机内灰尘，调整带，清洗电动机轴承并加油；检测电器系统绝缘值（≥ 4 MΩ）及接地（≤ 4 Ω）
6	安全试车	配齐各项安全防护装置，调整并达到灵敏可靠，试车正常

表 12–6 万能外圆磨床二级保养的内容

序号	部位	保养内容
1	主轴	检查调整主轴轴瓦间隙，达到规定要求
2	磨头内圆磨具	检查润滑情况、运转情况，检查清洗内圆磨具，视情况更换轴承
3	液压润滑系统	清洗机床油池并换油；清洗油泵、滤油装置、控制阀，按需要调整；检查各润滑点的润滑情况，必要时调整
4	导轨、工作台	拆卸工作台，清洗活塞；修研导轨毛刺及工作台面伤痕；检查疏通油路
5	电器系统	检查电器元件触点烧蚀、导线连接、老化情况，视情况修磨、紧固、更换；清除电动机内灰尘，调整带，清洗电动机轴承并加油；检测电器系统绝缘值（≥ 4 MΩ）及接地（≤ 4 Ω）
6	安全试车	配齐各项安全防护装置，调整并达到灵敏可靠，试车正常

备注：磨头主轴如果是静压轴承结构，应对静压轴承供油系统的油泵、溢流阀、压力继电器等进行检查，管路清洁畅通，油箱清洗、油质符合要求，压力表灵敏可靠（安装油管时应先将油管一端放在供油箱内，另一端灌油 1 ~ 2 次后，再接在磨头上）。

表 12–7 立式钻床二级保养的内容

序号	部位	保养内容
1	外观	对机床外观及死角进行擦洗，清理
2	传动系统	检查各齿轮箱齿轮、轴承、摩擦片等的啮合磨损情况，视情况修复、调整或更换；清洗箱体，更换润滑油
3	立柱、工作台	修研毛刺、拉痕

续表

序号	部位	保养内容
4	冷却装置	清洗冷却箱，更换切削液；清洗冷却泵及过滤装置，消除泄漏现象
5	电器系统	检查电器元件触点烧蚀、导线连接、老化情况，视情况修磨、紧固、更换；清除电动机内灰尘，调整带，清洗电动机轴承并加油；检测电器系统绝缘值（≥ 4 MΩ）及接地（≤ 4 Ω）
6	安全试车	配齐各项安全防护装置，调整并达到灵敏可靠，试车正常

§12-4 数控机床的维护与保养

数控机床是一种综合应用了计算机技术、自动控制技术、自动检测技术和精密机械设计和制造等先进技术的高新技术产物，是机、电、液、气集于一身，技术密集度及自动化程度很高的典型机电一体化产品。因此，要求维护维修人员不仅要有机械、加工工艺以及液压气动方面的知识，还要具备电子计算机、自动控制、驱动及测量技术等知识，这样才能更好地做好维护和保养工作。

一、选择合适的使用环境

数控机床的使用环境（如温度、湿度、振动、电源电压、频率及干扰等）会影响机床的正常运转，所以在安装时应严格符合机床说明书规定的安装条件和要求。在经济条件许可的条件下，应与普通机械加工设备隔离安装，以便于维修与保养。

二、机械结构的维护与保养

数控机床是集机、电、液、气为一体的自动化机床，经各部分的执行功能最后共同完成机械执行机构的移动、转动、夹紧、松开、变速和换刀等各种动作，可见做好数控机床的机械执行机构的维护与保养将直接影响机床性能。数控机床机械结构的维护与保养主要包括对机床本体、主轴部件、滚珠丝杠螺母副、导轨副等的维护与保养。

1. 主轴

在数控机床中，主轴是最关键的部件，对机床的加工精度起着决定性作用。它的回转精度影响到工件的加工精度，功率大小和回转速度影响到加工效率。主轴部件机械结构的维护主要包括主轴支撑、传动、润滑等。

（1）定期检查主轴支承轴承　轴承预紧力不够，或预紧螺钉松动，游隙过大，会使主轴产生轴向窜动，应及时调整；轴承拉毛或损坏应及时更换。

（2）定期检查主轴润滑恒温油箱　及时清洗过滤器，更换润滑油等，保证主轴有良好的润滑。

（3）定期检查齿轮副　若有严重损坏，或齿轮啮合间隙过大，应及时更换齿轮和调整啮合间隙。

（4）定期检查主轴驱动带　应及时调整带的松紧程度或更换带。

2. 滚珠丝杠螺母副

滚珠丝杠传动具有传动效率高、传动精

度高、运动平稳、寿命长以及可预紧消隙等优点，因此在数控机床中应用广泛。其维护与保养包括以下几个方面：

（1）定期检查滚珠丝杠螺母副的轴向间隙　一般情况下可以用控制系统自动补偿来消除间隙；当间隙过大时，可以通过调整滚珠丝杠螺母副来保证，数控机床滚珠丝杠螺母副多数采用双螺母结构，可以通过双螺母预紧消除间隙。

（2）定期检查滚珠丝杠螺母副的润滑　滚珠丝杠螺母副所使用的润滑剂可以分为润滑脂和润滑油两种。润滑脂每半年更换一次，清洗丝杠上的旧润滑脂，涂上新的润滑脂；用润滑油的滚珠丝杠螺母副，可在每次机床工作前加油一次。

（3）定期检查支承轴承　定期检查丝杠支承轴承与机床连接是否有松动，以及支承轴承是否损坏等，要及时紧固松动部位或更换轴承。

（4）定期检查伺服电动机与滚珠丝杠之间的连接　伺服电动机与滚珠丝杠之间的连接必须保证无间隙。

3. 导轨副

导轨副是数控机床的重要的执行部件，常见的有滑动导轨和滚动导轨。导轨副的维护一般是不定期的，主要内容包括：

（1）间隙检查　检查各导轨上镶条、压紧滚轮，保证导轨面之间有合理的间隙，根据机床说明书调整松紧状态。

（2）导轨副的润滑　导轨面上进行润滑后，可以降低摩擦，减少磨损，并且可以防止导轨生锈。根据导轨润滑状况及时调整导轨润滑油量，保证润滑油压力，保证导轨润滑良好。

（3）检查导轨防护罩　防止切屑、磨粒或冷却液散落在导轨面上引起的磨损、擦伤和锈蚀。发现防护罩破损应及时维修和更换。

三、液压传动系统的维护与保养

液压传动系统在数控机床的机械控制和系统调整中占有非常重要的地位，如液压卡盘、主轴箱齿轮的换挡、主轴轴承的润滑、机床尾座夹紧等。只有对其进行有效的维护与保养才能保证数控机床的正常工作。液压传动系统维护要点如下：

（1）保持液压油清洁　液压油污染不仅是引起液压系统故障的主要因素，而且还会加速液压元件的磨损，所以控制液压油污染，是保证数控机床正常工作的基础。

（2）严格执行点检制度　由于液压系统故障存在隐蔽性、可变性和难以判断性，因此，应对液压系统做好点检工作，并加强点检记录。液压系统点检包括以下内容：

1）油箱内油标是否在油标刻度范围内；油液的温度是否在允许的范围内。

2）各液压阀、液压缸和管接头处是否有泄漏；液压系统各测压点压力是否在规定范围内，压力是否稳定。

3）液压泵或液压电动机运转是否有异常现象；液压缸移动是否正常平稳；液压系统手动或自动工作循环是否有异常现象；电器控制或撞块控制的换向阀工作是否灵活可靠。

4）定期检查清洗油箱和管道；定期检查清洗或更换滤芯；定期检查清洗或更换液压元件。

5）定期检查更换密封件；定期检查和紧固重要部位的螺钉、螺母、接头和法兰；定期检查行程开关或限位挡块位置是否松动。

6）定期检查冷却器、加热器以及蓄能器的工作性能。

四、气动系统的维护与保养

1. 保证供给洁净的压缩空气

压缩空气中通常都含有水分、油液和粉尘等杂质。水分会使管道、阀和气缸腐蚀；油液会使橡胶、塑料和密封材料变质；粉尘会造成阀体动作失灵。选用合适的过滤器可以清除压缩空气中的杂质，使用过滤器时应及时排除和清理积存的液体，否则，当积存液体接近挡水板时，气流仍可将积存物卷起。

2. 保证空气中含有适量的润滑油

大多数气动执行元件和控制元件都要求有适度的润滑。润滑的方法一般采用油雾器进行喷雾润滑，油雾器一般安装在过滤器和减压阀之后。油雾器的供油量一般不宜过多，通常每 10 m^3 的自由空气供 1 mL 的油量（即 40 ~ 50 滴油）。

3. 保持气动系统的密封性

漏气不仅增加了能量的消耗，也会导致供气压力的下降，甚至造成气动元件工作失常。严重的漏气在气动系统停止运行时，由漏气引起的噪声很容易发现；轻微的漏气则利用仪表，或用涂抹肥皂水的办法进行检查。

4. 保证气动元件中运动零件的灵敏性

从空气压缩机排出的压缩空气，包含有粒度为 0.01 ~ 0.08 μm 的压缩机油微粒，在排气温度为 120 ~ 220℃的高温下，这些油粒会迅速氧化，氧化后油粒颜色变深，黏性增大，并逐步由液态固化成油泥。这种微米级以下的颗粒，一般过滤器无法滤除。当它们进入到换向阀后便附着在阀芯上，使阀的灵敏度逐步降低，甚至出现动作失灵。为了清除油泥，保证灵敏度，可在气动系统的过滤器之后，安装油雾分离器，将油泥分离出。此外，定期清洗液压阀也可以保证阀的灵敏度。

5. 保证气动装置具有合适的工作压力和运动速度

调节工作压力时，压力表应工作可靠，读数准确。减压阀与节流阀调节好后，必须紧固调压阀盖或锁紧螺母，防止松动。操作者应每天检查压缩空气的压力是否正常；过滤器需要手动排水的，夏季应两天排一次，冬季一周排一次；每月检查润滑器内的润滑油量，及时添加规定品牌的润滑油。

由于数控机床的电气控制系统非常复杂，一般由专业人员进行维护和保养，在此不一一叙述。

复习思考题

1. 润滑在机械设备中起什么作用？
2. 按润滑剂的来源，润滑剂分为哪几类？
3. 润滑剂的性能包括哪些？
4. 常用的润滑方式有哪些？
5. 密封的类型有哪些？
6. 对密封材料有哪些基本要求？
7. 简述设备二级保养的基本要求。
8. 简述数控机床机械部分维护与保养的内容。

第十三章 机床夹具

§13-1 机床夹具概述

在机床上用以装夹工件（或引导刀具）的装置称为机床夹具。它是机械制造工艺过程中的重要组成部分，广泛应用于机械加工、装配、检验等工艺过程中。

一、机床夹具的组成

图 13-1 所示为某轴套的零件图，其中 ϕ12H9 孔需要钻削加工，要求该孔轴线位于距左端面（30 ± 0.1）mm 处，且限定在间距等于 0.05 mm、对称于基准轴线 *A* 和基准中心平面 *B* 的两平行平面之间。为满足此项技术要求，便于加工，采用了如图 13-2 所示的机床（钻床）夹具，它由定位元件、夹紧装置、导向元件、夹具体 4 部分组成。

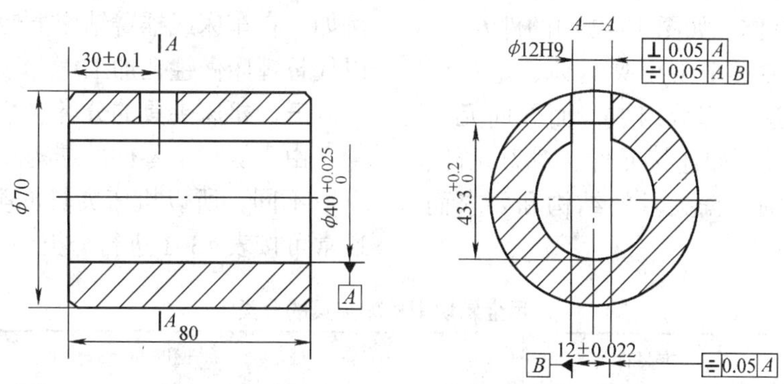

图 13-1 某轴套零件图

1. 定位元件

保证工件在机床上或夹具中占有正确位置的元件（起定位作用的零、部件）称为定位元件。如图 13-2 中的定位心轴 3 和定位销 7 以及夹具体 6 的里平面均是定位元件。

2. 夹紧装置

工件定位后将其固定，使其在加工过程中保持定位位置不变的装置称为夹紧装置。如图 13-2 中的螺母 4 和开口垫圈 5 均为夹紧件（起夹紧作用的零、部件）。

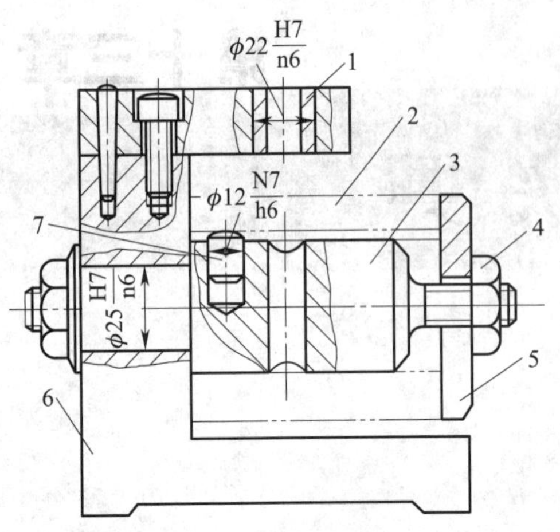

图 13–2　某轴套钻床夹具

1—钻套　2—工件　3—定位心轴　4—螺母　5—开口垫圈　6—夹具体　7—定位销

3. 导向元件

确定刀具相对于工件正确位置并引导刀具沿正确方向进行切削的元件（起引导刀具作用的零、部件）称为导向元件。如图 13–2 中的钻套 1。

4. 夹具体

将定位元件、夹紧装置、导向元件等连接成一个整体的基础件（起支承作用的零、部件）称为夹具体。如图 13–2 中的件 6。

一般机床夹具至少由夹具体、定位元件和夹紧装置这三部分组成，而导向元件或某些辅助装置（如连接元件、对刀元件、分度装置等）则根据夹具的结构和要求而定。

二、机床夹具的作用

1. 保证加工精度

由图 13–2 可知，轴套在加工时，避免了因划线和找正而造成的加工误差，其零件的加工精度主要取决于夹具的制造精度。因此采用夹具后更容易保证零件的精度技术要求，且在成批生产时，能始终保持加工精度的稳定性。如图 13–1 所示，ϕ 12H9 孔轴线对 $\phi 40^{+0.025}_{0}$ mm 孔轴线的垂直度和对称度，（30 ± 0.1）mm 的尺寸精度都必须用夹具保证。它比划线找正加工的精度高，成批生产时，零件加工精度稳定。

2. 提高劳动生产率，降低加工成本

采用夹具后，省去了划线、找正等工序，且装夹方便、迅速、安全、可靠，大大缩短了辅助时间。同时在导向元件的作用下，可加大切削用量，减少切削时间。因此，能提高劳动生产率，降低产品的加工成本，并能减轻操作者的劳动强度。

3. 扩大机床加工范围

使用夹具还可以扩大机床的加工范围，可以一机多用，解决缺乏某种设备的困难。例如，在车床或摇臂钻床上使用镗模，则可以代替镗床做镗孔加工。

三、机床夹具的分类

由于被加工零件的结构和加工工艺要求有所不同，所以机床夹具的类型非常繁多。通常可按表 13–1 进行分类。

表 13–1　　常用金属切削机床夹具的分类

分类方法	夹具种类	说明
按通用特性分	专用夹具	专为某一工件的某一工序而设计的夹具
	通用夹具	加工两种或两种以上工件的同一夹具
	组合夹具	由可循环使用的标准夹具零、部件（或专用零、部件）组装成易于连接、拆卸和重组的夹具
	可调夹具	通过调整或更换个别零、部件，能适用多种工件加工的夹具
	成组夹具	根据成组技术原理设计的用于成组加工的夹具
	标准夹具	已纳入标准的夹具

续表

分类方法	夹具种类	说明
按夹紧方式分	手动夹具	以人力产生夹紧力的夹具
	气动夹具	以压缩空气产生夹紧力的夹具
	液压夹具	以压力油产生夹紧力的夹具
	电动夹具	以电力产生夹紧力的夹具
	磁力夹具	以磁力产生夹紧力的夹具
	自夹紧夹具	用离心力或切削力自动夹紧工件的夹具
按使用机床分	车床夹具	在车床上使用的夹具
	铣床夹具	在铣床上使用的夹具
	镗床夹具	在镗床上使用的夹具
	钻床夹具	在钻床上使用的夹具
	磨床夹具	在磨床上使用的夹具
	组合机床夹具	在组合机床上使用的夹具

§13–2 工件的定位

为了保证工件被加工表面的技术要求，必须使工件相对刀具和机床处于正确的加工位置。确定工件在机床上或夹具中占有正确位置的过程叫作定位。

一、工件定位原理

1. 六点定位规则

一个尚未定位的工件，其位置是不确定的。如图 13–3 所示，在空间直角坐标系中，工件可沿 3 个坐标轴自由移动和绕这 3 个坐标轴自由转动。通常把这种运动的可能性称为自由度。用 $\vec{x}$、$\vec{y}$、$\vec{z}$ 分别表示沿 x 轴、y 轴和 z 轴的移动自由度。用 $\overset{\frown}{x}$、$\overset{\frown}{y}$、$\overset{\frown}{z}$ 分别表示绕 x、y、z 轴转动的自由度。也就是说任何物体在空间中，如果不加任何约束和限制，它都具有以上 6 个自由度。因此，要使工件在夹具中占有确定的位置，就必须限制这 6 个自由度。

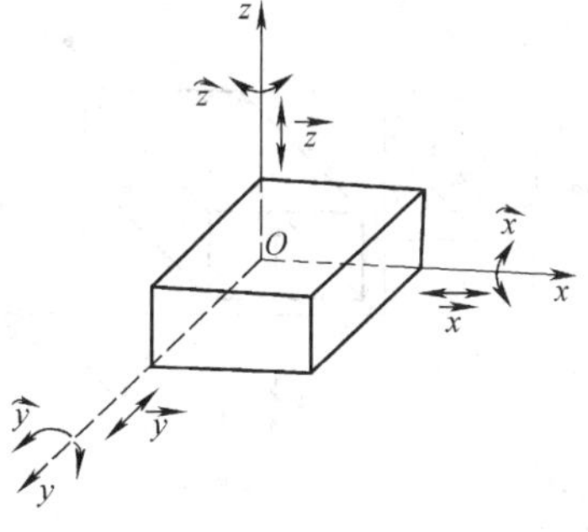

图 13–3　工件的 6 个自由度

用合理分布的 6 个定位支承点与工件定位基准面（工件在加工中用作定位的基准）

接触来限制工件的 6 个自由度，使工件在夹具中的位置完全确定的方法，称为六点定位规则，简称“六点定则”。

2. 定位支承点的分布

为使工件在夹具中的位置完全确定，六个定位支承点必须根据工件形状和加工要求合理分布。

（1）长方体工件定位　如图 13–4 所示，在长方体工件上加工槽时，为保证加工尺寸 $A \pm \Delta A$，需要限制工件的 $\vec{z}$、$\hat{x}$、$\hat{y}$ 三个自由度；为保证尺寸 $B \pm \Delta B$，需限制 $\vec{x}$、$\hat{z}$ 两个自由度；为保证尺寸 $C \pm \Delta C$，需限制 $\vec{y}$ 自由度。所以应将工件的六个自由度全部加以限制，才能满足所有加工要求，其支承点应按图 13–5 所示分布。

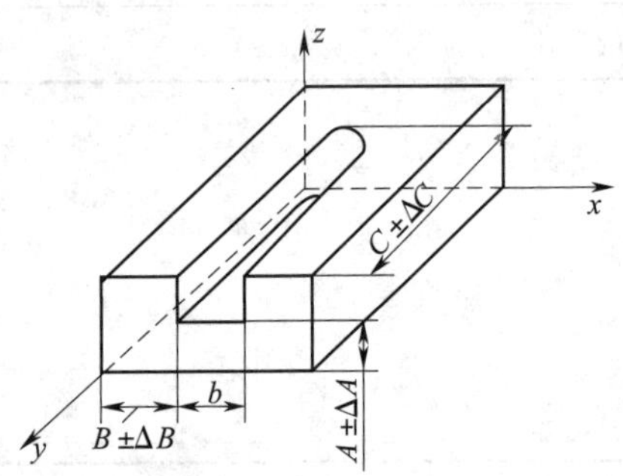

图 13–4　长方体工件加工要求简图

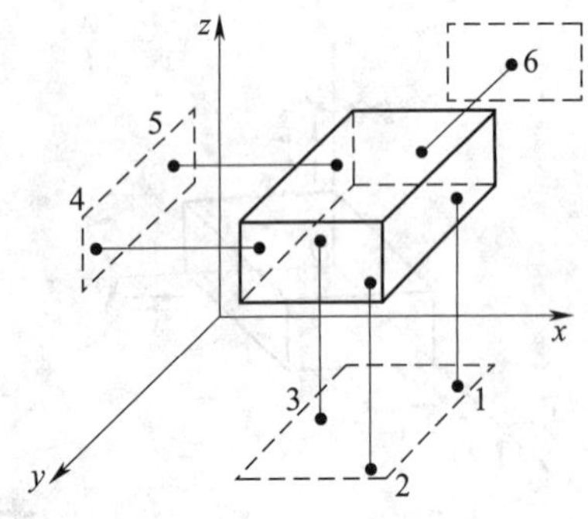

图 13–5　长方体工件定位支承点分布

在工件的底面上均匀地布置三个支承点，可限制工件的 $\vec{z}$、$\hat{x}$、$\hat{y}$ 三个自由度，该平面称为主要定位基准面。这三个定位支承点应处于同一个水平面内，且相互距离要尽可能远（所组成的三角形面积越大）。这样工件安放越平稳，也容易保证其各表面间的位置精度。由于主要定位基准面通常要承受较大的外力（如夹紧力、切削力等），所以往往选取工件上最大的表面作为主要定位基准面。主要定位基准的三个支承点，不能处于同一直线上，否则 $\hat{y}$ 不能限制，如图 13–6b 所示。

在工件的垂直侧面上布置两个支承点，可限制工件的 $\vec{x}$、$\hat{z}$ 两个自由度，该面称为导向基准面。要求两支承点距离要远些，并且要在同一平面上，以便导向正确。一般应选取工件上狭而长的表面为导向基准面。导向定位基准的两个支承点的连线不能与主要定位基准面垂直，否则 $\hat{z}$ 不能限制，如图 13–6c 所示。

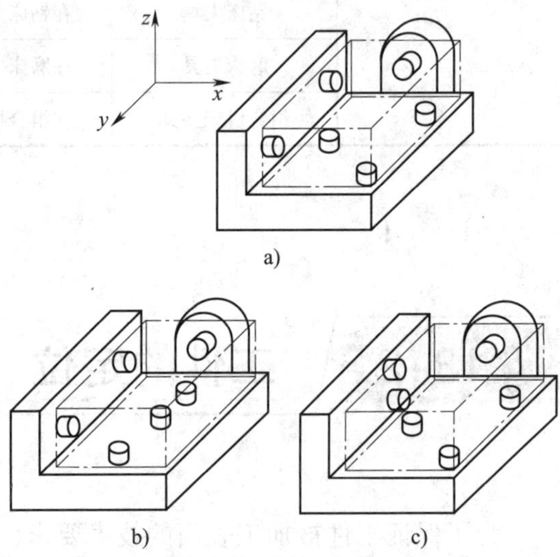

图 13–6　长方体工件定位支承点分布分析

a）正确　b）主定位基准错误

c）导向定位基准错误

在工件的正垂直面上布置一个支承点，可限制工件的 $\vec{y}$ 自由度，该面称为止推定位基准面。一般选取工件上最窄小且与切削力方向相对应的表面作为止推定位基准面。

（2）长轴类工件定位　如图 13–7 所示，在轴上铣槽，为保证槽宽 b 的中心平面相对于轴线对称，需在轴的侧母线上布置两个支承点，限制 $\vec{x}$、$\hat{z}$ 两个自由度。为保证槽深尺寸 $H \pm \Delta H$ 及槽底面与轴线的平行度，需在下母线上布置两个支承点，限制

$\vec{z}$、$\widehat{x}$ 两个自由度。即在长轴类工件的圆柱面上布置 4 个支承点，可限制 4 个自由度，如图 13–8a 所示。若将图 13–8a 所示的直角体旋转 45°，即可演变成 V 形架定位形式，其限制的自由度的数目不变，如图 13–8b 所示。为保证槽宽 b 与已有槽的相对位置，需在已有槽内布置一个支承点，限制 $\widehat{y}$ 自由度。为保证槽的长度尺寸 $L\pm\Delta L$，需在轴的端面上布置一个支承点，限制 $\vec{y}$ 自由度。

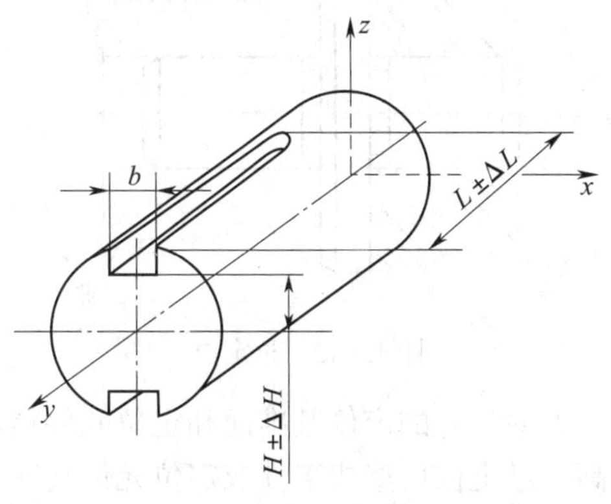

图 13–7　长轴类工件加工要求简图

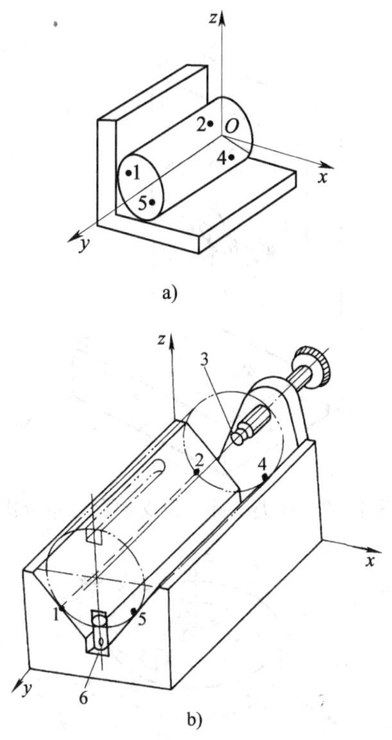

图 13–8　长轴类工件定位支承点分布分析
a）V 形架定位原理　b）V 形架定位支承点分布

小提示

长轴类工件在圆柱面上布置四个支承点，称为双导向支承。在端面上的一个支承点，限制一个移动自由度，称为止推支承。键槽上的定位销，限制一个转动自由度，称为防转支承。防转支承应尽可能远离回转中心，以减小转角误差。

（3）盘类工件定位　如图 13–9 所示，端面定位支承点 1、3、4 限制了工件的 $\vec{x}$、$\widehat{y}$、$\widehat{z}$ 三个自由度；短心轴的定位支承点 5、6 限制了工件的 $\vec{y}$、$\vec{z}$ 两个自由度；防转支承点 2 限制了工件的 $\widehat{x}$ 自由度。

通过以上分析可知：工件加工时应限制的自由度取决于加工要求，定位支承点的分布取决于工件形状。

3. 工件定位时应注意的问题

（1）完全定位和不完全定位　工件在夹具中的六个自由度全部被限制，使工件在夹具中占有完全确定的唯一位置，称为完全定位。图 13–6a、图 13–8b 和 13–9 所示的工件定位，都是完全定位。但是，并非在所有情况下，都必须使工件完全定位。如图 13–10 所示的圆盘工件，装入钻床夹具中钻 A 孔时，只要孔 A 的轴线在以 R 为半径的圆周上即可，不要求在圆周上的哪一个位置。因此，就不需要限制工件 $\widehat{z}$ 自由度。这种没有完全限制工件的六个自由度就能满足加工要求的定位，称为不完全定位。

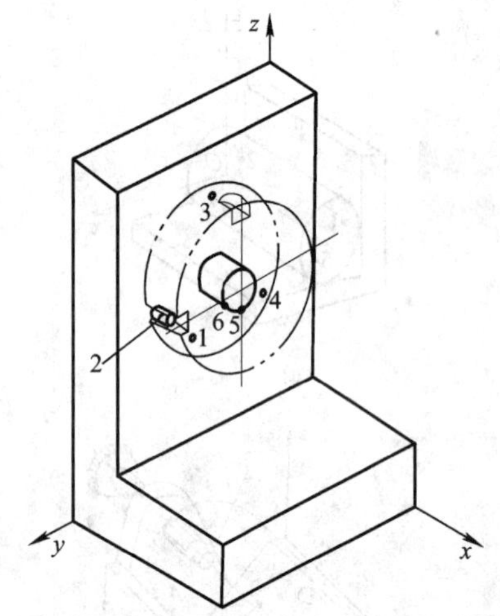

图 13-9　盘类工件定位支承点分布分析

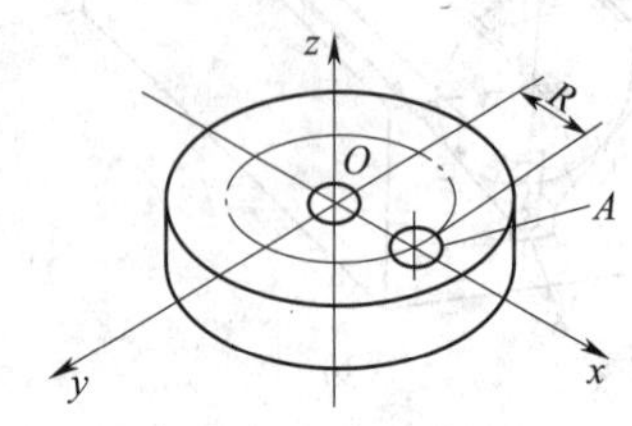

图 13-10　不完全定位

（2）要防止产生欠定位　欠定位是指工件实际定位时，所限制的自由度数目少于按加工要求所必须限制的自由度数目。如图 13-11 所示，在工件上加工键槽时，若 y 轴方向无定位点，则键槽沿工件轴线方向的尺寸 A 就无法控制。因此，欠定位无法保证加工质量，是绝不允许的。

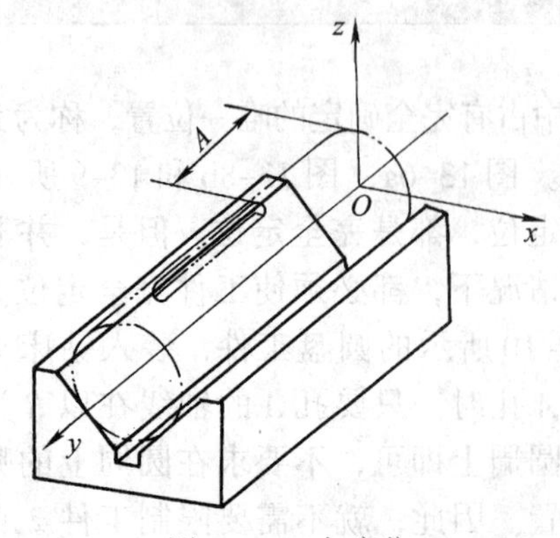

图 13-11　欠定位

（3）正确处理过定位　在夹具中工件的几个定位支承点重复限制同一个自由度的现象，称为过定位。如图 13-12 所示，心轴的大端面限制了工件的 $\vec{x}$、$\widehat{y}$、$\widehat{z}$ 三个自由度，而长心轴限制了工件的 $\vec{y}$、$\vec{z}$、$\widehat{y}$、$\widehat{z}$ 四个自由度。此时，$\widehat{y}$、$\widehat{z}$ 两个自由度被重复限制，形成了过定位。

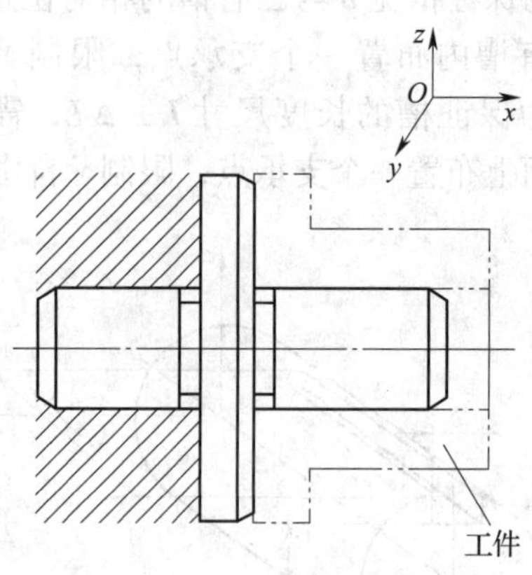

图 13-12　过定位

如果工件的定位基准面和定位元件精度不高，过定位可造成工件或定位元件夹紧后的变形。因此在工件定位时，尽量避免出现过定位现象。但是，有时为了提高工件在加工中的刚度及稳定性，在工件定位基准面和定位元件精度很高的前提下，也可适当采用过定位。

二、定位方法和定位元件的选用

工件在夹具中定位，实际是定位支承点布置的具体实施，靠定位元件来完成。定位方法和定位元件的选用，应根据工件加工要求，定位基准的形状特点，确定定位支承点数目和布置方案，进而选定合适的定位元件，以保证工件定位的稳定性，并使定位误差最小。

1. 工件以平面定位

工件在夹具中，大多数以平面作为定位基准面，为增加定位的刚度和稳定性，常以支承钉或支承板等来充当理论上的支承点。夹具中的支承分为基本支承和辅助支承两类。

（1）基本支承　基本支承是用来限制工件自由度，具有独立定位作用的定位支承。常用的有支承钉、支承板、自位支承和可调支承等。

1）支承钉　如图 13–13 所示，常用的有 A 型平头支承钉，适用于定位基准较光滑的工件平面；B 型球头支承钉接触面积较小，便于与粗糙表面稳定接触，适用于工件粗基准定位；C 型齿纹头支承钉可增大接触面的摩擦力，更适用于粗基准侧面定位。支承钉多用于工件平面上需三点定位及侧面支承的场合。

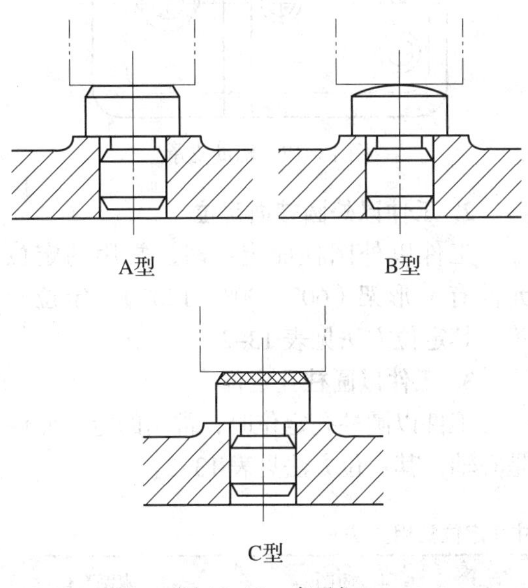

图 13–13　支承钉

2）支承板　如图 13–14 所示，A 型支承板结构简单，制造方便，但易将切屑埋在沉头螺钉坑中，不易清除，适用于侧面精基准定位支承；B 型支承板便于清除切屑，制造略显麻烦，适用于底面精基准定位支承。

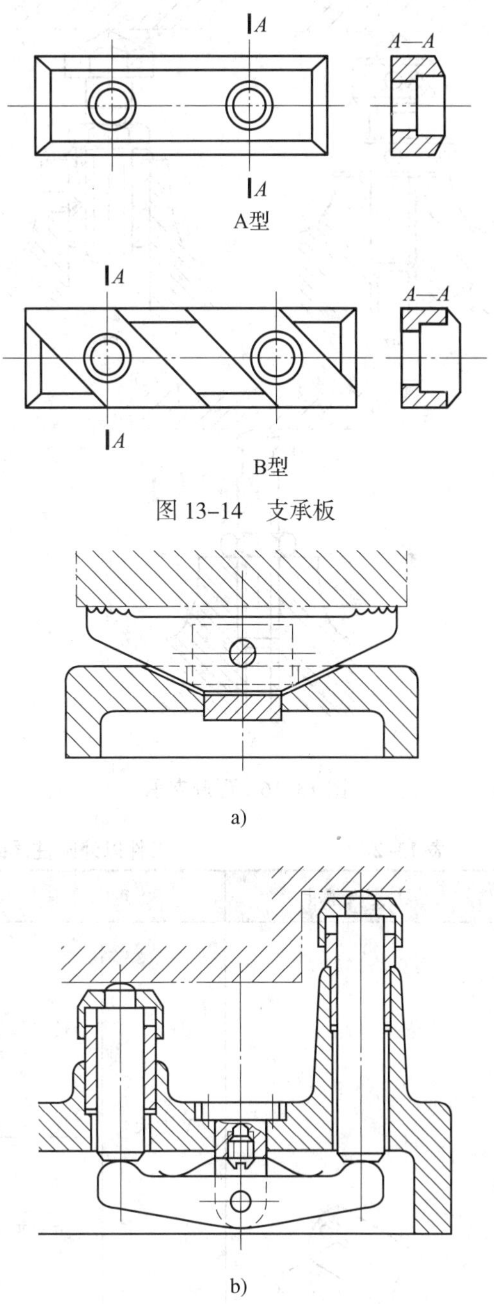

图 13–14　支承板

图 13–15　自位支承

3）自位支承　自由支承也称浮动支承，是指支承本身在定位时所处的位置可以变动，以适应工件定位基准的变化。图 13–15 所示为杠杆式两点自位支承，定位时虽两点接触，但只起一个定位支承点的作用。这类支承主要用于工件刚度较差，而且定位基准面的形状和位置误差较大的场合。

4）可调支承　可调支承的结构形式如图 13–16 所示，当每批工件的加工余量不同，定位尺寸、基准稍有变化时，可采用可调支承。一般用于粗基准定位支承。

（2）辅助支承　辅助支承是指加强工件的安装刚度而不起定位作用的支承。如图 13–17 所示，D 为辅助支承，这种支承通常在工件定位后才与工件适当接触，以防止工件在切削力的作用下产生变形或振动。

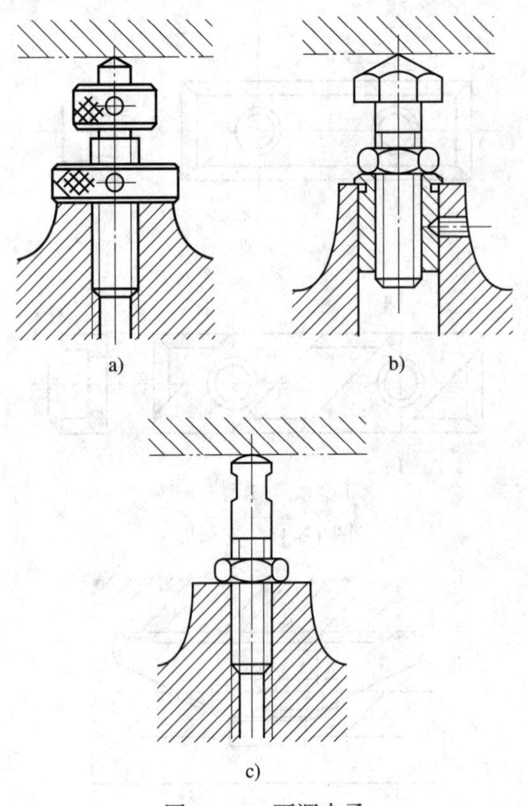

图 13–16　可调支承

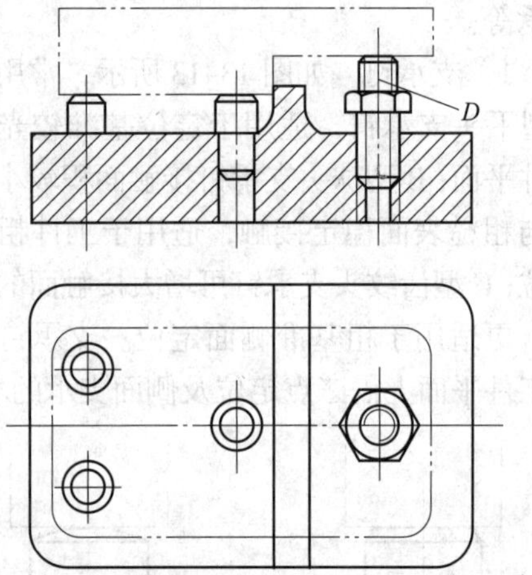

图 13–17　辅助支承

2. 工件以外圆柱面定位

工件以外圆柱面定位时，常用的定位元件有 V 形架（60°、90°、120°）、定位套等，其定位方法见表 13–2。

3. 工件以圆柱孔定位

工件以圆柱孔定位时，常用的定位元件是心轴，其定位方法见表 13–2。

表 13–2　　**工件以外圆柱面或内圆柱孔定位常用方法**

工件定位基准	定位元件		定位简图	限制自由度
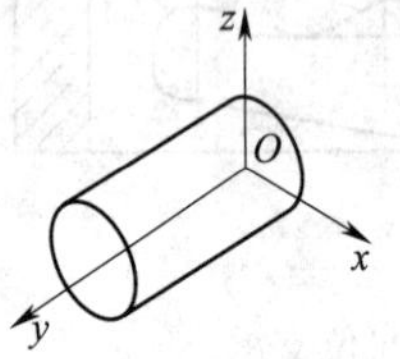 外圆柱面	V 形架	长 V 形架	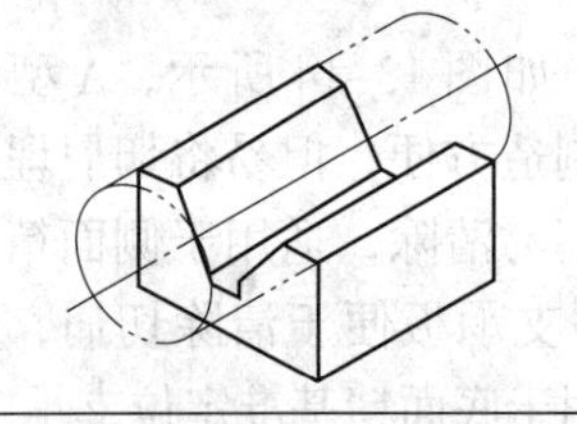	$\overrightarrow{x}$、$\overrightarrow{z}$ $\overset{\frown}{x}$、$\overset{\frown}{z}$
		短 V 形架	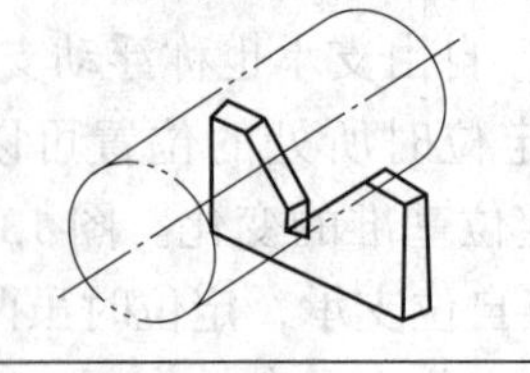	$\overrightarrow{x}$、$\overrightarrow{z}$
	定位套	长定位套	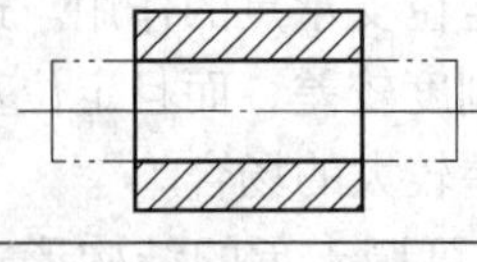	$\overrightarrow{x}$、$\overrightarrow{z}$ $\overset{\frown}{x}$、$\overset{\frown}{z}$
		短定位套	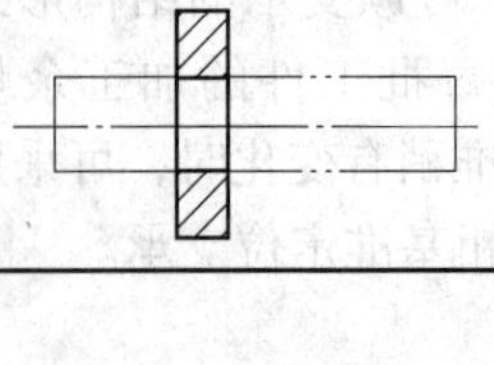	$\overrightarrow{x}$、$\overrightarrow{z}$

续表

工件定位基准	定位元件		定位简图	限制自由度
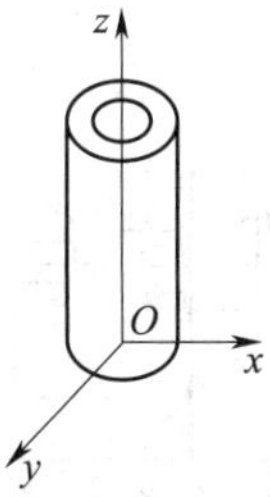 圆柱孔	圆柱销（心轴）	长圆柱销（心轴）	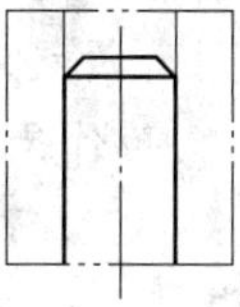	$\vec{x}$、$\vec{y}$ $\widehat{x}$、$\widehat{y}$
		短圆柱销（心轴）	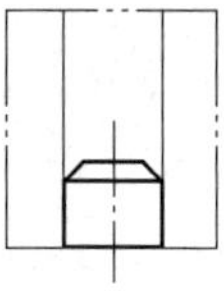	$\vec{x}$、$\vec{y}$
	削边销	长削边销	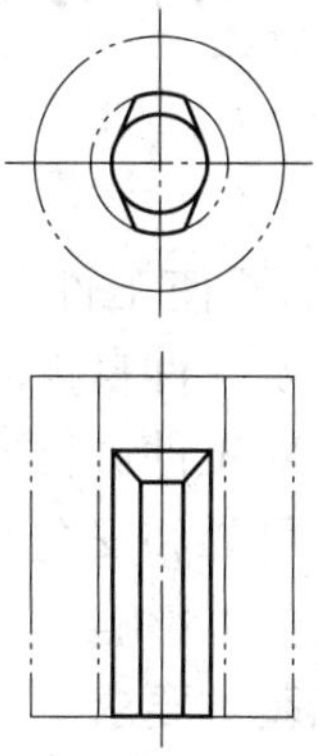	$\vec{y}$、$\widehat{x}$
		短削边销	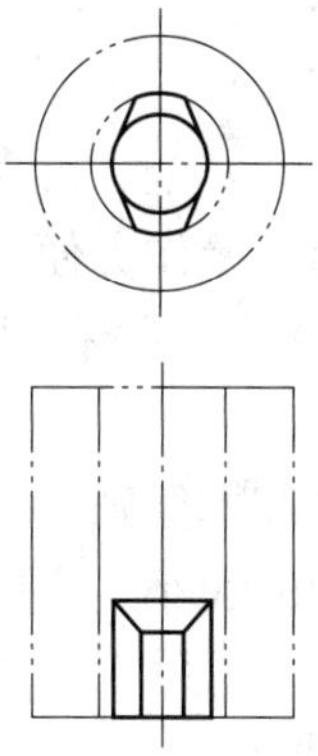	$\vec{y}$
	锥销		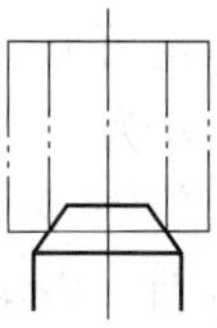	$\vec{x}$、$\vec{y}$、$\vec{z}$

小提示

工件选择定位基准时应注意以下问题：

（1）尽量使定位基准与设计基准重合，以消除基准不重合误差。

（2）尽量用已加工表面作为定位基准，以减小定位误差。当不得不用毛坯面作定位基准时，应尽量只使用一次，而且应选用表面较光滑、误差和加工余量较小的表面或与加工表面有直接关系的表面，以有利于保证加工精度要求。

§13-3 工件的夹紧

工件定位后，为了不使工件受到切削力、离心力、惯性力以及工件自重的作用而产生位移和振动，必须对工件进行夹紧。因此，夹紧装置的合理、可靠和安全性，对工件的加工质量和效率有重大影响。

一、对夹紧装置的基本要求

为了确保加工质量和提高生产率，对夹紧装置提出以下基本要求：

（1）保证加工精度。

（2）夹紧作用准确、安全、可靠。

（3）夹紧动作迅速、操作方便、省力。

（4）结构简单、紧凑，并有足够的刚度。

二、夹紧力确定的基本原则

夹紧力包括夹紧力的大小、方向和作用点三要素。

1. 夹紧力方向的选择

（1）夹紧力的方向，应尽可能垂直于主要定位基准面，使夹紧稳定可靠，保证定位精度。如图 13-18 所示，*B* 为主要定位基准面。

（2）夹紧力的作用方向，应尽量与切削力、工件重力方向一致，以减小工件在切削力的作用下所引起的夹紧力的减弱及工件振动。

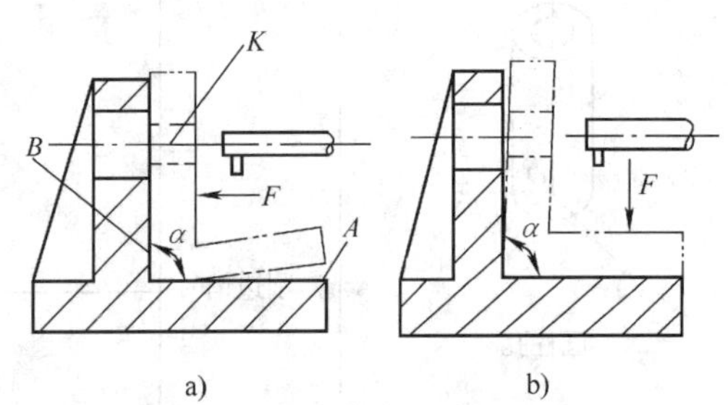

图 13-18　夹紧力的作用方向应垂直于主要定位基准

a）正确　b）错误

2. 夹紧力作用点的选择

（1）加紧力的作用点应能保持工件定位稳固，不致引起工件发生位移或偏转，如图 13-19 所示。

（2）夹紧力的作用点应使夹紧变形尽可能小，如图 13-20 所示。

（3）夹紧力的作用点应尽可能靠近工件被加工表面，以提高定位稳定性和夹紧可靠性。如图 13-21 所示，为防止振动，应增加附加夹紧力 *F*2，并在 *F*2 下加辅助支承。

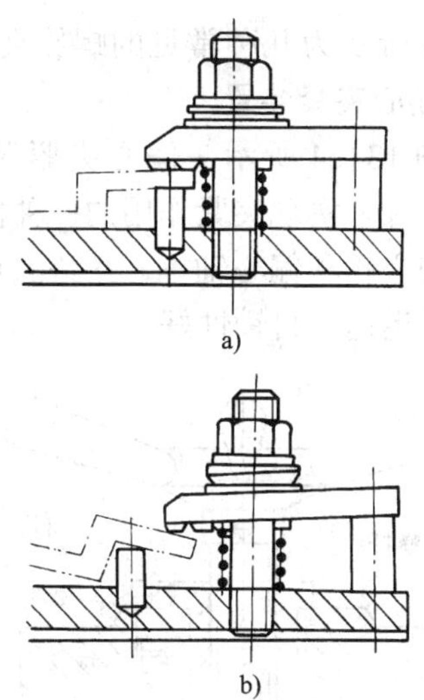

图 13-19　夹紧力的作用点应防止工件倾斜

a）正确　b）错误

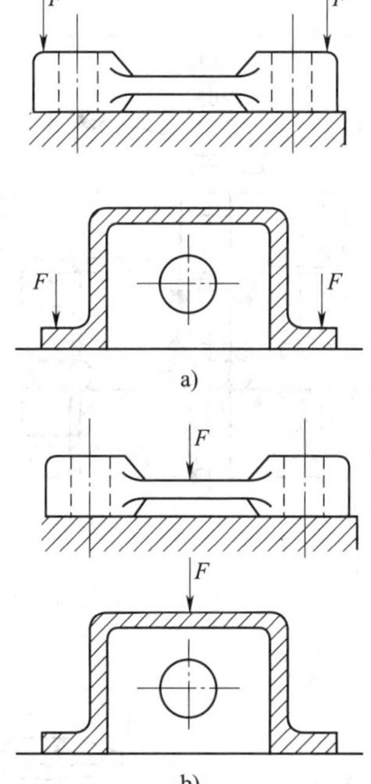

图 13-20　夹紧力应作用在工件刚度好的部位

a）正确　b）错误

3. 夹紧力大小的确定

夹紧力的大小必须能保证工件在加工过程中位置不变。夹紧力太小，在加工过程中将发生位移而破坏定位。夹紧力太大，将使工件变形，增大夹紧装置的结构尺寸。所以，夹紧力的大小必须恰当。

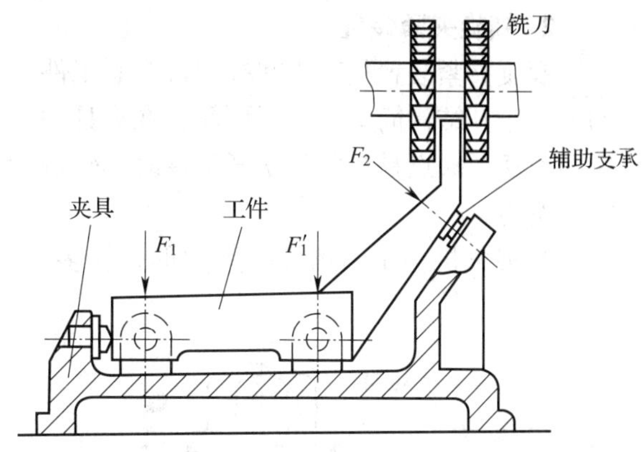

图 13-21　夹紧力应靠近工件加工表面

夹紧力大小可以计算，但一般情况下可根据经验估算出来。

三、常用夹紧装置

1. 斜楔夹紧装置

如图 13-22 所示，斜楔夹紧装置是利用楔块斜面将楔块推力转变为夹紧力，把工件夹紧的一种装置。为使斜楔有自锁作用，斜楔的斜面升角应小于摩擦角。

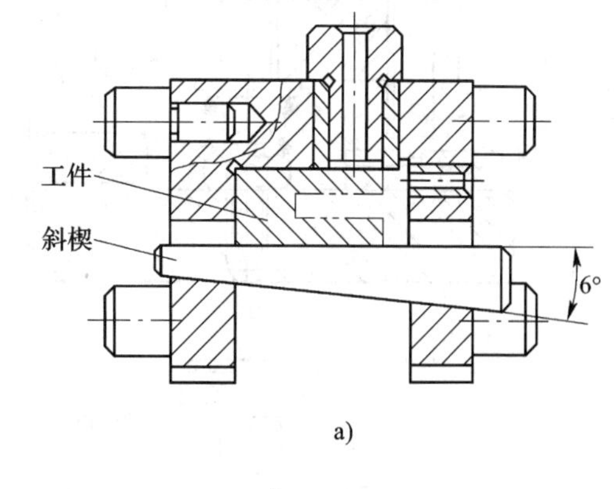

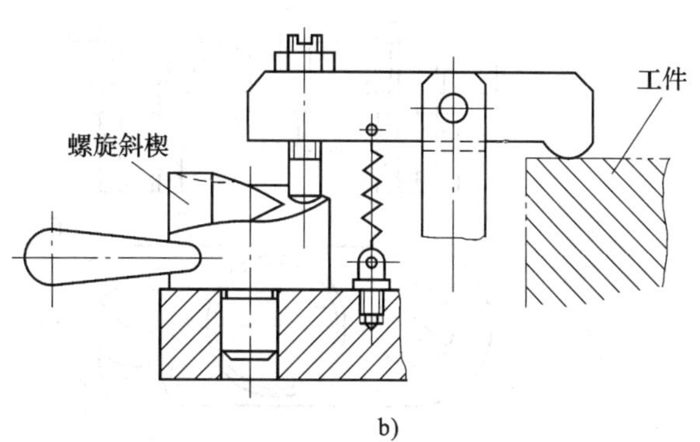

图 13-22　斜楔夹紧装置

a）普通斜楔夹紧机构　b）螺旋斜楔夹紧机构

2. 螺旋夹紧装置

螺旋夹紧装置是利用螺杆旋进夹紧工件的。由于其结构简单、夹紧可靠，在夹具中应用广泛；缺点是夹紧和松开工件时比较费时、费力。

在夹紧机构中，螺旋夹紧的形式较多，图 13–23 所示为几种常见的螺旋夹紧装置。

3. 偏心夹紧装置

如图 13–24 所示，偏心夹紧装置是利用偏心零件来实现夹紧作用的一种机构。常用的有偏心轮和偏心轴等，其特点是结构简单、夹紧迅速、自锁性好。

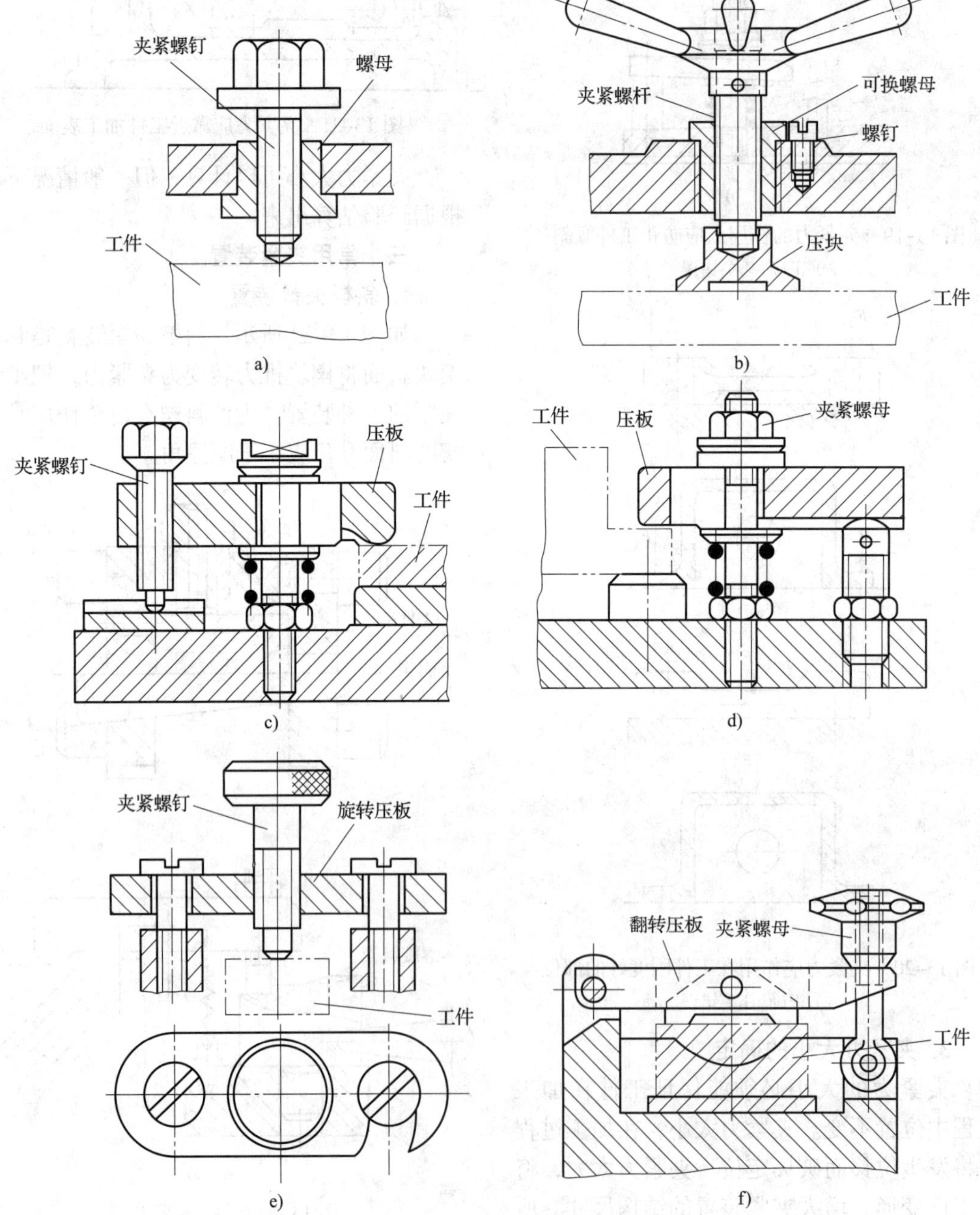

图 13–23　螺旋夹紧装置

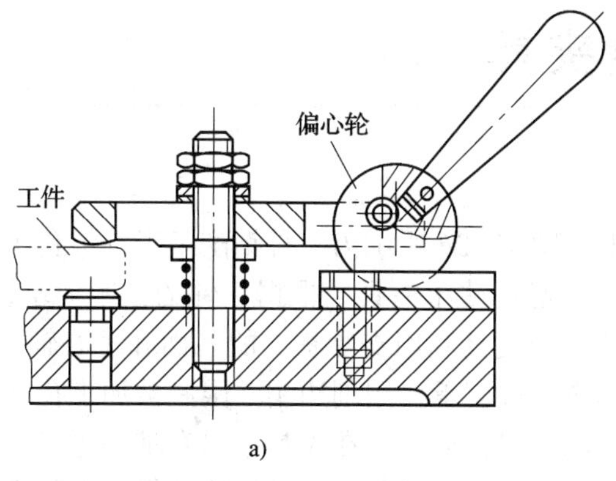

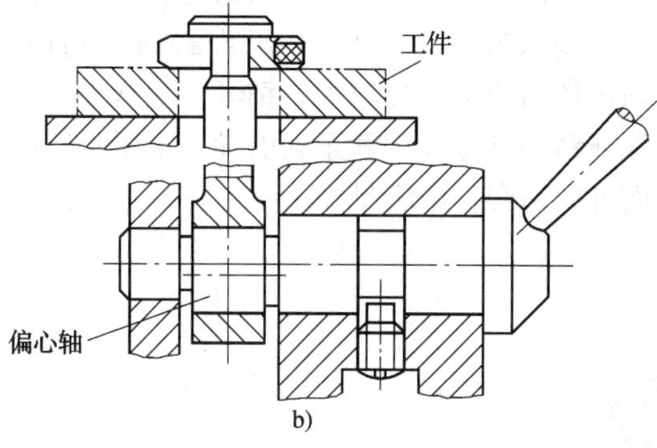

图 13-24 偏心夹紧装置

a）偏心轮夹紧机构 b）偏心轴夹紧机构

4. 铰链夹紧装置

铰链夹紧装置是一种增力机构，它结构简单，增力倍数大，在气动或液压夹具中应用广泛。图 13-25 所示为铰链夹紧装置的 5 种基本类型示意图。

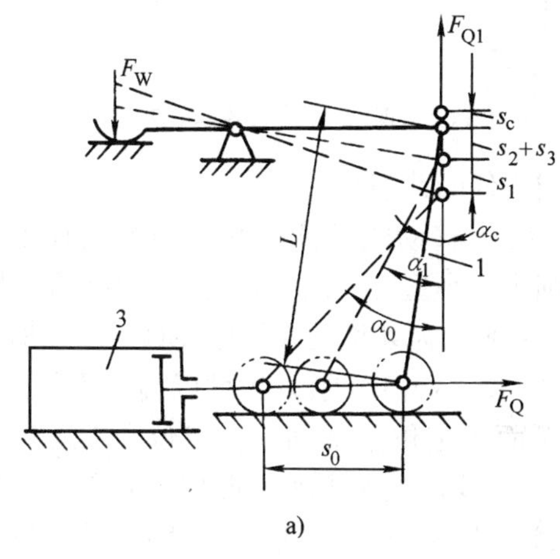

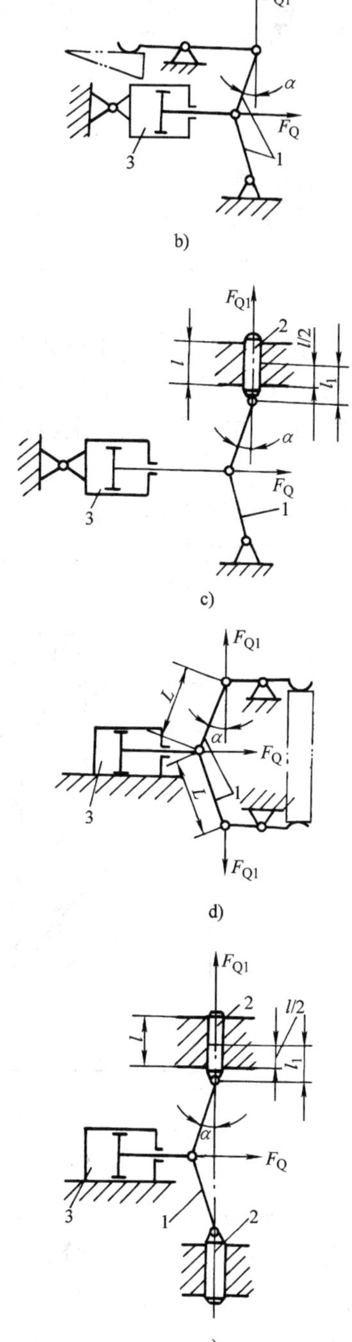

图 13-25 铰链夹紧机构的基本类型

a）单臂铰链夹紧装置

b）双臂单向作用铰链夹紧装置

c）双臂单向作用带移动柱塞铰链夹紧装置

d）双臂双向作用铰链夹紧装置

e）双臂双向作用带移动柱塞铰链夹紧装置

1—铰链臂 2—柱塞 3—气缸

§13-4 钻床夹具与组合夹具

一、钻床夹具

在钻床上进行钻孔、扩孔、铰孔等孔加工时所用的机床夹具，称为钻床夹具（俗称钻模）。

因工件上被加工的孔分布情况不同，钻床夹具的类型也不同。常用的钻床夹具类型有固定式、回转式、移动式、翻转式和盖板式等。

（1）固定式钻床夹具　此类夹具在使用过程中，夹具和工件在机床上的位置固定不变。图 13–26 所示为一种钻削某工件斜孔用的固定式钻床夹具。根据工件的技术要求，此钻床夹具利用支承板 2 的平面和短心轴 4 作主定位支承，用削边销 3 限制被加工孔的周向位置，使工件在夹具中只有唯一正确位置。为方便工件装卸，采用快速螺旋夹紧机构（多头螺纹）。由于在工件斜面上起钻，钻头径向切削分力较大，钻套容易磨损，为保证钻头良好起钻和正确引导，采用了斜端面可换钻套，以满足加工要求。

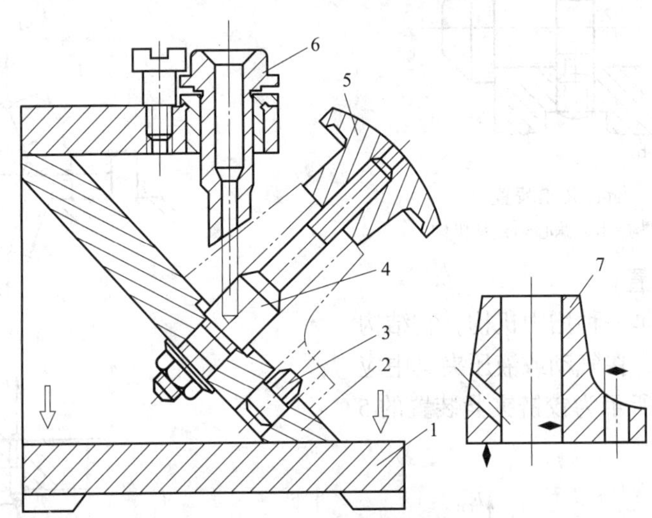

图 13–26　固定式钻床夹具

1—夹具体　2—支承板　3—定位削边销　4—定位短心轴　5—快速夹紧螺母　6—可换钻套　7—工件

（2）回转式钻床夹具　此类夹具用于加工同一圆周上的平行孔系，或分布在圆周上的径向孔。图 13–27 所示为钻削某圆盘工件径向均匀分布孔用的回转式钻床夹具。该夹具设有由分度盘 1 和分度销 6 等元件组成的分度装置，以保证被加工孔的周向位置。工件在夹具中以短心轴 7 和端面作主定位支承。用开口垫圈 9 和螺母 8 实现快速夹紧。当钻完一孔后，将分度销 6 拔出，通过手柄 3 带动分度盘 1 旋转至第二钻孔位置，从而完成工件的钻削。

（3）移动式钻床夹具　此类夹具用于钻削中、小型工件同一表面上的多个孔。图 13–28 所示为某移动式钻床夹具，用于加工连杆大、小头上的孔。工件以端面及大、小圆弧面为定位基准面，在定位套 12 和 13、固定 V 形架 2 及活动 V 形架 7 上定位，先通过手轮 8 推动活动 V 形架 7 压紧工件，然后转动手轮 8 带动螺钉 11 转动，压迫钢球 10，使两片半月键 9 向外胀开而锁紧。V

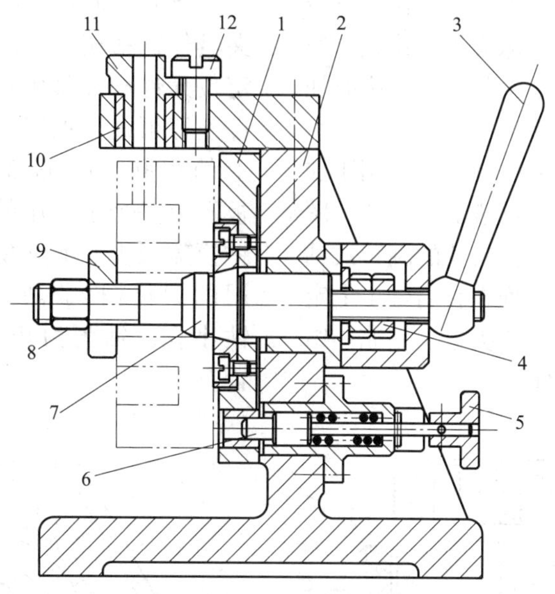

图 13-27　回转式钻床夹具

1—分度盘　2—夹具体　3—手柄　4，8—螺母　5—把手　6—分度销
7—短心轴　9—开口垫圈　10—衬套　11—钻套　12—螺钉

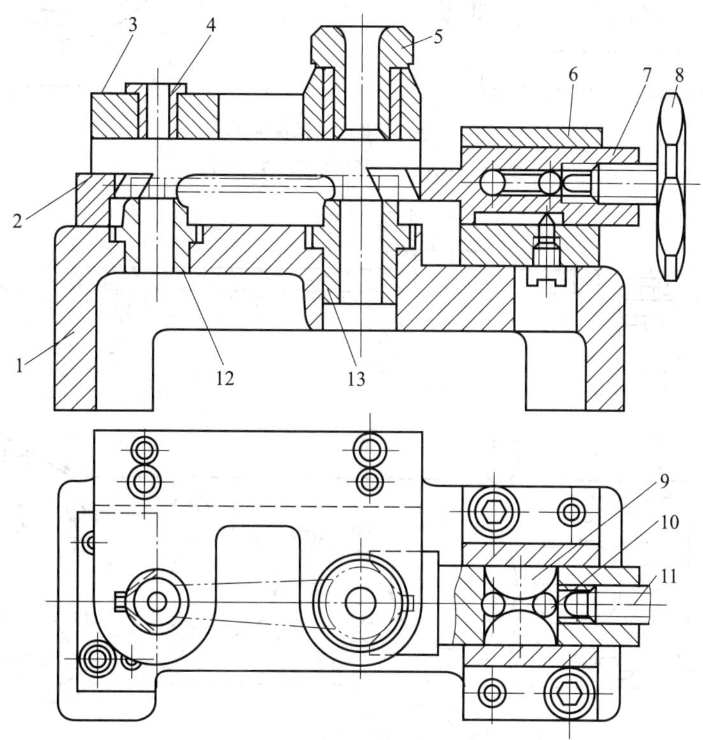

图 13-28　移动式钻床夹具

1—夹具体　2—固定 V 形架　3—钻模板　4，5—钻套　6—支座　7—活动 V 形架
8—手轮　9—半月键　10—钢球　11—螺钉　12，13—定位套

形架带有斜面，使工件在夹紧分力作用下与定位套贴紧。通过移动钻床夹具的位置，使钻头分别在两个钻套4、5中导入，从而加工工件上的两个孔。

（4）翻转式钻床夹具　此类夹具用于加工中、小型工件分布在不同表面上的孔。图13–29所示为加工某套筒径向孔的翻转式钻床夹具。工件以内孔及端面在台肩轴1上定位，用开口垫圈2和螺母3夹紧。钻完一组孔后，翻转60°钻另一组孔。

（5）盖板式钻床夹具　此类夹具没有夹具体，钻模板上除钻套外，一般还装有定位元件和夹紧装置，只要将它覆盖在工件上即可进行加工，多用于加工大型工件上的小孔。图13–30所示为加工车床溜板箱上多个小孔用的盖板式钻床夹具。在钻模盖板1上不仅装有钻套，还装有定位用的圆柱销2、削边销3和支承钉4。因钻小孔，钻削力矩小，故未设置夹紧装置。

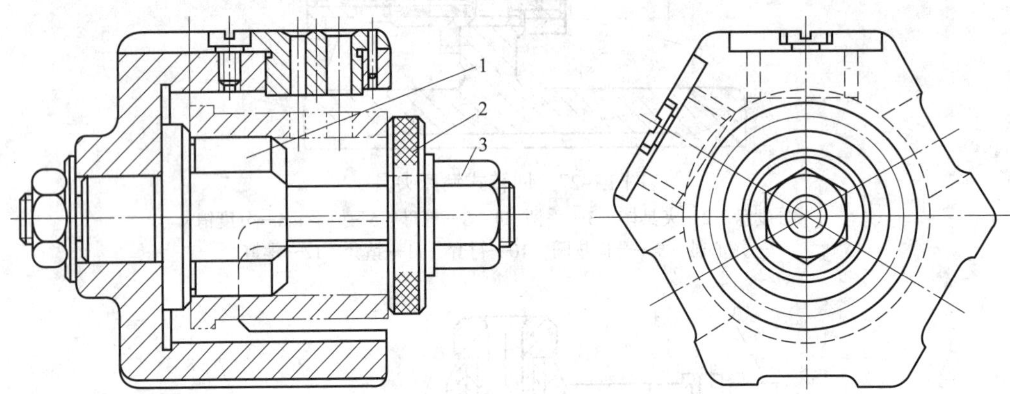

图13–29　翻转式钻床夹具

1—台肩轴　2—开口垫圈　3—螺母

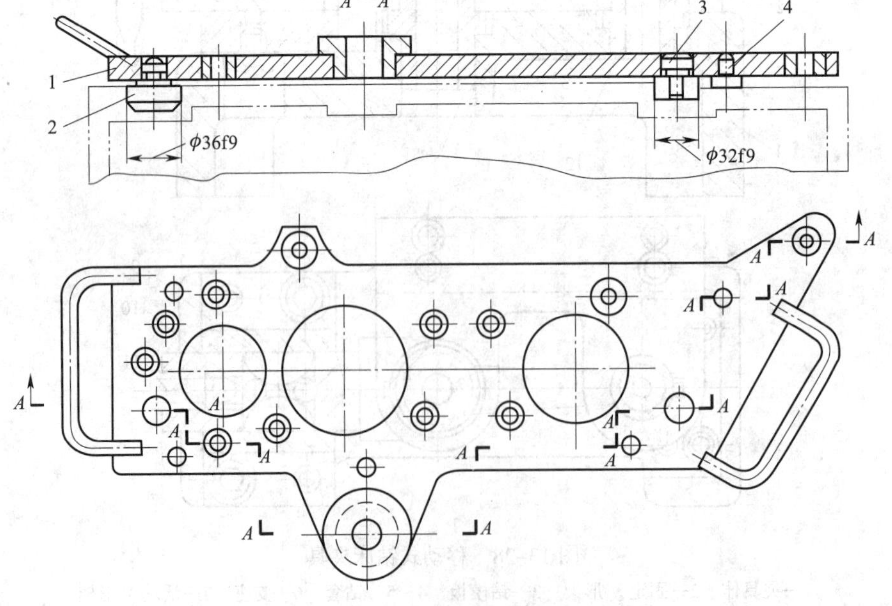

图13–30　盖板式钻床夹具

1—钻模盖板　2—圆柱销　3—削边销　4—支承钉

二、组合夹具

组合夹具是一种标准化、系列化程度很高的柔性化夹具。它是由一套预先制定好的有各种不同形状、不同尺寸的高精度标准元件和组合件组成，使用时按照工件的加工要求，采用组合的方式组装成所需的夹具。使用完毕后，可将夹具拆开，擦洗并归档保存，以便于再组装时使用。组合夹具主要用于新产品试制或单件小批量生产及临时突击性生产。

1. 组合夹具元件

组合夹具元件按用途不同可分为基础件、支承件、定位件、导向件、夹紧件、紧固件、其他件、合件等，如图 13–31 所示。

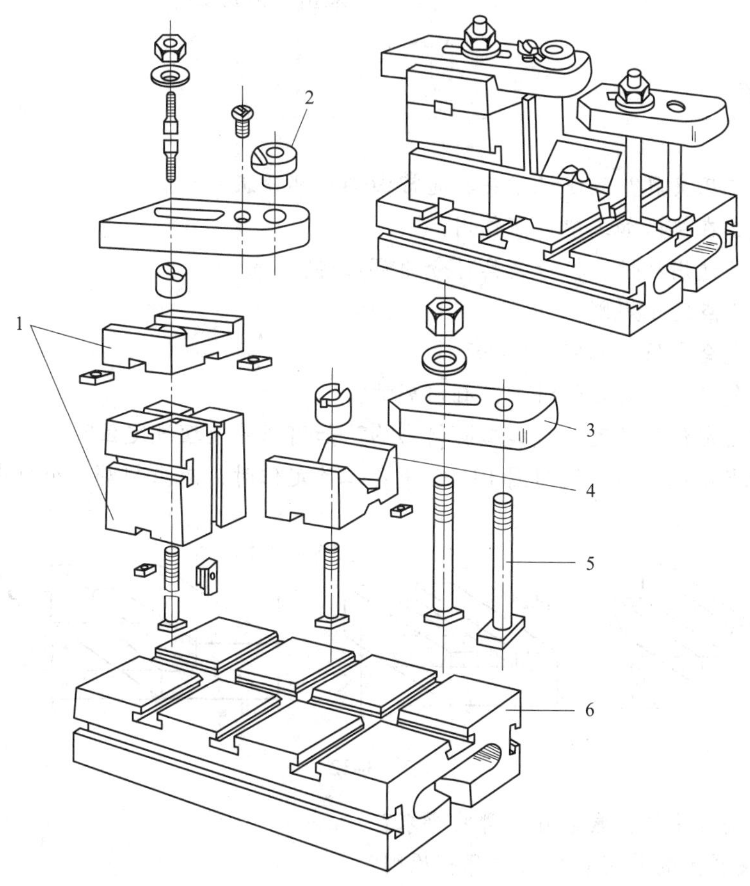

图 13–31　钻孔用的组合夹具

1—支承件　2—导向件　3—压紧件　4—定位件　5—紧固件　6—基础件

（1）基础件　基础件主要用作夹具体使用，也是各类元件组装的基础。常用的有各种形状的基础板和基础角铁等。

（2）支承件　支承件主要用作不同高度的支承或角度关系的支承，包括各种方形支承、长方形支承、伸长板、角铁支承和角度垫板等。

（3）定位件　定位件主要用于工件的定位和确定元件与元件之间的相对位置，如各种定位销、定位盘、定位支承、V 形支承、定位键等。

（4）导向件　导向件是用来确定刀具与工件之间相对位置的元件，包括各种尺寸规格的钻套、钻模板、导向支承等。

（5）夹紧件　夹紧件是指各种形式的压板、螺杆等，用于夹紧工件。

（6）紧固件　紧固件是用来连接组合夹具元件和紧固工件，包括各种螺钉、螺母、垫圈等。

（7）其他件　如连接板、摇板、弹簧、平衡块等。

（8）合件　合件是一种由多元件组成的独立的且结构较复杂的标准部件，如分度组件等。

2. 组合夹具的特点

（1）能保证加工精度，提高生产率。

（2）通用性好，适用范围广。

（3）可重复使用，降低产品的制造成本。

（4）缩短生产周期，减少夹具的库存量，易于管理。

（5）组合夹具的外形尺寸较大，结构较笨重、刚度差。

复习思考题

1. 什么是机床夹具？叙述机床夹具通常由哪些部分组成？
2. 机床夹具在机械加工中有何作用？
3. 按夹具的通用特性，机床夹具可分为哪几类？
4. 什么叫六点定位规则？
5. 什么叫完全定位、不完全定位？
6. 什么叫欠定位？欠定位对加工有何影响？
7. 什么叫过定位？过定位对加工有何影响？如何正确处理过定位？
8. 运用六点定位规则，说明图 13–32 中各工件定位时，应限制哪几个自由度？

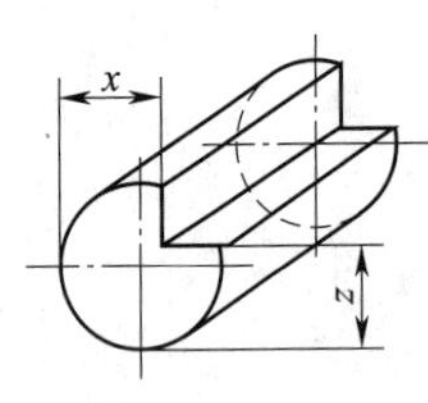

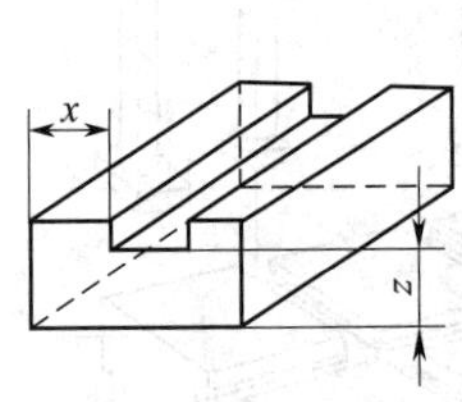

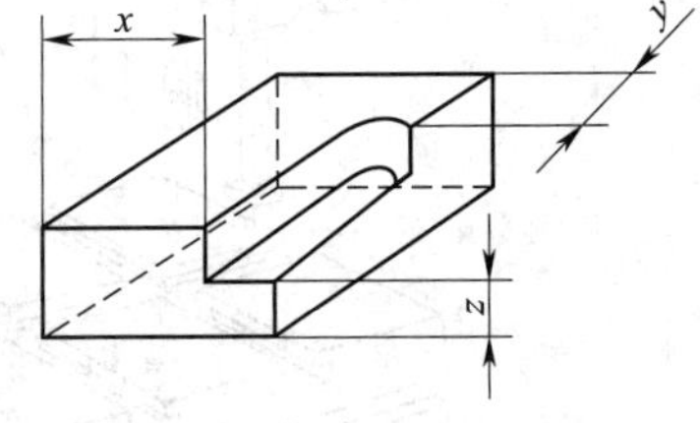

图 13–32

9. 对机床夹具中的夹紧装置有哪些要求？
10. 选择夹紧力的作用点应注意哪些原则？
11. 常用夹紧装置有哪几种？
12. 夹具中的定位与夹紧有何区别？
13. 钻床夹具有哪几种类型？各应用于什么场合？
14. 组合夹具主要由哪些元件组成？其用途各是什么？
15. 组合夹具有哪些特点？

附　　录

附表 1　　常用金属切削机床统一名称和类、组、系划分表（摘自 GB/T 15375—2008）

车床类 C					
组		系		主参数	
代号	名称	代号	名　称	折算系数	名　称
0	仪表小型车床	0	仪表台式精整车床	1/10	床身上最大回转直径
		1			
		2	小型排刀车床	1	最大棒料直径
		3	仪表转塔车床	1	最大棒料直径
		4	仪表卡盘车床	1/10	床身上最大回转直径
		5	仪表精整车床	1/10	床身上最大回转直径
		6	仪表卧式车床	1/10	床身上最大回转直径
		7	仪表棒料车床	1	最大棒料直径
		8	仪表轴车床	1/10	床身上最大回转直径
		9	仪表卡盘精整车床	1/10	床身上最大回转直径
1	单轴自动车床	0	主轴箱固定型自动车床	1	最大棒料直径
		1	单轴纵切自动车床	1	最大棒料直径
		2	单轴横切自动车床	1	最大棒料直径
		3	单轴转塔自动车床	1	最大棒料直径
		4	单轴卡盘自动车床	1/10	床身上最大回转直径
		5			
		6	正面操作自动车床	1	最大车削直径
		7			
		8			
		9			
2	多轴自动、半自动车床	0	多轴平行作业棒料自动车床	1	最大棒料直径
		1	多轴棒料自动车床	1	最大棒料直径
		2	多轴卡盘自动车床	1/10	卡盘直径
		3			
		4	多轴可调棒料自动车床	1	最大棒料直径
		5	多轴可调卡盘自动车床	1/10	卡盘直径
		6	立式多轴半自动车床	1/10	最大车削直径
		7	立式多轴平行作业半自动车床	1/10	最大车削直径
		8			
		9			

续表

代号	名称	代号	名称	折算系数	名称
3	回轮、转塔车床	0	回轮车床	1	最大棒料直径
		1	滑鞍转塔车床	1/10	卡盘直径
		2	棒料滑枕转塔车床	1	最大棒料直径
		3	滑枕转塔车床	1/10	卡盘直径
		4	组合式转塔车床	1/10	最大车削直径
		5	横移转塔机床	1/10	最大车削直径
		6	立式双轴转塔车床	1/10	最大车削直径
		7	立式转塔机床	1/10	最大车削直径
		8	立式卡盘车床	1/10	卡盘直径
		9			
4	曲轴及凸轮轴车床	0	旋风切削曲轴车床	1/100	转盘内孔直径
		1	曲轴车床	1/10	最大工件回转直径
		2	曲轴主轴颈车床	1/10	最大工件回转直径
		3	曲轴连杆轴颈车床	1/10	最大工件回转直径
		4			
		5	多刀凸轮轴车床	1/10	最大工件回转直径
		6	凸轮轴车床	1/10	最大工件回转直径
		7	凸轮轴中轴颈车床	1/10	最大工件回转直径
		8	凸轮轴端轴颈车床	1/10	最大工件回转直径
		9	凸轮轴凸轮车床	1/10	最大工件回转直径
5	立式车床	0			
		1	单柱立式车床	1/100	最大车削直径
		2	双柱立式车床	1/100	最大车削直径
		3	单柱移动立式车床	1/100	最大车削直径
		4	双柱移动立式车床	1/100	最大车削直径
		5	工作台移动单柱立式车床	1/100	最大车削直径
		6			
		7	定梁单柱立式车床	1/100	最大车削直径
		8	定梁双柱立式车床	1/100	最大车削直径
		9			
6	落地及卧式车床	0	落地车床	1/100	最大工件回转直径
		1	卧式车床	1/10	床身上最大回转直径
		2	马鞍车床	1/10	床身上最大回转直径
		3	轴车床	1/10	床身上最大回转直径
		4	卡盘车床	1/10	床身上最大回转直径
		5	球面车床	1/10	床身上最大回转直径
		6	主轴箱移动型卡盘车床	1/10	床身上最大回转直径
		7			
		8			
		9			

续表

代号	名称	代号	名　称	折算系数	名　称
7	仿形及多刀车床	0	转塔仿形机床	1/10	刀架上最大车削直径
		1	仿形机床	1/10	刀架上最大车削直径
		2	卡盘仿形机床	1/10	刀架上最大车削直径
		3	立式仿形机床	1/10	最大车削直径
		4	转塔卡盘多刀车床	1/10	刀架上最大车削直径
		5	多刀车床	1/10	刀架上最大车削直径
		6	卡盘多刀车床	1/10	刀架上最大车削直径
		7	立式多刀车床	1/10	刀架上最大车削直径
		8	异形多刀车床	1/10	刀架上最大车削直径
		9			
8	轮、轴、辊、锭及铲齿车床	0	车轮车床	1/100	最大工件直径
		1	车轴车床	1/10	最大工件直径
		2	动轮曲拐销车床	1/100	最大工件直径
		3	轴颈车床	1/100	最大工件直径
		4	轧辊车床	1/10	最大工件直径
		5	钢锭车床	1/10	最大工件直径
		6			
		7	立式车轮车床	1/100	最大工件直径
		8			
		9	铲齿车床	1/10	最大工件直径
9	其他车床	0	落地镗车床	1/10	最大工件回转直径
		1			
		2	单能半自动车床	1/10	刀架上最大车削直径
		3	气缸套镗车床	1/10	床身上最大回转直径
		4			
		5	活塞车床	1/10	最大车削直径
		6	轴承车床	1/10	最大车削直径
		7	活塞环车床	1/10	最大车削直径
		8	钢锭模车床	1/10	最大车削直径
		9			

钻床类Z					
组		系		主参数	
代号	名称	代号	名　称	折算系数	名　称
0		0			
		1			
		2			
		3			
		4			
		5			
		6			
		7			
		8			
		9			

续表

代号	名称	代号	名　称	折算系数	名　称
1	坐标镗钻床	0	台式坐标镗钻床	1/10	工作台面宽度
		1			
		2			
		3	立式坐标镗钻床	1/10	工作台面宽度
		4	转塔坐标镗钻床	1/10	工作台面宽度
		5			
		6	定臂坐标镗钻床	1/10	工作台面宽度
		7			
		8			
		9			
2	深孔钻床	0			
		1	深孔钻床	1/10	最大钻孔直径
		2			
		3			
		4			
		5			
		6			
		7			
		8			
		9			
3	摇臂钻床	0	摇臂钻床	1	最大钻孔直径
		1	万向摇臂钻床	1	最大钻孔直径
		2	车式摇臂钻床	1	最大钻孔直径
		3	滑座摇臂钻床	1	最大钻孔直径
		4	坐标摇臂钻床	1	最大钻孔直径
		5	滑座万向摇臂钻床	1	最大钻孔直径
		6	无底座式万向摇臂钻床	1	最大钻孔直径
		7	移动万向摇臂钻床	1	最大钻孔直径
		8	龙门式钻床	1	最大钻孔直径
		9			
4	台式钻床	0	台式钻床	1	最大钻孔直径
		1	工作台台式钻床	1	最大钻孔直径
		2	可调多轴台式钻床	1	最大钻孔直径
		3	转塔台式钻床	1	最大钻孔直径
		4	台式攻钻床	1	最大钻孔直径
		5			
		6	台式排钻床	1	最大钻孔直径
		7			
		8			
		9			

续表

代号	名称	代号	名　　称	折算系数	名　　称
5	立式钻床	0	圆柱立式钻床	1	最大钻孔直径
		1	方柱立式钻床	1	最大钻孔直径
		2	可调多轴立式钻床	1	最大钻孔直径
		3	转塔立式钻床	1	最大钻孔直径
		4	圆方柱立式钻床	1	最大钻孔直径
		5	龙门型立式钻床	1	最大钻孔直径
		6	立式排钻床	1	最大钻孔直径
		7	十字工作台立式钻床	1	最大钻孔直径
		8	柱动式钻削加工中心	1	最大钻孔直径
		9	升降十字工作台立式钻床	1	最大钻孔直径
6	卧式钻床	0			
		1			
		2			
		3	卧式钻床	1	最大钻孔直径
		4			
		5			
		6			
		7			
		8			
		9			
7	铣钻床	0	台式铣钻床	1	最大钻孔直径
		1	立式铣钻床	1	最大钻孔直径
		2			
		3			
		4	龙门式铣钻床	1	最大钻孔直径
		5	十字工作台立式铣钻床	1	最大钻孔直径
		6	镗铣钻床	1	最大钻孔直径
		7	磨铣钻床	1	最大钻孔直径
		8			
		9			
8	中心孔钻床	0			
		1	中心孔钻床	1/10	最大工件直径
		2	平端面中心孔钻床	1/10	最大工件直径
		3			
		4			
		5			
		6			
		7			
		8			
		9			

续表

代号	名称	代号	名称	折算系数	名称
9	其他钻床	0	双面卧式玻璃钻床	1	最大钻孔直径
		1	数控印刷板钻床	1	最大钻孔直径
		2	数控印刷板铣钻床	1	最大钻孔直径
		3			
		4			
		5			
		6			
		7			
		8			
		9			

铣床类X					
组		系		主参数	
代号	名称	代号	名称	折算系数	名称
0	仪表铣床	0			
		1	台式工具铣床	1/10	工作台面宽度
		2	台式车铣床	1/10	工作台面宽度
		3	台式仿形铣床	1/10	工作台面宽度
		4	台式超精铣床	1/10	工作台面宽度
		5	立式台铣床	1/10	工作台面宽度
		6	卧式台铣床	1/10	工作台面宽度
		7			
		8			
		9			
1	悬臂及滑枕铣床	0	悬臂铣床	1/100	工作台面宽度
		1	悬臂镗铣床	1/100	工作台面宽度
		2	悬臂磨铣床	1/100	工作台面宽度
		3	定臂铣床	1/100	工作台面宽度
		4			
		5			
		6	卧式滑枕铣床	1/100	工作台面宽度
		7	立式滑枕铣床	1/100	工作台面宽度
		8			
		9			
2	龙门铣床	0	龙门铣床	1/100	工作台面宽度
		1	龙门镗铣床	1/100	工作台面宽度
		2	龙门磨铣床	1/100	工作台面宽度
		3	定梁龙门铣床	1/100	工作台面宽度
		4	定梁龙门镗铣床	1/100	工作台面宽度
		5	高架式横梁移动龙门铣床	1/100	工作台面宽度
		6	龙门移动铣床	1/100	工作台面宽度
		7	定梁龙门移动铣床	1/100	工作台面宽度
		8	龙门移动镗铣床	1/100	工作台面宽度
		9			

续表

代号	名称	代号	名 称	折算系数	名 称
3	平面铣床	0	圆台铣床	1/100	工作台面宽度
		1	立式平面铣床	1/100	工作台面宽度
		2			
		3	单柱平面铣床	1/100	工作台面宽度
		4	双柱平面铣床	1/100	工作台面宽度
		5	端面铣床	1/100	工作台面宽度
		6	双端面铣床	1/100	工作台面宽度
		7	滑枕平面铣床	1/100	工作台面宽度
		8	落地端面铣床	1/100	工作台面宽度
		9			
4	仿形铣床	0			
		1	平面刻模铣床	1/10	缩放仪中心距
		2	立体刻模铣床	1/10	缩放仪中心距
		3	平面仿形铣床	1/10	最大铣削宽度
		4	立体仿形铣床	1/10	最大铣削宽度
		5	立式立体仿形铣床	1/10	最大铣削宽度
		6	叶片仿形铣床	1/10	最大铣削宽度
		7	立式叶片仿形铣床	1/10	最大铣削宽度
		8			
		9			
5	立式升降台铣床	0	立式升降台铣床	1/10	工作台面宽度
		1	立式升降台镗铣床	1/10	工作台面宽度
		2	摇臂铣床	1/10	工作台面宽度
		3	万能摇臂铣床	1/10	工作台面宽度
		4	摇臂镗铣床	1/10	工作台面宽度
		5	转塔升降台铣床	1/10	工作台面宽度
		6	立式滑枕升降台铣床	1/10	工作台面宽度
		7	万能滑枕升降台铣床	1/10	工作台面宽度
		8	圆弧铣床	1/10	工作台面宽度
		9			
6	卧式升降台铣床	0	卧式升降台铣床	1/10	工作台面宽度
		1	万能升降台铣床	1/10	工作台面宽度
		2	万能回转头铣床	1/10	工作台面宽度
		3	万能摇臂铣床	1/10	工作台面宽度
		4	卧式回转头铣床	1/10	工作台面宽度
		5			
		6	卧式滑枕升降台铣床	1/10	工作台面宽度
		7			
		8			
		9			

续表

代号	名称	代号	名称	折算系数	名称
7	床身铣床	0			
		1	床身铣床	1/100	工作台面宽度
		2	转塔床身铣床	1/100	工作台面宽度
		3	立柱移动床身铣床	1/100	工作台面宽度
		4	立柱移动转塔床身铣床	1/100	工作台面宽度
		5	卧式床身铣床	1/100	工作台面宽度
		6	立柱移动卧式床身铣床	1/100	工作台面宽度
		7	滑枕床身铣床	1/100	工作台面宽度
		8			
		9	立柱移动立卧式床身铣床	1/100	工作台面宽度
8	工具铣床	0			
		1	万能工具铣床	1/10	工作台面宽度
		2			
		3	钻头铣床	1	最大钻头直径
		4			
		5	立铣刀槽铣床	1	最大铣刀直径
		6			
		7			
		8			
		9			
9	其他铣床	0	六角螺母槽铣床	1	最大六角螺母对边宽度
		1	曲轴铣床	1/10	刀盘直径
		2	键槽铣床	1	最大键槽宽度
		3			
		4	轧辊轴颈铣床	1/100	最大铣削直径
		5			
		6			
		7	旋子槽铣床	1/100	最大转子本体直径
		8	螺旋桨铣床	1/100	最大工件直径
		9			

磨床类 M					
组		系		主参数	
代号	名称	代号	名称	折算系数	名称
0	仪表磨床	0	仪表无心磨床	1/10	最大磨削直径
		1	仪表内圆磨床	1/10	最大磨削孔径
		2	仪表平面磨床	1/10	工作台面宽度

续表

代号	名称	代号	名　称	折算系数	名　称
0	仪表磨床	3	仪表外圆磨床	1/10	最大磨削直径
		4	抛光机		—
		5	仪表万能外圆磨床	1/10	最大磨削直径
		6	刀具磨床		—
		7	仪表成形磨床	1/10	工作台面宽度
		8			—
		9	仪表齿轮磨床	1/10	最大工件直径
1	外圆磨床	0	无心外圆磨床	1	最大磨削直径
		1	宽砂轮无心外圆磨床	1	最大磨削直径
		2			
		3	外圆磨床	1/10	最大磨削直径
		4	万能外圆磨床	1/10	最大磨削直径
		5	宽砂轮外圆磨床	1/10	最大磨削直径
		6	端面外圆磨床	1/10	最大回转直径
		7	多砂轮架外圆磨床	1/10	最大磨削直径
		8	多片砂轮外圆磨床	1/10	最大回转直径
		9			
2	内圆磨床	0			
		1	内圆磨床	1/10	最大磨削直径
		2			
		3	带端面内圆磨床	1/10	最大磨削直径
		4			
		5	立式径星内圆磨床	1/10	最大磨削直径
		6	深孔内圆磨床	1/10	最大磨削直径
		7	内外圆磨床	1/10	最大磨削直径
		8	立式内圆磨床	1/10	最大磨削直径
		9			
3	砂轮机	0	落地砂轮机	1/10	最大砂轮直径
		1	悬挂砂轮机	1/10	最大砂轮直径
		2	台式砂轮机	1/10	最大砂轮直径
		3	除尘砂轮机	1/10	最大砂轮直径
		4	软轴砂轮机	1/10	最大砂轮直径
		5	砂带砂轮机	1/10	最大砂轮直径
		6			
		7			
		8			
		9			

续表

代号	名称	代号	名　称	折算系数	名　称
4	坐标磨床	0			
		1	单柱坐标磨床	1/10	工作台面宽度
		2	双柱坐标磨床	1/10	工作台面宽度
		3			
		4			
		5			
		6			
		7			
		8			
		9			
5	导轨磨床	0	落地导轨磨床	1/100	最大磨削宽度
		1	悬臂导轨磨床	1/100	最大磨削宽度
		2	龙门导轨磨床	1/100	最大磨削宽度
		3	定梁龙门导轨磨床	1/100	最大磨削宽度
		4			
		5			
		6			
		7			
		8			
		9			
6	刀具刃磨床	0	万能工具磨床	1/10	最大回转直径
		1	拉刀丸磨床	1/10	最大刃磨拉刀长度
		2			
		3	钻头刃磨床	1	最大刃磨钻头直径
		4	滚刀刃磨床	1/10	最大刃磨滚刀直径
		5	铣刀盘刃磨床	1/10	最大刃磨铣刀直径
		6	圆锯片刃磨床	1/100	最大磨锯片直径
		7	弧齿锥齿轮铣刀盘刃磨床	1/10	最大刃磨铣刀盘直径
		8	插齿刀刃磨床	1/10	最大刃磨插齿刀直径
		9	矿井钻头刃磨床	1	最大工件直径
7	平面及端面磨床	0			
		1	卧轴矩台平面磨床	1/10	工作台面宽度
		2	立轴矩台平面磨床	1/10	工作台面宽度
		3	卧轴圆台平面磨床	1/10	工作台面直径
		4	立轴圆台平面磨床	1/10	工作台面直径
		5	龙门平面磨床	1/10	工作台面宽度
		6	卧轴双端面磨床	1/10	最大砂轮直径
		7	立轴双端面磨床	1/10	最大砂轮直径
		8	龙门双端面磨床	1/10	最大砂轮直径
		9			

续表

代号	名称	代号	名称	折算系数	名称
8	曲轴、凸轮轴、花键轴及轧辊磨床	0			
		1	曲轴主轴颈磨床	1/10	最大回转直径
		2	曲轴磨床	1/10	最大回转直径
		3	凸轮轴磨床	1/10	最大回转直径
		4	轧辊磨床	1/10	最大磨削直径
		5	曲线磨床	1/10	最大磨削直径
		6	花键轴磨床	1/10	最大磨削直径
		7			
		8			
		9			
9	工具磨床	0	曲线磨床	1/10	最大磨削长度
		1	模具工具磨床	1/10	工作台面宽度
		2	锉刀磨床	1/10	工作台面长度
		3	钻头沟背磨床	1	最大钻头直径
		4	铲齿车刀成形磨床	1/10	最大磨削宽度
		5	丝锥铲梢磨床	1	最大丝锥直径
		6	丝锥沟槽磨床	1	最大丝锥直径
		7	丝锥方尾磨床	1	最大丝锥直径
		8	卡规磨床	1/10	最大磨削宽度
		9	圆板牙铲磨床	1	最大圆板牙螺纹直径

附表 2　　常用铰刀推荐直径及加工 H7、H8、H9 级孔的铰刀直径公差

（摘自 GB/T 1131.1—2004 和 GB/T 1132—2004）　　单位：mm

手用铰刀直径	直柄机用铰刀直径	莫氏锥柄机用铰刀		极限偏差		
		直径	锥柄号	H7 级	H8 级	H9 级
2.0	2.0	—	—	+0.008 +0.004	+0.011 +0.006	+0.021 +0.012
2.2	2.2	—	—			
2.5	2.5	—	—			
2.8	2.8	—	—			
3.0	3.0	—	—			
—	3.2	—	—	+0.010 +0.005	+0.015 +0.008	+0.025 +0.014
3.5	3.5	—	—			
4.0	4.0	—	—			
4.5	4.5	—	—			
5.0	5.0	—	—			
5.5	5.5	5.5	1			
6.0	6.0	6.0				

续表

<table>
<tr><th rowspan="2">手用铰刀直径</th><th rowspan="2">直柄机用铰刀直径</th><th colspan="2">莫氏锥柄机用铰刀</th><th colspan="3">极限偏差</th></tr>
<tr><th>直径</th><th>锥柄号</th><th>H7 级</th><th>H8 级</th><th>H9 级</th></tr>
<tr><td>7.0</td><td>7.0</td><td>7.0</td><td rowspan="8">1</td><td rowspan="4">+0.012
+0.006</td><td rowspan="4">+0.018
+0.010</td><td rowspan="4">+0.030
+0.017</td></tr>
<tr><td>8.0</td><td>8.0</td><td>8.0</td></tr>
<tr><td>9.0</td><td>9.0</td><td>9.0</td></tr>
<tr><td>10</td><td>10</td><td>10</td></tr>
<tr><td>11</td><td>11</td><td>11</td><td rowspan="8">+0.015
+0.008</td><td rowspan="8">+0.022
+0.012</td><td rowspan="8">+0.036
+0.020</td></tr>
<tr><td>12</td><td>12</td><td>12</td></tr>
<tr><td>（13）</td><td>（13）</td><td>（13）</td></tr>
<tr><td>14</td><td>14</td><td>14</td></tr>
<tr><td>（15）</td><td>（15）</td><td>15</td><td rowspan="8">2</td></tr>
<tr><td>16</td><td>16</td><td>16</td></tr>
<tr><td>（17）</td><td>（17）</td><td>（17）</td></tr>
<tr><td>18</td><td>18</td><td>18</td></tr>
<tr><td>（19）</td><td>（19）</td><td>（19）</td><td rowspan="11">+0.017
+0.009</td><td rowspan="11">+0.028
+0.016</td><td rowspan="11">+0.044
+0.025</td></tr>
<tr><td>20</td><td>20</td><td>20</td></tr>
<tr><td>（21）</td><td>—</td><td>—</td></tr>
<tr><td>22</td><td>—</td><td>22</td></tr>
<tr><td>（23）</td><td>—</td><td>—</td><td rowspan="7">3</td></tr>
<tr><td>（24）</td><td>—</td><td>（24）</td></tr>
<tr><td>25</td><td>—</td><td>25</td></tr>
<tr><td>（26）</td><td>—</td><td>（26）</td></tr>
<tr><td>（27）</td><td>—</td><td>—</td></tr>
<tr><td>28</td><td>—</td><td>28</td></tr>
<tr><td>（30）</td><td>—</td><td>（30）</td></tr>
<tr><td>32</td><td>—</td><td>32</td><td rowspan="7">4</td><td rowspan="7">+0.021
+0.012</td><td rowspan="7">+0.033
+0.019</td><td rowspan="7">+0.050
+0.030</td></tr>
<tr><td>（34）</td><td>—</td><td>（34）</td></tr>
<tr><td>（35）</td><td>—</td><td>（35）</td></tr>
<tr><td>36</td><td>—</td><td>36</td></tr>
<tr><td>（38）</td><td>—</td><td>（38）</td></tr>
<tr><td>40</td><td>—</td><td>40</td></tr>
<tr><td>（42）</td><td>—</td><td>（42）</td></tr>
</table>

续表

手用铰刀直径	直柄机用铰刀直径	莫氏锥柄机用铰刀		极限偏差		
		直径	锥柄号	H7 级	H8 级	H9 级
（44）	—	（44）	4	+0.021 +0.012	+0.033 +0.019	+0.050 +0.030
（45）	—	（45）				
（46）	—	（46）				
（48）	—	（48）				
50	—	50				

注：括号内的尺寸尽量不采用。

附表 3　　普通螺纹直径与螺距标准组合系列（摘自 GB/T 193—2003）

公称直径 *D*、*d*/mm			螺距 *P*/mm										
第一系列	第二系列	第三系列	粗牙	细牙									
				3	2	1.5	1.25	1	0.75	0.5	0.35	0.25	0.2
1			0.25										0.2
	1.1		0.25										0.2
1.2			0.25										0.2
	1.4		0.3										0.2
1.6			0.35										0.2
	1.8		0.35										0.2
2			0.4									0.25	
	2.2		0.45									0.25	
2.5			0.45								0.35		
3			0.5								0.35		
	3.5		0.6								0.35		
4			0.7							0.5			
	4.5		0.75							0.5			
5			0.8							0.5			
		5.5								0.5			
6			1						0.75				
	7		1						0.75				
8			1.25					1	0.75				
		9	1.25					1	0.75				
10			1.5				1.25	1	0.75				
		11	1.5			1.5		1	0.75				
12			1.75				1.25	1					
	14		2			1.5	1.25[a]	1					
		15				1.5		1					
16			2			1.5		1					

续表

公称直径 D、d/mm			螺距 P/mm										
第一系列	第二系列	第三系列	粗牙	细牙									
				3	2	1.5	1.25	1	0.75	0.5	0.35	0.25	0.2
		17				1.5		1					
	18		2.5		2	1.5		1					
20			2.5		2	1.5		1					
	22		2.5		2	1.5		1					
24			3		2	1.5		1					
		25			2	1.5		1					
		26				1.5							
	27		3		2	1.5		1					
		28			2	1.5		1					
30			3.5	（3）	2	1.5		1					
		32			2	1.5							
	33		3.5	（3）	2	1.5							
		35[b]				1.5							
36			4	3	2	1.5							
		38				1.5							
	39		4	3	2	1.5							
		40		3	2	1.5							

注：优先选用第一系列直径，其次选择第二系列直径，最后选择第三系列直径；尽可能地避免选用括号内的螺距；a 仅用于发动机的火花塞，b 仅用于轴承的锁紧螺母。

附表 4　　常用普通螺纹丝锥螺纹尺寸极限偏差（摘自 GB/T 968—2007）

<table>
<tr><th rowspan="4">公称直径 d/mm</th><th rowspan="4">螺距 P/mm</th><th rowspan="3" colspan="2">大径 d /μm</th><th colspan="8">中径 d_2/μm</th><th rowspan="3">小径 d_1 /μm</th><th colspan="3">螺距偏差 /μm</th></tr>
<tr><th colspan="8">公差带</th><th rowspan="3">测量牙个数</th><th rowspan="3">H1 H2 H3</th><th rowspan="3">H4</th></tr>
<tr><th colspan="2">H1</th><th colspan="2">H2</th><th colspan="2">H3</th><th colspan="2">H4</th></tr>
<tr><th>下</th><th>上</th><th>下</th><th>上</th><th>下</th><th>上</th><th>下</th><th>上</th><th>下</th><th>上</th><th>上 下</th></tr>
<tr><td rowspan="3">>1 ~1.4</td><td>0.2</td><td>+20</td><td rowspan="5">自行规定</td><td>+5</td><td>+15</td><td rowspan="2">—</td><td rowspan="2">—</td><td rowspan="5">—</td><td rowspan="5">—</td><td>+8</td><td>+33</td><td rowspan="5">自行规定</td><td rowspan="5">12</td><td rowspan="5">± 8</td><td rowspan="5">± 20</td></tr>
<tr><td>0.25</td><td>+22</td><td rowspan="4">+6</td><td>+17</td><td rowspan="4">+9</td><td rowspan="4">+39</td></tr>
<tr><td>0.3</td><td>+24</td><td>+18</td><td>+18</td><td>+30</td></tr>
<tr><td rowspan="2">>1.4 ~ 2.8</td><td>0.2</td><td>+21</td><td>+17</td><td rowspan="2">—</td><td rowspan="2">—</td></tr>
<tr><td>0.25</td><td>+24</td><td>+18</td></tr>
</table>

续表

公称直径 d/mm	螺距 P/mm	大径 d /μm		中径 d_2/μm 公差带 H1		H2		H3		H4		小径 d_1 /μm	螺距偏差 /μm 测量牙个数	H1 H2 H3	H4
		下	上	下	上	下	上	下	上	下	上	上 下			
>1.4 ~2.8	0.35	+27	自行规定	+7	+20	+20	+34	—	—	+11	+46	自行规定	12	±8	±20
	0.4	+28			+21	+21	+36								
	0.45	+30		+8	+23	+23	+38			+12	+52				
>2.8 ~5.6	0.35	+28		+7	+21	+21	+36			+11	+46				
	0.5	+32		+8	+24	+24	+40	+40	+56	+12	+52				
	0.6	+36		+9	+27	+27	+45	+45	+63	+14	+59				
	0.7	+38		+10	+29	+29	+48	+48	+67	+15	+65		9		±25
	0.75	+38													
	0.8	+40			+30	+30	+50	+50	+70	+15	+65				
>5.6 ~11.2	0.5	+36		+9	+27	+27	+45	+45	+63	+14	+59		12		±20
	0.75	+42		+11	+32	+32	+53	+53	+74	+16	+69		9		±25
	1	+47		+12	+35	+35	+59	+59	+83	+18	+77				
	1.25	+50		+13	+38	+38	+63	+63	+88	+19	+81				
	1.5	+56		+14	+42	+42	+70	+70	+98	+21	+91		7		±35
>11.2 ~22.4	1	+50		+13	+38	+38	+63	+63	+88	+19	+81		9		±25
	1.25	+56		+14	+42	+42	+70	+70	+98	+21	+91				
	1.5	+60		+15	+45	+45	+75	+75	+105	+23	+98		7		±35
	1.75	+64		+16	+48	+48	+80	+80	+112	+24	+104			±9	
	2	+68		+17	+51	+51	+85	+85	+119	+26	+111			±10	
	2.5	+72		+18	+54	+54	+90	+90	+126	+27	+117				±50
>22.4 ~40	1	+53		+13	+40	+40	+66	+66	+92	+20	+86		9	±8	±25
	1.5	+64		+16	+48	+48	+80	+80	+112	+24	+104		7		±35
	2	+72		+18	+54	+54	+90	+90	+126	+27	+117			±10	
	3	+85		+21	+64	+64	+106	+106	+148	+32	+138			±12	±50
	3.5	+90		+22	+67	+67	+112	+112	+157	—	—			±13	—
	4	+94		+24	+71	+71	+118	+118	+165					±14	

注：各级丝锥小径 d_1 均小于被加工内螺纹的最小小径，而且丝锥牙底圆弧也不应超过内螺纹的最小小径。

附表 5　攻普通粗牙螺纹时麻花钻直径及螺纹小径极限值（摘自 GB/T 20330—2006）

螺纹 /mm						麻花钻直径 /mm
公称直径	螺距	下列等级的小径				
		5H 最大	6H 最大	7H 最大	5H、6H、7H 最小	
1.0	0.25	0.785	—	—	0.729	0.75
1.1	0.25	0.885	—	—	0.829	0.85
1.2	0.25	0.985	—	—	0.929	0.95
1.4	0.30	1.142	1.160	—	1.075	1.10
1.6	0.35	1.301	1.321	—	1.221	1.25
1.8	0.35	1.501	1.521	—	1.421	1.45
2.0	0.40	1.657	1.679	—	1.567	1.60
2.2	0.45	1.813	1.838	—	1.713	1.75
2.5	0.45	2.113	2.138	—	2.013	2.05
3.0	0.50	2.571	2.599	2.639	2.459	2.50
3.5	0.60	2.975	3.010	3.050	2.850	2.90
4.0	0.70	3.382	3.422	3.466	3.242	3.30
4.5	0.75	3.838	3.878	3.924	3.688	3.70
5.0	0.80	4.294	4.334	4.384	4.134	4.20
6.0	1.00	5.107	5.153	5.217	4.917	5.00
7.0	1.00	6.107	6.153	6.217	5.917	6.00
8.0	1.25	6.859	6.912	6.982	6.647	6.70
9.0	1.25	7.859	7.912	7.982	7.647	7.80
10.0	1.50	8.612	8.676	8.751	8.376	8.50
11.0	1.50	9.612	9.676	9.751	9.376	9.50
12.0	1.75	10.371	10.441	10.531	10.106	10.20
14.0	2.00	12.135	12.210	12.310	11.835	12.00
16.0	2.00	14.135	14.210	14.310	13.835	14.00
18.0	2.50	15.649	15.744	15.854	15.294	15.50
20.0	2.50	17.649	17.744	17.854	17.294	17.50
22.0	2.50	19.649	19.744	19.854	19.294	19.50
24.0	3.00	21.152	21.252	21.382	20.752	21.00
27.0	3.00	24.152	24.252	24.382	23.752	24.00
30.0	3.50	26.661	26.771	26.921	26.211	26.50
33.0	3.50	29.661	29.771	29.921	29.211	29.50
36.0	4.00	32.145	32.270	32.420	31.670	32.00

附表 6　　圆板牙套螺纹时的圆杆直径（摘自 GB/T 1096—2003）　　mm

普通粗牙螺纹				圆柱管螺纹		
公称直径	螺距	圆杆直径		公称直径	管子直径	
		最小	最大		最小	最大
M6	1	5.8	5.9	1/8	9.4	9.5
M8	1.25	7.8	7.9	1/4	12.7	13
M10	1.5	9.75	9.85	3/8	16.2	16.5
M12	1.75	11.75	11.9	1/2	20.5	20.8
M14	2	13.7	13.85	5/8	22.5	22.8
M16	2	15.7	15.85	3/4	26	26.3
M18	2.5	17.7	17.85	7/8	29.8	30.1
M20	2.5	19.7	19.85	1	32.8	33.1
M22	2.5	21.7	21.85	1 1/8	37.4	37.7
M24	3	23.65	23.8	1 1/4	41.4	41.7
M27	3	26.65	26.8	1 3/8	43.8	44.1
M30	3.5	29.6	29.8	1 1/2	47.3	47.6
M36	4	35.6	35.8	—	—	—
M42	4.5	41.55	41.75	—	—	—
M48	5	47.5	47.7	—	—	—

附表 7　　普通平键的尺寸与公差（摘自 GB/T 1096—2003）　　mm

<table>
<tr><td rowspan="2">宽度 b</td><td colspan="2">基本尺寸</td><td>2</td><td>3</td><td>4</td><td>5</td><td>6</td><td>8</td><td>10</td><td>12</td><td>14</td><td>16</td><td>18</td><td>20</td><td>22</td></tr>
<tr><td colspan="2">极限偏差（h8）</td><td colspan="2">0
−0.014</td><td colspan="3">0
−0.018</td><td colspan="2">0
−0.022</td><td colspan="4">0
−0.027</td><td colspan="2">0
−0.033</td></tr>
<tr><td rowspan="3">高度 h</td><td colspan="2">基本尺寸</td><td>2</td><td>3</td><td>4</td><td>5</td><td>6</td><td>7</td><td>8</td><td>8</td><td>9</td><td>10</td><td>11</td><td>12</td><td>14</td></tr>
<tr><td rowspan="2">极限偏差</td><td>矩形（h11）</td><td colspan="2">—</td><td colspan="3">—</td><td colspan="5">0
−0.090</td><td colspan="3">0
−0.110</td></tr>
<tr><td>方形（h8）</td><td colspan="2">0
−0.014</td><td colspan="3">0
−0.018</td><td colspan="5">—</td><td colspan="3">—</td></tr>
<tr><td colspan="3">倒角或倒圆 s</td><td colspan="3">0.16 ~ 0.25</td><td colspan="3">0.25 ~ 0.40</td><td colspan="5">0.40 ~ 0.60</td><td colspan="2">0.60 ~ 0.80</td></tr>
<tr><td colspan="3">长度 L</td><td colspan="13"></td></tr>
</table>

续表

基本尺寸	极限偏差（h14）													
6	0 −0.36			—	—	—	—	—	—	—	—	—	—	—
8					—	—	—	—	—	—	—	—	—	—
10						—	—	—	—	—	—	—	—	—
12	0 −0.43					—	—	—	—	—	—	—	—	—
14							—	—	—	—	—	—	—	—
16							—	—	—	—	—	—	—	—
18								—	—	—	—	—	—	—
20	0 −0.52							—	—	—	—	—	—	—
22		—			标准				—	—	—	—	—	—
25		—							—	—	—	—	—	—
28		—								—	—	—	—	—
32	0 −0.62	—								—	—	—	—	—
36		—									—	—	—	—
40		—	—								—	—	—	—
45		—	—					长度				—	—	—
50		—	—	—									—	—
56	0 −0.74	—	—	—										—
63		—	—	—	—									
70		—	—	—	—									
80		—	—	—	—	—								
90	0 −0.87	—	—	—	—	—					范围			
100		—	—	—	—	—	—							
110		—	—	—	—	—	—							
125	0 −1.00	—	—	—	—	—	—	—						
140		—	—	—	—	—	—	—						
160		—	—	—	—	—	—	—	—					
180		—	—	—	—	—	—	—	—	—				

附表 8 普通平键键槽的尺寸与公差（摘自 GB/T 1095—2003） mm

<table>
<tr><th rowspan="5">键尺寸
$b\times h$</th><th colspan="12">键 槽</th></tr>
<tr><th colspan="6">宽度 b</th><th colspan="4">深度</th><th rowspan="3" colspan="2">半径 r</th></tr>
<tr><th rowspan="3">基本尺寸</th><th colspan="5">极限偏差</th><th colspan="2">轴 t_1</th><th colspan="2">毂 t_2</th></tr>
<tr><th colspan="2">正常联结</th><th>紧密联结</th><th colspan="2">松联结</th><th rowspan="2">基本尺寸</th><th rowspan="2">极限偏差</th><th rowspan="2">基本尺寸</th><th rowspan="2">极限偏差</th></tr>
<tr><th>轴 N9</th><th>毂 JS9</th><th>轴和毂 P9</th><th>轴 H9</th><th>毂 D10</th><th>min</th><th>max</th></tr>
<tr><td>2×2</td><td>2</td><td rowspan="2">−0.004
−0.029</td><td rowspan="2">±0.012 5</td><td rowspan="2">−0.006
−0.031</td><td rowspan="2">+0.025
0</td><td rowspan="2">+0.060
+0.020</td><td>1.2</td><td rowspan="5">+0.1
0</td><td>1.0</td><td rowspan="5">+0.1
0</td><td rowspan="3">0.08</td><td rowspan="3">0.16</td></tr>
<tr><td>3×3</td><td>3</td><td>1.8</td><td>1.4</td></tr>
<tr><td>4×4</td><td>4</td><td rowspan="3">0
−0.030</td><td rowspan="3">±0.015</td><td rowspan="3">−0.012
−0.042</td><td rowspan="3">+0.030
0</td><td rowspan="3">+0.078
+0.030</td><td>2.5</td><td>1.8</td></tr>
<tr><td>5×5</td><td>5</td><td>3.0</td><td>2.3</td><td rowspan="3">0.16</td><td rowspan="3">0.25</td></tr>
<tr><td>6×6</td><td>6</td><td>3.5</td><td>2.8</td></tr>
<tr><td>8×7</td><td>8</td><td rowspan="2">0
−0.036</td><td rowspan="2">±0.018</td><td rowspan="2">−0.015
−0.051</td><td rowspan="2">+0.036
0</td><td rowspan="2">+0.098
+0.040</td><td>4.0</td><td rowspan="9">+0.2
0</td><td>3.3</td><td rowspan="9">+0.2
0</td></tr>
<tr><td>10×8</td><td>10</td><td>5.0</td><td>3.3</td><td rowspan="5">0.25</td><td rowspan="5">0.40</td></tr>
<tr><td>12×8</td><td>12</td><td rowspan="4">0
−0.043</td><td rowspan="4">±0.021 5</td><td rowspan="4">−0.018
−0.061</td><td rowspan="4">+0.043
0</td><td rowspan="4">+0.120
+0.050</td><td>5.0</td><td>3.3</td></tr>
<tr><td>14×9</td><td>14</td><td>5.5</td><td>3.8</td></tr>
<tr><td>16×10</td><td>16</td><td>6.0</td><td>4.3</td></tr>
<tr><td>18×11</td><td>18</td><td>7.0</td><td>4.4</td></tr>
<tr><td>20×12</td><td>20</td><td rowspan="3">0
−0.052</td><td rowspan="3">±0.026</td><td rowspan="3">−0.022
−0.074</td><td rowspan="3">+0.052
0</td><td rowspan="3">+0.149
+0.065</td><td>7.5</td><td>4.9</td><td rowspan="3">0.40</td><td rowspan="3">0.60</td></tr>
<tr><td>22×14</td><td>22</td><td>9.0</td><td>5.4</td></tr>
<tr><td>25×14</td><td>25</td><td>9.0</td><td>5.4</td></tr>
</table>

附表 9　　普通型半圆键的尺寸与公差（摘自 GB/T 1099.1—2003）　　mm

键尺寸 $b\times h\times D$	宽度 b		高度 h		直径 D		倒角或倒圆 s	
	基本尺寸	极限偏差	基本尺寸	极限偏差（h12）	基本尺寸	极限偏差（h12）	min	max
1 × 1.4 × 4	1	0 −0.025	1.4	0 −0.10	4	0 −0.12	0.16	0.25
1.5 × 2.6 × 7	1.5		2.6		7	0 −0.15		
2 × 2.6 × 7	2		2.6		7			
2 × 3.7 × 10	2		3.7	0 −0.12	10			
2.5 × 3.7 × 10	2.5		3.7		10			
3 × 5 × 13	3		5		13	0 −0.18		
3 × 6.5 × 16	3		6.5	−0.15	16			
4 × 6.5 × 16	4		6.5		16		0.25	0.40
4 × 7.5 × 19	4		7.5		19	0 −0.21		
5 × 6.5 × 16	5		6.5		16	0 −0.18		
5 × 7.5 × 19	5		7.5		19	0 −0.21		
5 × 9 × 22	5		9		22			
6 × 9 × 22	6		9		22			
6 × 10 × 25	6		10		25			
8 × 11 × 28	8		11	0 −0.18	28		0.40	0.60
10 × 13 × 32	10		13		32	0 −0.25		

附表 10　　半圆键键槽的尺寸与公差（摘自 GB/T 1098—2003）　　mm

<table>
<tr><th rowspan="4">键尺寸
$b \times h \times D$</th><th colspan="12">键　槽</th></tr>
<tr><th colspan="6">宽度 b</th><th colspan="4">深度</th><th rowspan="2">半径 R</th><th rowspan="2"></th></tr>
<tr><th rowspan="3">基本尺寸</th><th colspan="5">极限偏差</th><th colspan="2">轴 t_1</th><th colspan="2">毂 t_2</th></tr>
<tr><th colspan="2">正常联结</th><th>紧密联结</th><th colspan="2">松联结</th><th rowspan="2">基本尺寸</th><th rowspan="2">极限偏差</th><th rowspan="2">基本尺寸</th><th rowspan="2">极限偏差</th><th rowspan="2">max</th><th rowspan="2">min</th></tr>
<tr><th></th><th>轴 N9</th><th>毂 JS9</th><th>轴和毂 P9</th><th>轴 H9</th><th>毂 D10</th></tr>
<tr><td>1 × 1.4 × 4
1 × 1.1 × 4</td><td>1</td><td rowspan="7">−0.004
−0.029</td><td rowspan="7">± 0.012 5</td><td rowspan="7">−0.006
−0.031</td><td rowspan="7">+0.025
0</td><td rowspan="7">+0.060
+0.020</td><td>1.0</td><td rowspan="5">+0.1
0</td><td>0.6</td><td rowspan="12">+0.1
0</td><td rowspan="7">0.16</td><td rowspan="7">0.08</td></tr>
<tr><td>1.5 × 2.6 × 7
1.5 × 2.1 × 7</td><td>1.5</td><td>2.0</td><td>0.8</td></tr>
<tr><td>2 × 2.6 × 7
2 × 2.1 × 7</td><td>2</td><td>1.8</td><td>1.0</td></tr>
<tr><td>2 × 3.7 × 10
2 × 3 × 10</td><td>2</td><td>2.9</td><td>1.0</td></tr>
<tr><td>2.5 × 3.7 × 10
2.5 × 3 × 10</td><td>2.5</td><td>2.7</td><td>1.2</td></tr>
<tr><td>3 × 5 × 13
3 × 4 × 13</td><td>3</td><td>3.8</td><td rowspan="5">+0.2
0</td><td>1.4</td></tr>
<tr><td>3 × 6.5 × 16
3 × 5.2 × 16</td><td>3</td><td>5.3</td><td>1.4</td></tr>
<tr><td>4 × 6.5 × 16
4 × 5.2 × 16</td><td>4</td><td rowspan="6">0
−0.030</td><td rowspan="6">± 0.015</td><td rowspan="6">−0.012
−0.042</td><td rowspan="6">+0.030
0</td><td rowspan="6">+0.078
+0.030</td><td>5.0</td><td>1.8</td><td rowspan="6">0.25</td><td rowspan="6">0.16</td></tr>
<tr><td>4 × 7.5 × 19
4 × 6 × 19</td><td>4</td><td>6.0</td><td>1.8</td></tr>
<tr><td>5 × 6.5 × 16
5 × 5.2 × 19</td><td>5</td><td>4.5</td><td>2.3</td></tr>
<tr><td>5 × 7.5 × 19
5 × 6 × 19</td><td>5</td><td>5.5</td><td>2.3</td></tr>
<tr><td>5 × 9 × 22
5 × 7.2 × 22</td><td>5</td><td>7.0</td><td rowspan="5">+0.3
0</td><td>2.3</td></tr>
<tr><td>6 × 9 × 22
6 × 7.2 × 22</td><td>6</td><td>6.5</td><td>2.8</td></tr>
<tr><td>6 × 10 × 25
6 × 8 × 25</td><td>6</td><td>7.5</td><td>2.8</td><td rowspan="3">+0.2
0</td></tr>
<tr><td>8 × 11 × 28
8 × 8.8 × 28</td><td>8</td><td rowspan="2">0
−0.036</td><td rowspan="2">± 0.018</td><td rowspan="2">−0.015
−0.051</td><td rowspan="2">+0.036
0</td><td rowspan="2">+0.098
+0.040</td><td>8.0</td><td>3.3</td><td rowspan="2">0.40</td><td rowspan="2">0.25</td></tr>
<tr><td>10 × 13 × 32
10 × 10.4 × 32</td><td>10</td><td>10</td><td>3.3</td></tr>
</table>

附表 11　　导向平键的尺寸与公差（摘自 GB/T 1097—2003）　　mm

b	基本尺寸			8	10	12	14	16	18	20	22	25	28	32	36	40	45
b	极限偏差（h8）			0 −0.022		0 −0.027				0 −0.033					0 −0.039		
h	基本尺寸			7	8	8	9	10	11	12	14	14	16	18	20	22	25
h	极限偏差（h11）			0 −0.090						0 −0.110					0 −0.130		
C 或 r				0.25 ~ 0.40	0.40 ~ 0.60					0.60 ~ 0.80					1.00 ~ 1.20		
h_1				2.4		3.0	3.5		4.5			6		7	8		
d				M3		M4	M5		M6			M8		M10	M12		
d_1				3.4		4.5	5.5		6.6			9		11	14		
D				6		8.5	10		12			15		18	22		
C_1				0.3		0.5									1.0		
L_D				7	8	10			12			15		18	22		
螺钉（$d \times L_4$）				M3×8	M3×10	M4×10	M5×10		M6×12		M6×16	M8×16		M10×20	M12×25		
L	L_1	L_2	L_3														
25	13	12.5	6				—	—	—	—	—	—	—	—	—	—	—
28	14	14	7				—	—	—	—	—	—	—	—	—	—	—
32	16	16	8				—	—	—	—	—	—	—	—	—	—	—
36	18	18	9					—	—	—	—	—	—	—	—	—	—
40	20	20	10					—	—	—	—	—	—	—	—	—	—
45	23	22.5	11						—	—	—	—	—	—	—	—	—
50	26	25	12							—	—	—	—	—	—	—	—
56	30	28	13								—	—	—	—	—	—	—
63	35	31.5	14									—	—	—	—	—	—
70	40	35	15			标准							—	—	—	—	—
80	48	40	16											—	—	—	—
90	54	45	18												—	—	—
100	60	50	20	—													—
110	66	55	22							长度							
125	75	62	25	—	—												
140	80	70	30	—	—												
160	90	80	35	—	—	—											
180	100	90	40	—	—	—	—							范围			
200	110	100	45	—	—	—	—	—									
220	120	110	50	—	—	—	—	—	—								
250	140	125	55	—	—	—	—	—	—	—							
280	160	140	60	—	—	—	—	—	—	—	—						

附表 12　　普通 V 带长度系列（摘自 GB/T 11544—2012）　　mm

型号						
Y	Z	A	B	C	D	E
200	405	630	930	1 565	2 740	4 660
224	475	700	1 000	1 760	3 100	5 040
250	530	790	1 100	1 950	3 330	5 420
280	625	890	1 210	2 195	3 730	6 100
315	700	990	1 370	2 420	4 080	6 850
355	780	1 100	1 560	2 715	4 620	7 650
400	920	1 250	1 760	2 880	5 400	9 150
450	1 080	1 430	1 950	3 080	6 100	12 230
500	1 330	1 550	2 180	3 520	6 840	13 750
	1 420	1 640	2 300	4 060	7 620	15 280
	1 540	1 750	2 500	4 600	9 140	16 800
		1 940	2 700	5 380	10 700	
		2 050	2 870	6 100	12 200	
		2 200	3 200	6 815	13 700	
		2 300	3 600	7 600	15 200	
		2 480	4 060	9 100		
		2 700	4 430	10 700		
			4 820			
			5 370			
			6 070			

附表 13

卧式车床精度检验标准（摘自 GB/T 4020—1997）

<table>
<tr><th rowspan="3">序号</th><th rowspan="3">简图</th><th rowspan="3">检验项目</th><th colspan="3">允差①/mm</th><th rowspan="3">检验工具</th><th rowspan="3">检验方法
参照 GB/T 17421.1—1998 的有关条文</th></tr>
<tr><th>精密级</th><th colspan="2">普通级</th></tr>
<tr><th>D_a≤500 和
DC≤1 500</th><th>D_a≤800</th><th>800 < D_a≤1 600</th></tr>
<tr><td rowspan="11">G1</td><td rowspan="11"></td><td rowspan="10">A—床身导轨调平
a）纵向：导轨在垂直平面内的直线度</td><td rowspan="2">DC ≤ 500
0.01（凸）</td><td colspan="2">DC≤500</td><td rowspan="10">精密水平仪、光学仪器或其他方法</td><td rowspan="10">a）3.1.1，3.2.1，5.2.1.2.2.1 和 5.2.1.2.2.2 条
应沿导轨全长在等距离各位置上检验
水平仪可以放在横向滑板上
当导轨不是水平面时，则用一个如 5.2.1.2.2.1b 条图 12 所示的特殊平尺</td></tr>
<tr><td>0.01（凸）</td><td>0.015（凸）</td></tr>
<tr><td rowspan="4">500 < DC≤1 000
0.015（凸）
局部公差②
任意 250 测量长度上为 0.005</td><td colspan="2">500 < DC≤1 000</td></tr>
<tr><td>0.02（凸）</td><td>0.03（凸）</td></tr>
<tr><td colspan="2">局部公差
任意 250 测量长度上为</td></tr>
<tr><td>0.007 5</td><td>0.01</td></tr>
<tr><td rowspan="4">1 000 < DC≤1 500
0.02（凸）
局部公差②
任意 250 测量长度上为 0.005</td><td colspan="2">DC > 1 000
最大工件长度每增加 1 000 公差增加</td></tr>
<tr><td>0.01</td><td>0.02</td></tr>
<tr><td colspan="2">局部公差
任意 500 测量长度上为</td></tr>
<tr><td>0.015</td><td>0.02</td></tr>
<tr><td>b）横向：导轨应在同一平面内</td><td>b）水平仪的变化
0.03/1 000</td><td colspan="2">b）水平仪的变化 0.04/1 000</td><td>精密水平仪</td><td>b）5.4.1.2.7 条
水平仪应横放在导轨上，并沿导轨全长在等距离各位置上进行检验
在任何位置上水平仪的变化均不得超过允差值</td></tr>
</table>

续表

<table>
<tr><th rowspan="3">序号</th><th rowspan="3">简图</th><th rowspan="3">检验项目</th><th colspan="3">允差[1]/mm</th><th rowspan="3">检验工具</th><th rowspan="3">检验方法
参照 GB/T 17421.1—1998
的有关条文</th></tr>
<tr><th>精密级</th><th colspan="2">普通级</th></tr>
<tr><th>D_a≤500 和
DC≤1 500</th><th>D_a≤800</th><th>800 < D_a≤1 600</th></tr>
<tr><td rowspan="5">G2</td><td rowspan="5"></td><td rowspan="5">B—溜板
溜板移动在水平面内的直线度
在两顶尖轴线和刀尖所确定的平面内检验</td><td rowspan="2">DC≤500
0.01</td><td colspan="2">DC≤500</td><td rowspan="5">a）对于 DC≤2 000 mm：
指示器和两顶尖间的检验棒或平尺
b）不管 DC 为任何值：钢丝和显微镜或光学方法</td><td rowspan="5">a）5.2.3.2.3a） 和 5.2.3.2.1 条
指示器测头触及检验棒的正面母线（可以用具有两平行面的平尺代替检验棒）
顶尖间检验棒的长度应尽可能等于 DC 值
b）5.2.1.2.3 和 2.3.2.3b 条</td></tr>
<tr><td>0.015</td><td>0.02</td></tr>
<tr><td>500 < DC≤1 000
0.015</td><td>0.02</td><td>0.025</td></tr>
<tr><td rowspan="2">1 000 < DC≤1 500
0.02</td><td colspan="2">DC > 1 000
最大工件长度每增加 1 000 允差增加 0.005
最大允差</td></tr>
<tr><td>0.03</td><td>0.05</td></tr>
<tr><td rowspan="3">G3</td><td rowspan="3"></td><td rowspan="3">尾座移动对溜板移动的平行度
a）在水平面内
b）在垂直平面内</td><td rowspan="3">a）0.02 局部公差，任意 500 测量长度上为 0.01
b）0.03 局部公差，任意 500 测量长度上为 0.02</td><td colspan="2">DC≤1 500</td><td rowspan="3">指示器</td><td rowspan="3">5.4.2.2.5 条
尾座尽可能靠近溜板，在二者一起移动时测取读数：保持尾座套筒锁紧，使固定在溜板上的指示器的侧头始终触及同一点</td></tr>
<tr><td>a）和 b）0.03</td><td>a）和 b）0.04</td></tr>
<tr><td colspan="2">局部公差
任意 500 测量长度上为 0.02
DC > 1 500
a）和 b）0.04
局部公差
任意 500 测量长度上为 0.03</td></tr>
</table>

续表

序号	简图	检验项目	允差[①]/mm			检验工具	检验方法 参照 GB/T 17421.1—1998 的有关条文
			精密级	普通级			
			D_a≤500 和 DC≤1 500	D_a≤800	800＜D_a≤1 600		
G4		C—主轴 a）主轴轴向窜动 b）主轴轴肩支承面的圆跳动	a）0.005 b）0.01 包括轴向窜动	a）0.01 b）0.02 包括轴向窜动	a）0.015 b）0.02	指示器和专用检具	5.6.2，5.6.2.1.2，5.6.2.2.2 和 5.6.3.2 条 指示器的位置见 5.6.2，5.6.2.2 和 5.6.3.2 条的图 59 至图 64 和图 67。检验 a）和 b）时施加力 F 的数值由制造厂规定[③]
G5		主轴定心轴颈的径向圆跳动	0.007	0.01	0.015	指示器	5.6.1.2.2 和 5.6.2.1.2 条 施加力 F 的数值由制造厂规定[③] 如主轴端部是锥体，则指示器侧头应垂直于锥体母线安置
G6		主轴轴线的径向圆跳动 a）靠近主轴端面 b）距主轴端面 $D_a/2$ 或不超过 300 mm[1)]	a）0.005 b）在 300 测量长度上为 0.015，在 200 测量长度上为 0.01，在 100 测量长度上为 0.005	a）0.01 b）在 300 测量长度上为 0.02	a）0.015 b）在 500 测量长度上为 0.05	指示器和检验棒	5.6.1.2.3 条 注：1）对于 D_a＞800 mm 的车床，其测量长度可增加至 500 mm

续表

序号	简图	检验项目	允差[①]/mm			检验工具	检验方法 参照 GB/T 17421.1—1998 的有关条文
			精密级	普通级			
			$D_a\leq500$ 和 $DC\leq1\ 500$	$D_a\leq800$	$800<D_a\leq1\ 600$		
G7		主轴轴线对溜板纵向移动的平行度 测量长度 $D_a/2$ 或不超过 300 mm[1)] a）在水平面内 b）在垂直平面内	a）在 300 测量长度上为 0.01 向前 b）在 300 测量长度上为 0.02 向上	a）在 300 测量长度上为 0.015 向前 b）在 300 测量长度上为 0.02 向上	a）在 500 测量长度上为 0.03 向前 b）在 500 测量长度上为 0.04 向上	指示器和检验棒	5.4.1.2.1，5.4.2.2.3 和 3.2.2 条 注：1）对于 $D_a>800$ mm 的车床，其测量长度可增加至 500 mm
G8		主轴顶尖的径向圆跳动	0.01	0.015	0.02	指示器	5.6.1.2.2 和 5.6.2.1.1 条 指示器垂直于主轴顶尖锥面上。因为规定的公差是在与主轴轴线垂直平面内的，所以读数应除以 cos α，α 为锥体的半锥角。施加力 F 的数值应由制造厂规定[③]
G9		D—尾座 尾座套筒轴线对溜板移动的平行度 a）在水平面内 b）在垂直平面内	a）在 100 测量长度上为 0.01 向前 b）在 100 测量长度上为 0.015 向上	a）在 100 测量长度上为 0.015 向前 b）在 100 测量长度上为 0.02 向上	a）在 100 测量长度上为 0.02 向前 b）在 100 测量长度上为 0.03 向上	指示器	5.4.2.2.3 条 尾座套筒伸出定长后，应按正常工作状态锁紧

续表

序号	简图	检验项目	允差①/mm			检验工具	检验方法 参照 GB/T 17421.1—1998 的有关条文
			精密级	普通级			
			D_a≤500 和 DC≤1 500	D_a≤800	800 < D_a≤1 600		
G10		尾座套筒锥孔轴线对溜板移动的平行度 测量长度 D_a/4 或不超过 300 mm[1)] a）在水平面内 b）在垂直平面内	a）在 300 测量长度上为 0.02 向前 b）在 300 测量长度上为 0.02 向上	a）在 300 测量长度上为 0.03 向前 b）在 300 测量长度上为 0.03 向上	a）在 500 测量长度上为 0.05 向前 b）在 500 测量长度上为 0.05 向上	指示器和检验棒	5.4.2.2.3 条 尾座套筒按正常工作状况锁紧 注：1）对于 D_a > 800 mm 的车床，其测量长度可增加至 500 mm
G11		E—顶尖 主轴和尾座两顶尖的等高度	0.02 尾座顶尖高于主轴顶尖	0.04 尾座顶尖高于主轴顶尖	0.06 尾座顶尖高于主轴顶尖	指示器和检验棒	5.4.2.2.3 和 3.2.2 条 指示器测头触及检验棒上母线。尾座和尾座套筒按正常工作状况锁紧，在检验棒两末端位置测取读数
G12		F—小滑板 小滑板纵向移动对主轴轴线的平行度	在 150 测量长度上为 0.015	在 300 测量长度上为 0.04		指示器和检验棒	5.4.2.2.3 条 调整好小滑板与主轴轴线在水平面内的平行之后，在垂直平面内检验（仅在小滑板的工作位置内）
G13	平盘	G—中滑板 中滑板横向移动对主轴轴线的垂直度	0.01/300 偏差方向 α ≥90°	0.02/300 偏差方向 α ≥90°		指示器和平盘或平尺	5.5.2.2.3 和 3.2.2 条

续表

序号	简图	检验项目	允差[①]/mm			检验工具	检验方法 参照 GB/T 17421.1—1998 的有关条文
			精密级	普通级			
			D_a≤500 和 DC≤1 500	D_a≤800	800 < D_a≤1 600		
G14		H—丝杠 丝杠的轴向窜动	0.01	0.015	0.02	指示器	5.6.2.2.1 和 5.6.2.2.2 条 如果进行 P3 工作精度检验，则此项可以删除
G15		由丝杠所产生的螺距累积误差	a）任意 300 测量长度上为 0.03 b）任意 60 测量长度上为 0.01	a）在 300 测量长度上为 DC≤2 000 0.04 DC > 2 000 最大工件长度每增加 1 000，允差增加 0.005 最大允差 0.05 b）任意 60 测量长度上为 0.015		电传感器、标准丝杠、长度规和指示器	6.1 和 6.2 条 螺距精度用电传感器和两顶尖顶紧一根长度为 300 mm 的标准丝杠，测头触及螺纹的侧面检验。普通级车床还可用长度规和指示器一起使用，以便比较主轴转过几周后，溜板移动的相应长度 对于这两种等级的车床来说，丝杠精度记录均应符合规定（在指定长度上沿变化 90°的 4 条母线向前检查） 注：测量方法和允差由制造厂和用户协商，误差可以在 300 mm 范围内检查

续表

序号	简图	检验性质	切削条件	检验项目	允差[①]/mm			检验工具	检验方法参照 GB/T 17421.1—1998 的有关条文
					精密级	普通级			
					D_a≤500 和 DC≤1 500	D_a≤800	800 < D_a≤1 600		
P1		车削夹在卡盘中的圆柱试件[④]（圆柱试件也可插入主轴锥孔中） $D \geqslant D_a/8$ $L_1=0.5D_a$ L_{1max}=500 mm L_{2max}=20 mm	用单刃刀具在圆柱体上车削三段直径（如果 L_1 <50 mm 则车削两段直径）	精车外圆 a）圆度 试件固定端环带处的直径变化，至少取四个读数（见 GB1958） b）在纵截面内直径的一致性 在同一纵向截面内测得的试件各端环带处加工后直径间的变化，应当是大直径靠近主轴端	a）0.007 b）0.02 L_1=300	a）0.01 b）0.04 L_1=300	a）0.02 b）0.04	圆度仪或千分尺	3.1 和 3.2.2 条 4.1 和 4.2 条
					相邻环带间的差值不应超过两端环带之间测量差值的 75%（只有两个环带时除外）				
P2		车削夹在卡盘中的圆柱试件[④] $D \geqslant 0.5D_a$ $L_{max}=D_a/8$	车削垂直于主轴的平面（仅车两段或三段平面，其中之一为中间平面）	精车端面的平面度只许凹	300 直径上为 0.015	300 直径上为 0.025		平尺和量块或指示器	3.1 和 3.2.2 条 4.1 和 4.2 条

续表

<table>
<tr><th rowspan="3">序号</th><th rowspan="3">简图</th><th rowspan="3">检验性质</th><th rowspan="3">切削条件</th><th rowspan="3">检验项目</th><th colspan="3">允差[①]/mm</th><th rowspan="3">检验工具</th><th rowspan="3">检验方法参照 GB/T 17421.1—1998 的有关条文</th></tr>
<tr><th>精密级</th><th colspan="2">普通级</th></tr>
<tr><th>D_a≤500 和 DC≤1 500</th><th>D_a≤800</th><th>800＜ D_a≤1 600</th></tr>
<tr><td>P3</td><td></td><td>圆柱试件[④]的螺纹加工
L=300 mm
车三角形螺纹（GB 192）</td><td>从丝杠某一点开始切削螺纹，试件的直径和螺距应尽可能接近丝杠的直径和螺距</td><td>精车 300 mm 长螺纹的螺距累积误差</td><td>a） 在 300 测量长度上为
0.03
b）任意 60 测量长度上为
0.01</td><td colspan="2">a）在 300 测量长度上为
DC≤2 000
0.04
DC＞2 000
最大工件长度每增加 1 000，允差增加
0.005
最大允差
0.05
b）任意 60 测量长度上为 0.015</td><td>专用检验工具</td><td>3.1 和 3.2.2 条
4.1 和 4.2 条
6.1 和 6.2 条
螺纹应当洁净，无凹陷或波纹</td></tr>
</table>

① DC= 最大工件长度，D_a= 床身上最大回转直径。

②形状位置公差通常是指整个形状位置上的公差，它不能满意地限制局部长度上的允许偏差，为此可建立一个针对全长上的一部分而言的局部公差来达到目的。

③ F 为消除主轴轴承的轴向游隙而施加的恒定力。

④试件用易切钢或铸铁件。